von der Damerau/Tauterat

bearbeitet und herausgegeben von
H. Poppinga

VOB im Bild
Tiefbau- und Erdarbeiten

von der Damerau/Tauterat

VOB im Bild

Tiefbau- und Erdarbeiten

Abrechnung nach der VOB 2012

20., aktualisierte und erweiterte Auflage

335 Abbildungen

bearbeitet und herausgegeben von

Dipl.-Ing. Hinrich Poppinga

Ministerialrat im Bundesministerium für Verkehr, Bau und Stadtentwicklung (BMVBS);
Vorsitzender des Hauptausschusses Tiefbau im Deutschen Vergabe- und Vertragsausschuss für Bauleistungen (DVA)

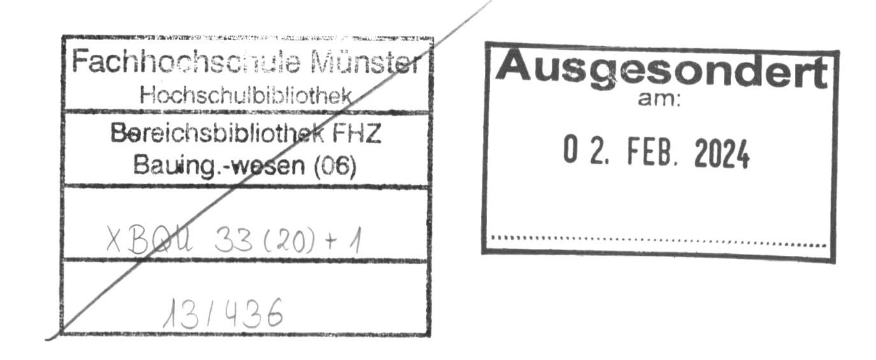

Bibliografische Information der Deutschen Nationalbibliothek
Die Deutsche Nationalbibliothek verzeichnet diese Publikation in der Deutschen Nationalbibliografie; detaillierte bibliografische Daten sind im Internet über http://dnb.d-nb.de abrufbar.

20., aktualisierte und erweiterte Auflage 2013

Wir freuen uns, Ihre Meinung über dieses Fachbuch zu erfahren. Bitte teilen Sie uns Ihre Anregungen, Hinweise oder Fragen per E-Mail: fachmedien.bau@rudolf-mueller.de oder Telefax: 0221 5497-6141 mit.

Umschlaggestaltung: Grafikdesign Patrizia Obst, Köln
Satz: Satz+Layout Werkstatt Kluth GmbH, Erftstadt
Druck und Bindearbeiten: AZ Druck und Datentechnik GmbH, Kempten
Printed in Germany

ISBN 978-3-481-02994-4 (Buch-Ausgabe)
ISBN 978-3-481-02995-1 (PDF als E-Book)

Inhaltsverzeichnis

Vorwort zur 20. Auflage

(1) Die „VOB im Bild – Abrechnung nach der VOB" wurde bis einschließlich der 1985 erschienenen 11. Auflage von Hans von der Damerau und August Tauterat herausgegeben. Ab dem im Jahre 1986 veröffentlichten Ergänzungsband zur 11. Auflage wird die „VOB im Bild" von Waldemar Stern und Rainer Franz bearbeitet und herausgegeben. Ein Schwerpunkt war seinerzeit die wesentliche Umarbeitung infolge des mit der VOB-Ausgabe 1988 umstrukturierten Teils C (insbesondere neue ATV DIN 18299, in allen ATV neuer Abschnitt 0.5 „Abrechnungseinheiten").

(2) Die mit der 13. Auflage 1993 erstmalig vorgenommene Teilung der „VOB im Bild" in zwei gesonderte Bände „Tiefbau- und Erdarbeiten" sowie „Hochbau- und Ausbauarbeiten" hat sich in der Praxis bewährt und wurde seither den praktischen Bedürfnissen entsprechend fortentwickelt. Demgemäß sind zahlreiche Allgemeine Technische Vertragsbedingungen für Bauleistungen (ATV), die sowohl für den Tiefbau als auch für den Hochbau Bedeutung haben, in beiden Bänden behandelt: Neben der allgemein gültigen ATV DIN 18299 sind dies die fachspezifischen ATV DIN 18300 „Erdarbeiten", DIN 18306 „Entwässerungskanalarbeiten", DIN 18314 „Spritzbetonarbeiten", DIN 18318 „Verkehrswegebauarbeiten – Pflasterdecken und Plattenbeläge in ungebundener Ausführung, Einfassungen", DIN 18320 „Landschaftsbauarbeiten", DIN 18330 „Mauerarbeiten", DIN 18331 „Betonarbeiten", DIN 18335 „Stahlbauarbeiten", DIN 18336 „Abdichtungsarbeiten", DIN 18364 „Korrosionsschutzarbeiten an Stahlbauten" und DIN 18459 „Abbruch- und Rückbauarbeiten". Die jeweiligen Kommentierungen sind inhaltlich jedoch speziell auf den jeweiligen Baubereich, im Band „Tiefbau- und Erdarbeiten" also auf die für Tiefbauleistungen relevanten Anforderungen, ausgerichtet.

Die auf der Grundlage der VOB-Ausgabe 2006 erstellte 18. Auflage der „VOB im Bild – Tiefbau- und Erdarbeiten" wird seit dem Jahr 2007 von Hinrich Poppinga bearbeitet und herausgegeben.

(3) Grundlage der vorliegenden 20. Auflage der „VOB im Bild – Tiefbau- und Erdarbeiten" ist Teil C der VOB in der Fassung der vom Beuth-Verlag für das DIN herausgegebenen VOB-Ausgabe 2012 mit zwei neuen und sechs fachtechnisch überarbeiteten ATV für den Tiefbaubereich. Wegen der Verweise auf die neuen EG- und VS-Paragrafen in den Abschnitten 2 und 3 der VOB/A mussten alle übrigen nicht fachtechnisch überarbeiteten ATV der VOB/C redaktionell überarbeitet werden. Weiterhin wurden für einen Teil dieser ATV auch die Normenverweise ohne materielle Änderungen der ATV-Regelungen aktualisiert.

Alle ATV haben einen einheitlichen Ausgabestand September 2012 erhalten.

Wegen dieser umfassenden Überarbeitung der VOB/C, Ausgabe 2012, mussten in dieser 20. Auflage neben den Kommentierungen zu den zwei neuen ATV DIN 18323 „Kampfmittelräumarbeiten" und DIN 18326 „Renovierungsarbeiten an Entwässerungskanälen", die Kommentierungen zu den fachtechnisch überarbeiteten ATV DIN 18299 „Allgemeine Regelungen für Bauarbeiten jeder Art", DIN 18303 „Verbauarbeiten", DIN 18304 „Ramm-, Rüttel- und Pressarbeiten", DIN 18309 „Einpressarbeiten", DIN 18313 „Schlitzwandarbeiten mit stützenden Flüssigkeiten" und DIN 18317 „Verkehrswegebauarbeiten – Oberbauschichten aus Asphalt" überarbeitet sowie die Kommentierung der redaktionell überarbeiteten ATV DIN 18300 „Erdarbeiten" auf die neue DIN 4124, Ausgabe Januar 2012, angepasst werden. Weiterhin wurden die Erläuterungen zu allen anderen ATV aktualisiert.

In der vorliegenden Auflage ist weiterhin das Kapitel „Einführung in die VOB", das grundlegende Hinweise zur Stellung und Bedeutung der VOB sowie zur Arbeit mit der VOB gibt, aktualisiert worden.

(4) Damit bietet die vorliegende 20. Auflage der „VOB im Bild – Tiefbau- und Erdarbeiten" das aktuelle Rüstzeug zur VOB-gemäßen Abrechnung von Tiefbauleistungen.

Für konstruktive Vorschläge oder Anregungen zur Verbesserung dieses Werkes ist der Verfasser dankbar.

Bonn, im Oktober 2012

Hinrich Poppinga

Vorwort zur 8. Auflage

Die Abrechnungsbestimmungen in den Allgemeinen Technischen Vorschriften der VOB sind im Wort-Text nicht immer schnell und leicht verständlich. Die notwendigerweise rechtlich korrekte und erschöpfende Fassung der Texte erfordert eben oft längere, nicht so schnell überschaubare Formulierungen. Um einen praktischen Einzelfall bei der Aufstellung oder der Prüfung von Rechnungen über Bauleistungen nach dem üblichen Einheitspreisvertragsverfahren festzustellen, muss überdies oft eine ganze Gruppe solcher Bestimmungen überdacht werden. Das erfordert Arbeit, Kraft und Zeit in einem Ausmaß, das in keinem vertretbaren Verhältnis mehr zu dem heute geforderten Tempo der Bauabwicklung steht. Auch werden die Bestimmungen nicht immer gleichmäßig verstanden und aus der Sicht des Betroffenen, ob Auftraggeber oder Auftragnehmer, unterschiedlich ausgelegt. Das führt zu Streitigkeiten, die Schaden und weiteren Verlust mit sich bringen.

Hier möchte die vorliegende „VOB im Bild" zu ihrem Teil helfen, Erleichterung, Vereinfachung und Rationalisierung der Arbeit möglich zu machen sowie in Zweifelsfällen klärend und erläuternd zu wirken.

An die Stelle des Wortes wurde die Zeichnung gesetzt, und zwar die schmucklose, schlichte, objektiv geometrische Ingenieurzeichnung mit einfachen Linien ohne komplizierende isometrische oder perspektivische Verzerrung. Mit einem Blick soll der Techniker, Architekt oder Handwerker bei Aufstellung oder Prüfung einer Baurechnung den Kern der VOB-Bestimmung in der ihm geläufigen Berufssprache, einer Zeichnung, schnell, klar und konzentriert erfassen können.

Die zweifarbige Ausführung der Zeichnungen wird den Überblick dabei weiter erleichtern. Die blauen Unterstreichungen oder Umrahmungen sollen sofort deutlich machen, wie die Bauleistung zu ermitteln ist, ob z.B. Öffnungen zu übermessen sind, wo bei der Errechnung von Öffnungsgrößen die Grenzen liegen, welche Bauteile zu übermessen und welche abzuziehen sind oder wo Vereinfachungen zulässig sind. Auf zweifarbige Darstellung wurde nur verzichtet, wenn hierdurch keine größere Übersichtlichkeit zu gewinnen war oder wo unterschiedliche Aufmaßmöglichkeiten in ein und derselben Zeichnung anzugeben waren.

Sonderfälle sind nur vereinzelt aufgeführt, in größerer Menge würden sie die Übersicht belasten. Die eindeutige Darstellung des Grundsätzlichen, so meinen die Verfasser, werde es dem Benutzer leicht machen, auch besonders gelagerte Einzelfälle selber schnell zu lösen.

Begleitende Erläuterungen mit Worten sind auf ein Mindestmaß beschränkt und Erläuterungen einer Vorschrift mit Worten allein sind nur in den Fällen gebracht, in denen die Vorschrift der VOB als Bild nicht darstellbar ist. Theoretische Erörterungen sind bewusst vermieden. Das Werk soll ausschließlich der praktischen Arbeit dienen.

Die vorliegende Auflage berücksichtigt den zum Zeitpunkt der Veröffentlichung geltenden Stand der VOB, Ausgabe 1979. Die Autoren sahen sich verpflichtet, so zu kommentieren, wie sie die Vorschriften der VOB nach sorgfältiger Prüfung fachlich, objektiv und ohne Parteinahme persönlich verstehen.

Sie konnten sich hierbei auf Erfahrungen stützen, die sie aus der Teilnahme an den Verhandlungen von Behörden und Organisationen der Auftraggeber und Auftragnehmer in den Hauptausschüssen des Deutschen Verdingungsausschusses unmittelbar gewonnen haben. Dem Hauptausschuss Hochbau hat einer der Verfasser seit der Gründung nach Kriegsende zwanzig Jahre lang als Vorsitzender und der andere Verfasser viele Jahre als Geschäftsführer angehört.

So darf gehofft werden, dass das vorliegende Werk, wie bisher, so auch mit der 8. Auflage den für Ausschreibung, Angebot und vor allem Abrechnung Verantwortlichen bei ihren Entscheidungen sachdienliche Anregungen und Hilfen bietet.

Die vorliegende Arbeit ist dem gegenwärtig geltenden Stand der Vorschriften (VOB, Ausgabe 1979) entsprechend fortgeschrieben.

Für Hinweise auf Verbesserungsmöglichkeiten, die sich aus der praktischen Nutzung des Werkes ergeben, wären die Verfasser im Interesse der Sache besonders dankbar.

Hamburg, im Dezember 1979 *Hans v. d. Damerau*
August Tauterat

Geleitwort

Die Abrechnung von Bauleistungen verlangt von allen Beteiligten, Auftraggebern und Auftragnehmern immer wieder einen unverhältnismäßigen Aufwand. Jedes Mittel, das die Abrechnungsarbeit vereinfachen und erleichtern kann, muss daher begrüßt werden.

So auch das vorliegende Werk, in dem sämtliche Abrechnungsbestimmungen der Verdingungsordnung für Bauleistungen für sich zusammengefasst und durch Bild und Wort erläutert sind. Das Werk soll dem Benutzer Zeit und Kraft bei der Abrechnung sparen, Missverständnisse, Zweifel und Streit vermeiden helfen.

Die Verfasser haben jahrzehntelang im Deutschen Verdingungsausschuss für Bauleistungen an der Erarbeitung der nach der VOB verbindlichen Bestimmungen maßgeblich mitgewirkt. Sie stellen nun ihre persönlichen Erkenntnisse und Erfahrungen, die sie hierbei auch zu den Problemen der Abrechnung von Bauleistungen gewonnen haben, allgemein zur Verfügung.

Ich wünsche dem Werk einen guten Erfolg.

Bonn, im November 1969

Der Vorsitzende des
Deutschen Verdingungsausschusses für
Bauleistungen

Rossig

Ministerialdirektor

Einführung in die VOB
Die VOB im deutschen Bau-Auftragswesen

Rechtliche Situation

(1) Das Baugeschehen in Deutschland ist geprägt durch das „Bau-Auftragswesen": Baubedarfsträger (Bauämter bzw. Betriebe der öffentlichen Hand, Firmen, Privatleute) beauftragen gewerbliche Bauunternehmer gegen Entgelt mit der Herstellung, Instandhaltung, Änderung oder Beseitigung von baulichen Anlagen (Bedarfsdeckung); „Auftraggeber" vergeben (erteilen) nach privatrechtlichen Grundsätzen „Aufträge" an „Auftragnehmer", die rechtliche Bindung erfolgt jeweils durch den „Bauvertrag".

(2) Das Bau-Auftragswesen ist ein komplexes Gebiet, weil hier technische, rechtliche und wirtschaftliche Vorgänge und Zwänge gleichzeitig und häufig recht massiv zusammentreffen.

Demgemäß gibt es eine Reihe gesetzlicher Regelungen, die entweder von Auftraggeber- oder von Auftragnehmerseite, meist von beiden, zu beachten sind. Für „öffentliche" Aufträge, das sind z. B. die Aufträge des Bundes, der Länder und Kommunen sowie verschiedener öffentlicher Körperschaften, sind über die allgemeinen gesetzlichen Regelungen hinaus noch zahlreiche spezielle Gesetzes- sowie Verwaltungsbestimmungen erlassen worden.

(3) Maßgebende Grundlage für das Auftragswesen insgesamt ist das am 1.1.1900 in Kraft getretene, seither vielfach geänderte „Bürgerliche Gesetzbuch (BGB)", insbesondere mit seinen Regelungen über „Rechtsgeschäfte" (§§ 104 ff.), „Schuldverhältnisse" (§§ 241 ff.) und „Werkvertrag" (§§ 631 ff.).

Vom BGB her besteht grundsätzlich eine weitgehende Handlungsfreiheit für Auftraggeber und Auftragnehmer in dem Verfahren zur Auftragsvergabe, in der Gestaltung des Vertragsinhaltes und in der Form der Vertragsabwicklung (= „Vertragsfreiheit"). Bei Streitigkeiten greifen die Bestimmungen des BGB ein, soweit nicht der geschlossene Vertrag für Einzelfragen ausdrücklich anderes vorsieht.

Durch das „Gesetz zur Regelung des Rechts der Allgemeinen Geschäftsbedingungen (AGBG)" von 1976, dessen Regelungen seit dem 1.1.2002 im BGB in den §§ 305 ff. enthalten sind, wurde die Vertragsfreiheit jedoch in vielfältiger Weise eingeschränkt. So sind AGBG-Regelungen unwirksam, wenn sie den Vertragspartner des Verwenders entgegen den Geboten von Treu und Glauben unangemessen benachteiligen.

(4) Bestimmende nicht gesetzliche Grundlage für das deutsche Bau-Auftragswesen ist die „Vergabe- und Vertragsordnung für Bauleistungen (VOB)", die erstmals 1926 als „Verdingungsordnung für Bauleistungen (VOB)" herausgegeben wurde und seit 2002 den neuen Titel trägt.

Die VOB wird seit jeher von Vertretern der Auftraggeber- und Auftragnehmerseite gemeinsam in dem „Deutschen Vergabe- und Vertragsausschuss für Bauleistungen (DVA)" (früher „Reichsverdingungsausschuss" bzw. „Deutscher Verdingungsausschuss für Bauleistungen") erarbeitet und vom „Deutschen Institut für Normung (DIN)" als „DIN-Normen" herausgegeben. Ihr Inhalt wird laufend an die rechtliche und technische Entwicklung angepasst; demgemäß erscheint auch die VOB immer in Abständen von wenigen Jahren neu, zuletzt als Ausgabe 2012.

Die gemeinsame Erarbeitung der VOB stellt sicher, dass ihre Regelungen die Rechte und Pflichten der Auftraggeber und Auftragnehmer ausgewogen widerspiegeln; sie ist daher als praxisgerechte Grundlage für die Ausgestaltung von öffentlichen Bauverträgen allgemein anerkannt.

(5) Die VOB besteht der Art nach aus drei Teilen:

- Teil A: „Allgemeine Bestimmungen für die Vergabe von Bauleistungen" – DIN 1960 – (VOB/A),
- Teil B: „Allgemeine Vertragsbedingungen für die Ausführung von Bauleistungen" – DIN 1961 – (VOB/B),
- Teil C: „Allgemeine Technische Vertragsbedingungen für Bauleistungen" – DIN 18299 bis DIN 18459 – (VOB/C).

(6) Die VOB/A enthält Regelungen für die Vergabeverfahren, Vertragsgestaltung, Erstellung der Vergabeunterlagen, Durchführung der Vergabe und den Abschluss des Auftragsvergabeverfahrens, die den „klassischen" öffentlichen Auftraggeber betreffen. „Klassische" öffentliche Auftraggeber nach § 98 des Gesetzes gegen Wettbewerbsbeschränkungen (GWB) sind z. B. Bund, Länder und Kommunen.

Die VOB/A, Ausgabe 2012, wurde um einen Abschnitt erweitert und besteht nun aus drei Abschnitten:

- Abschnitt 1: Basisparagrafen,
- Abschnitt 2: Vergabebestimmungen im Anwendungsbereich der Richtlinie 2004/18/EG (VOB/A – EG),
- Abschnitt 3: Vergabebestimmungen im Anwendungsbereich der Richtlinie 2009/81/EG (VOB/A – VS).

Die Verpflichtung zur Anwendung der VOB/A für öffentliche Auftraggeber erfolgt für den Abschnitt 1 (Vergaben unterhalb der EU-Schwellenwerte) über haushaltsrechtliche Bestimmungen, für den Abschnitt 2 (Vergaben ab den EU-Schwellenwerten) über die „Verordnung über die Vergabe öffentlicher Aufträge (Vergabeverordnung – VgV)" und für den Abschnitt 3 (Vergaben ab den EU-Schwellenwerten im Bereich Verteidigung und Sicherheit) über die „Vergabeverordnung Verteidigung und Sicherheit – VSVgV".

Die VOB/A setzt damit im 2. Abschnitt die materiellen Vergaberegelungen der EU-Richtlinie 2004/18/EG sowie im 3. Abschnitt die materiellen Vergaberegelungen der EU-Richtlinie 2009/81/EG ab den in den Richtlinien bestimmten EU-Schwellenwerten national um.

Nicht mehr in den Geltungsbereich der VOB/A fallen Vergaben der sog. „Sektoren-Auftraggeber" im Bereich der Trinkwasser-, Energie- und Verkehrsversorgung (§ 98 Nr. 4 GWB). Für diese öffentlichen Auftraggeber erfolgt die nationale Umsetzung der EU-Richtlinie 2004/17/EG direkt über die „Verordnung über die Vergabe von Aufträgen im Bereich des Verkehrs, der Trinkwasserversorgung und der Energieversorgung (Sektorenverordnung – SektVO)".

(7) Die VOB/B beinhaltet – in 18 Paragrafen – Vertragsbedingungen nicht technischer (rechtlicher) Art, die den Bauverträgen zugrunde zu legen sind; ihre Geltung muss aber jeweils ausdrücklich vereinbart sein.

Die VOB/B ist eine allgemeine Geschäftsbedingung im Sinne der §§ 305 ff. BGB, die durch ihre Erarbeitung im „Deutschen Vergabe- und Vertragsausschuss für Bauleistungen (DVA)" jedoch einen insgesamt ausgewogenen Interessenausgleich der Rechte und Pflichten der Auftraggeber und Auftragnehmer enthält. Sie wird daher in § 310 Abs. 1 BGB privilegiert, d. h. von der Einzelklauselkontrolle nach dem AGB-Recht freigestellt, wenn die geltende Fassung der VOB/B als Ganzes in Verträgen im Geschäftsverkehr vereinbart wird. Nach BGH-Rechtsprechung führen der VOB/B widersprechende Vertragsregelungen in höherrangigen Vertragsbedingungen eines Vertrags zur Aufhebung der Privilegierung der VOB/B.

Diese Privilegierung der VOB/B gilt nicht für Verträge mit Verbrauchern (Privaten). Bei solchen Verträgen könnten für Unternehmer günstige Klauseln der VOB/B überprüft und für unwirksam erklärt werden.

(8) Die VOB/C enthält vorwiegend Vertragsbedingungen technischer Art, die wie die VOB/B als Bauvertragsbestandteil zu vereinbaren sind.

Dieser VOB-Teil umfasst derzeit insgesamt 64 gewerkespezifische ATV (DIN-Normen), von DIN 18299 „Allgemeine Regelungen für Bauarbeiten jeder Art" über DIN 18300 „Erdarbeiten" bis DIN 18459 „Abbruch- und Rückbauarbeiten".

Jede ATV hat folgende identische Gliederung:

- 0: Hinweise für das Aufstellen der Leistungsbeschreibung (werden nicht Vertragsbestandteil)
- 1: Geltungsbereich
- 2: Stoffe, Bauteile (z. T. ergänzt)
- 3: Ausführung (z. T. ergänzt)
- 4: Nebenleistungen, Besondere Leistungen
- 5: Abrechnung

(9) Für viele große, insbesondere staatliche Baubereiche, z. B. die Tiefbaubereiche Straßen-, Wasser- und Eisenbahnbau, ebenfalls für den Hochbau, gibt es in den für die Vergabestellen verpflichtenden „Vergabehandbüchern" einheitliche Bestimmungen zur Anwendung der VOB.

Gesondert veröffentlicht sind gleichfalls bereichs- bzw. gewerkespezifische

- „Zusätzliche Vertragsbedingungen (ZVB)" zur Ergänzung der VOB/B und
- „Zusätzliche Technische Vertragsbedingungen (ZTV)" zur Ergänzung einzelner oder mehrerer ATV der VOB/C,

auf die, zur Einbeziehung in den Bauvertrag, jeweils in den „Bauvertragsunterlagen" Bezug zu nehmen ist.

(10) Die VOB füllt den vom Gesetz gelassenen Raum im Bau-Auftragswesen aus Rationalisierungsgründen durch „bereitliegende" einheitliche Regeln für alle Baubereiche aus.

Die VOB ist per se kein gesetzliches oder gesetzesähnliches Werk, das eine unmittelbare Rechtswirkung erzeugt.

Den öffentlichen Auftraggebern wird aber die Anwendung der VOB/A für das von ihnen durchzuführende Vergabeverfahren sowie die Zugrundelegung der VOB/B und damit der VOB/C für die von ihnen zu formulierenden Vertragsbedingungen vorgeschrieben. Dadurch wird das gute Funktionieren des deutschen Baumarktes in diesem Bereich garantiert.

Privatleuten und -firmen steht es grundsätzlich frei, die VOB bei den Vergabeverfahren und bei der Vertragsformulierung wie im öffentlichen Auftragswesen anzuwenden.

Auch die gewerblich tätigen Bauunternehmen, wenn sie als Hauptauftragnehmer einzelne Teilleistungen an Nachunternehmer vergeben, oder wenn sie mit ihrem Angebot den Bauvertragsinhalt selbst gegenüber anderen Unternehmen bestimmen, vereinbaren regelmäßig die VOB/B und damit auch die VOB/C (§ 1 Abs. 1 VOB/B!), um deren klare und ausgewogene Ausführungs- und Abrechnungsregeln für ihren Bauvertrag zu reklamieren und den „unsicheren" Boden des BGB zu vermeiden.

Bau-Vergabeverfahren gemäß VOB im Rahmen der Vergabe-Rechtsvorschriften

(11) Das Bau-Vergabeverfahren gemäß VOB/A umfasst auf der Auftraggeberseite

- das Aufstellen der Vergabeunterlagen,
- das Einholen von Angeboten und deren Behandlung (insbesondere Wertung) und
- das Erteilen des Auftrags (Vertragsschluss).

Die Auftragnehmerseite ist

- als „Bewerber" um die Beteiligung am Vergabeverfahren,
- als „Bieter" beim Einreichen der Angebote und
- als „Auftragnehmer" bei der Entgegennahme des Auftrags

angesprochen.

(12) Bei den „Vergabeunterlagen" (§ 8 und § 8 EG VOB/A) sind

- die Bedingungen, welche die Bewerber bzw. Bieter bei der Bearbeitung und Einreichung ihrer Angebote zu beachten haben („Bewerbungsbedingungen"), sowie
- die Vertragsunterlagen, welche – ausgefüllt mit den Angebotspreisen – den jeweiligen Bauvertragsinhalt darstellen sollen, insbesondere die „Leistungsbeschreibung" (§ 7 und § 7 EG VOB/A),

zu unterscheiden.

(13) Für das Einholen und Behandeln der Angebote sehen § 3 und § 3 EG VOB/A folgende Verfahren vor:

- „Öffentliche Ausschreibung" bzw. „Offenes Verfahren",
- „Beschränkte Ausschreibung" und „Beschränkte Ausschreibung nach Öffentlichem Teilnahmewettbewerb" bzw. „Nichtoffenes Verfahren",
- „Wettbewerblicher Dialog",
- „Verhandlungsverfahren nach Öffentlicher Vergabebekanntmachung",
- „Freihändige Vergabe" bzw. „Verhandlungsverfahren ohne Öffentliche Bekanntmachung".

Die Regelungen sind z. T. recht diffizil, insbesondere für Aufträge, welche den EU-Vergaberichtlinien unterworfen sind.

(14) Der Zuschlag (Auftragserteilung) ist in § 18 VOB/A geregelt.

(15) Bezweifelt ein Bewerber oder Bieter die korrekte Beachtung der Vergabebestimmungen durch den Auftraggeber, so kann er sich zur Nachprüfung behaupteter Verstöße an die in der „Bekanntmachung" und den „Vergabeunterlagen" zwingend anzugebende „Nachprüfungsstelle" bzw. „Nachprüfungsbehörde" wenden (§ 21 bzw. § 21 EG VOB/A).

Im Übrigen kann der Bewerber/Bieter den Weg zu den Zivilgerichten beschreiten und ggf. Schadenersatzansprüche geltend machen (§ 242 ff. BGB).

(16) Bei „öffentlichen Aufträgen", die den EU-Vergaberichtlinien unterworfen sind, haben die Beteiligten gemäß dem „Gesetz gegen Wettbewerbsbeschränkungen (GWB)" einen gesetzlich definierten Anspruch darauf, dass der Auftraggeber die Bestimmungen über das Vergabeverfahren einhält (§§ 97–129a GWB).

Für Beschwerden sind die zwei Instanzen „Vergabekammer" und „Beschwerdegericht" vorgesehen. Für die Verfahren sind strenge Formalien hinsichtlich Antragstellung, Ablauf und Dauer der Verhandlung, Aussetzung des Vergabeverfahrens, Kosten usw. festgelegt.

Der Auftraggeber darf nach Zustellung des Nachprüfungsantrags den Zuschlag vor einer Entscheidung der Vergabekammer und dem Ablauf der Beschwerdefrist nicht erteilen. Weiterhin hat der Auftraggeber nach § 101a GWB die betroffenen

Bieter, deren Angebote nicht berücksichtigt werden sollen, über den Namen des Unternehmens, dessen Angebot angenommen werden soll, über die Gründe der vorgesehenen Nichtberücksichtigung ihres Angebots und über den frühesten Zeitpunkt des Vertragsschlusses unverzüglich in Textform zu informieren. Die Informationsfrist, vor deren Ablauf kein Vertrag geschlossen werden darf, beträgt 15 Kalendertage. Wird die Information per Fax oder auf elektronischem Weg versendet, verkürzt sich die Frist auf zehn Kalendertage. Die Frist beginnt am Tag nach der Absendung der Information durch den Auftraggeber. Wird gegen § 101a GWB verstoßen oder ein öffentlicher Auftrag unmittelbar an ein Unternehmen erteilt, ist nach § 101b GWB ein Vertrag von Anfang an unwirksam. Die Unwirksamkeit muss innerhalb bestimmter Fristen durch ein Nachprüfungsverfahren festgestellt werden. Durch diese Gesetzesregelung können Beteiligte den Fortgang und den Abschluss (die Zuschlagserteilung) eines EU-Vergabeverfahrens stoppen.

Bau-Vertragsabwicklung gemäß VOB

(17) Die Bau-Vertragsabwicklung umfasst das Geschehen von der Zuschlagserteilung (= Vertragsschluss) bis zur Beendigung des Vertragsverhältnisses (regelmäßig: Ablauf der Verjährungsfrist für Mängelansprüche).

(18) Der abgeschlossene Bauvertrag regelt die Rechte und Pflichten der beiden Vertragspartner.

Auftraggeberpflichten: Stellen des Baugrundstücks sowie der für die Ausführung nötigen Unterlagen und Genehmigungen; Abnahme; Bezahlung.

Auftragnehmerpflichten: vertragsgemäße Ausführung; Abrechnung; Mängelbeseitigung.

Eine eventuelle Bauvertragsänderung führt zu einem schriftlichen „Nachtrag".

(19) Der Umfang der Leistung und die Vergütung sind hauptsächlich in den §§ 1 und 2 VOB/B geregelt.

Mit den vereinbarten Preisen sind alle Leistungen abgegolten, die nach dem Inhalt des Bauvertrags und der gewerblichen Verkehrssitte zur vertraglichen Leistung gehören.

(20) Mit der Ausführung der Leistung befassen sich hauptsächlich die §§ 4 bis 6 der VOB/B sowie die jeweiligen Abschnitte 3 der VOB/C-ATV.

Die Bauleitung steht ausschließlich dem Auftragnehmer zu. Er hat die vertraglich festgelegte Leistung unter eigener Verantwortung auszuführen und auch das Verhältnis zu seinen Arbeitnehmern allein zu regeln. Er muss unverzüglich Mitteilung machen, wenn er gegen die vorgesehene Art der Ausführung Bedenken hat.

Der Auftraggeber hat jedoch für die allgemeine Ordnung auf der Baustelle, insbesondere für das Zusammenwirken verschiedener Unternehmer, zu sorgen. Er kann im Rahmen der Bauaufsicht die vertragsgemäße Ausführung der Leistung überwachen und entsprechende Anordnungen treffen.

(21) Die festgelegte Ausführungsfrist muss eingehalten werden, wenn nicht Gründe für eine Verlängerung durch Behinderung oder Unterbrechung der Ausführung vorliegen oder eine Verlängerung, z. B. wegen Erweiterung der Leistung, vereinbart wird.

(22) Die Abnahme ist die Übernahme der Leistung durch den Auftraggeber. Einzelheiten sind in § 12 VOB/B geregelt.

(23) Mängelansprüche des Auftraggebers richten sich nach § 13 VOB/B.

Danach ist die Leistung zur Zeit der Abnahme frei von Sachmängeln, wenn sie die vereinbarte Beschaffenheit hat und den anerkannten Regeln der Technik entspricht.

Die Frist für die Verjährung von Mängelansprüchen des Auftraggebers für Bauwerke beträgt in der Regel vier Jahre.

(24) Abrechnung und Bezahlung der Leistung sind generell in den §§ 14 bis 16 VOB/B geregelt.

Es wird nach Abschlags-, Schluss- und ggf. Teilschlussrechnungen bzw. -zahlungen unterschieden.

Bau-Abrechnung gemäß VOB

(25) Für die VOB-gerechte Bau-Abrechnung sind über die allgemeinen Grundsätze in § 14 VOB/B hinaus die gewerkespezifischen Regelungen in den jeweiligen ATV-Abschnitten 5 der VOB/C entscheidend. Ausschlaggebend ist schließlich jedoch, wie im objektbezogenen „Leistungsverzeichnis (LV)" die einzelnen Teilleistungen (Positionen) – unter Beachtung des Abschnittes 0 der einschlägigen ATV – definiert, insbesondere dafür die „Abrechnungseinheiten" (m, m^2, m^3, t, Stück usw.) festgelegt sind.

Regelmäßig hat die Abrechnung der fertigen Bauleistung anhand von Mengenermittlungen für die einzelnen Leistungen aufgrund örtlicher Aufmaße oder ausführungsgerechter Zeichnungen zu erfolgen, wenn nicht eine Pauschalabrechnung vereinbart ist.

Obwohl bei der Ermittlung der einzelnen Längen, Flächen, Körper usw. grundsätzlich die geometrischen Rechenregeln anzuwenden sind, lässt sich eine mathematisch exakte Feststellung der Abrechnungsgeometrie vieler Bauteile nicht treffen, weil sie unregelmäßig geformt, aus mehreren Einzelteilen zusammengesetzt sind usw.; deshalb enthalten die ATV die notwendigen Festlegungen für Messansatzpunkte, Messvereinfachungen, Übermessungen usw.

(26) Bei der Komplexität all dieser Abrechnungsvorgänge sind unterschiedliche Ansichten der Vertragspartner zu den Aufmaßen, den Rechenwegen usw. nicht immer zu vermeiden, weil daraus ja schließlich der zu zahlende bzw. der erwartete Geldbetrag resultiert.

Lassen sich die Probleme nicht einvernehmlich klären, dann legt § 18 VOB/B („Streitigkeiten") die – wenn auch mühseligen und meist kostenträchtigen – Lösungswege fest.

Damit Streitfälle aus Missverständnissen über die Anwendung der ATV-Abrechnungsregelungen möglichst gar nicht erst entstehen können, bietet dieses Buch „VOB im Bild – Tiefbau- und Erdarbeiten" den VOB-Anwendern auf der Auftragnehmer- wie Auftraggeberseite mannigfache praxisgerechte Hilfen.

Wortlaut der DIN 18299

Für das Verständnis des Teils C der VOB ist die Kenntnis des Textes der ATV DIN 18299 „Allgemeine Regelungen für Bauarbeiten jeder Art" entscheidend.

Sie gibt die Gliederung aller ATV vor; in ihr sind diejenigen Regelungen der Abschnitte 0 bis 5 zusammengefasst, die für alle ATV einheitlich gelten und die damit in den fachspezifischen ATV nicht mehr wiederholt werden.

Dies gilt auch für die im Anhang Begriffsbestimmungen definierten Fachbegriffe. Dieser Anhang wurde in der ATV DIN 18299, Ausgabe September 2012, erstmals neu aufgenommen.

Aus diesem Grunde ist im Folgenden der volle Wortlaut der ATV DIN 18299 abgedruckt.

VOB Teil C:

Allgemeine Technische Vertragsbedingungen für Bauleistungen (ATV)
Allgemeine Regelungen für Bauarbeiten jeder Art – DIN 18299

Ausgabe September 2012

Inhalt

0 Hinweise für das Aufstellen der Leistungsbeschreibung

Diese Hinweise für das Aufstellen der Leistungsbeschreibung gelten für Bauarbeiten jeder Art; sie werden ergänzt durch die auf die einzelnen Leistungsbereiche bezogenen Hinweise in den ATV DIN 18300 bis ATV DIN 18459, Abschnitt 0, sowie den Anhang Begriffsbestimmungen. Die Beachtung dieser Hinweise und des Anhangs ist Voraussetzung für eine ordnungsgemäße Leistungsbeschreibung gemäß § 7, § 7 EG bzw. § 7 VS VOB/A.

In die Vorbemerkungen zum Leistungsverzeichnis ist aufzunehmen:

„Soweit in der Leistungsbeschreibung auf Technische Spezifikationen, z. B. nationale Normen, mit denen europäische Normen umgesetzt werden, europäische technische Zulassungen, gemeinsame technische Spezifikationen, internationale Normen, Bezug genommen wird, werden auch ohne den ausdrücklichen Zusatz: „oder gleichwertig" immer gleichwertige Technische Spezifikationen in Bezug genommen."

Die Hinweise werden nicht Vertragsbestandteil.

In der Leistungsbeschreibung sind nach den Erfordernissen des Einzelfalls insbesondere anzugeben:

0.1 Angaben zur Baustelle

0.1.1 Lage der Baustelle, Umgebungsbedingungen, Zufahrtsmöglichkeiten und Beschaffenheit der Zufahrt sowie etwaige Einschränkungen bei ihrer Benutzung.

0.1.2 Besondere Belastungen aus Immissionen sowie besondere klimatische oder betriebliche Bedingungen.

0.1.3 Art und Lage der baulichen Anlagen, z. B. auch Anzahl und Höhe der Geschosse.

0.1.4 Verkehrsverhältnisse auf der Baustelle, insbesondere Verkehrsbeschränkungen.

0.1.5 Für den Verkehr freizuhaltende Flächen.

0.1.6 Art, Lage, Maße und Nutzbarkeit von Transporteinrichtungen und Transportwegen, z. B. Montageöffnungen.

0.1.7 Lage, Art, Anschlusswert und Bedingungen für das Überlassen von Anschlüssen für Wasser, Energie und Abwasser.

0.1.8 Lage und Ausmaß der dem Auftragnehmer für die Ausführung seiner Leistungen zur Benutzung oder Mitbenutzung überlassenen Flächen, Räume.

0.1.9 Bodenverhältnisse, Baugrund und seine Tragfähigkeit. Ergebnisse von Bodenuntersuchungen.

0.1.10 Hydrologische Werte von Grundwasser und Gewässern. Art, Lage, Abfluss, Abflussvermögen und Hochwasserverhältnisse von Vorflutern. Ergebnisse von Wasseranalysen.

0.1.11 Besondere umweltrechtliche Vorschriften.

0.1.12 Besondere Vorgaben für die Entsorgung, z. B. Beschränkungen für die Beseitigung von Abwasser und Abfall.

0.1.13 Schutzgebiete oder Schutzzeiten im Bereich der Baustelle, z. B. wegen Forderungen des Gewässer-, Boden-, Natur-, Landschafts- oder Immissionsschutzes; vorliegende Fachgutachten oder dergleichen.

0.1.14 Art und Umfang des Schutzes von Bäumen, Pflanzenbeständen, Vegetationsflächen, Verkehrsflächen, Bauteilen, Bauwerken, Grenzsteinen und dergleichen im Bereich der Baustelle.

0.1.15 Im Bereich der Baustelle vorhandene Anlagen, insbesondere Abwasser- und Versorgungsleitungen.

0.1.16 Bekannte oder vermutete Hindernisse im Bereich der Baustelle, z. B. Leitungen, Kabel, Dräne, Kanäle, Bauwerksreste und, soweit bekannt, deren Eigentümer.

0.1.17 Bestätigung, dass die im jeweiligen Bundesland geltenden Anforderungen zu Erkundungs- und gegebenenfalls Räumungsmaßnahmen hinsichtlich Kampfmitteln erfüllt wurden.

0.1.18 Gegebenenfalls gemäß der Baustellenverordnung getroffene Maßnahmen.

0.1.19 Besondere Anordnungen, Vorschriften und Maßnahmen der Eigentümer (oder der anderen Weisungsberechtigten) von Leitungen, Kabeln, Dränen, Kanälen, Straßen, Wegen, Gewässern, Gleisen, Zäunen und dergleichen im Bereich der Baustelle.

0.1.20 Art und Umfang von Schadstoffbelastungen, z. B. des Bodens, der Gewässer, der Luft, der Stoffe und Bauteile; vorliegende Fachgutachten oder dergleichen.

0.1.21 Art und Zeit der vom Auftraggeber veranlassten Vorarbeiten.

0.1.22 Arbeiten anderer Unternehmer auf der Baustelle.

0.2 Angaben zur Ausführung

0.2.1 Vorgesehene Arbeitsabschnitte, Arbeitsunterbrechungen und Arbeitsbeschränkungen nach Art, Ort und Zeit sowie Abhängigkeit von Leistungen anderer.

0.2.2 Besondere Erschwernisse während der Ausführung, z. B. Arbeiten in Räumen, in denen der Betrieb weiterläuft, Arbeiten im Bereich von Verkehrswegen oder bei außergewöhnlichen äußeren Einflüssen.

0.2.3 Besondere Anforderungen für Arbeiten in kontaminierten Bereichen, gegebenenfalls besondere Anordnungen für Schutz- und Sicherheitsmaßnahmen.

0.2.4 Besondere Anforderungen an die Baustelleneinrichtung und Entsorgungseinrichtungen, z. B. Behälter für die getrennte Erfassung.

0.2.5 Besonderheiten der Regelung und Sicherung des Verkehrs, gegebenenfalls auch, wieweit der Auftraggeber die Durchführung der erforderlichen Maßnahmen übernimmt.

0.2.6 Besondere Anforderungen an das Auf- und Abbauen sowie Vorhalten von Gerüsten.

0.2.7 Mitbenutzung fremder Gerüste, Hebezeuge, Aufzüge, Aufenthalts- und Lagerräume, Einrichtungen und dergleichen durch den Auftragnehmer.

0.2.8 Wie lange, für welche Arbeiten und gegebenenfalls für welche Beanspruchung der Auftragnehmer Gerüste, Hebezeuge, Aufzüge, Aufenthalts- und Lagerräume, Einrichtungen und dergleichen für andere Unternehmer vorzuhalten hat.

0.2.9 Verwendung oder Mitverwendung von wiederaufbereiteten (Recycling-)Stoffen.

0.2.10 Anforderungen an wiederaufbereitete (Recycling-)Stoffe und an nicht genormte Stoffe und Bauteile.

0.2.11 Besondere Anforderungen an Art, Güte und Umweltverträglichkeit der Stoffe und Bauteile, auch z. B. an die schnelle biologische Abbaubarkeit von Hilfsstoffen.

0.2.12 Art und Umfang der vom Auftraggeber verlangten Eignungs- und Gütenachweise.

0.2.13 Unter welchen Bedingungen auf der Baustelle gewonnene Stoffe verwendet werden dürfen oder müssen oder einer anderen Verwertung zuzuführen sind.

0.2.14 Art, Zusammensetzung und Menge der aus dem Bereich des Auftraggebers zu entsorgenden Böden, Stoffe und Bauteile; Art der Verwertung oder bei Abfall die Entsorgungsanlage; Anforderungen an die Nachweise über Transporte, Entsorgung und die vom Auftraggeber zu tragenden Entsorgungskosten.

0.2.15 Art, Anzahl, Menge oder Masse der Stoffe und Bauteile, die vom Auftraggeber beigestellt werden, sowie Art, genaue Bezeichnung des Ortes und Zeit ihrer Übergabe.

0.2.16 In welchem Umfang der Auftraggeber Abladen, Lagern und Transport von Stoffen und Bauteilen übernimmt oder dafür dem Auftragnehmer Geräte oder Arbeitskräfte zur Verfügung stellt.

0.2.17 Leistungen für andere Unternehmer.

0.2.18 Mitwirken beim Einstellen von Anlageteilen und bei der Inbetriebnahme von Anlagen im Zusammenwirken mit anderen Beteiligten, z. B. mit dem Auftragnehmer für die Gebäudeautomation.

0.2.19 Benutzung von Teilen der Leistung vor der Abnahme.

0.2.20 Übertragung der Wartung während der Dauer der Verjährungsfrist für die Mängelansprüche für maschinelle und elektrotechnische sowie elektronische Anlagen oder Teile davon, bei denen die Wartung Einfluss auf die Sicherheit und die Funktionsfähigkeit hat (vergleiche § 13 Abs. 4 Nr. 2 VOB/B), durch einen besonderen Wartungsvertrag.

0.2.21 Abrechnung nach bestimmten Zeichnungen oder Tabellen.

0.3 Einzelangaben bei Abweichungen von den ATV

0.3.1 Wenn andere als die in den ATV DIN 18299 bis ATV DIN 18459 vorgesehenen Regelungen getroffen werden sollen, sind diese in der Leistungsbeschreibung eindeutig und im Einzelnen anzugeben.

0.3.2 Abweichende Regelungen von der ATV DIN 18299 können insbesondere in Betracht kommen bei

Abschnitt 2.1.1, wenn die Lieferung von Stoffen und Bauteilen nicht zur Leistung gehören soll,

Abschnitt 2.2, wenn nur ungebrauchte Stoffe und Bauteile vorgehalten werden dürfen,

Abschnitt 2.3.1, wenn auch gebrauchte Stoffe und Bauteile geliefert werden dürfen.

0.4 Einzelangaben zu Nebenleistungen und Besonderen Leistungen

0.4.1 Nebenleistungen

Nebenleistungen (Abschnitt 4.1 aller ATV) sind in der Leistungsbeschreibung nur zu erwähnen, wenn sie ausnahmsweise selbstständig vergütet werden sollen. Eine ausdrückliche Erwähnung ist geboten, wenn die Kosten der Nebenleistung von erheblicher Bedeutung für die Preisbildung sind; in diesen Fällen sind besondere Ordnungszahlen (Positionen) vorzusehen.

Dies kommt insbesondere für das Einrichten und Räumen der Baustelle in Betracht.

0.4.2 Besondere Leistungen

Werden Besondere Leistungen (Abschnitt 4.2 aller ATV) verlangt, ist dies in der Leistungsbeschreibung anzugeben; gegebenenfalls sind hierfür besondere Ordnungszahlen (Positionen) vorzusehen.

0.5 Abrechnungseinheiten

Im Leistungsverzeichnis sind die Abrechnungseinheiten für die Teilleistungen (Positionen) gemäß Abschnitt 0.5 der jeweiligen ATV anzugeben.

1 Geltungsbereich

Die ATV DIN 18299 „Allgemeine Regelungen für Bauarbeiten jeder Art" gilt für alle Bauarbeiten, auch für solche, für die keine ATV in VOB/C – ATV DIN 18300 bis ATV DIN 18459 – bestehen.

Abweichende Regelungen in den ATV DIN 18300 bis ATV DIN 18459 haben Vorrang.

2 Stoffe, Bauteile

2.1 Allgemeines

2.1.1 Die Leistungen umfassen auch die Lieferung der dazugehörigen Stoffe und Bauteile einschließlich Abladen und Lagern auf der Baustelle.

2.1.2 Stoffe und Bauteile, die vom Auftraggeber beigestellt werden, hat der Auftragnehmer rechtzeitig beim Auftraggeber anzufordern.

2.1.3 Stoffe und Bauteile müssen für den jeweiligen Verwendungszweck geeignet und aufeinander abgestimmt sein.

2.2 Vorhalten

Stoffe und Bauteile, die der Auftragnehmer nur vorzuhalten hat, die also nicht in das Bauwerk eingehen, dürfen nach Wahl des Auftragnehmers gebraucht oder ungebraucht sein.

2.3 Liefern

2.3.1 Stoffe und Bauteile, die der Auftragnehmer zu liefern und einzubauen hat, die also in das Bauwerk eingehen, müssen ungebraucht sein. Wiederaufbereitete (Recycling-)Stoffe gelten als ungebraucht, wenn sie den Bedingungen gemäß Abschnitt 2.1.3 entsprechen.

2.3.2 Stoffe und Bauteile, für die DIN-Normen bestehen, müssen den DIN-Güte- und DIN-Maßbestimmungen entsprechen.

2.3.3 Stoffe und Bauteile, die nach den deutschen behördlichen Vorschriften einer Zulassung bedürfen, müssen amtlich zugelassen sein und den Bestimmungen ihrer Zulassung entsprechen.

2.3.4 Stoffe und Bauteile, für die bestimmte technische Spezifikationen in der Leistungsbeschreibung nicht genannt sind, dürfen auch verwendet werden, wenn sie Normen, technischen Vorschriften oder sonstigen Bestimmungen anderer Staaten entsprechen, sofern das geforderte Schutzniveau in Bezug auf Sicherheit, Gesundheit und Gebrauchstauglichkeit gleichermaßen dauerhaft erreicht wird.

Sofern für Stoffe und Bauteile eine Überwachungs- oder Prüfzeichenpflicht oder der Nachweis der Brauchbarkeit, z. B. durch allgemeine bauaufsichtliche Zulassung, allgemein vorgesehen ist, kann von einer Gleichwertigkeit nur ausgegangen werden, wenn die Stoffe und Bauteile ein Überwachungs- oder Prüfzeichen tragen oder für sie der genannte Brauchbarkeitsnachweis erbracht ist.

3 Ausführung

3.1 Wenn Verkehrs-, Versorgungs- und Entsorgungsanlagen im Bereich der Baustelle liegen, sind die Vorschriften und Anordnungen der zuständigen Stellen zu beachten. Kann die Lage dieser Anlagen nicht angegeben werden, ist sie zu erkunden. Leistungen zur Erkundung derartiger Anlagen sind Besondere Leistungen (siehe Abschnitt 4.2.1).

3.2 Die für die Aufrechterhaltung des Verkehrs bestimmten Flächen sind freizuhalten. Der Zugang zu Einrichtungen der Versorgungs- und Entsorgungsbetriebe, der Feuerwehr, der Post und Bahn, zu Vermessungspunkten und dergleichen darf nicht mehr als durch die Ausführung unvermeidlich behindert werden.

3.3 Werden Schadstoffe vorgefunden, z. B. in Böden, Gewässern, Stoffen oder Bauteilen, ist dies dem Auftraggeber unverzüglich mitzuteilen. Bei Gefahr im Verzug hat der Auftragnehmer die notwendigen Sicherungsmaßnahmen unverzüglich durchzuführen. Die weiteren Maßnahmen sind gemeinsam festzulegen. Die erbrachten und die weiteren Leistungen sind Besondere Leistungen (siehe Abschnitt 4.2.1).

4 Nebenleistungen, Besondere Leistungen

4.1 Nebenleistungen

Nebenleistungen sind Leistungen, die auch ohne Erwähnung im Vertrag zur vertraglichen Leistung gehören (§ 2 Abs. 1 VOB/B).

Nebenleistungen sind demnach insbesondere:

4.1.1 Einrichten und Räumen der Baustelle einschließlich der Geräte und dergleichen.

4.1.2 Vorhalten der Baustelleneinrichtung einschließlich der Geräte und dergleichen.

4.1.3 Messungen für das Ausführen und Abrechnen der Arbeiten einschließlich des Vorhaltens der Messgeräte, Lehren, Absteckzeichen und dergleichen, des Erhaltens der Lehren und Absteckzeichen während der Bauausführung und des Stellens der Arbeitskräfte, jedoch nicht Leistungen nach § 3 Abs. 2 VOB/B.

4.1.4 Schutz- und Sicherheitsmaßnahmen nach den staatlichen und berufsgenossenschaftlichen Regelwerken zum Arbeitsschutz, ausgenommen Leistungen nach den Abschnitt 4.2.4 und 4.2.5.

4.1.5 Beleuchten, Beheizen und Reinigen der Aufenthalts- und Sanitärräume für die Beschäftigten des Auftragnehmers.

4.1.6 Heranbringen von Wasser und Energie von den vom Auftraggeber auf der Baustelle zur Verfügung gestellten Anschlussstellen zu den Verwendungsstellen.

4.1.7 Liefern der Betriebsstoffe.

4.1.8 Vorhalten der Kleingeräte und Werkzeuge.

4.1.9 Befördern aller Stoffe und Bauteile, auch wenn sie vom Auftraggeber beigestellt sind, von den Lagerstellen auf der Baustelle oder von den in der Leistungsbeschreibung angegebenen Übergabestellen zu den Verwendungsstellen und etwaiges Rückbefördern.

4.1.10 Sichern der Arbeiten gegen Niederschlagswasser, mit dem normalerweise gerechnet werden muss, und seine etwa erforderliche Beseitigung.

4.1.11 Entsorgen von Abfall aus dem Bereich des Auftragnehmers sowie Beseitigen der Verunreinigungen, die von den Arbeiten des Auftragnehmers herrühren.

4.1.12 Entsorgen von Abfall aus dem Bereich des Auftraggebers bis zu einer Menge von 1 m^3, soweit der Abfall nicht schadstoffbelastet ist.

4.2 Besondere Leistungen

Besondere Leistungen sind Leistungen, die nicht Nebenleistungen nach Abschnitt 4.1 sind und nur dann zur vertraglichen Leistung gehören, wenn sie in der Leistungsbeschreibung besonders erwähnt sind. Besondere Leistungen sind z. B.:

4.2.1 Leistungen nach den Abschnitten 3.1 und 3.3.

4.2.2 Leistungen zur Unfallverhütung und zum Gesundheitsschutz für Mitarbeiter anderer Unternehmen.

4.2.3 Erfüllen von Aufgaben des Auftraggebers (Bauherrn) hinsichtlich der Planung der Ausführung des Bauvorhabens oder der Koordinierung gemäß Baustellenverordnung.

4.2.4 Leistungen zur Unfallverhütung und zum Gesundheitsschutz für Mitarbeiter anderer Unternehmen.

4.2.5 Besondere Schutz- und Sicherheitsmaßnahmen bei Arbeiten in kontaminierten Bereichen, z. B. messtechnische Überwachung, spezifische Zusatzgeräte für Baumaschinen und Anlagen, abgeschottete Arbeitsbereiche.

4.2.6 Leistungen für besondere Schutzmaßnahmen gegen Witterungsschäden, Hochwasser und Grundwasser, ausgenommen Leistungen nach Abschnitt 4.1.10.

4.2.7 Versicherung der Leistung bis zur Abnahme zugunsten des Auftraggebers oder Versicherung eines außergewöhnlichen Haftpflichtwagnisses.

4.2.8 Besondere Prüfung von Stoffen und Bauteilen, die der Auftraggeber liefert.

4.2.9 Aufstellen, Vorhalten, Betreiben und Beseitigen von Einrichtungen zur Sicherung und Aufrechterhaltung des Verkehrs auf der Baustelle, z.B. Bauzäune, Schutzgerüste, Hilfsbauwerke, Beleuchtungen, Leiteinrichtungen.

4.2.10 Aufstellen, Vorhalten, Betreiben und Beseitigen von Einrichtungen außerhalb der Baustelle zur Umleitung, Regelung und Sicherung des öffentlichen und Anliegerverkehrs sowie das Einholen der hierfür erforderlichen verkehrsrechtlichen Genehmigungen und Anordnungen nach der StVO.

4.2.11 Bereitstellen von Teilen der Baustelleneinrichtung für andere Unternehmer oder den Auftraggeber.

4.2.12 Leistungen für besondere Maßnahmen aus Gründen des Umweltschutzes sowie der Landes- und Denkmalpflege.

4.2.13 Entsorgen von Abfall über die Leistungen nach den Abschnitten 4.1.11 und 4.1.12 hinaus.

4.2.14 Schutz der Leistung, wenn der Auftraggeber eine vorzeitige Benutzung verlangt.

4.2.15 Beseitigen von Hindernissen.

4.2.16 Zusätzliche Leistungen für die Weiterarbeit bei Frost und Schnee, soweit sie dem Auftragnehmer nicht ohnehin obliegen.

4.2.17 Leistungen für besondere Maßnahmen zum Schutz und zur Sicherung gefährdeter baulicher Anlagen und benachbarter Grundstücke.

4.2.18 Sichern von Leitungen, Kabeln, Dränen, Kanälen, Grenzsteinen, Bäumen, Pflanzen und dergleichen.

5 Abrechnung

Die Leistung ist aus Zeichnungen zu ermitteln, soweit die ausgeführte Leistung diesen Zeichnungen entspricht. Sind solche Zeichnungen nicht vorhanden, ist die Leistung aufzumessen.

Anhang Begriffsbestimmungen

Begriffsbestimmungen zu den Allgemeinen Technischen Vertragsbedingungen für Bauleistungen

- Aussparungen sind bei Bauteilen Querschnittsschwächungen, deren Tiefe kleiner oder gleich der Bauteiltiefe sein kann. Aussparungen sind bei Flächen nicht zu behandelnde bzw. nicht herzustellende Teile. Aussparungen entstehen z.B. durch Öffnungen (auch raumhoch), Durchbrüche, Durchdringungen, Nischen, Schlitze, Hohlräume, Leitungen, Kanäle.
- Unterbrechungen sind bei der Ermittlung der Längenmaße trennende, nicht zu behandelnde bzw. nicht herzustellende Abschnitte. Unterbrechungen durch Bauteile sind bei der Ermittlung der Flächenmaße trennende, nicht zu behandelnde bzw. nicht herzustellende Teilflächen geringer Breite, z.B. Fachwerkteile, Vorlagen, Lisenen, Gesimse, Entwässerungsrinnen, Einbauten.
- Anarbeiten: Heranführen an begrenzende Bauteile ohne Anpassen oder Anschließen.
- Anpassen: Heranführen an begrenzende Bauteile durch Bearbeiten des heranzuführenden Baustoffes, sodass dieser der Geometrie des begrenzenden Bauteils folgt.
- Anschließen: Heranführen an begrenzende Bauteile und Sicherstellen einer definierten technischen Funktion, z.B. Winddichtigkeit, Wasserdichtigkeit, Kraftschluss.
- Das kleinste umschriebene Rechteck: Das kleinste umschriebene Rechteck ergibt sich aus dem kleinsten Rechteck, das eine Fläche beliebiger Form umschließt.

Allgemeine Regelungen für Bauarbeiten jeder Art – DIN 18299

Ausgabe September 2012

Geltungsbereich

Die ATV DIN 18299 „Allgemeine Regelungen für Bauarbeiten jeder Art" gilt für alle Bauarbeiten, auch für solche, für die keine ATV in VOB/C – ATV DIN 18300 bis ATV DIN 18459 – bestehen.

Abweichende Regelungen in den ATV DIN 18300 bis ATV DIN 18459 haben Vorrang.

0.5 Abrechnungseinheiten

Im Leistungsverzeichnis sind die Abrechnungseinheiten für die Teilleistungen (Positionen) gemäß Abschnitt 0.5 der jeweiligen ATV anzugeben.

5 Abrechnung

Die Leistung ist aus Zeichnungen zu ermitteln, soweit die ausgeführte Leistung diesen Zeichnungen entspricht. Sind solche Zeichnungen nicht vorhanden, ist die Leistung aufzumessen.

Anhang Begriffsbestimmungen

Begriffsbestimmungen zu den Allgemeinen Technischen Vertragsbedingungen für Bauleistungen

- Aussparungen sind bei Bauteilen Querschnittsschwächungen, deren Tiefe kleiner oder gleich der Bauteiltiefe sein kann. Aussparungen sind bei Flächen nicht zu behandelnde bzw. nicht herzustellende Teile. Aussparungen entstehen z.B. durch Öffnungen (auch raumhoch), Durchbrüche, Durchdringungen, Nischen, Schlitze, Hohlräume, Leitungen, Kanäle.
- Unterbrechungen sind bei der Ermittlung der Längenmaße trennende, nicht zu behandelnde bzw. nicht herzustellende Abschnitte. Unterbrechungen durch Bauteile sind bei der Ermittlung der Flächenmaße trennende, nicht zu behandelnde bzw. nicht herzustellende Teilflächen geringer Breite, z.B. Fachwerkteile, Vorlagen, Lisenen, Gesimse, Entwässerungsrinnen, Einbauten.
- Anarbeiten: Heranführen an begrenzende Bauteile ohne Anpassen oder Anschließen.
- Anpassen: Heranführen an begrenzende Bauteile durch Bearbeiten des heranzuführenden Baustoffes, sodass dieser der Geometrie des begrenzenden Bauteils folgt.
- Anschließen: Heranführen an begrenzende Bauteile und Sicherstellen einer definierten technischen Funktion, z.B. Winddichtigkeit, Wasserdichtigkeit, Kraftschluss.
- Das kleinste umschriebene Rechteck: Das kleinste umschriebene Rechteck ergibt sich aus dem kleinsten Rechteck, das eine Fläche beliebiger Form umschließt.

Erläuterungen

(1) Die ATV DIN 18299 „Allgemeine Regelungen für Bauarbeiten jeder Art", Ausgabe September 2012, wurde fachtechnisch überarbeitet.

Im Abschnitt 0 wird auf den neuen Anhang Begriffsbestimmungen und auf die für eine ordnungsgemäße Leistungsbeschreibung zu beachtenden neuen Paragrafen § 7 EG und § 7 VS VOB/A verwiesen.

Fachtechnische oder redaktionelle Änderungen wurden in den Abschnitten 0.1.2, 0.1.15, 0.1.17, 0.2.1, 0.2.13, 0.2.14, 0.2.15, 0.2.20, 0.3.1, 2.3.1, 2.3.2, 2.3.3, 2.3.4, 3.1, 3.3, 4.1.3, 4.1.4, 4.1.9, 4.1.10, 4.2.1, 4.2.4, 4.2.6, 4.2.12, 4.2.13, 4.2.14, 4.2.16 und 4.2.17 vorgenommen.

(2) Keine Änderungen hat es in den Abschnitten 0.5 „Abrechnungseinheiten" und 5 „Abrechnung" gegeben.

(3) Neu aufgenommen wurde der Anhang Begriffsbestimmungen. Die dort definierten Fachbegriffe dienen der Klarstellung und damit Streitvermeidung bei der Ausführung und Abrechnung von Baumaßnahmen auf der Grundlage der VOB, Ausgabe 2012.

Für die Abrechnung von Bauleistungen ist aber zu beachten, dass für diese Begriffe in den jeweiligen ATV zum Teil unterschiedliche Regelungen bestehen.

0.5 Abrechnungseinheiten

Im Leistungsverzeichnis sind die Abrechnungseinheiten für die Teilleistungen (Positionen) gemäß Abschnitt 0.5 der jeweiligen ATV anzugeben.

(1) Die Regelungen zu den „Abrechnungseinheiten" im Abschnitt 0.5 aller ATV geben dem Auftraggeber Hinweise zur sachgerechten Gliederung und Formulierung des Leistungsverzeichnisses (LV) im Sinne einer ordnungsgemäßen Leistungsbeschreibung gemäß § 7, § 7 EG bzw. § 7 VS VOB/A.

In der jeweiligen (gewerksbezogenen) ATV sind in diesem Abschnitt meist recht differenzierte Angaben aufgelistet.

Hierauf sind auch die vertraglichen ATV-Regelungen im jeweiligen Abschnitt 5 „Abrechnung", z.T. auch im Abschnitt 4 „Nebenleistungen, Besondere Leistungen", abgestellt, sodass deren problemlose Anwendung im Einzelfall nur möglich ist, wenn der Auftraggeber das betreffende LV streng nach Abschnitt 0.5 aufgestellt hat.

Der Auftragnehmer ist hiervon – wie von den anderen Regelungen im Abschnitt 0 „Hinweise für das Aufstellen der Leistungsbeschreibung" – nicht direkt angesprochen, allenfalls als er bei einem ihm bedenklich erscheinenden LV daran prüfen kann, ob der Auftraggeber seiner Pflicht zur sachgerechten Beschreibung der vertraglichen Leistung nachgekommen ist.

(2) Es ist Sache des Auftraggebers, für die von ihm im Leistungsverzeichnis zu formulierenden Positionen auch die jeweilige Abrechnungseinheit festzulegen, wobei er die Regelungen in dem Abschnitt 0.5 der zutreffenden ATV DIN 18300 ff. wie folgt zu beachten hat:

- Ist nur *eine* Abrechnungseinheit angegeben, z.B. „m", so ist diese zu wählen; sind alternativ mehrere Einheiten angegeben, z.B. „m" oder „m^3", obliegt es dem Auftraggeber, je nach Zweckmäßigkeit die passende Einheit zu wählen.
- Ist bei einzelnen Teilleistungen angegeben, dass sie nach bestimmten Kriterien getrennt beschrieben werden sollen, z.B. Rohre nach Art, Durchmesser und Wanddicke, so ist für jede Art, jeden Durchmesser und jede Wanddicke eine eigene Ordnungszahl (Position) zu formulieren.

(3) In den ATV DIN 18300 ff. sind die Angaben auf die „Haupt"-Leistungen des jeweiligen Leistungsbereichs (Gewerks) abgestellt. Dabei ist darauf geachtet, dass für „Nebenleistungen" (jeweils Abschnitt 4.1) keine und für „Besondere Leistungen" (jeweils Abschnitt 4.2) nur in bestimmten Fällen Abrechnungseinheiten vorgegeben werden.

5 Abrechnung

Die Leistung ist aus Zeichnungen zu ermitteln, soweit die ausgeführte Leistung diesen Zeichnungen entspricht. Sind solche Zeichnungen nicht vorhanden, ist die Leistung aufzumessen.

(1) Die Leistungsermittlung aus Zeichnungen dient der Rationalisierung der Abrechnungsarbeit. Solcher „Soll"-Abrechnung ist deshalb stets der Vorzug zu geben, wenn für die Leistung Ausführungszeichnungen, z. B. Querschnittsprofile, Schalungspläne, vorhanden sind. Ein Aufmaß für Abrechnungszwecke ist dann unnötig.

(2) Nicht erspart wird allerdings der örtliche Vergleich der Leistung mit den Zeichnungen, denn dies ist schon für die Kontrolle der vertragsgemäßen Ausführung (§ 4 VOB/B) und die Abnahme (§§ 12, 13 VOB/B) der Leistung notwendig.

(3) Die ausgeführte Leistung entspricht den Ausführungs-Zeichnungen, wenn alle Maße innerhalb der zulässigen Abweichungen („Toleranzen") liegen. Dabei sind insbesondere die DIN 18201 „Toleranzen im Bauwesen; Begriffe, Grundsätze, Anwendung, Prüfung" sowie die in den Vertragsunterlagen (z. B. Zusätzlichen Technischen Vertragsbedingungen) zugelassenen Abweichungen zu beachten. Sind im Vertrag keine Toleranzen festgelegt, dann gilt die Verkehrssitte.

(4) Sind die Toleranzen nicht überschritten, werden der Abrechnung die Zeichnungs-(Soll-)Maße zugrunde gelegt. Sind jedoch die Toleranzen überschritten oder gibt es gar keine Ausführungszeichnungen, muss die ausgeführte Leistung aufgemessen werden. Dabei werden die tatsächlichen Maße genommen, Toleranzen spielen dann keine Rolle mehr.

(5) Sofern fiktive (theoretische) Abrechnungsregeln in den Vertragsunterlagen vorgesehen sind, so ist nach diesen abzurechnen. Dies gilt insbesondere für die Aufmaß- und Übermessungsbestimmungen in den Abschnitten 5 der ATV DIN 18300 ff.

Anhang Begriffsbestimmungen

Begriffsbestimmungen zu den Allgemeinen Technischen Vertragsbedingungen für Bauleistungen

Nachfolgend einige Bildbeispiele aus dem Tiefbaubereich für die definierten Begriffe.

- **Aussparungen sind bei Bauteilen Querschnittsschwächungen, deren Tiefe kleiner oder gleich der Bauteiltiefe sein kann. Aussparungen sind bei Flächen nicht zu behandelnde bzw. nicht herzustellende Teile. Aussparungen entstehen z.B. durch Öffnungen (auch raumhoch), Durchbrüche, Durchdringungen, Nischen, Schlitze, Hohlräume, Leitungen, Kanäle.**

Aussparung in einer Wand und einer Spritzbetonschale

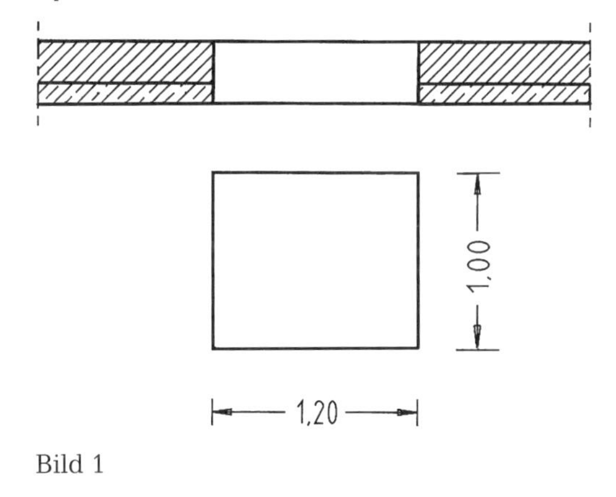

Bild 1

Aussparung in einer Verkehrsfläche

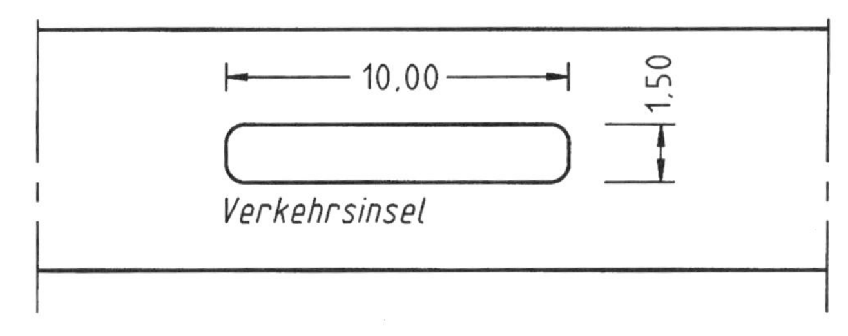

Bild 2

Durchdringung (Aussparung) der Unterbetonschicht mit Ortbetonpfählen

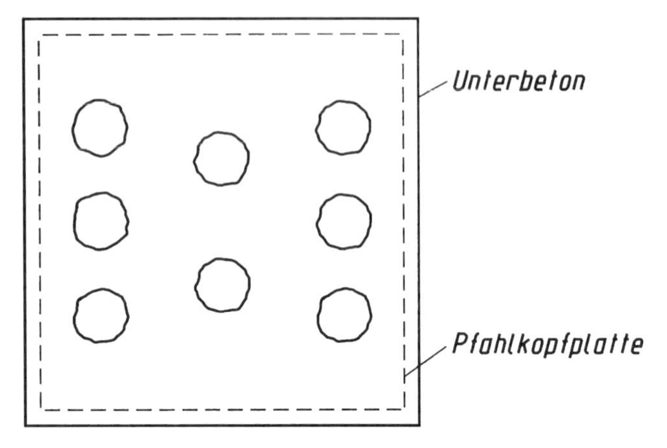

Bild 3

Aussparung in einem U-Träger

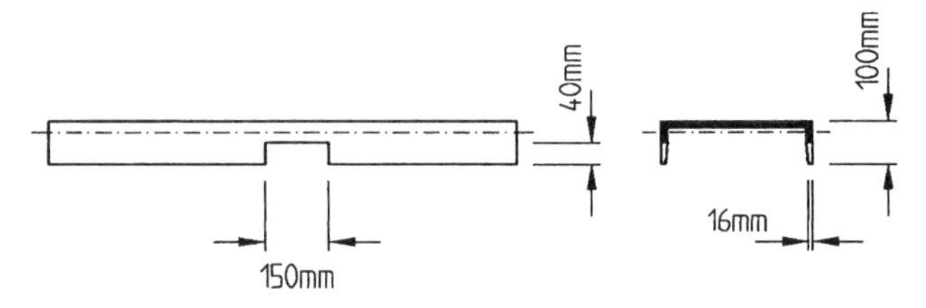

Bild 4

Aussparung in Pflasterflächen durch einen Schacht

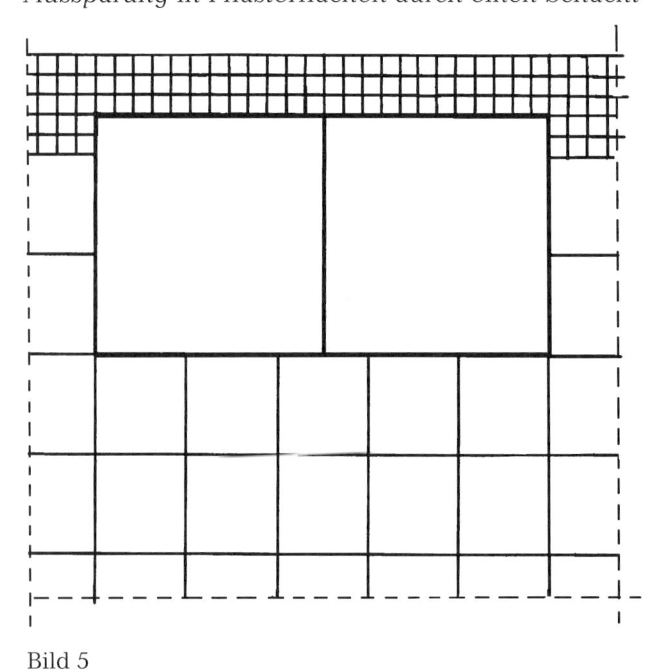

Bild 5

- **Unterbrechungen sind bei der Ermittlung der Längenmaße trennende, nicht zu behandelnde bzw. nicht herzustellende Abschnitte. Unterbrechungen durch Bauteile sind bei der Ermittlung der Flächenmaße trennende, nicht zu behandelnde bzw. nicht herzustellende Teilflächen geringer Breite, z.B. Fachwerkteile, Vorlagen, Lisenen, Gesimse, Entwässerungsrinnen, Einbauten.**

Unterbrechung einer Entwässerungsrinne durch einen Ablauf

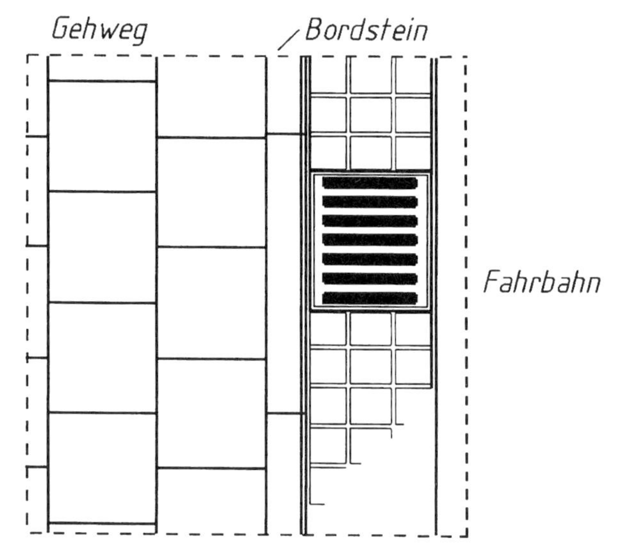

Bild 6

Unterbrechung einer Hecke durch einen Mast und einen Schaltschrank

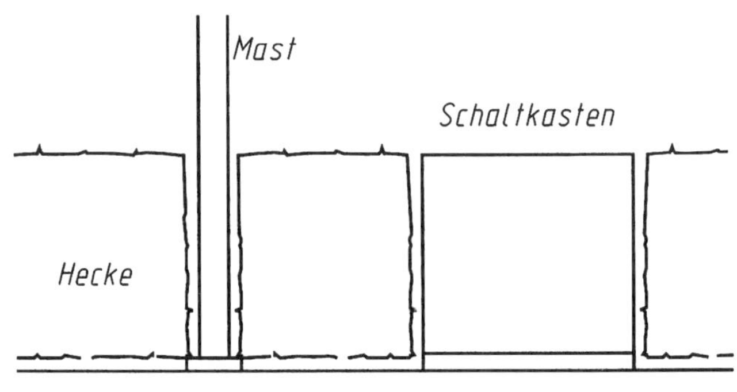

Bild 7

Unterbrechung eines Geländers durch einen Mast

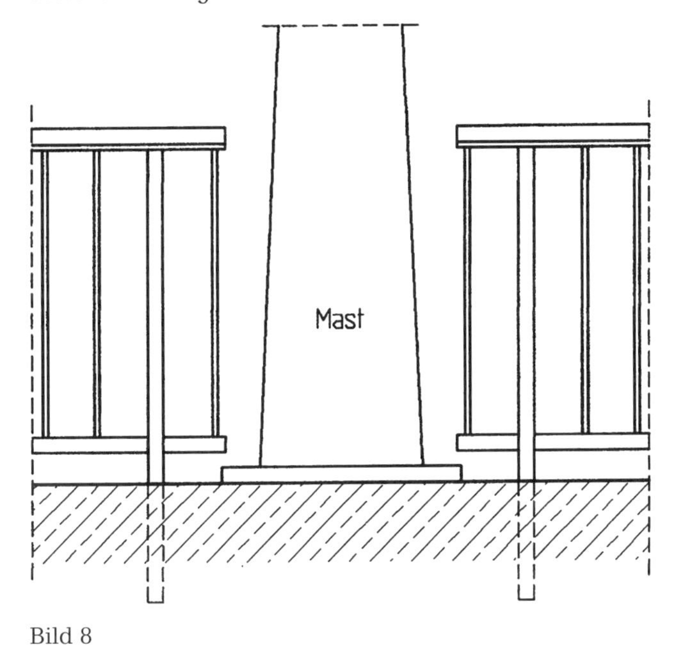

Bild 8

- **Anarbeiten: Heranführen an begrenzende Bauteile ohne Anpassen oder Anschließen.**

Anarbeiten von Gehwegplatten an einen Schacht (Verwendung von halben Platten ohne Schneiden)

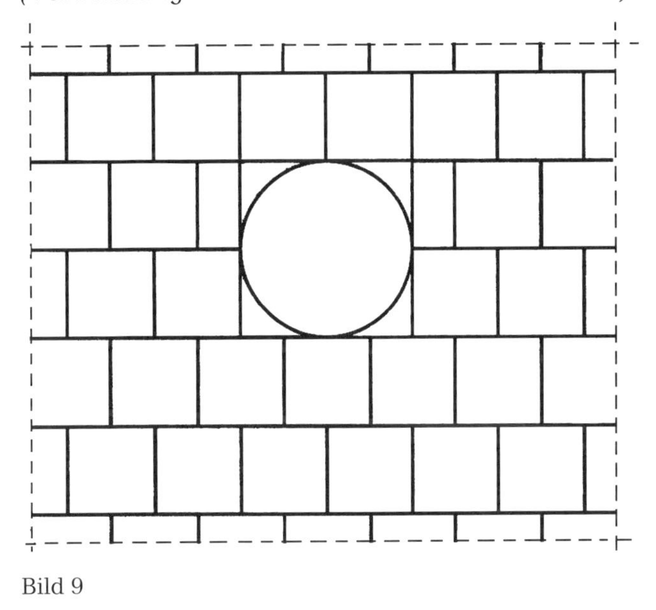

Bild 9

Anarbeiten von diagonal verlegten Gehwegplatten an einen Bordstein

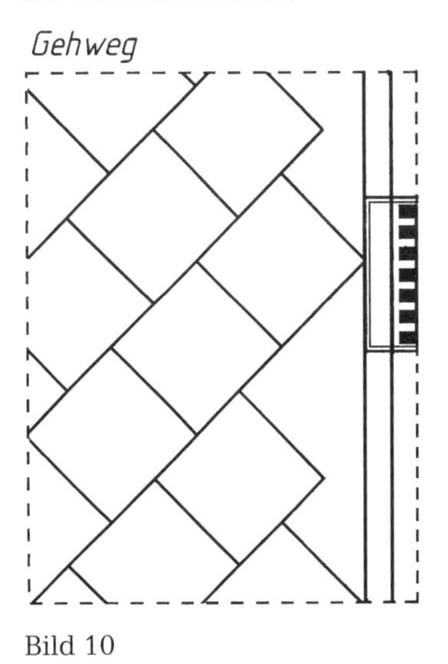

Bild 10

- **Anpassen: Heranführen an begrenzende Bauteile durch Bearbeiten des heranzuführenden Baustoffes, sodass dieser der Geometrie des begrenzenden Bauteils folgt.**

Anpassen von Gehwegplatten an einen Bord durch Zuschneiden einzelner Platten

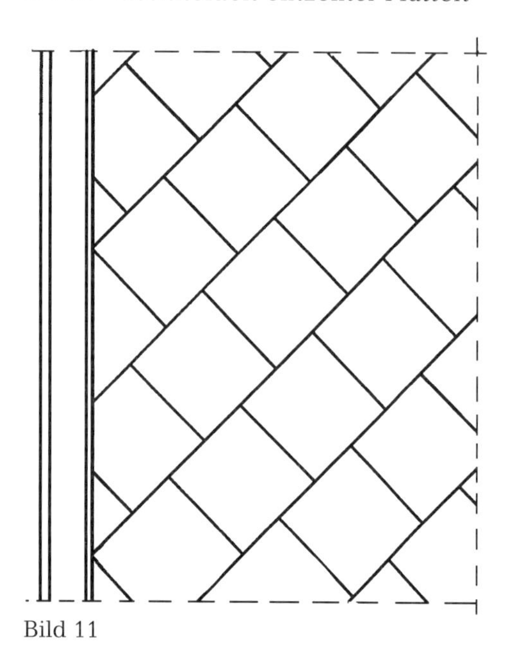

Bild 11

Anpassen von Gehwegplatten durch Schneiden an einen Schacht

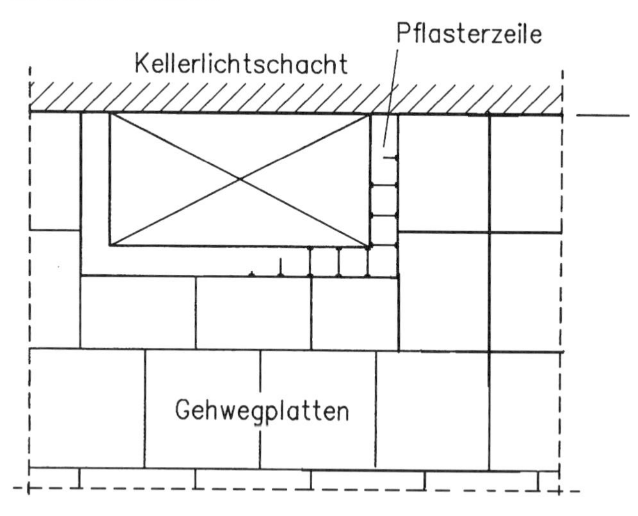

Bild 12

- **Anschließen: Heranführen an begrenzende Bauteile und Sicherstellen einer definierten technischen Funktion, z.B. Winddichtigkeit, Wasserdichtigkeit, Kraftschluss.**

Anschluss von Rammpfählen an ein Fundament

Bild 13

Anschluss einer Abdichtung

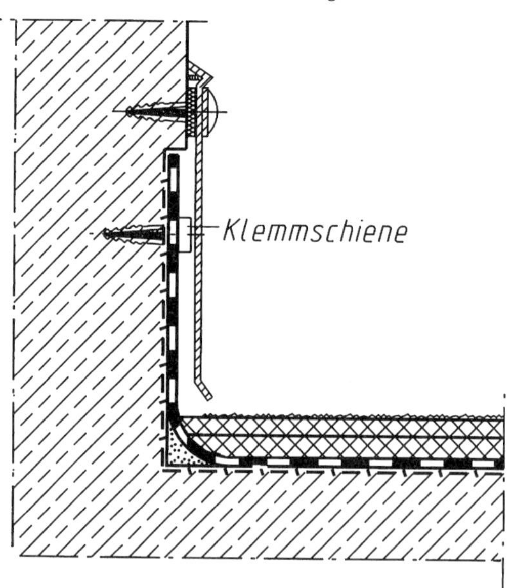

Bild 14

Anschluss kreuzender Windverbände im Stahlbau

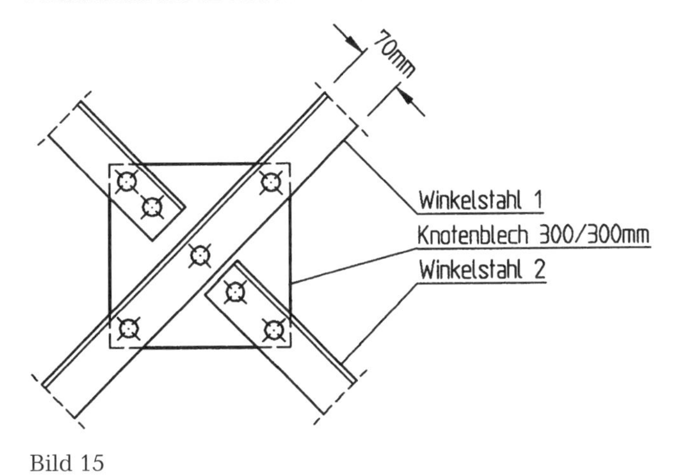

Bild 15

- **Das kleinste umschriebene Rechteck: Das kleinste umschriebene Rechteck ergibt sich aus dem kleinsten Rechteck, das eine Fläche beliebiger Form umschließt.**

Im Bereich des Tiefbaus bisher nicht angewandte Abrechnungsmethode zur Flächenbestimmung.

Beispiele Blechzuschnitte im Stahlbau

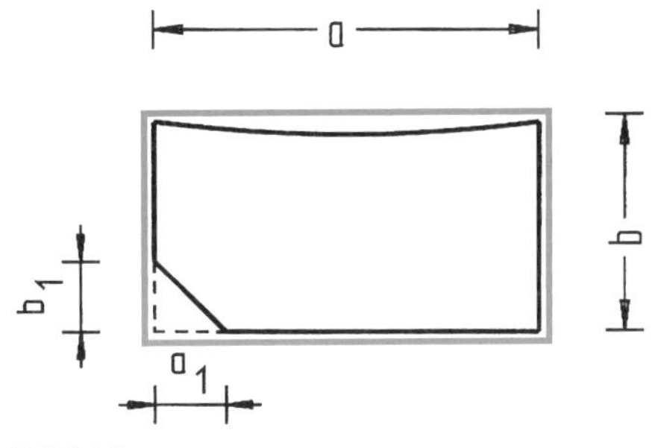

Bild 16

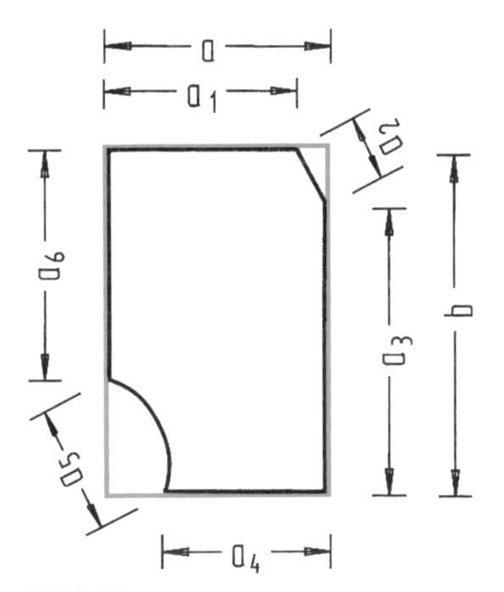

Bild 17

Fläche = $a \cdot b$

Erdarbeiten – DIN 18300

Ausgabe September 2012

Geltungsbereich

Die ATV DIN 18300 „Erdarbeiten" gilt für das Lösen, Laden, Fördern, Einbauen und Verdichten von Boden und Fels.

Sie gilt auch für

- das Lösen von Boden und Fels im Grundwasser und im Uferbereich unter Wasser, wenn diese Arbeiten im Zusammenhang mit dem Lösen von Boden und Fels über Wasser an Land ausgeführt werden,
- das Aufbereiten und Behandeln von Boden und Fels zur erdbautechnischen Verwertung sowie
- erdbautechnische Arbeiten mit Recyclingbaustoffen, industriellen Nebenprodukten und sonstigen Stoffen

und auch für Erdarbeiten im Zusammenhang mit

- Entwässerungskanalarbeiten (siehe ATV DIN 18306 „Entwässerungskanalarbeiten"),
- Druckrohrleitungsarbeiten außerhalb von Gebäuden (siehe ATV DIN 18307 „Druckrohrleitungsarbeiten außerhalb von Gebäuden"),
- Drän- und Versickerarbeiten (siehe ATV DIN 18308 „Drän- und Versickerarbeiten") sowie
- Kabelleitungstiefbauarbeiten (siehe ATV DIN 18322 „Kabelleitungstiefbauarbeiten").

Leitungen im Sinne der ATV DIN 18300 sind Entwässerungs-, Drän-, Versickerungs- und Rohrleitungen, Kabel und Schutzrohre sowie entsprechende Kanäle.

Die ATV DIN 18300 gilt nicht für die in den folgenden ATV beschriebenen Erdarbeiten:

- ATV DIN 18301 „Bohrarbeiten",
- ATV DIN 18311 „Nassbaggerarbeiten",
- ATV DIN 18312 „Untertagebauarbeiten",
- ATV DIN 18313 „Schlitzwandarbeiten mit stützenden Flüssigkeiten",
- ATV DIN 18319 „Rohrvortriebsarbeiten" sowie
- ATV DIN 18320 „Landschaftsbauarbeiten".

Ergänzend gilt die ATV DIN 18299 „Allgemeine Regelungen für Bauarbeiten jeder Art", Abschnitte 1 bis 5. Bei Widersprüchen gehen die Regelungen der ATV DIN 18300 vor.

0.5 Abrechnungseinheiten

Im Leistungsverzeichnis sind die Abrechnungseinheiten, getrennt nach Art, Stoffen, Boden- und Felsklassen sowie Maßen, wie folgt vorzusehen:

- *Abtrag, Aushub, Fördern, Einbau nach Raummaß (m^3) oder Flächenmaß (m^2), gestaffelt nach Längen der Förderwege, soweit 50 m Förderweg überschritten werden,*
- *Steinpackungen, Steinwürfe, Bodenlieferungen und dergleichen nach Raummaß (m^3), Flächenmaß (m^2) oder Masse (t),*
- *Verdichten nach Raummaß (m^3) oder Flächenmaß (m^2),*
- *Herstellen der planmäßigen Höhenlage, Neigung und Ebenheit nach Flächenmaß (m^2) oder nach Raummaß (m^3),*
- *Wiederherstellen der planmäßigen Höhenlage, Neigung, Ebenheit und des Verdichtungsgrades nach Flächenmaß (m^2),*
- *Einbau und Verdichten des Bodens in der Leitungszone nach Raummaß (m^3), Flächenmaß (m^2) oder Längenmaß (m),*
- *Herstellen von Montage- und Ziehgruben, Kopflöchern, Suchschlitzen und Schürfen nach Raummaß (m^3) oder Anzahl (Stück),*
- *Lösen, Laden und Fördern von Bauwerksresten, großen Blöcken, Bäumen, Baumstümpfen und dergleichen nach Raummaß (m^3), Anzahl (Stück) oder Masse (t).*

5 Abrechnung

Ergänzend zur ATV DIN 18299, Abschnitt 5, gilt:

5.1 Allgemeines

5.1.1 Bei der Mengenermittlung sind übliche Näherungsverfahren zulässig.

5.1.2 Ist nach Masse abzurechnen, ist diese durch Wiegen festzustellen, bei Schiffsladungen durch Schiffseiche.

5.1.3 Als Länge des Förderweges gilt die kürzeste zumutbare Entfernung zwischen den Schwerpunkten der Abtrags- und Auftragskörper. Ist das Fördern innerhalb der Baustelle längs der Bauachse möglich, wird die Entfernung zwischen diesen Schwerpunkten unter Berücksichtigung der Neigungsverhältnisse in der Bauachse gemessen.

5.2 Baugruben und Gräben

5.2.1 Die Aushubtiefe wird von der Oberfläche der auszuhebenden Baugrube oder des auszuhebenden Grabens bis zur Sohle der Baugrube oder des Grabens gerechnet, bei einer zu belassenden Schutzschicht (siehe Abschnitt 3.9.3) bis zu deren Oberfläche.

5.2.2 Die Maße der Baugrubensohle ergeben sich aus den Außenmaßen des Baukörpers zuzüglich der Mindestbreiten betretbarer Arbeitsräume nach DIN 4124 sowie der erforderlichen Maße für Schalungs- und Verbaukonstruktionen.

Die Breite der Grabensohle ergibt sich aus der Mindestbreite

- von Gräben für Entwässerungskanäle und Entwässerungsleitungen nach DIN EN 1610 und
- von sonstige Gräben nach DIN 4124

jeweils zuzüglich der erforderlichen Maße für Schalungs- und Verbaukonstruktionen.

5.2.3 Für abgeböschte Baugruben und Gräben gelten für die Ermittlung der Maße des Böschungsraumes die Böschungswinkel

- 45° für Klassen 3 und 4,
- 60° für Klasse 5,
- 80° für Klassen 6 und 7,

wenn kein Nachweis der Standsicherheit erforderlich ist.

Ist dieser zu führen, werden die Maße des Böschungsraumes mit Hilfe der darin berechneten Böschungswinkel ermittelt.

In Böschungen ausgeführte erforderliche Bermen werden bei der Ermittlung des Böschungsraumes entsprechend berücksichtigt.

5.3 Hinterfüllen und Überschütten

Bei der Ermittlung des Raummaßes für Hinterfüllungen und Überschüttungen werden abgezogen

- Baukörper über 1 m^3 Einzelgröße,
- Leitungen und dergleichen mit einem äußeren Querschnitt größer 0,1 m^2.

5.4 Abtrag und Aushub

Die Mengen sind an der Entnahmestelle im Abtrag zu ermitteln.

5.5 Einbau und Verdichten

5.5.1 Die Mengen sind im fertigen Zustand im Auftrag zu ermitteln.

5.5.2 Bei Abrechnung nach Raummaß werden abgezogen

- Baukörper über 1 m^3 Einzelgröße,
- Leitungen, Sickerkörper, Steinpackungen und dergleichen mit einem äußeren Querschnitt größer 0,1 m^2.

5.5.3 Bei Abrechnung nach Flächenmaß werden Durchdringungen über 1 m^2 Einzelgröße abgezogen.

5.5.4 Bei Abrechnung nach Längenmaß wird die Achslänge der längsten eingebetteten Leitung zugrunde gelegt.

Erläuterungen

(1) Die ATV DIN 18300 „Erdarbeiten", Ausgabe September 2012, wurde an wenigen Stellen redaktionell überarbeitet, z.B. Hinweise auf VOB/A-Paragrafen. Weiterhin wurden die Normenverweise, u.a. wegen der Aufnahme des „Eurocode 7 – Entwurf, Berechnung und Bemessung in der Geotechnik" ohne Folgeänderungen in anderen Abschnitten aktualisiert.

(2) Für die Ausbildung und Sicherung von Baugruben und Gräben sowie für die Mindestbreiten betretbarer Arbeitsräume und lichten Mindestgrabenbreiten wird in den Abschnitten 3 „Ausführung" und 5 „Abrechnung" dynamisch (ohne Angabe des Ausgabestandes) auf die DIN 4124 verwiesen. Dies bedeutet, dass bei der Vereinbarung der VOB/C die aktuelle Fassung der DIN 4124 Vertragsgrundlage wird.

(3) Die DIN 4124 ist mit der Ausgabe Januar 2012 neu herausgegeben worden.

Sie hat gegenüber der bisherigen Fassung Ausgabe Oktober 2002 einige wesentliche Änderungen erfahren mit zum Teil erheblichen Auswirkungen auf die Ausführung und Abrechnung von Baugruben und Gräben.

(4) Als wesentliche Änderungen (ausführlich siehe Änderungsvermerk der DIN 4124) sind beispielhaft zu nennen:

- Das Betreten von nicht gesicherten Böschungskanten wurde untersagt.
- Die Regelungen über den Abstand von Fahrzeugen und Baugeräten zur Böschungs- oder Verbaukante wurden teilweise überarbeitet.
- Aufnahme von Regelungen zur Abwehr von Oberflächenwasser.
- Der erforderliche Überstand des Verbaus über die Geländeoberfläche wurde für Baugruben und Gräben mit mehr als 2,00 m Tiefe von 0,05 m auf 0,10 m vergrößert.
- Die Regelungen über die vorübergehend zulässige Höhe unverbauter Bereiche bei mindestens steifen bindigen Böden wurden teilweise geändert, z.B. bei Anwendung von Spritzbeton.
- Die Regelungen über die mindestens erforderlichen Arbeitsräume wurden geändert: die Breite von 0,50 m auf 0,60 m bei verbauten Baugruben, die freie Höhe unterhalb von Gurten von 1,75 m auf 2,00 m vergrößert.
- Die Mindestbreite des Arbeitsraums bei rechteckigen Baugruben für runde Schächte sowie bei kreisförmigen Baugruben für rechteckige Schächte wurde von 0,35 m auf 0,50 m vergrößert, der Anwendungsbereich dieser Regelung erweitert.
- Die Mindestgrabenbreite beim Teilverbau wurde geändert.

(5) Wie bisher ist bei der Abrechnung von Gräben für Leitungen zu unterscheiden zwischen

- Gräben für Abwasserleitungen und Abwasserkanäle, für die DIN EN 1610 gilt, und
- Gräben für alle sonstigen Leitungen, für die DIN 4124 gilt.

Die normgemäßen Grabenbreiten sind nach DIN EN 1610 meist größer (im Extremfall 0,30 m) als nach DIN 4124, auch sind die Bereiche für die maßgebenden Rohrdurchmesser und Grabentiefen weitgehend anders eingeteilt.

Einzelheiten hierzu können den nachfolgend bei Abschnitt 5.2 abgedruckten Textauszügen aus den DIN 4124 und DIN EN 1610 entnommen werden.

(6) Die folgenden Ausführungen sind auf die jetzt gegebene Situation der ATV DIN 18300, Ausgabe September 2012, und die aktuell geltenden Normen abgestellt.

5 Abrechnung

Ergänzend zur ATV DIN 18299, Abschnitt 5, gilt:

Siehe Kommentierung zu Abschnitt 5 der ATV DIN 18299 „Allgemeine Regelungen für Bauarbeiten jeder Art".

Ausführungszeichnungen des Auftraggebers liegen bei vielen, insbesondere kleinen Erdarbeiten (z.B. Einzel-Baugruben, Leitungsgräben, Oberboden-Mieten, Tiefer-Auskofferungen, Baugrundersatz) nicht vor, weil die Abmessungen sich erst bei der Ausführung selbst ergeben und z.T. auch erst von Entscheidungen des jeweiligen Auftragnehmers abhängen (z.B. Art der Verbaukonstruktion). In all diesen Fällen ist aufgrund örtlichen Aufmaßes abzurechnen.

Bei den meist umfangreichen Erdarbeiten für Verkehrswege, z.B. im Straßenbau, erfolgt die Abrechnung in der Regel mithilfe von Querprofilen, Deckenbüchern usw.; häufig ist dabei vereinbart, dass nach den beim Auftraggeber aus der Planung vorliegenden Geländeaufnahmen bzw. Daten abgerechnet wird (Soll-Abrechnung).

5.1 Allgemeines

5.1.1 Bei der Mengenermittlung sind übliche Näherungsverfahren zulässig.

Grundsätzlich ist nach den mathematisch genauen Formeln zu rechnen. Dies gilt insbesondere bei geometrisch einfach und exakt zu bestimmenden Körpern, wie z.B. Kegel- und Pyramidenstumpf, Ponton, Rampe usw.; gegebenenfalls ist der gesamte Rauminhalt eines Erdkörpers in geeignete Teilkörper aufzuteilen. Das Berechnen nach genauen mathematischen Formeln birgt dank der heute zur Verfügung stehenden modernen Rechenhilfen kaum noch Probleme.

Näherungsverfahren sind immer dann anzuwenden, wenn Erdkörper abzurechnen sind, die nicht oder nur mit unvertretbarem Rechenaufwand mathematisch genau erfasst werden können.

Dies gilt insbesondere bei lang gestreckten, gewundenen und unregelmäßig geformten Erdkörpern, z.B. Einschnitten und Dämmen im Verkehrswegebau.

Dabei wird das Raummaß aus dem Mittelwert zweier benachbarter Querprofile und ihrem Abstand (Schwerpunktweg) ermittelt.

Für diesen Fall ist häufig vereinbart, dass nach den beim Auftraggeber aus der Planung vorliegenden Geländeaufnahmen bzw. Daten abgerechnet wird (Soll-Abrechnung).

Die Flächen von maßstäblich gezeichneten Querprofilen können regelmäßig mittels Planimeter ausgemessen werden; als Abrechnungswert gilt der Mittelwert aus drei Umfahrungen.

Die folgenden Beispiele zeigen, inwieweit beim Berechnen von Bodenmengen mithilfe von Näherungsformeln sich das Ergebnis ändert.

Auswirkungen von Näherungsverfahren:

Übliche Baugrube

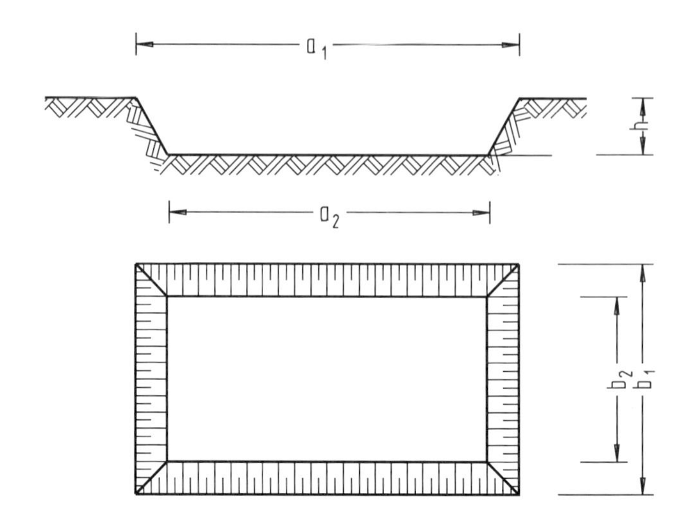

Bild 1

$a_1 = 12{,}0\ m$ $b_1 = 7{,}0\ m$ $h = 1{,}73\ m$

$a_2 = 10{,}0\ m$ $b_2 = 5{,}0\ m$

Exakte Berechnung als Prismatoid nach der Simpson'schen Regel:

$$V_s = \frac{h}{6}\ (G_1 + 4\ G_m + G_2).$$

$$G_1 = a_1 \cdot b_1.$$

$$G_2 = a_2 \cdot b_2.$$

$$G_m = \frac{a_1 + a_2}{2} \cdot \frac{b_1 + b_2}{2}.$$

$$V_s = \frac{1{,}73}{6}.$$

$$\left[12{,}0 \cdot 7{,}0 + 4\left(\frac{12{,}0 + 10{,}0}{2} \cdot \frac{7{,}0 + 5{,}0}{2}\right) + 10{,}0 \cdot 5{,}0\right] = 114{,}76\ m^3.$$

Berechnung nach Näherungsformel 1:

$$V_1 = h\left(\frac{G_1 + G_2}{2}\right).$$

$$V_1 = 1{,}73\left(\frac{12{,}0 \cdot 7{,}0 + 10{,}0 \cdot 5{,}0}{2}\right) = 115{,}91\ m^3.$$

Berechnung nach Näherungsformel 2:

$$V_2 = h \cdot G_m.$$

$$V_2 = 1{,}73\left(\frac{12{,}0 + 10{,}0}{2} \cdot \frac{7{,}0 + 5{,}0}{2}\right) = 114{,}18\ m^3.$$

Die Abweichungen zwischen V_s und V_1 liegen bei +1,0%, zwischen V_s und V_2 bei −0,5%; die Berechnung mit den Näherungsformeln bringt also in diesem Falle noch genügend genaue Ergebnisse.

Je größer das Verhältnis der oberen zu der unteren Fläche ist, desto größer sind die Abweichungen.

Bei spitz zulaufenden Körpern sind Näherungsverfahren nicht mehr anwendbar, da sie zu falschen Ergebnissen führen, wie folgendes Extrembeispiel, eine auf der Spitze stehende Pyramide mit quadratischer Grundfläche, deutlich zeigt:

Extrembeispiel

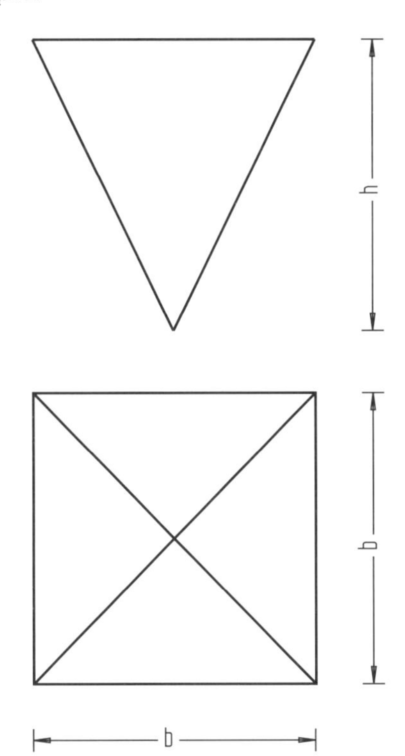

Bild 2

Exakte Berechnung als Prismatoid nach der Simpson'schen Regel:

$$V_s = \frac{h}{6}\left(b^2 + 4\left(\frac{b}{2}\right)^2 + 0\right) = \frac{1}{3}hb^2.$$

Berechnung nach Näherungsformel 1:

$$V_1 = h\left(\frac{b^2 + 0}{2}\right) = \frac{1}{2}\,hb^2. \qquad \text{Abweichung} = +\,50\%!$$

Berechnung nach Näherungsformel 2:

$$V_2 = h\left(\frac{b + 0}{2} \cdot \frac{b + 0}{2}\right) = \frac{1}{4}\,hb^2. \text{ Abweichung} = -\,25\%!$$

5.1.2 Ist nach Masse abzurechnen, ist diese durch Wiegen festzustellen, bei Schiffsladungen durch Schiffseiche.

Abzurechnen ist aufgrund von Frachtbriefen oder Wiegescheinen einer geeichten Waage, auf denen die Masse des Fahrzeugs im leeren und im jeweils beladenen Zustand festgehalten wird. Meist ist eine geeichte automatische oder eine geeichte handbediente mit einem Sicherheitsausdruck versehene Waage (in der Regel Brückenwaage) verlangt.

5.1.3 Als Länge des Förderweges gilt die kürzeste zumutbare Entfernung zwischen den Schwerpunkten der Abtrags- und Auftragskörper. Ist das Fördern innerhalb der Baustelle längs der Bauachse möglich, wird die Entfernung zwischen diesen Schwerpunkten unter Berücksichtigung der Neigungsverhältnisse in der Bauachse gemessen.

Beim Fördern ist „zumutbar" ein Weg, der mit den für den Einsatz vorgesehenen und üblichen Transportfahrzeugen befahren werden kann.

Fördern des Bodens

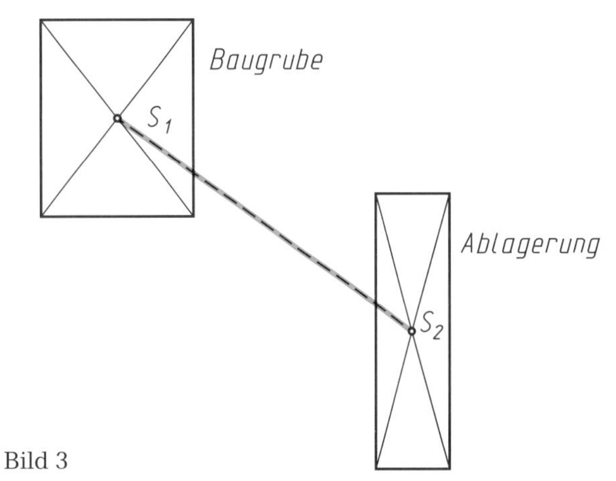

Bild 3

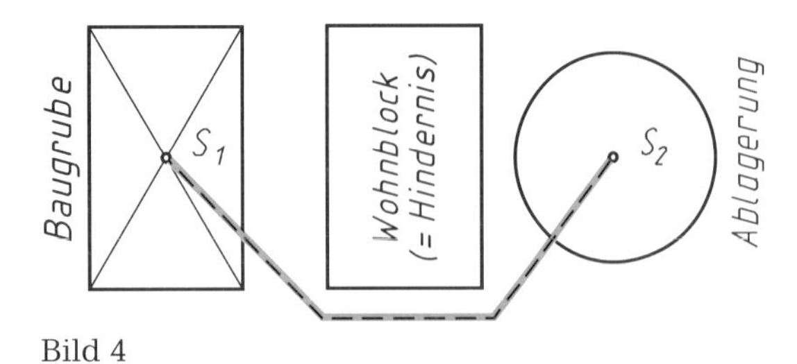

Bild 4

„S" bezeichnet den jeweiligen Schwerpunkt des Auftrags- bzw. Abtragskörpers.

Bei unterschiedlichen Lagerflächen sind die Schwerpunkte der einzelnen Körper für die Bestimmung der Förderweglänge maßgebend.

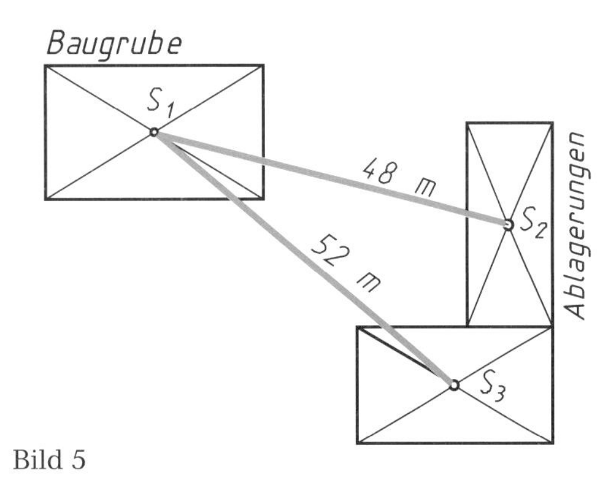

Bild 5

Das Fördern des Bodens nach der Ablagerung mit Schwerpunkt S_2 ist – da ≤ 50 m – auch ohne besondere Erwähnung im Leistungsverzeichnis mit dem entsprechenden Einheitspreis für Erdaushub abgegolten (Abschnitt 3.5.1).

Förderweglängen über 50 m sind nach der vertraglichen Vereinbarung abzurechnen.

Fördern innerhalb der Baustelle längs der Bauachse

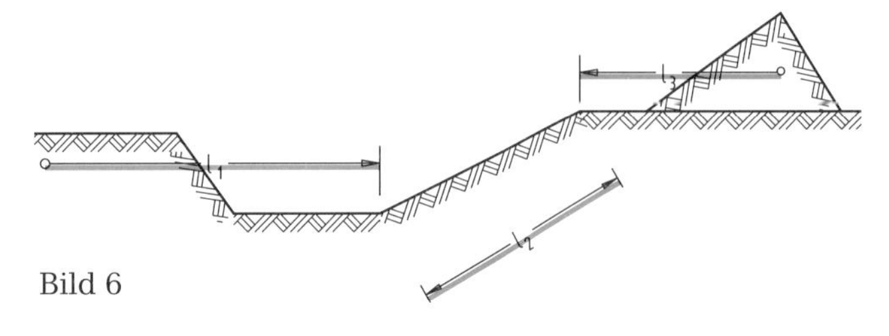

Bild 6

Förderweglänge = $l_1 + l_2 + l_3$.

5.2 Baugruben und Gräben

Für die Gestaltung der Baugruben und Gräben (Tiefen, Breiten, Böschungen usw.) sind die beiden Fachnormen

- DIN 4124 „Baugruben und Gräben – Böschungen, Verbau, Arbeitsraumbreiten", Ausgabe Januar 2012, und
- DIN EN 1610 „Verlegung und Prüfung von Abwasserleitungen und -kanälen", Ausgabe Oktober 1997,

maßgebend, auch wenn in Einzelfällen für Gräben von Druckrohrleitungen auf weitere Regelwerke hingewiesen wird.

Für die Abrechnung von Erdbauleistungen sind jedoch (nur) die Vorgaben der beiden oben genannten Fachnormen zu beachten. Die dabei hauptsächlich zu berücksichtigenden Regelungen sind nachstehend im Wortlaut abgedruckt.

Auszug aus DIN 4124 „Baugruben und Gräben – Böschungen, Verbau, Arbeitsraumbreiten", Ausgabe Januar 2012:

„4 Herstellung von Baugruben und Gräben

4.1 Allgemeines

4.1.1 Die beim Aushub freigelegten Erd- bzw. Felswände von Baugruben und Gräben sind so abzuböschen, zu verbauen oder anderweitig zu sichern, dass sie während der einzelnen Bauzustände standsicher sind. Dabei sind alle Gegebenheiten und Einflüsse, welche die Standsicherheit der Baugruben- bzw. Grabenwände beeinträchtigen können, zu berücksichtigen, insbesondere das unterschiedliche Verhalten von nicht bindigen und bindigen Böden, siehe 4.1.2. Außerdem ist darauf zu achten, dass Standsicherheit und Gebrauchstauglichkeit von benachbarten Gebäuden, Leitungen, anderen baulichen Anlagen oder Verkehrsflächen nicht beeinträchtigt werden, siehe 4.1.6."

(4.1.2 bis 4.1.6 nicht abgedruckt)

„4.1.7 In Bereichen, wo entweder der Rand einer Baugrube bzw. eines Grabens oder die Baugrube bzw. der Graben selbst betreten werden muss, sind mindestens 0,60 m breite, möglichst waagerechte Schutzstreifen anzuordnen und von Aushubmaterial und Gegenständen freizuhalten. Dies gilt auch, wenn ein geböschter Voraushub hergestellt wird, siehe

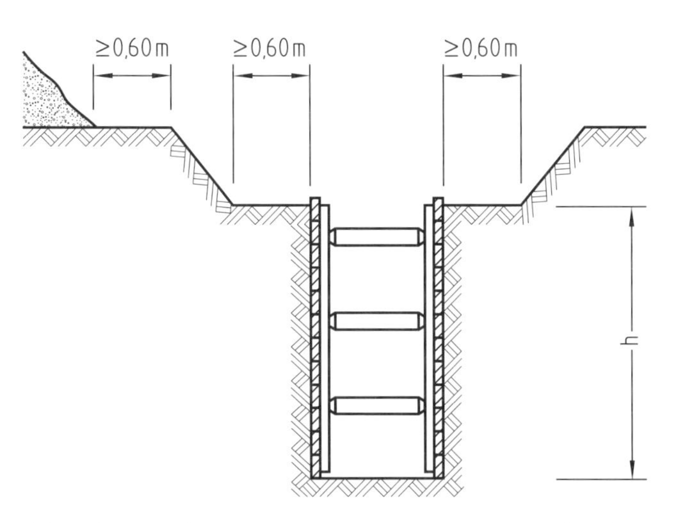

Bild 1 (nach DIN 4124): Verbauter Graben mit geböschtem Voraushub"

Bild 1. Bei Gräben bis zu einer Tiefe von 0,80 m darf auf einer Seite auf den Schutzstreifen verzichtet werden."

(4.1.8 nicht abgedruckt)

„4.2 Geböschte Baugruben und Gräben

4.2.1 Als geböscht werden alle Baugruben- und Grabenwände bezeichnet, die weder ganz noch teilweise verbaut sind. Im Einzelnen wird zwischen den in 4.2.2 bis 4.2.4 beschriebenen Ausführungen unterschieden.

4.2.2 Baugruben und Gräben bis 1,25 m Tiefe dürfen nach Bild 2 ohne Sicherung mit senkrechten Wänden hergestellt werden, wenn die angrenzende Geländeoberfläche

a) bei nicht bindigen und weichen bindigen Böden nicht steiler als 1:10;

b) bei mindestens steifen bindigen Böden nicht steiler als 1:2 ansteigt und

- *die in 4.2.5 angegebenen Abstände von Fahrzeugen und Baugeräten zur Böschungskante eingehalten werden,*
- *keine ungünstige Gegebenheit und kein ungünstiger Einfluss nach 4.2.7 vorliegt sowie*
- *vorhandene Gebäude, Leitungen, andere bauliche Anlagen oder Verkehrsflächen nicht gefährdet werden.*

4.2.3 Baugruben und Gräben bis 1,75 m Tiefe dürfen nach Bild 3, linke Seite, ausgehoben werden, wenn der mehr als 1,25 m über der Sohle anstehende Bereich der Erdwand unter dem Winkel ß ≤ 45 ° geböscht wird und

- *mindestens steifer bindiger Boden oder Fels ansteht,*
- *die Geländeoberfläche nicht steiler als 1 : 10 ansteigt,*
- *die in 4.2.5 angegebenen Abstände zur Böschungskante eingehalten werden,*
- *keine ungünstige Gegebenheit und kein ungünstiger Einfluss nach 4.2.7 vorliegt,*
- *vorhandene Gebäude, Leitungen, andere bauliche Anlagen oder Verkehrsflächen nicht gefährdet werden.*

Andere Begrenzungen der Erdwand sind ebenfalls zulässig, wenn dadurch zusätzlich Boden entfernt wird, z. B. nach Bild 3, rechte Seite.

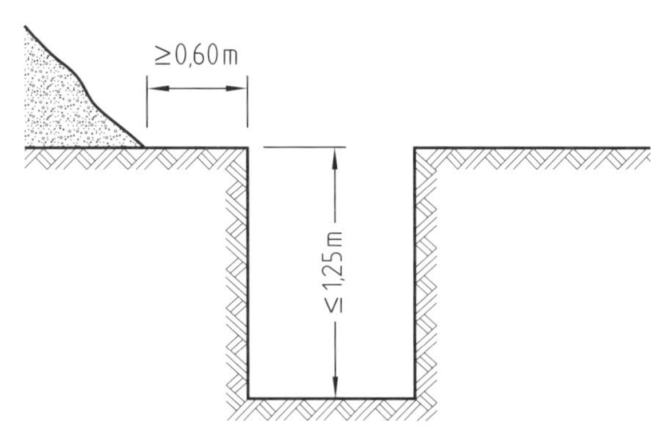

Bild 2 (nach DIN 4124): Graben mit senkrechten Wänden

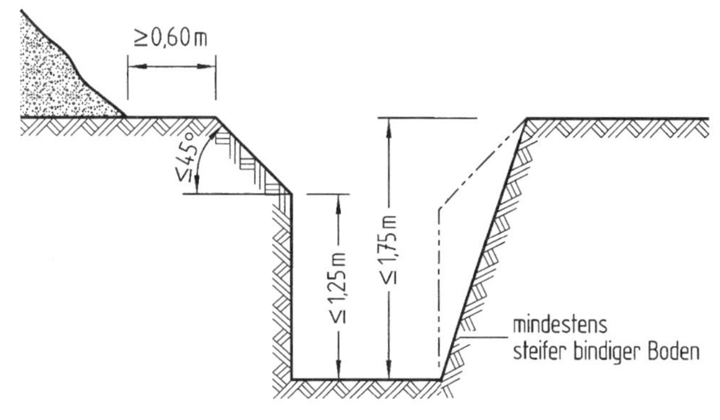

Bild 3 (nach DIN 4124): Graben mit senkrechten Wänden und geböschten Kanten

4.2.4 Bei Baugruben und Gräben mit einer Tiefe von mehr als 1,25 m nach 4.2.2 bzw. von mehr als 1,75 m nach 4.2.3 richtet sich der Böschungswinkel unabhängig von der Lösbarkeit des Bodens nach dessen bodenmechanischen Eigenschaften und nach den äußeren Einflüssen auf die Böschung. Ohne Nachweis der Standsicherheit dürfen folgende Böschungswinkel nicht überschritten werden:

a) ß = 45° bei nicht bindigen oder weichen bindigen Böden;

b) ß = 60° bei mindestens steifen bindigen Böden;

c) ß = 80° bei Fels."

(4.2.5 bis 4.2.11 nicht abgedruckt)

„4.3 Verbaute Baugruben und Gräben

4.3.1 Baugruben und Gräben sind zu verbauen, wenn nicht nach den Festlegungen von 4.2 gearbeitet wird. Dabei muss der obere Rand des Verbaus die Geländeoberfläche bei einer Tiefe bis einschließlich 2,00 m mindestens um 0,05 m, bei einer Tiefe von mehr als 2,00 m mindestens um 0,10 m überragen.

4.3.2 Als Verbau kommen im Wesentlichen in Frage:

a) Für Baugruben mit geringen Abmessungen sowie für Gräben eignen sich insbesondere:

– Grabenverbaugeräte nach Abschnitt 5,

– waagerechter Grabenverbau nach Abschnitt 6,

– senkrechter Grabenverbau nach Abschnitt 7.

b) Sofern die Maße einer Baugrube oder eines Grabens, die erforderlichen steifenfreien Räume, die Anforderung nach Wasserdichtheit oder geringer Verformbarkeit der Baugrubenwand, die Bodenverhältnisse oder andere Gründe die Anwendung der in a) genannten Verbauarten nicht zulassen oder als unzweckmäßig erscheinen lassen, ist eine den jeweiligen Anforderungen angepasste Verbauart anzuwenden, insbesondere:

– Trägerbohlwände nach 8.2,

– Spundwände nach 8.3,

– Schlitzwände nach 8.4.2,

– Pfahlwände nach 8.4.3,

– Oberflächensicherungen aus Spritzbeton nach 8.5.

Gegebenenfalls kommt auch eine Unterfangungswand nach DIN 4123 in Frage.

c) In besonders gelagerten Fällen dürfen im Rahmen der maßgebenden Normen bzw. der jeweiligen allgemeinen bauaufsichtlichen Zulassungen auch weitere Verfahren des Spezialtiefbaus angewendet werden, insbesondere

– durch Injektion, im Düsenstrahlverfahren oder durch Vereisung verfestigte Erdwände nach 8.6.1,

– eine „Tiefreichende Bodenstabilisierung" nach 8.6.2,

– eine Bodenvernagelung nach 8.6.3.

Soweit bei diesen Verfahren eine Erdwand freigelegt wird, bevor die flächenhafte Verkleidung, z. B. die Ausfachung einer Trägerbohlwand, nachfolgt, setzt ihre Anwendung voraus, dass der anstehende Boden vorübergehend standfest ist. Als vorübergehend standfest wird ein Boden bezeichnet, der in der Zeit zwischen Beginn der Ausschachtung und dem Einbringen des Verbaus keine wesentlichen Nachbrüche aufweist.

4.3.3 Die Verkleidung von freigelegten Erdwänden muss auf ihrer ganzen Fläche dicht am Boden anliegen. Sie muss vollflächig sein, sodass durch Fugen und Stöße kein Boden durchtreten kann. Hinter der Verkleidung entstandene Hohlräume sind sofort kraftschlüssig zu verfüllen. Außerdem muss die Verkleidung von der Geländeoberfläche bis zur Baugruben- bzw. Grabensohle reichen. Hiervon ausgenommen sind folgende Fälle:

a) Bei mindestens steifem bindigem Boden darf der Verbau in Bauzuständen, die nach wenigen Tagen beendet sind, bei Fels gegebenenfalls auch in längerfristigen Bauzuständen, bis zu 0,50 m oberhalb der Aushubsohle enden, sofern keine ungünstige Gegebenheit und kein ungünstiger Einfluss nach 4.2.7 vorliegen und kein Erddruck aus Bauwerkslasten aufzunehmen ist.

Eine Vergrößerung der angegebenen unverbauten Höhe ist im Einzelfall möglich, setzt aber voraus, dass die Standsicherheit der Erdwand durch einen geotechnischen

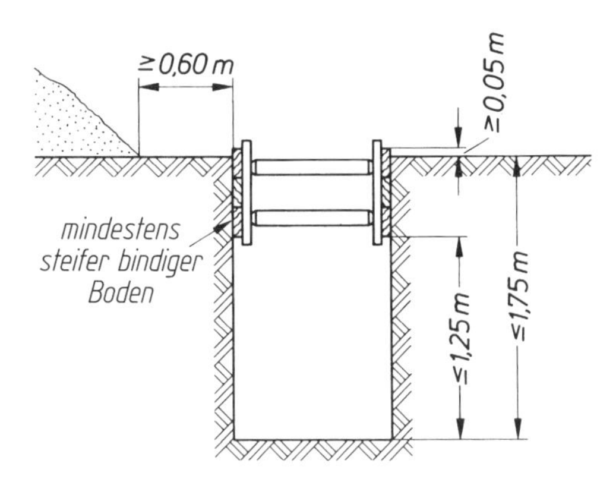

Bild 4 (nach DIN 4124): Teilweise verbauter Graben

Standsicherheitsnachweis oder ein geotechnisches Gutachten bestätigt worden ist.

b) Baugruben und Gräben bis 1,75 m Tiefe dürfen nach Bild 4 ausgehoben werden, wenn der mehr als 1,25 m über der Sohle liegende Bereich der Erdwand durch einen Teilverbau, z. B. nach 5.1.1 b) oder nach Abschnitt 6, gesichert wird und

- *mindestens steifer bindiger Boden oder Fels ansteht;*
- *die anschließende Geländeoberfläche nicht steiler als 1 : 10 ansteigt;*
- *keine ungünstige Gegebenheit und kein ungünstiger Einfluss nach 4.2.7 vorliegt;*
- *vorhandene Gebäude, Leitungen, andere bauliche Anlagen oder Verkehrsflächen nicht gefährdet werden.*

Außerdem müssen Baugeräte bis 12 t Gesamtgewicht sowie Fahrzeuge, welche die nach § 34 Abs. 4 der Straßenverkehrszulassungsordnung zulässigen Achslasten nicht überschreiten, einen Abstand von mindestens 1,00 m zwischen der Außenkante der Aufstandsfläche und der Verbaukante einhalten. Sofern ein fester Straßenoberbau bis an die Verbaukante heranreicht, gilt dies auch für Baugeräte mit mehr als 12 bis 18 t Gesamtgewicht.

c) Die Stirnwände von Gräben in mindestens steifem bindigem Boden dürfen bis zu einer Tiefe von 1,75 m und einer Breite von 1,25 m senkrecht abgeschachtet werden. In allen anderen Fällen, auch in Bauzuständen vor Erreichen der geplanten Grabensohle, sind die Stirnwände wie die Längswände durch Böschung oder Verbau zu sichern, sofern diese Bereiche betreten werden.

4.3.4 Baugruben und Gräben, die zum Einbringen des Verbaus betreten werden müssen, dürfen zunächst nach 4.2 bis 1,25 m Tiefe ausgehoben werden. Wenn die Bedingungen nach 4.2.2 nicht erfüllt sind oder die Standsicherheit der unverbauten Erdwände durch eine in 4.2.7 genannte Gegebenheit bzw. durch einen dort genannten Einfluss gefährdet wird, ist schon bei geringerer Aushubtiefe zu verbauen.“

(4.3.5 bis 4.3.13 nicht abgedruckt)

„9 Arbeitsraumbreiten

9.1 Baugruben

9.1.1 Mit Rücksicht auf die Sicherheit der Beschäftigten, zur Freihaltung von Rettungswegen, aus ergonomischen Gründen und um eine einwandfreie Bauausführung sicherzustellen, müssen Arbeitsräume mindestens

- *0,50 m bei geböschten Baugruben nach Bild 17 bzw.*
- *0,60 m bei verbauten Baugruben nach Bild 18 oder Bild 19*

breit sein.

Als Breite des Arbeitsraums gilt:

a) bei geböschten Baugruben der waagerecht gemessene Abstand zwischen dem Böschungsfuß und der Außenseite des Bauwerks (siehe Bild 17);

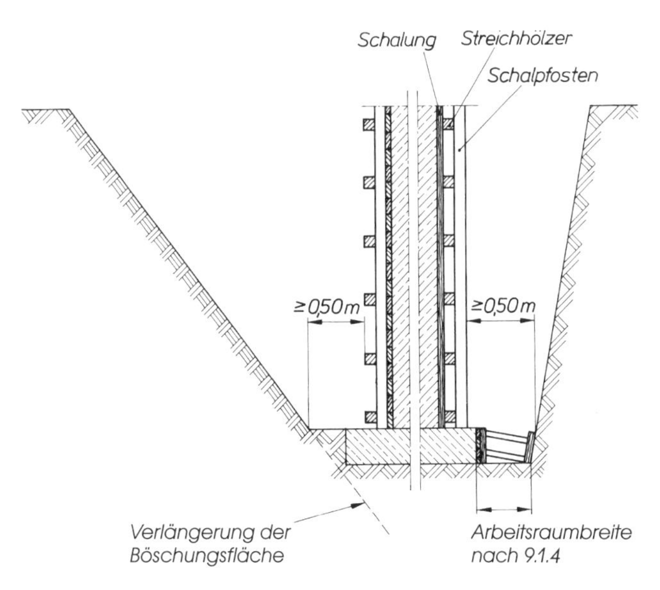

Bild 17 (nach DIN 4124): Arbeitsraumbreite bei geböschten Baugruben (Beispiel)

b) bei verbauten Baugruben der lichte Abstand zwischen der Luftseite der Verkleidung und der Außenseite des Bauwerks (siehe Bild 18).

9.1.2 Als Außenseite des Bauwerks gilt die Außenseite des Baukörpers zuzüglich

– der zugehörigen Abdichtungs-, Vorsatz- oder Schutzschichten oder zuzüglich

– der Schalungskonstruktion.

Jeweils das größere Maß ist zugrunde zu legen.

9.1.3 Sofern waagerechte Gurte im Bereich des Bauwerks oder der Schalungskonstruktion weniger als 2,00 m über der Baugrubensohle bzw. beim Rückbau über der jeweiligen Verfüllungsoberfläche liegen, wird der lichte Abstand von der Vorderkante der Gurte gemessen (siehe Bild 19). Das Gleiche gilt unabhängig von der Lage der Gurte, wenn keine anderen Rettungswege nach oben vorhanden sind, z. B. durch örtliche Aufweitungen der Baugrube oder Unterbrechungen in durchlaufenden Gurten. Bei verankerten Baugrubenwänden wird der lichte Abstand vom freien Ende des Stahlzugglieds bzw. von der Abdeckhaube aus gemessen, wenn der waagerechte Achsabstand der Anker kleiner ist als 1,50 m

9.1.4 Bei Fundamenten und Sohlplatten, die von außen ein- und ausgeschalt werden, in der Regel bei einer Höhe von 0,50 m oder mehr, gilt 9.1.1. Bei Fundamenten und Sohlplatten, die von innen her eingeschalt werden, ist ein Arbeitsraum nur dann erforderlich, wenn die Schalung nicht von oben her entfernt werden kann und auch das Verfüllen des Hohlraums zwischen Fundament bzw. Sohlplatte und Baugrubenwand nicht von oben vorgenommen werden kann. Die Mindestbreite des

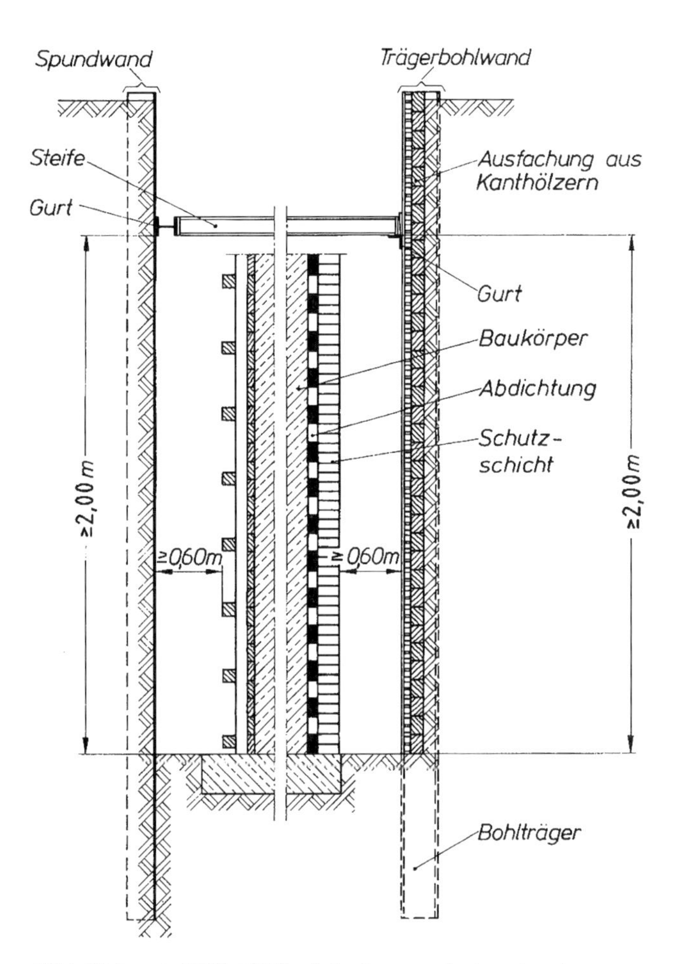

Bild 18 (nach DIN 4124): Arbeitsraum bei verbauten Baugruben ohne Behinderung durch Gurte und Steifen (Beispiel)

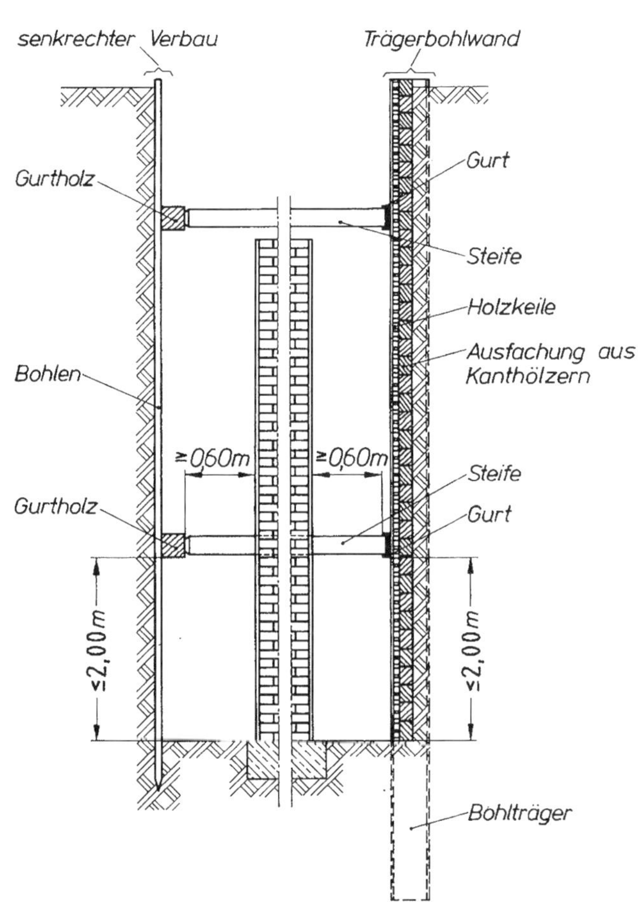

Bild 19 (nach DIN 4124): Arbeitsraum bei verbauten Baugruben mit Behinderung durch Gurte und Steifen (Beispiel)

Arbeitsraums, gemessen zwischen dem ausgeschalten Fundament und der Baugrubenwand, beträgt in diesem Fall

a) 0,60 m nach 9.1.1 für das Entfernen der Schalung,

b) 0,30 m nach Tabelle 5 für das Einbringen und Verdichten von Boden.

Hierbei wird die Fundamenthöhe der Regelverlegetiefe nach Tabelle 5 gleichgesetzt.

9.1.5 Sofern Fundamente bzw. Sohlplatten nicht eingeschalt, sondern gegen den anstehenden Boden betoniert werden, richtet sich die Breite des Arbeitsraums nach dem aufgehenden Baukörper. Bei geböschten Baugruben darf jedoch der Gründungskörper in keinem Fall in die Verlängerung der Böschungsfläche einschneiden (siehe Bild 17).

9.1.6 Bei rechteckigen Baugruben für runde Schächte sowie bei kreisförmigen Baugruben für rechteckige Schächte muss an den engsten Stellen zwischen der Luftseite der Verkleidung und der Außenseite des Schachtes nach 9.1.1 b) ein lichter Abstand von mindestens 0,50 m vorhanden sein. Der Mindestabstand von 0,50 m gilt auch für runde Fertigteilschächte in runden Baugruben. 9.1.3 gilt sinngemäß.

9.1.7 Die in 9.1.1 bis 9.1.6 genannten Arbeitsraumbreiten gelten nicht für Baugruben, bei denen der Raum zwischen Bauwerk bzw. Schalkonstruktion und Verbau beim vorgesehenen Arbeitsablauf nicht betreten werden muss.

9.2 Gräben für Leitungen und Kanäle

9.2.1 Mit Rücksicht auf die Sicherheit der Beschäftigten, aus ergonomischen Gründen und um eine einwandfreie Bauausführung sicherzustellen, müssen Gräben für Leitungen und Kanäle eine lichte Mindestbreite aufweisen.

Diese setzt sich in der Regel aus der Breite der Leitung bzw. des Kanals und den beidseitig erforderlichen Arbeitsräumen zusammen. Hierbei ist wegen der unterschiedlichen Anforderungen an die Herstellung der Grabensohle und an die zu erzielende Lagerung der Rohre zu unterscheiden zwischen Gräben für Abwasserleitungen bzw. Abwasserkanäle und Gräben für alle übrigen Leitungen und Kanäle:

a) Bei Gräben für Abwasserleitungen bzw. Abwasserkanäle sind die Regelungen der DIN EN 1610 maßgebend. Darüber hinaus sind auch die Regelungen in 9.2.2, 9.2.3, 9.2.6, 9.2.7, 9.2.9 und 9.2.12 anzuwenden;

b) Bei Gräben für alle übrigen Leitungen und Kanäle einschließlich Abwasserdruckleitungen sind die nachfolgenden Regelungen maßgebend.

9.2.2 Als lichte Mindestgrabenbreite gilt, sofern nicht die Einschränkungen nach 9.2.3 maßgebend sind:

a) bei geböschten Gräben die Sohlbreite in Höhe der Rohrschaftunterkante;

b) bei unverkleideten, mit senkrechten Wänden ausgehobenen Gräben nach Bild 2 und Bild 3 sowie bei teilweise verbauten Gräben nach Bild 4 der lichte Abstand der Erdwände;

c) bei Grabenverbaugeräten der lichte Abstand der Platten;

d) bei waagerechtem Verbau der lichte Abstand der Holzbohlen;

e) bei senkrechtem Verbau der lichte Abstand der Holzbohlen oder Kanaldielen;

f) bei Spundwandverbau der lichte Abstand der baugrubenseitigen Bohlenrücken;

g) bei Trägerbohlwänden der lichte Abstand der Verbohlung.

Bei gestaffeltem Verbau wird die Grabenbreite im Bereich der untersten Staffel gemessen.

9.2.3 Die Festlegungen von 9.2.2 gelten nur, soweit nicht folgende Einschränkungen maßgebend sind:

a) Als lichte Mindestgrabenbreite wird der lichte Abstand der waagerechten Gurtungen rechtwinklig zur Grabenachse gemessen, sofern

– bei einem äußeren Rohrschaftdurchmesser von 0,30 m < OD < 0,60 m die Unterkante der Gurtungen weniger als 0,50 m über der Oberkante Rohrschaft liegt,

– bei äußerem Rohrschaftdurchmesser OD > 0,60 m die Unterkante der Gurtungen weniger als 2,00 m über der Grabensohle liegen. Dies gilt beim Rückbau ebenso für

den Abstand zur jeweiligen Verfüllungsoberfläche, solange sich diese weniger als ½ OD über der Grabensohle befindet.

b) Ist bei einem waagerechten Verbau der planmäßige Achsabstand von Aufrichtern (Brusthölzern oder Brustträgern) in dem fertig ausgehobenen und verbauten Graben innerhalb einer Bohlenlänge kleiner als 1,5 m, so gilt als lichte Mindestgrabenbreite der lichte Abstand zwischen den Aufrichtern. Hilfskonstruktionen zum Umsteifen während des Aushubs bzw. während der Verfüllung und zusätzliche Konstruktionen zur Abstützung der untersten Bohlen nach 6.1.7 zählen hierbei nicht mit.

9.2.4 Bei Gräben mit senkrechten Wänden bis zu einer Tiefe von 1,25 m, die zwar beim Ausheben und beim Verfüllen betreten werden, in denen aber neben den Leitungen kein Arbeitsraum zum Verlegen oder Prüfen von Leitungen benötigt wird, z. B. bei Gräben für Endlosleitungen und Kabel, sind in Abhängigkeit von der Regelverlegetiefe die in Tabelle 5 angegebenen lichten Mindestgrabenbreiten einzuhalten. Als Regelverlegetie-

Tabelle 5 (DIN 4124): Lichte Mindestbreite für Gräben ohne Arbeitsraum (Tabelle gilt nicht für Abwasserleitungen und -kanäle nach DIN EN 1610)

Regelverlegetiefe	m	bis 0,70	über 0,70 bis 0,90	über 0,90 bis 1,00	über 1,00 bis 1,25
Lichte Mindestbreite b	m	0,30	0,40	0,50	0,60

Tabelle 6 (DIN 4124): Lichte Mindestbreite für Gräben mit Arbeitsraum in Abhängigkeit vom äußeren Leitungs- bzw. Rohrschaftdurchmesser (Tabelle gilt nicht für Abwasserleitungen und -kanäle nach DIN EN 1610)

<table>
<tr><td rowspan="3">Äußerer Leitungs- bzw. Rohrschaft-Durchmesser OD
m</td><td colspan="4">Lichte Mindestbreite b
m</td></tr>
<tr><td colspan="2">Verbauter Graben</td><td colspan="2">Geböschter Graben</td></tr>
<tr><td>Regelfall</td><td>Umsteifung</td><td>$\beta \leq 60°$</td><td>$\beta > 60°$</td></tr>
<tr><td>bis 0,40</td><td>b = OD + 0,40</td><td>b = OD + 0,70</td><td colspan="2">b = OD + 0,40</td></tr>
<tr><td>mehr als 0,40 bis 0,80</td><td colspan="2">b = OD + 0,70</td><td rowspan="3">b = OD + 0,40</td><td rowspan="3">b = OD + 0,70</td></tr>
<tr><td>mehr als 0,80 bis 1,40</td><td colspan="2">b = OD + 0,85</td></tr>
<tr><td>mehr als 1,40</td><td colspan="2">b = OD + 1,00</td></tr>
</table>

Tabelle 7 (DIN 4124): Lichte Mindestbreite für Gräben mit Arbeitsraum und senkrechten Wänden in Abhängigkeit von der Grabentiefe (Tabelle gilt nicht für Abwasserleitungen und -kanäle nach DIN EN 1610)

Lichte Mindestbreite b m	Art und Tiefe des Grabens	Bemerkungen
0,60	Geböschter Graben bis 1,75 m	Siehe Bilder 2 und 3
0,70	Teilweise verbauter Graben bis 1,75 m	Siehe Bild 4
0,70	Verbauter Graben bis 1,75 m	
0,80	Verbauter Graben über 1,75 m bis 4,00 m	Siehe Bilder 1, 11 und 14
1,00	Verbauter Graben über 4,00 m	

fe gilt der Abstand von der Geländeoberfläche bis zur Unterkante der Leitung. Sofern planmäßig tiefer ausgehoben wird als bis zur Regelverlegetiefe, z. B. um ein Sandbett einzubringen, und dazu der Graben in dieser Tiefe betreten werden muss, dann ist an Stelle der Regelverlegetiefe die tatsächliche Aushubtiefe maßgebend.

9.2.5 *Bei Gräben, die einen Arbeitsraum zum Verlegen oder Prüfen von Leitungen oder Kanälen haben müssen, sind in Abhängigkeit vom Leitungs- bzw. vom äußeren Rohrschaftdurchmesser d bzw. bei Gräben mit senkrechten Wänden auch in Abhängigkeit von der Grabentiefe die in Tabelle 6 bzw. in Tabelle 7 angegebenen lichten Mindestgrabenbreiten einzuhalten, soweit in den folgenden Abschnitten nichts anderes bestimmt ist. Der jeweils größere Wert ist maßgebend. Im Übrigen gilt Folgendes:*

a) Bei nicht kreisförmigen Querschnittsformen setzt sich die lichte Mindestgrabenbreite zusammen aus der größten Außenbreite des Rohrschaftes bzw. des Kanals und dem Arbeitsraum. Die maßgebende Breite des Arbeitsraums ergibt sich aus Tabelle 6 mit dem Ansatz von OD für die größte Außenhöhe des Rohrschaftes bzw. des Kanals.

b) Die mit „Umsteifung" beschriebene Spalte in Tabelle 6 ist nur anzuwenden, wenn während des Herablassens von langen Einzelrohren planmäßig Umsteifarbeiten erforderlich sind. Sie gilt für Mehrfachleitungen nur dann, wenn diese nicht nacheinander, sondern auf ganzer Breite gleichzeitig herabgelassen werden.

9.2.6 *Die lichten Mindestgrabenbreiten nach 9.2.5 sind auch dann einzuhalten, wenn wegen vorhandener Bauteile, Leitungen, Kanäle oder anderer Hindernisse der Graben seitlich so verschoben wird, dass die geplante Leitung bzw. der geplante Kanal ausmittig zu liegen kommt.*

9.2.7 *Wird der planmäßig vorgesehene Graben oberhalb der Leitung oder des Kanals auf einer Länge von mehr als 5,00 m durch ein längs verlaufendes Hindernis eingeengt, so muss die lichte Mindestgrabenbreite zwischen dem Hindernis und der gegenüberliegenden Grabenwand mindestens 0,60 m betragen. Außerdem sind im Bereich der Leitung bzw. des Kanals die in 9.2.5 genannten lichten Mindestgrabenbreiten einzuhalten, wobei das längs verlaufende Hindernis wie ein Gurt im Sinne von 9.2.3 a) zu berücksichtigen ist.*

9.2.8 *Bei Gräben für Mehrfachleitungen, die einen Arbeitsraum zum Verlegen oder Prüfen von Leitungen oder Kanälen haben müssen, errechnet sich die lichte Mindestgrabenbreite b nach Bild 20 aus*

- *den jeweiligen halben lichten Mindestgrabenbreiten $^1/_2 \cdot b_1$ und $^1/_2 \cdot b_2$ nach Tabelle 6 für jede der beiden äußeren Leitungen,*
- *den halben äußeren Leitungs- bzw. Rohrschaftdurchmessern $^1/_2 \cdot OD_1$ und $^1/_2 \cdot OD_2$ dieser beiden Leitungen,*
- *gegebenenfalls den äußeren Leitungs- bzw. Rohrschaftdurchmessern von weiteren Leitungen bzw. Kanälen*

und

- *den Abständen z zwischen den Leitungen bzw. Kanälen.*

Der Abstand z richtet sich nach der Verlegetechnik und den Erfordernissen der Verdichtung. Muss der Zwischenraum betreten werden, dann ist der Abstand z in Anlehnung an Tabelle 6 in Abhängigkeit vom äußeren Leitungs- bzw. Rohrschaftdurchmesser für OD bis 0,40 m mit mindestens 0,20 m, für OD bis 0,80 m mit mindestens 0,35 m, für OD bis 1,40 m mit mindestens 0,43 m, für OD über 1,40 m mit mindestens 0,50 m auszuführen. Werden in einem Gra-

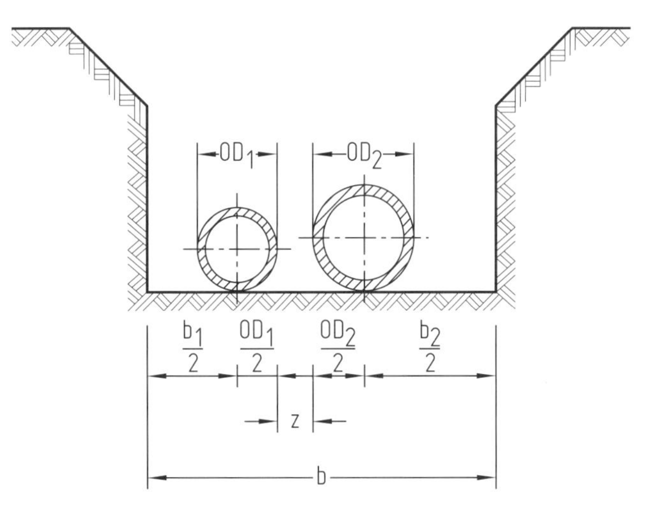

Bild 20 (nach DIN 4124): Lichte Mindestbreite für Gräben mit Arbeitsraum für Mehrfachleitungen

ben sowohl Abwasserleitungen bzw. -kanäle als auch andere Leitungen verlegt, ist für den Abstand z jeweils der größere ermittelte Wert maßgebend.

9.2.9 Für Gräben mit unterschiedlichen Tiefen, so genannte Stufengräben, gelten die Festlegungen hinsichtlich der lichten Mindestgrabenbreiten sinngemäß. Als Grabentiefen sind die in Bild 21 mit h_1 und h_2 bezeichneten Höhen der beiden Einzelstufen anzunehmen.

9.2.10 An Zwangspunkten, z. B. aufgrund schwieriger örtlicher Verhältnisse in Teilbereichen, ist es ausnahmsweise zulässig, die angegebenen lichten Mindestgrabenbreiten zu unterschreiten. In diesen Fällen sind besondere Sicherheitsvorkehrungen zu treffen und ist sicherzustellen, dass eine fachgerechte Bauausführung noch möglich ist.

9.2.11 Die in 9.2.4 bis 9.2.9 genannten lichten Mindestgrabenbreiten gelten nicht für Gräben, die bei dem vorgesehenen Arbeitsablauf nicht betreten werden müssen.

9.2.12 Für Rohrleitungen, die nach dem Verlegen mit Beton ummantelt werden, gelten sinngemäß die Regelungen für Baugruben nach 9.1, sofern dafür eine gesonderte Schalung benötigt wird."

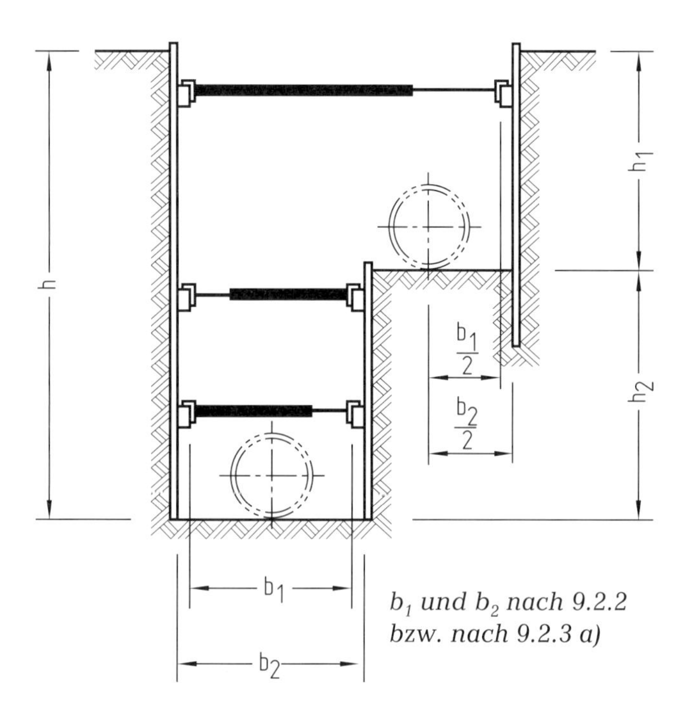

Bild 21 (nach DIN 4124): Lichte Mindestbreite für Stufengräben mit Arbeitsraum

Auszug aus DIN EN 1610 „Verlegung und Prüfung von Abwasserleitungen und -kanälen", Ausgabe Oktober 1997:

„3 Definitionen

Für die Zwecke dieser Norm gelten die folgenden Definitionen einschließlich Bild 1:

3.1 Bettung: der Teil des Bauwerks, der das Rohr zwischen der Grabensohle und der Seitenverfüllung oder der Abdeckung trägt. Die Bettung besteht aus oberer und unterer Bettungsschicht. Bei direkter Auflagerung auf gewachsenem Boden ist dieser die untere Bettungsschicht.

3.2 Dicke der zu verdichtenden Schicht: Dicke jeder neuen Schicht von Verfüllmaterial vor ihrer Verdichtung.

3.3 Überdeckungshöhe: lotrechte Entfernung von der Oberkante des Rohrschaftes bis zur Oberfläche.

3.4 Leitungszone: Verfüllung im Bereich des Rohres bestehend aus Bettung, Seitenverfüllung und Abdeckung.

3.5 Abdeckung: Schicht aus Verfüllmaterial unmittelbar über dem Rohrscheitel.

3.6 Hauptverfüllung: Verfüllung zwischen Oberkante Leitungszone und Oberkante Gelände oder Damm, oder, soweit zutreffend, der Unterkante der Straßen- oder Gleiskonstruktion.

3.7 Mindestgrabenbreite: Mindestmaß, aus Sicherheitsgründen und für die Ausführung erforderlich, zwischen den Grabenwänden an der Oberkante der unteren Bettungsschicht oder, falls vorhanden, zwischen dem Grabenverbau (Pölzung) in jeder Tiefe.

3.8 Anstehender Boden: Boden aus dem Aushub des Grabens.

3.9 Nennweite (DN): Kenngröße des Bauteils, die ganzzahlig annähernd gleich dem Herstellungsmaß in mm ist. Sie darf entweder für Innendurchmesser (DN/ID) oder für Außendurchmesser (DN/OD) verwendet werden (EN 476).

3.10 Rohrleitung: Rohre, Formstücke und Verbindungen zwischen Schächten oder anderen Bauwerken.

3.11 Vorgefertigtes Bauteil: vom Einbauvorgang getrennt hergestelltes Produkt, üblicherweise auf der Grundlage von Produktnormen und/oder Überwachung durch den Hersteller.

3.12 Seitenverfüllung: Material zwischen Bettung und Abdeckung.

3.13 Grabentiefe: lotrechte Entfernung der Grabensohle zur Oberfläche.

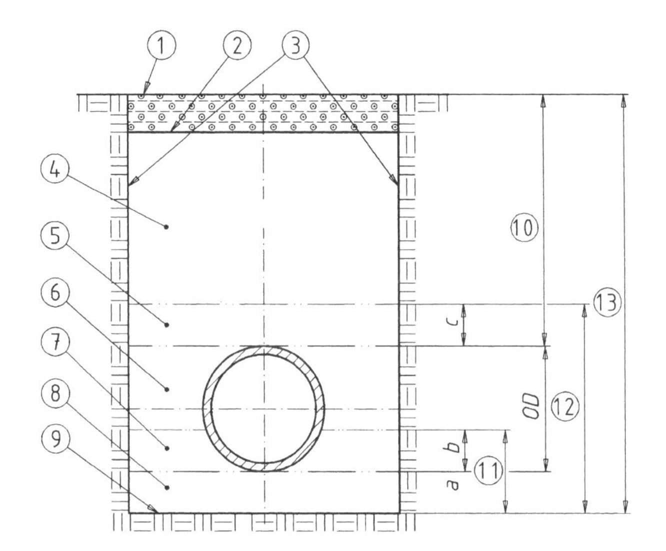

Bild 1 (DIN EN 1610): Darstellung der Begriffe

1 Oberfläche
2 Unterkante der Straßen- oder Gleiskonstruktion, soweit vorhanden
3 Grabenwände
4 Hauptverfüllung (3.6)
5 Abdeckung (3.5)
6 Seitenverfüllung (3.12)
7 Obere Bettungsschicht
8 Untere Bettungsschicht
9 Grabensohle
10 Überdeckungshöhe (3.3)
11 Dicke der Bettung (3.1)
12 Dicke der Leitungszone (3.4)
13 Grabentiefe (3.13)
a Dicke der unteren Bettungsschicht
b Dicke der oberen Bettungsschicht
c Dicke der Abdeckung

$b = k \cdot OD$ (siehe Abschnitt 7)

Dabei ist:
k ein dimensionsloser Faktor; Verhältnis der Dicke der oberen Bettungsschicht b zu OD
OD Außendurchmesser des Rohrs in mm

Anmerkung 1: Mindestwerte für a und c siehe Abschnitt 7.
Anmerkung 2: $k \cdot OD$ ersetzt die Bezeichnung des Bettungswinkels, wie in einigen nationalen Normen verwendet. Der Bettungswinkel ist nicht der Bettungsreaktionswinkel der statischen Berechnung.

Diese Definitionen gelten, soweit zutreffend, auch für Gräben mit geböschten Wänden und bei Leitungen unter Dämmen."

„6 Herstellung des Leitungsgrabens

6.1 Gräben

Gräben sind so zu bemessen und auszuführen, dass ein fachgerechter und sicherer Einbau von Rohrleitungen sichergestellt ist.

Falls während der Bauarbeiten Zugang zur Außenwand von unterirdisch liegenden Bauwerken, z. B. Schächte, erforderlich ist, ist ein gesicherter Mindestarbeitsraum von 0,50 m Breite einzuhalten.

Wenn zwei oder mehr Rohre in demselben Graben oder unter derselben Dammschüttung verlegt werden sollen, muss der horizontale Mindestarbeitsraum für den Bereich zwischen den Rohren eingehalten werden. Falls nicht anders angegeben, sind dabei für Rohre bis einschließlich DN 700 0,35 m und für Rohre größer als DN 700 0,50 m einzuhalten.

Falls erforderlich, sind zum Schutz vor Beeinträchtigungen anderer Versorgungsleitungen, Abwasserleitungen und -kanäle, von Bauwerken oder der Oberflächen geeignete Sicherungsmaßnahmen zu treffen.

6.2 Grabenbreite

6.2.1 Größte Grabenbreite

Die Grabenbreite darf die nach der statischen Bemessung größte Breite nicht überschreiten. Falls dies nicht möglich ist, ist der Sachverhalt dem Planer vorzulegen.

6.2.2 Mindestgrabenbreite

Die Mindestgrabenbreite ist der jeweils größere Wert aus den Tabellen 1 und 2, Ausnahmen siehe 6.2.3.

6.2.3 Ausnahmen von der Mindestgrabenbreite

Die Mindestgrabenbreite nach Tabelle 1 und Tabelle 2 darf unter den folgenden Bedingungen verändert werden:

- wenn Personal den Graben niemals betritt, z. B. bei automatisierten Verlegetechniken;
- wenn Personal niemals den Raum zwischen Rohrleitung und Grabenwand betritt;
- an Engstellen und bei unvermeidbaren Situationen.

In jedem Einzelfall sind besondere Vorkehrungen in der Planung und für die Bauausführung erforderlich."

Tabelle 1 (DIN EN 1610): Mindestgrabenbreite in Abhängigkeit von der Nennweite DN

DN	*Mindestgrabenbreite (OD + χ)* *m*		
	verbauter Graben	*unverbauter Graben*	
		β > 60°	*β ≤ 60°*
≤ 225	OD + 0,40	OD + 0,40	
> 225 bis ≤ 350	OD + 0,50	OD + 0,50	OD + 0,40
> 350 bis ≤ 700	OD + 0,70	OD + 0,70	OD + 0,40
> 700 bis ≤ 1200	OD + 0,85	OD + 0,85	OD + 0,40
> 1200	OD + 1,00	OD + 1,00	OD + 0,40

Bei den Angaben OD + χ entspricht χ/2 dem Mindestarbeitsraum zwischen Rohr und Grabenwand bzw. Grabenverbau (Pölzung).
Dabei ist:
OD der Außendurchmesser, in m
β der Böschungswinkel des unverbauten Grabens, gemessen gegen die Horizontale (siehe Bild 2)

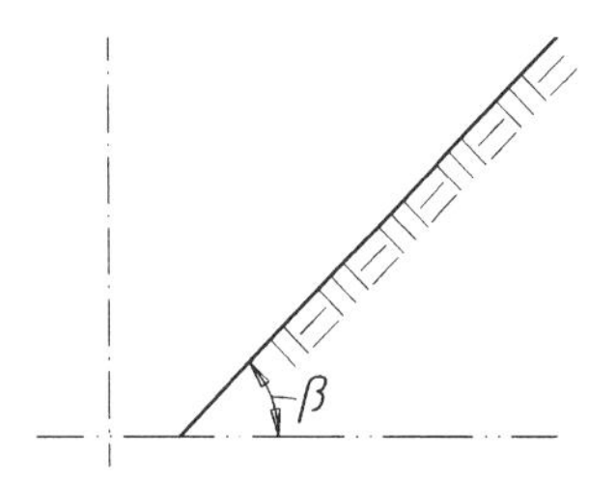

Bild 2 (DIN EN 1610): Winkel β der unverbauten Grabenwand

Tabelle 2 (DIN EN 1610): Mindestgrabenbreite in Abhängigkeit von der Grabentiefe

Grabentiefe *m*	*Mindestgrabenbreite* *m*
< 1,00	keine Mindestgrabenbreite vorgegeben
≥ 1,00 ≤ 1,75	0,80
> 1,75 ≤ 4,00	0,90
> 4,00	1,00

(6.3 bis 6.5 nicht abgedruckt)

„7 Leitungszone und Verbau (Pölzung)

7.1 Allgemeines

Baustoffe, Bettung, Verbau (Pölzung) und Schichtdicken der Leitungszone müssen mit den Planungsanforderungen übereinstimmen. Baustoffe sollten entsprechend 5.3.2 und 5.3.3 ausgewählt werden. Baustoffe für die Leitungszone sowie deren Korngröße und jeglicher Verbau (Pölzung) sind unter Berücksichtigung

- *des Rohrdurchmessers;*
- *des Rohrwerkstoffs und der Rohrwanddicke;*
- *der Bodeneigenschaften*

zu wählen.

Die Breite der Bettung muss mit der Grabenbreite übereinstimmen, soweit nichts anderes festgelegt ist. Bei Leitungen unter Dämmen muss die Breite der Bettung dem vierfachen Außendurchmesser entsprechen, falls nicht anders festgelegt.

Mindestwerte für c (siehe Bild 1) der Abdeckung sind 150 mm über dem Rohrschaft und 100 mm über der Verbindung. Wenn Baustoffe nach 5.3.3.2 und 5.3.3.3 verwendet werden, muss c den Planungsanforderungen entsprechen.

Örtlich vorhandener weicher Untergrund unterhalb der Grabensohle ist zu entfernen und durch geeignetes Material für die Bettung zu ersetzen. Wenn größere Mengen angetroffen werden, kann eine erneute statische Berechnung erforderlich werden.

7.2 *Ausführungen der Bettung*

7.2.1 *Bettung Typ 1*

Bettung Typ 1 (Bild 3) darf für jede Leitungszone angewendet werden, die eine Unterstützung der Rohre über deren gesamte Länge zulässt und die unter Beachtung der geforderten Schichtdicken a und b hergestellt wird. Dies gilt für jede Größe und Form von Rohren, z. B. kreisförmig, nicht kreisförmig, und mit Fuß.

Sofern nichts anderes vorgegeben ist, darf die Dicke der unteren Bettungsschicht a gemessen unter dem Rohrschaft, folgende Werte nicht unterschreiten:

- *100 mm bei normalen Bodenverhältnissen;*
- *150 mm bei Fels oder festgelagerten Böden.*

Die Dicke b der oberen Bettungsschicht muss der statischen Berechnung entsprechen.

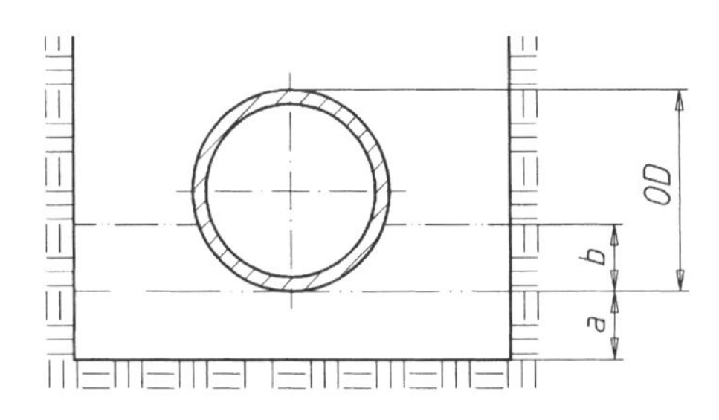

Bild 3 (DIN EN 1610): Bettung Typ 1

7.2.2 *Bettung Typ 2*

Bettung Typ 2 (Bild 4) darf im gleichmäßigen, relativ lockeren, feinkörnigen Boden verwendet werden, der eine Unterstützung der Rohre über deren gesamte Länge zulässt. Rohre dürfen direkt auf die vorgeformte und vorbereitete Grabensohle verlegt werden.

Die Dicke b der oberen Bettungsschicht muss der statischen Berechnung entsprechen.

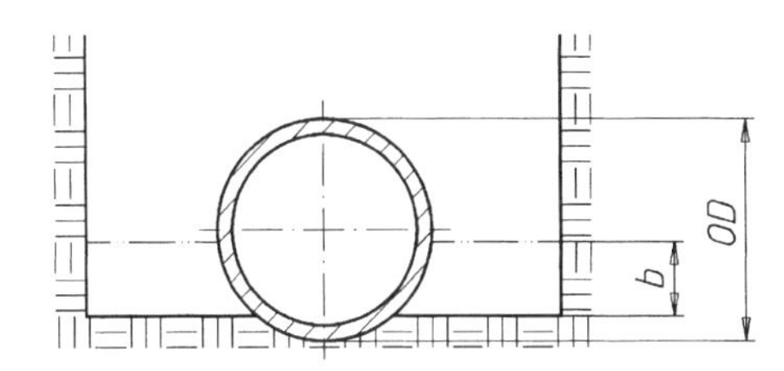

Bild 4 (DIN EN 1610): Bettung Typ 2

7.2.3 *Bettung Typ 3*

Bettung Typ 3 (Bild 5) darf im gleichmäßigen, relativ feinkörnigen Boden verwendet werden, der eine Unterstützung der Rohre über deren gesamte Länge zulässt. Rohre dürfen direkt auf die vorbereitete Grabensohle verlegt werden.

Die Dicke b der oberen Bettungsschicht muss der statischen Berechnung entsprechen.

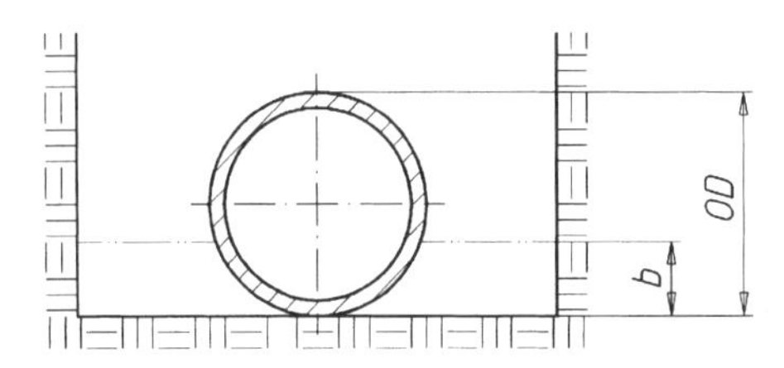

Bild 5 (DIN EN 1610): Bettung Typ 3"

(7.3 nicht abgedruckt)

5.2.1 Die Aushubtiefe wird von der Oberfläche der auszuhebenden Baugrube oder des auszuhebenden Grabens bis zur Sohle der Baugrube oder des Grabens gerechnet, bei einer zu belassenden Schutzschicht (siehe Abschnitt 3.9.3) bis zu deren Oberfläche.

Aushubtiefen

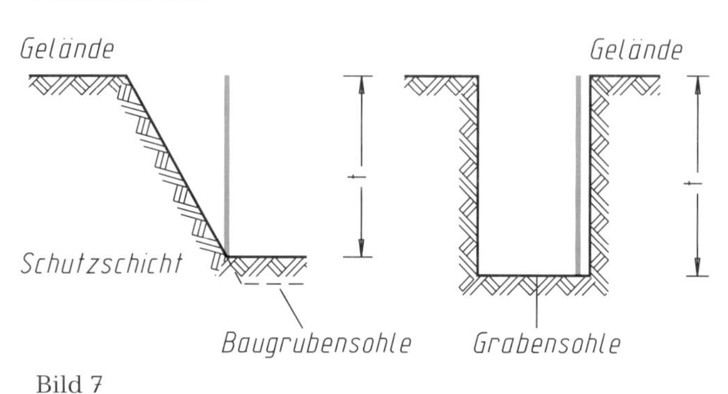

Bild 7

5.2.2 Die Maße der Baugrubensohle ergeben sich aus den Außenmaßen des Baukörpers zuzüglich der Mindestbreiten betretbarer Arbeitsräume nach DIN 4124 sowie der erforderlichen Maße für Schalungs- und Verbaukonstruktionen.

Die Breite der Grabensohle ergibt sich aus der Mindestbreite

- **von Gräben für Entwässerungskanäle und Entwässerungsleitungen nach DIN EN 1610 und**
- **von sonstige Gräben nach DIN 4124**

jeweils zuzüglich der erforderlichen Maße für Schalungs- und Verbaukonstruktionen.

Sind weder betretbare Arbeitsräume noch Schalungs- und Verbaukonstruktionen erforderlich, z. B. beim Betonieren direkt gegen den Boden, wird das tatsächliche Aushubmaß abgerechnet.

Beispiel: Streifenfundament mit $b = 1{,}00$ *m*, $t = 0{,}75$ *m*.

Aushub = $1{,}00 \cdot 0{,}75 = 0{,}75\ m^2 \cdot$ *Länge*.

Die Abmessungen der Schalungs- und Verbaukonstruktionen richten sich nach der statisch erforderlichen Konstruktionsdicke und dem jeweiligen Schalungs- und Verbausystem, das in der Regel vom Auftragnehmer bestimmt werden kann.

Geböschte Baugruben gemäß DIN 4124
(Bilder 8 bis 12)
(siehe DIN 4124-Textauszug unter Abschnitt 5.2 der ATV DIN 18300!)

Baugrube für geputztes Mauerwerk

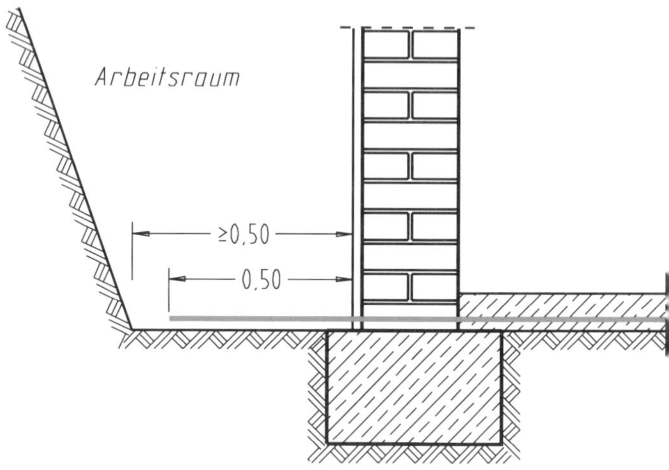

Bild 8

Betretbarer Arbeitsraum bei geböschter Baugrube ≥ 0,50 m.

Abzurechnendes Maß für die Baugrubensohle = *Baukörper + 0,50 m.*

Baugrube für geschalte Betonwand

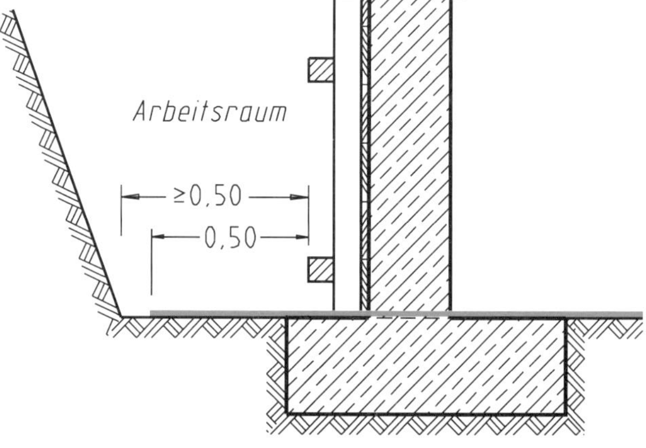

Bild 9

Betretbarer Arbeitsraum bei geböschter Baugrube ≥ 0,50 m.

Abzurechnendes Maß für die Baugrubensohle = *Baukörper + Schalung + 0,50 m.*

Baugrube für geschaltes Fundament

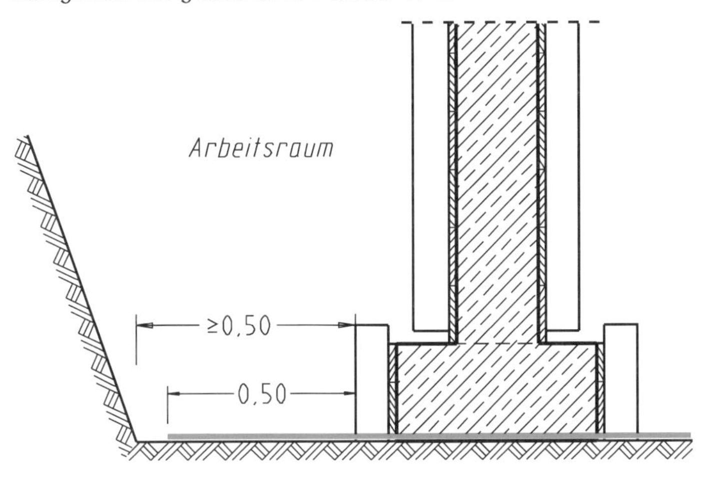

Bild 10

Bei eingeschalten Fundamenten gilt als Arbeitsraum der Abstand zwischen Böschungsfuß und Außenkante Fundamentschalung.

Abzurechnendes Maß der Baugrubensohle =
Baukörper + Fundamentschalung + 0,50 m.

Grabenförmige Baugrube für geschaltes Fundament

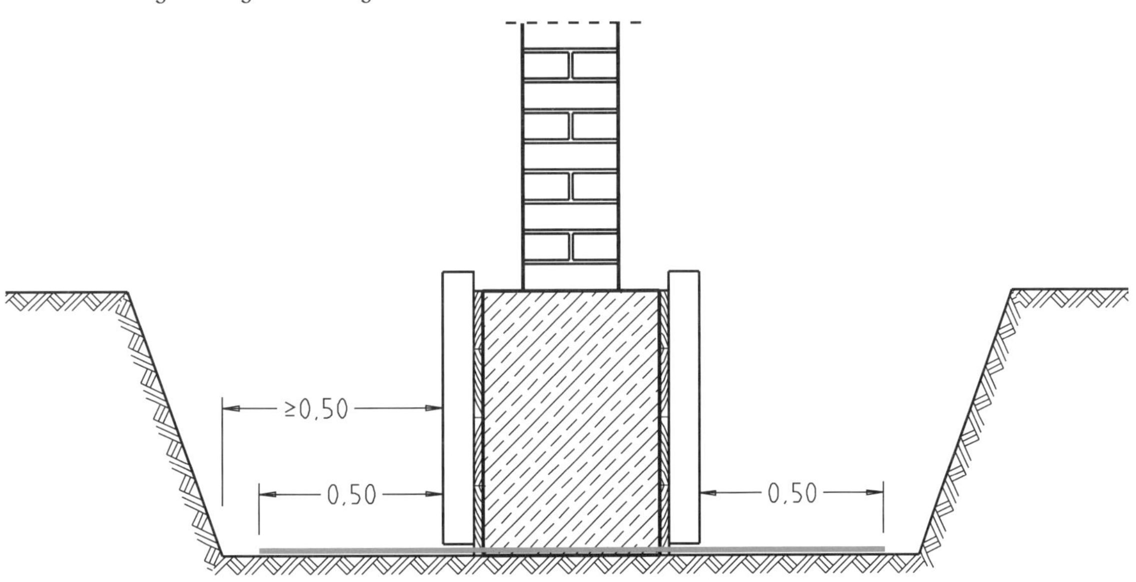

Bild 11

Abzurechnendes Maß der Grabensohle =
Fundament + 2 · Schalkonstruktion + 2 · 0,50 m.

Grabenförmige Baugrube für Stufenfundament

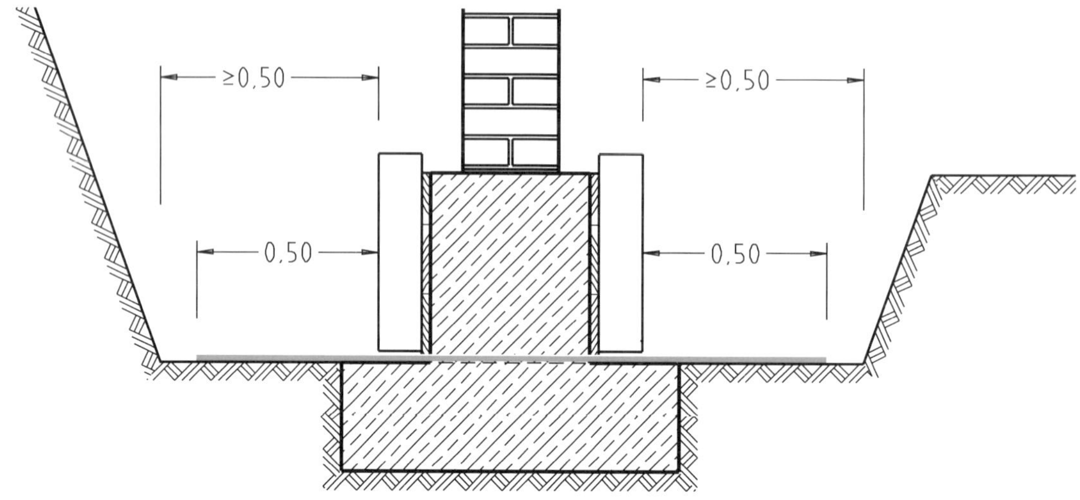

Bild 12

Fundamentunterteil gegen anstehenden Boden betoniert.
Abzurechnendes Maß der Grabensohle = *Fundamentoberteil + 2 · Schalkonstruktion + 2 · 0,50 m.*

Verbaute Baugruben gemäß DIN 4124
(Bilder 11 und 12)
(siehe DIN 4124-Textauszug unter Abschnitt 5.2 der ATV DIN 18300!)

Baugrube mit Verbau

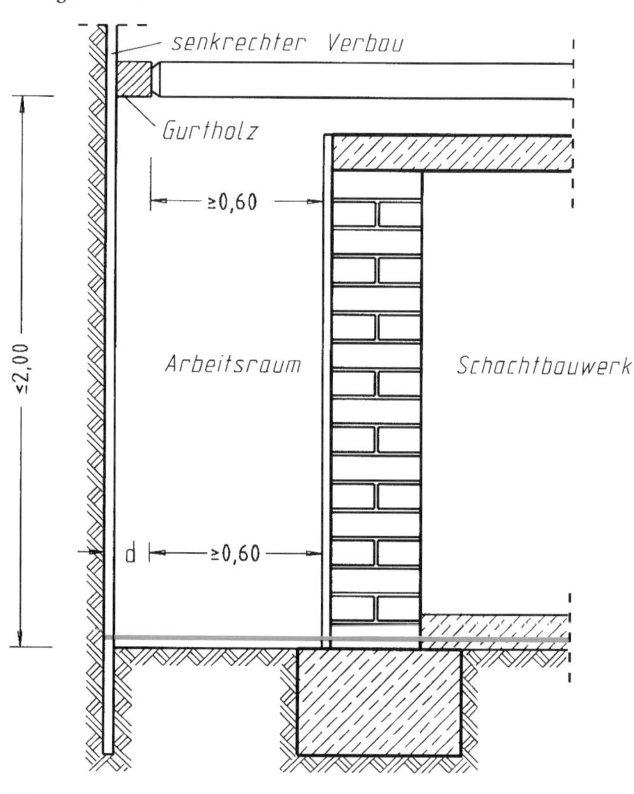

Bild 13

Da die Gurtungen höchstens 2,00 m über der Baugrubensohle angeordnet sind, gilt als Arbeitsraumbreite der Abstand zwischen Baukörper (einschließlich Putz) und Vorderseite der Gurtung.

Auszuführender Arbeitsraum bei verbauter Baugrube ≥ 0,60 m.

Abgerechnet wird jedoch nur das theoretische Maß von 0,60 m.

Abzurechnendes Maß für die Baugrubensohle = *Baukörper + 0,60 m + d (Dicke der Verbaukonstruktion).*

Rechteckige Baugrube für runden Schacht

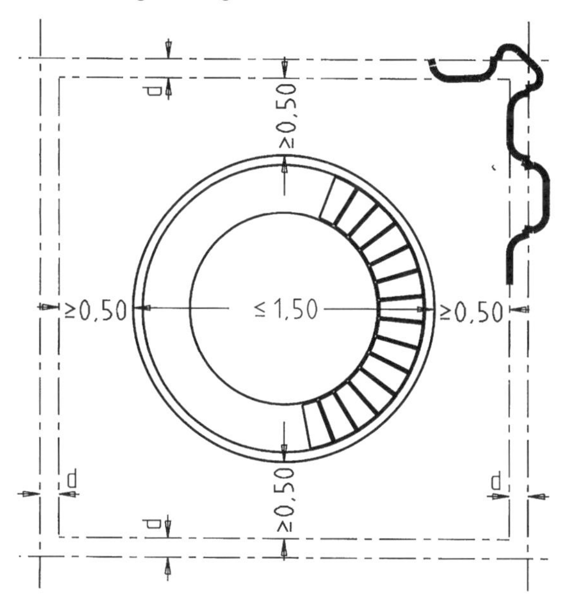

Bild 14

Auszuführender Arbeitsraum = *Baukörper (einschließlich Putz) + 2 · ≥ 0,50 m.*

Abzurechnendes Maß für die Baugrubensohle = *Baukörper (einschließlich Putz) + 2 · 0,50 m + 2 · d (Dicke der Verbaukonstruktion).*

Gräben für Leitungen und Kanäle gemäß DIN 4124 und für Abwasserleitungen und -kanäle gemäß DIN EN 1610
(siehe DIN 4124- und DIN EN 1610-Textauszug unter Abschnitt 5.2 der ATV DIN 18300!)

Breite der Grabensohle von nicht verbauten Gräben ohne betretbaren Arbeitsraum *(Bilder 15 und 16)*:

Graben mit geböschten Wänden

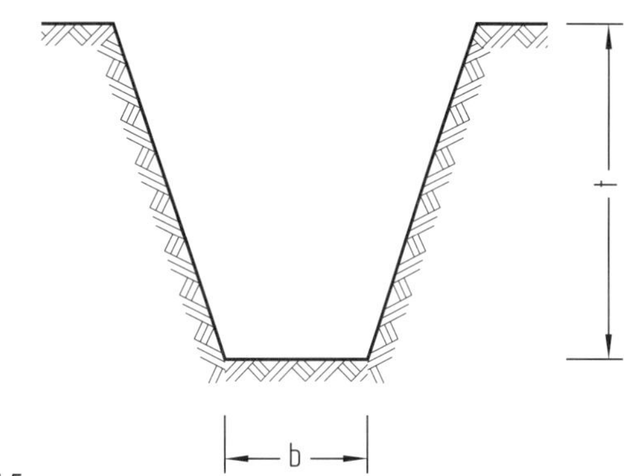

Bild 15

Graben mit senkrechten Wänden

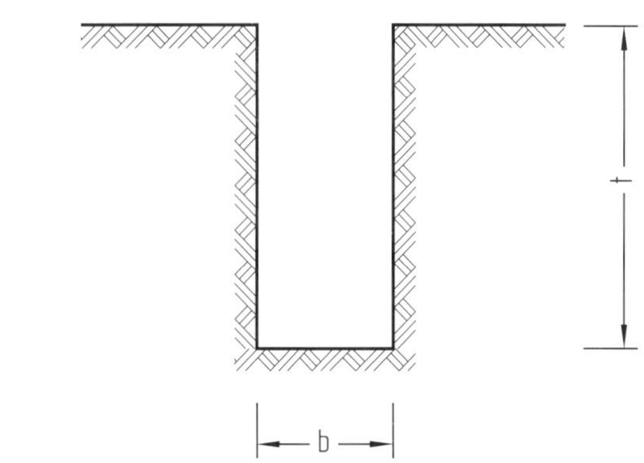

Bild 16

Nach DIN 4124 (Tabelle 5) gilt bei den Gräben nach *Bildern 15 und 16* für die lichte Mindestgrabenbreite von nicht verbauten Gräben, die keinen betretbaren Arbeitsraum haben müssen (soweit nicht andere Bestimmungen maßgebend sind):

- Regelverlegetiefe *t* *≤ 0,70 m* → *b = 0,30 m,*
- Regelverlegetiefe *t* *> 0,70 m bis 0,90 m* → *b = 0,40 m,*
- Regelverlegetiefe *t* *> 0,90 m bis 1,00 m* → *b = 0,50 m,*
- Regelverlegetiefe *t* *> 1,00 m bis 1,25 m* → *b = 0,60 m.*

DIN EN 1610 (Abschnitt 6.2.3) lässt in diesen Fällen die Mindestgrabenbreite *„b"* ausdrücklich offen, u. a.

- wenn Personal den Graben niemals betritt, z. B. bei automatisierten Verlegetechniken,
- wenn Personal niemals den Raum zwischen Rohrleitung und Grabenwand betritt.

Nicht oder teilweise verbaute Gräben mit senkrechten Wänden und betretbarem Arbeitsraum, bei denen die lichte Mindestgrabenbreite in Abhängigkeit von der Tiefe, unabhängig von der Leitungsgröße, vorgegeben ist *(Bilder 17 und 18)*:

Graben mit geböschten Kanten

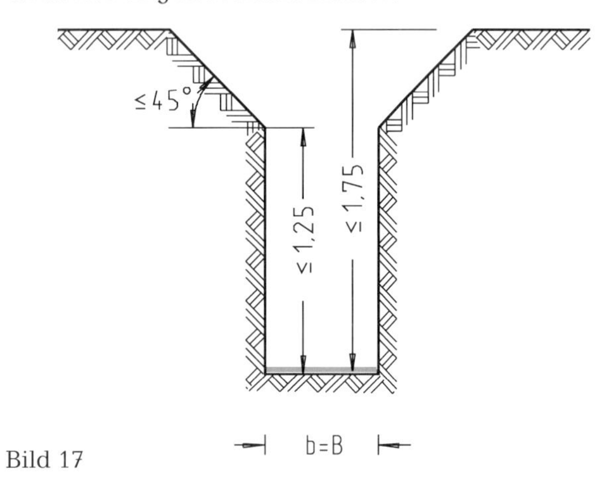

Bild 17

Teilweise verbauter Graben

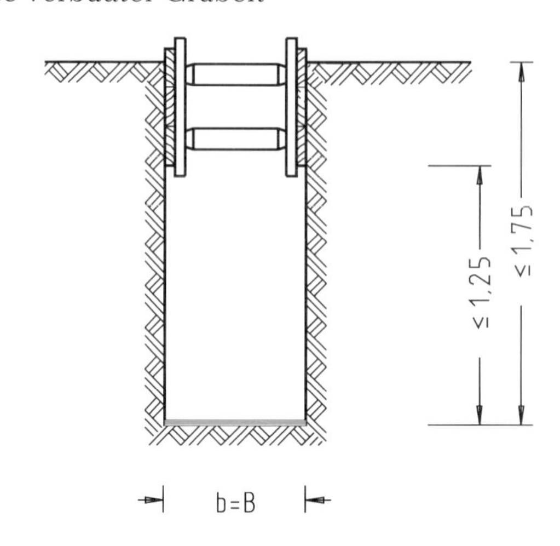

Bild 18

Nach DIN 4124 (Tabelle 7) gilt für die lichte Mindestgrabenbreite *„b"* (lichter Abstand der Erdwände) bei

- Gräben nach Bild 17: *b = 0,60 m,*
- Gräben nach Bild 18: *b = 0,70 m.*

Nach DIN EN 1610 (Abschnitt 6.2.2, Tabelle 2) ist für die Gräben nach den *Bildern 17 und 18* die Mindestgrabenbreite *„b"*

- bis zur Grabentiefe < 1,00 m nicht,
- für die Grabentiefe ≥ 1,00 m bis 1,75 m mit *b = 0,80 m*

vorgegeben.

In allen diesen Fällen gilt: abzurechnende Grabenbreite *B = b.*

Verbaute Gräben mit betretbarem Arbeitsraum, bei denen die lichte Mindestgrabenbreite in Abhängigkeit von der Tiefe, aber unabhängig von der Leitungsgröße, vorgegeben ist *(Bilder 19 und 20)*:

Graben mit waagerechtem Verbau

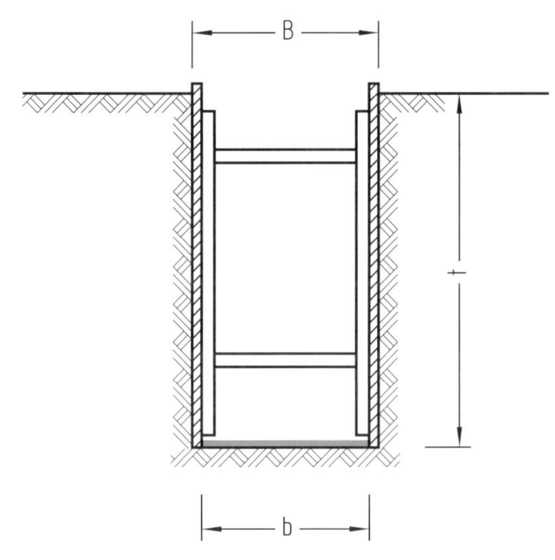

Bild 19

Graben mit senkrechtem Verbau

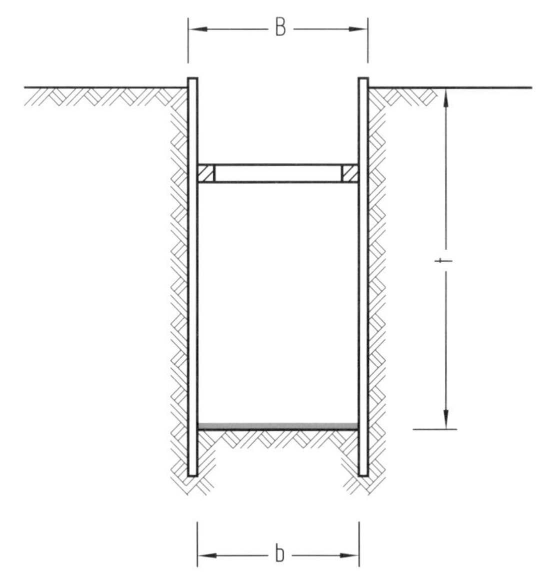

Bild 20

Als lichte Mindestgrabenbreite „*b*" wird (siehe auch DIN 4124, Abschnitt 9.2.2 c bis g) der lichte Abstand des Verbaus (Erdwand-Verkleidung mit Holzbohlen, Kanaldielen, Spundbohlen (bis zu deren Rücken) usw., jedoch ohne Berücksichtigung der Absteifungen) gemessen, sofern nicht Einschränkungen maßgebend sind *(siehe Bilder 21 bis 23)*.

Bei den Gräben nach *Bildern 19 und 20* gilt für die lichte Mindestgrabenbreite „*b*" in Abhängigkeit von der Grabentiefe „*t*"

– nach DIN 4124 (Tabelle 7)
  - $t \leq$ 1,75 m $\rightarrow b =$ *0,70 m,*
  - $t >$ 1,75 m bis 4,00 m $\rightarrow b =$ *0,80 m,*
  - $t >$ 4,00 m $\rightarrow b =$ *1,00 m,*

– nach DIN EN 1610 (Abschnitt 6.2.2, Tabelle 2)
  - $t <$ 1,00 m $\rightarrow b =$ *nicht vorgegeben,*
  - t 1,00 m bis 1,75 m $\rightarrow b =$ *0,80 m,*
  - $t >$ 1,75 m bis 4,00 m $\rightarrow b =$ *0,90 m,*
  - $t >$ 4,00 m $\rightarrow b =$ *1,00 m.*

Diese Werte „*b*" gelten nur, wenn sich nicht in Abhängigkeit vom Rohr- bzw. Leitungsdurchmesser größere Werte ergeben.

Abzurechnende Grabenbreite: $B = b + 2 \cdot$ *Verbau.*

Verbaute Gräben mit betretbarem Arbeitsraum, bei denen – als Sonderfall (DIN 4124, Abschnitt 9.2.3) – die lichte Mindestgrabenbreite „*b*" als lichter Abstand der Gurtungen (bei waagerechtem Verbau) bzw. der Brusthölzer/Aufrichter (bei senkrechtem Verbau) gemessen wird *(Bilder 21 bis 23)*:

Graben mit senkrechtem Verbau und niedriger oberer Gurtung

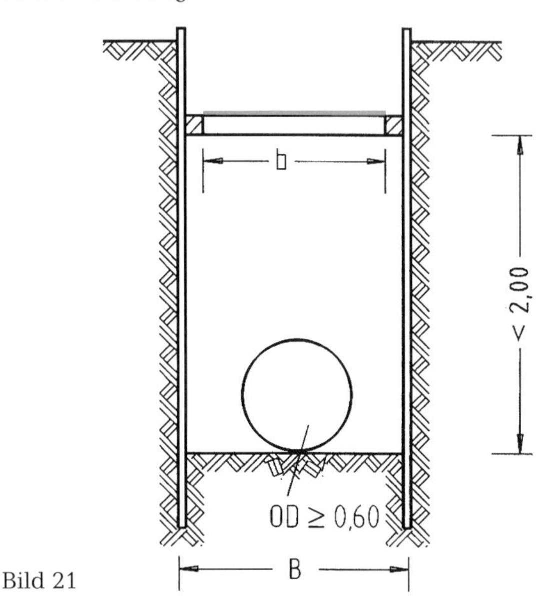

Bild 21

Da sich die Gurtung weniger als 2,00 m über Grabensohle befindet und der äußere Rohrschaftdurchmesser ≥ 0,60 m ist, gilt als abzurechnende Grabenbreite:

B = b + 2 · (Verbau zuzüglich Gurtung).

Graben mit senkrechtem Verbau und niedriger unterer Gurtung

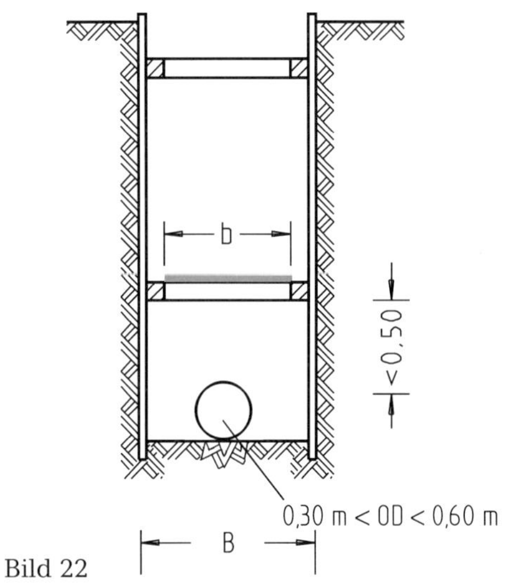

Bild 22

Da die Unterkante der unteren Gurtung weniger als 0,50 m über Oberkante Rohrschaft liegt und der äußere Rohrschaftdurchmesser > 0,30 m, aber < 0,60 m ist, gilt als abzurechnende Grabenbreite:

B = b + 2 · (Verbau zuzüglich Gurtung).

Graben mit waagerechtem Verbau und eng stehenden Brusthölzern/Aufrichtern

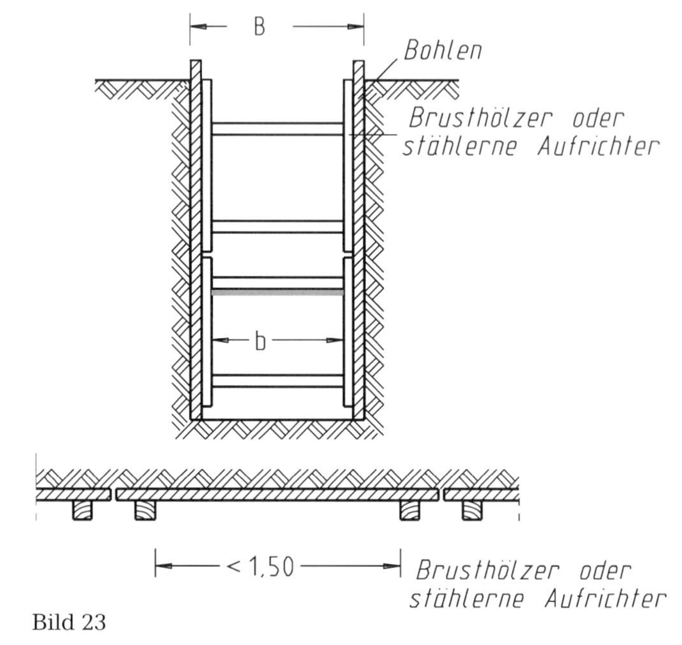

Bild 23

Da die Brusthölzer/stählerne Aufrichter weniger als 1,50 m Abstand haben, gilt als abzurechnende Grabenbreite:

B = b + 2 · (Verbau zuzüglich Brusthölzer/Aufrichter).

Verbaute Gräben mit betretbarem Arbeitsraum, bei denen die lichte Mindestgrabenbreite in Abhängigkeit von der Leitungsgröße vorgegeben ist.

Nach DIN 4124 (Abschnitt 9.2.5, Tabelle 6) gilt für die lichte Mindestgrabenbreite „*b*" in Abhängigkeit von dem äußeren Leitungs- bzw. Rohrschaftdurchmesser „*OD*":

OD ≤ 0,40 m → *b = OD + 0,40 m, bei Umsteifung + 0,70 m,*
OD > 0,40 m bis 0,80 m → *b = OD + 0,70 m,*
OD > 0,80 m bis 1,40 m → *b = OD + 0,85 m,*
OD > 1,40 m → *b = OD + 1,00 m.*

Nach DIN EN 1610 (Abschnitt 6.2.2, Tabelle 1) gilt für die Mindestgrabenbreite „*b*" in Abhängigkeit von der Nennweite „*DN*" und vom Außendurchmesser „*OD*":

DN ≤ 225 mm → *b = OD + 0,40 m,*
DN > 225 mm bis 350 mm → *b = OD + 0,50 m,*
DN > 350 mm bis 700 mm → *b = OD + 0,70 m,*
DN > 700 mm bis 1200 mm → *b = OD + 0,85 m,*
DN > 1200 mm → *b = OD + 1,00 m.*

Dabei darf jedoch die lichte Mindestgrabenbreite, die in Abhängigkeit von der Tiefe *(siehe bei Bildern 19 und 20)* und in Sonderfällen *(siehe Bilder 21 bis 23)* vorgegeben ist, nicht unterschritten werden.

Beispiele für die Ermittlung der Abrechnungsbreite von verbauten Gräben in Abhängigkeit von der Leitungsgröße *(Bilder 24 und 25)*:

Rohrleitungsgraben mit senkrechtem Verbau

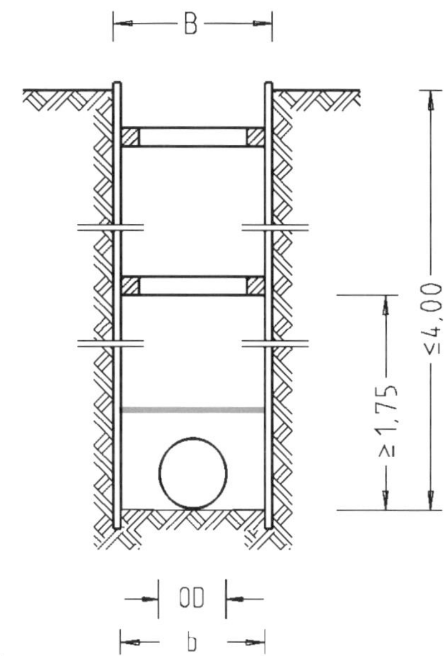

Bild 24

Abrechnungsbeispiele nach DIN 4124:

Beispiel 1:
Äußerer Leitungs-/Rohrschaftdurchmesser
OD = 0,30 m
b (nach Tab. 6) = *0,30 + 0,40 = 0,70 m*, jedoch
b (nach Tab. 7) = *0,80 m* (vorrangig!)
Abzurechnende Grabenbreite *B = 0,80 + 2 · Verbau.*

Beispiel 2:
Äußerer Leitungs-/Rohrschaftdurchmesser
OD = 0,75 m
b (nach Tab. 6) = *0,75 + 0,70 = 1,45 m*
Abzurechnende Grabenbreite *B = 1,45 + 2 · Verbau.*

Abrechnungsbeispiele nach DIN EN 1610:

Beispiel 1:
Nennweite *DN = 250 mm*, Außendurchmesser
OD = 0,30 m
b (nach Tab. 1) = *0,30 + 0,50 = 0,80 m*, jedoch
b (nach Tab. 2) = *0,90 m* (vorrangig!)
Abzurechnende Grabenbreite *B = 0,90 + 2 · Verbau.*

Beispiel 2:
Nennweite *DN = 600 mm*, Außendurchmesser
OD = 0,70 m
b (nach Tab. 1) = *0,70 + 0,70 = 1,40 m*
Abzurechnende Grabenbreite *B = 1,40 + 2 · Verbau.*

Rohrleitungsstufengraben mit senkrechtem Verbau

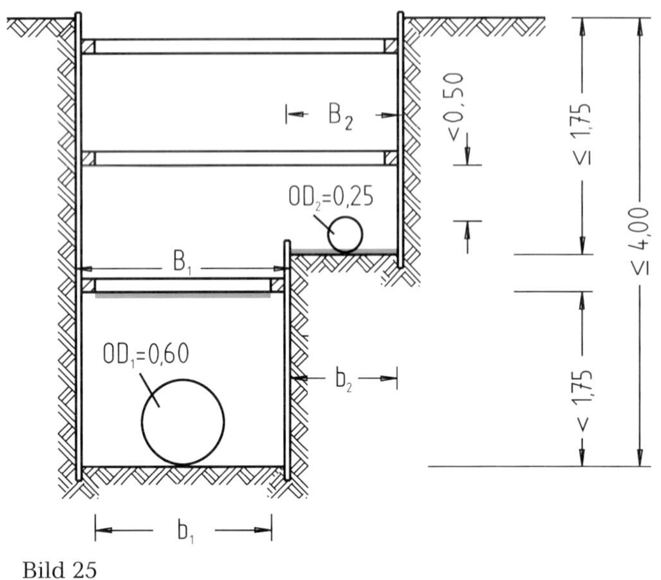

Bild 25

Abrechnungsbeispiel nach DIN 4124:

b_1 (nach Tab. 6) = *0,60 + 0,70 = 1,30 m,* jedoch (nach Abschnitt 9.2.3 a) zwischen den Gurtungen gemessen.

Abzurechnende Grabenbreite B_1 = *1,30 + 2 · (Verbau zuzüglich Gurtung).*

b_2 (nach Tab. 6) = *0,25 + 0,40 = 0,65 m,* jedoch (nach Tab. 7) = *0,70 m* (vorrangig!)

Abzurechnende Grabenbreite B_2 = *0,70 + 1 · Verbau.*

Abrechnungsbeispiel nach DIN EN 1610 (hier spielt die Gurtung keine Rolle):

DN_1 = *500 mm* bei OD_1 = *0,60 m*

b_1 (nach Tab. 1) = *0,60 + 0,70 = 1,30 m*

Abzurechnende Grabenbreite B_1 = *1,30 + 2 · Verbau.*

DN_2 = *200 mm* bei OD_2 = *0,25 m*

b_2 (nach Tab. 1) = *0,25 + 0,40 = 0,65 m,* jedoch (nach Tab. 2) = *0,80 m* (vorrangig!)

Abzurechnende Grabenbreite B_2 = *0,80 + 1 · Verbau.*

Beispiele für die Ermittlung der Abrechnungsbreite von geböschten Gräben in Abhängigkeit von der Leitungsgröße *(Bilder 26 bis 29)*:

Rohrleitungsgraben mit flacher Böschung

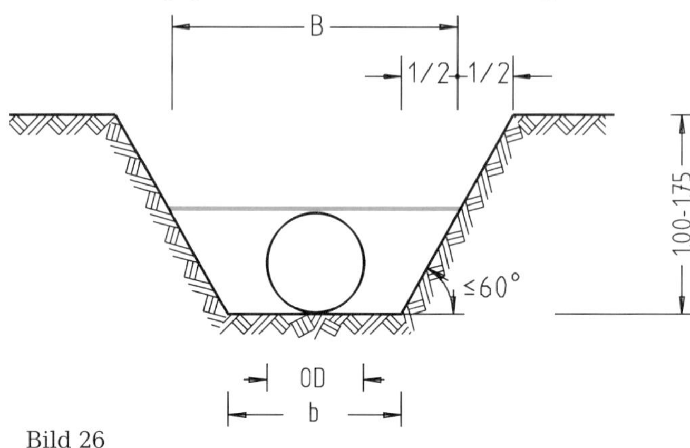

Bild 26

Abrechnungsbeispiel nach DIN 4124:

Äußerer Leitungs-/Rohrschaftdurchmesser
OD = 0,30 m

b (nach Tab. 6) = *0,30 + 0,40 = 0,70 m*

Abzurechnende Grabenbreite
B = 0,70 + 2 · 1/2 Böschungsbreite.

Abrechnungsbeispiel nach DIN EN 1610:

Nennweite *DN = 250 mm,* Außendurchmesser *OD = 0,30 m*

b (nach Tab. 1) = *0,30 + 0,40 = 0,70 m,* jedoch (nach Tab. 2) = *0,80 m* (vorrangig!)

Abzurechnende Grabenbreite
B = 0,80 + 2 · 1/2 Böschungsbreite.

Bei der Ermittlung der jeweiligen Böschungsbreite ist der nach Abschnitt 5.2.3 der ATV DIN 18300 vorgegebene Böschungswinkel zugrunde zu legen.

Rohrleitungsgraben mit steiler Böschung

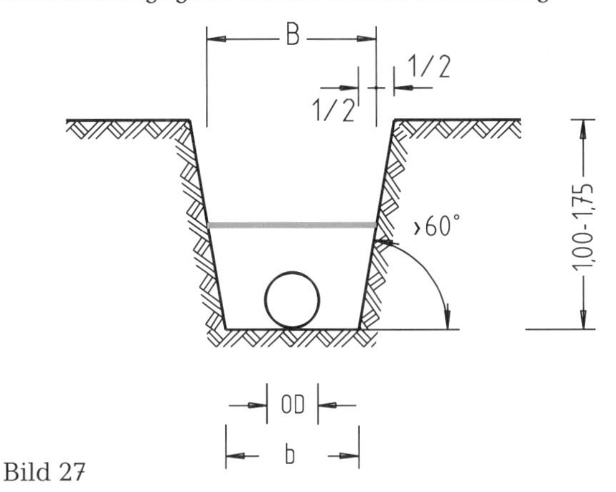

Bild 27

Flachgeböschter Graben mit Rohren gleichen Durchmessers

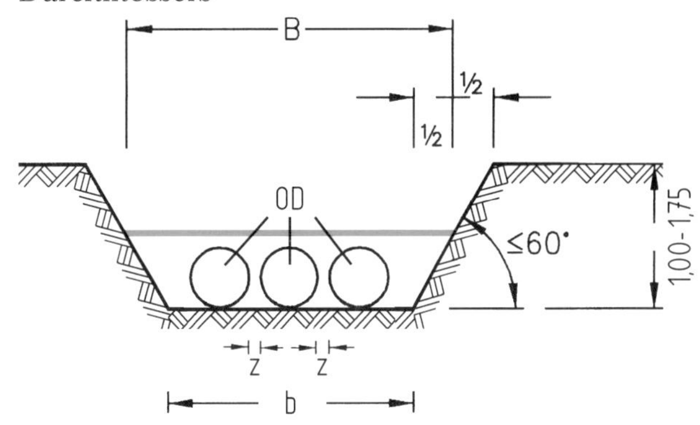

Bild 28

Abrechnungsbeispiel nach DIN 4124:

Äußerer Leitungs-/Rohrschaftdurchmesser
OD = 0,30 m
b (nach Tab. 6) = *0,30 + 0,40 = 0,70 m*
Abzurechnende Grabenbreite
B = 0,70 + 2 · 1/2 Böschungsbreite.

Abrechnungsbeispiel nach DIN EN 1610:

Nennweite *DN = 250 mm,* Außendurchmesser
OD = 0,30 m
b (nach Tab. 1) = *0,30 + 0,50 = 0,80 m*
(nach Tab. 2) = *0,80 m* (gleich!)
Abzurechnende Grabenbreite
B = 0,80 + 2 · 1/2 Böschungsbreite.

Bei mehreren Rohrleitungen auf einer Grabensohle *(siehe Bilder 28 und 29)* ist für die Bestimmung des Arbeitsraumes und damit für die Mindestgrabenbreite der Grabensohle der Durchmesser des an der jeweiligen Böschungsseite liegenden Rohres maßgebend.

Für den Abstand „z" zwischen den einzelnen Leitungen gibt es folgende Regelungen:

Nach DIN 4124 (Abschnitt 9.2.8) gilt:

– für *OD* bis 0,40 m: z = *0,20 m;*

– für *OD* > 0,40 m bis 0,80 m: z = *0,35 m;*

– für *OD* > 0,80 m bis 1,40 m: z = *0,43 m;*

– für *OD* > 1,40 m: z = *0,50 m.*

Nach DIN EN 1610 (Abschnitt 6.1 Absatz 3) ist für den Abstand „z"

– bei Rohren bis einschließlich *DN* 700: z = *0,35 m,*
– bei größeren Rohren: z = *0,50 m*

einzuhalten.

Abrechnungsbeispiel nach DIN 4124:

Äußerer Rohrschaftdurchmesser aller 3 Rohre:
OD = 0,30 m
z = jeweils *0,20 m*
Lichte Mindestgrabenbreite (nach Tab. 6) = *0,40 m*
b = 2 · 1/2 · 0,40 + 3 · 0,30 + 2 · 0,20 = 1,70 m
Abzurechnende Grabenbreite
B = 1,70 + 2 · 1/2 Böschungsbreite.

Abrechnungsbeispiel nach DIN EN 1610:

Nennweite *DN = 250 mm,* Außendurchmesser
OD = 0,30 m
z = *0,35 m*
Lichte Mindestgrabenbreite (nach Tab. 1)
= *OD + 0,40 m*
b = 2 · 1/2 · 0,40 + 3 · 0,30 + 2 · 0,35 = 2,00 m
Abzurechnende Grabenbreite
B = 2,00 + 2 · 1/2 Böschungsbreite.

Steil geböschter Graben mit Rohren unterschiedlichen Durchmessers

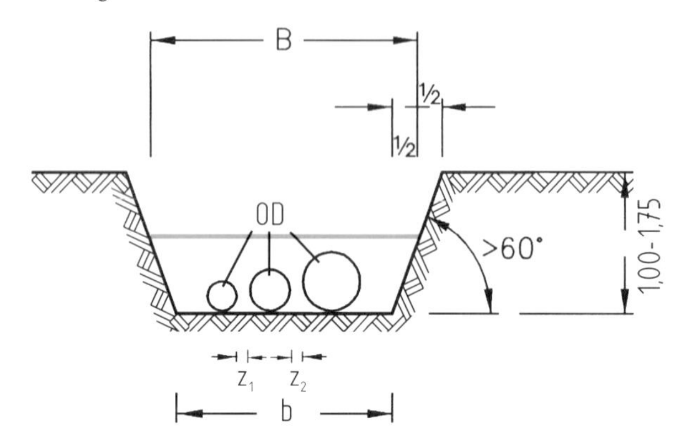

Bild 29

Abrechnungsbeispiel nach DIN 4124:

Äußerer Rohrschaftdurchmesser *„OD"*	linkes Rohr	= *0,20 m*
	mittleres Rohr	= *0,35 m*
	rechtes Rohr	= *0,50 m*

Abstand $z_1 = 0{,}20$ *m*, $z_2 = 0{,}35$ *m*

Lichte Mindestgrabenbreite (nach Tab. 6) links: *1/2 · 0,40 = 0,20 m*

rechts: *1/2 · 0,70 = 0,35 m*

b = 0,20 + 0,20 + 0,20 + 0,35 + 0,35 + 0,50 + 0,35 = 2,15 m

Abzurechnende Grabenbreite *B = 2,15 + 2 · 1/2 Böschungsbreite.*

Abrechnungsbeispiel nach DIN EN 1610:

linkes Rohr	Nennweite	*DN = 180 mm,*	Außendurchmesser	*OD = 0,20 m*
mittleres Rohr		*DN = 300 mm,*		*OD = 0,35 m*
rechtes Rohr		*DN = 450 mm,*		*OD = 0,50 m*

Abstand $z_1 = z_2 = 0{,}35$ *m*

Lichte Mindestgrabenbreite (nach Tab. 1) links: *1/2 · 0,40 = 0,20 m*

(nach Tab. 1) rechts: *1/2 · 0,70 = 0,35 m*

b = 0,20 + 0,20 + 0,35 + 0,35 + 0,35 + 0,50 + 0,35 = 2,30 m

Abzurechnende Grabenbreite *B = 2,30 + 2 · 1/2 Böschungsbreite.*

5.2.3 Für abgeböschte Baugruben und Gräben gelten für die Ermittlung der Maße des Böschungsraumes die Böschungswinkel

- **45° für Klassen 3 und 4,**
- **60° für Klasse 5,**
- **80° für Klassen 6 und 7,**

wenn kein Nachweis der Standsicherheit erforderlich ist.

Ist dieser zu führen, werden die Maße des Böschungsraumes mit Hilfe der darin berechneten Böschungswinkel ermittelt.

In Böschungen ausgeführte erforderliche Bermen werden bei der Ermittlung des Böschungsraumes entsprechend berücksichtigt.

Die in o.a. Abschnitt 5.2.3 der ATV DIN 18300 vorgegebenen Böschungswinkel sind stets für die Abrechnung maßgebend, wenn nicht in einem geführten Standsicherheitsnachweis andere Werte für die Ausführung (und damit für die Abrechnung!) festgelegt wurden.

Unbeachtlich bleiben für die Abrechnung die in Abschnitt 4.2.4 der DIN 4124 (vorstehend nicht abgedruckt!) für die Ausführung – ohne rechnerischen Nachweis – vorgegebenen Böschungswinkel.

Baugrubenböschungen

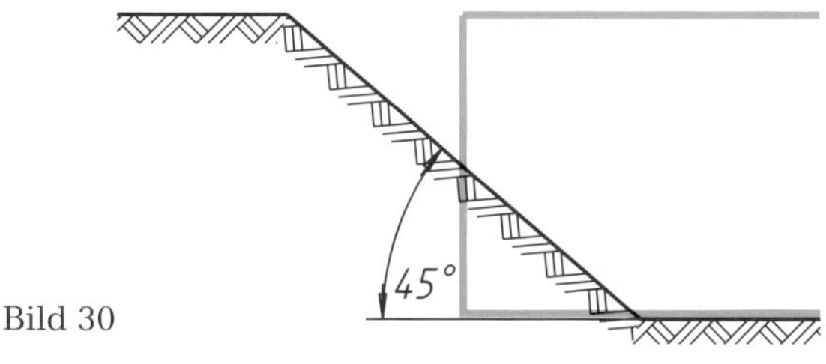

Bild 30

Klasse 3 leicht lösbare Bodenarten
Klasse 4 mittelschwer lösbare Bodenarten

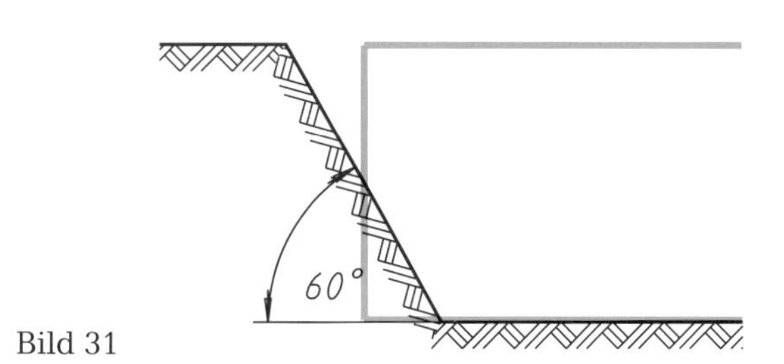

Bild 31

Klasse 5 schwer lösbare Bodenarten

Bild 32

Klasse 6 leicht lösbarer Fels und vergleichbare Bodenarten
Klasse 7 schwer lösbarer Fels

Baugrubenböschung mit Berme

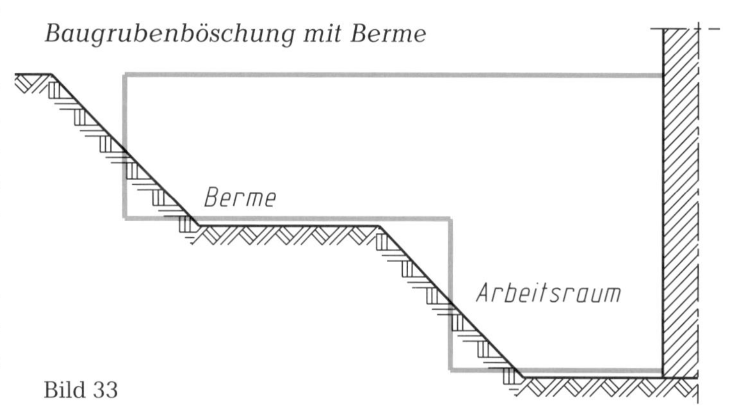

Bild 33

Baugrube mit abgeböschten Kanten

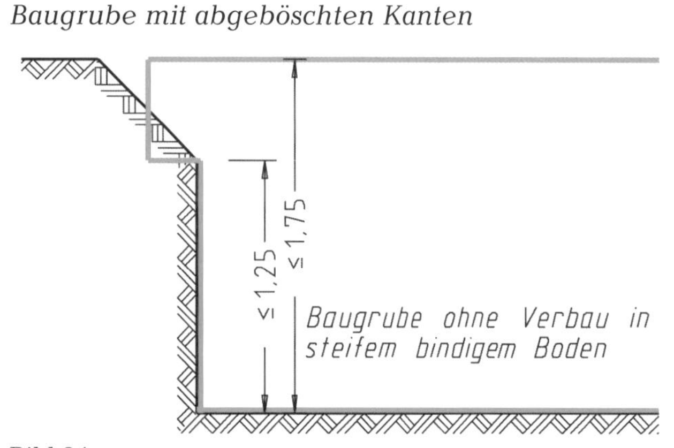

Bild 34

5.3 Hinterfüllen und Überschütten

Bei der Ermittlung des Raummaßes für Hinterfüllungen und Überschüttungen werden abgezogen

- **Baukörper über 1 m³ Einzelgröße,**
- **Leitungen und dergleichen mit einem äußeren Querschnitt größer 0,1 m².**

Für die Ermittlung des Raummaßes gelten die theoretischen Maße für Baugrubensohle und Böschungswinkel des Abschnitts 5.2.

Für den Abzug von Baukörpern gilt die Bagatellregelung bis 1 m³ Einzelgröße.

Hinterfüllen eines Baukörpers

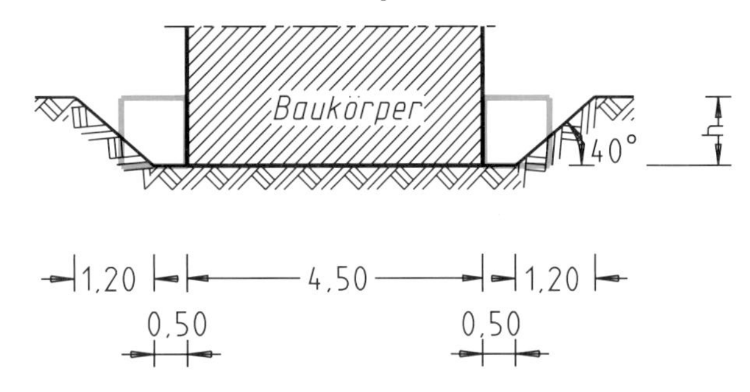

Bild 35

Überschütten einer Leitung

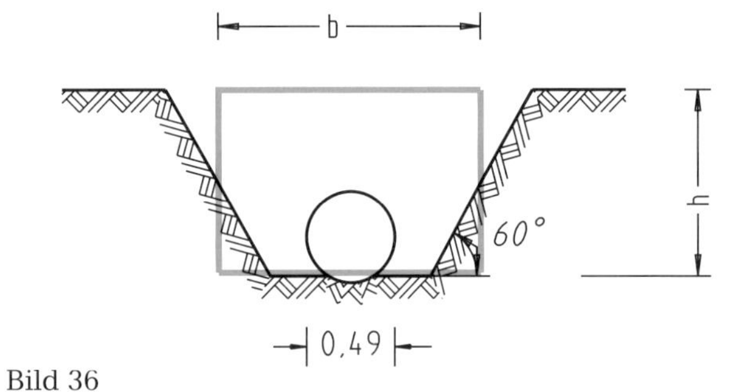

Bild 36

Rohrleitungen bis zu einem Schaftdurchmesser von *OD = 0,35 m* (Querschnitt < 0,1 m²) werden übermessen, ab einem Schaftdurchmesser von *OD = 0,36 m* (Querschnitt > 0,1 m²) abgezogen.

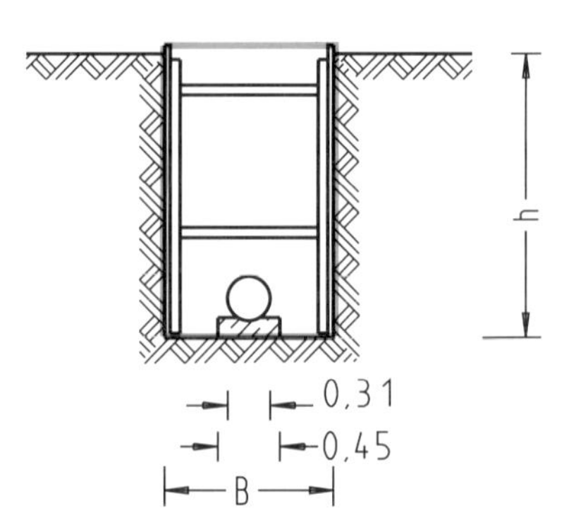

Bild 37

Die Betonsohle zählt zur Rohrleitung; damit liegt der Leitungsquerschnitt über 0,1 m² und ist bei der Verfüllung des Rohrgrabens abzuziehen.

Verfüllmenge = *B · h – Rohrquerschnitt – Auflager.*

5.4 Abtrag und Aushub

Die Mengen sind an der Entnahmestelle im Abtrag zu ermitteln.

Für die Ermittlung des Raummaßes gelten die theoretischen Maße für Baugrubensohle und Böschungswinkel des Abschnittes 5.2.

Abtrag verschiedener Bodenarten

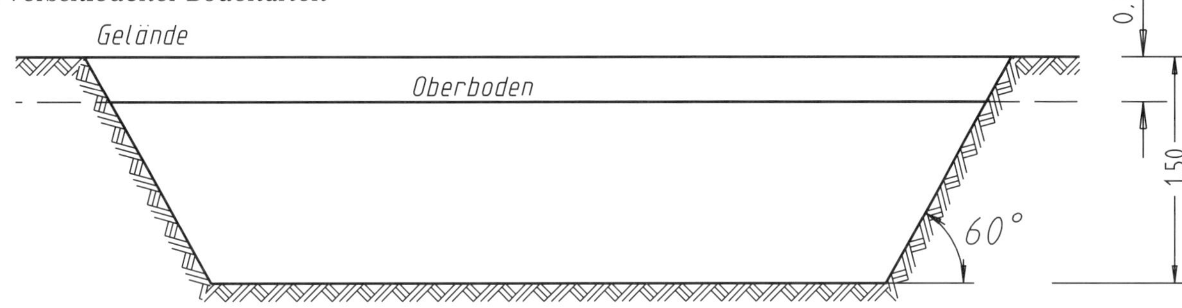

Bild 38

Abtrag nach Profilen

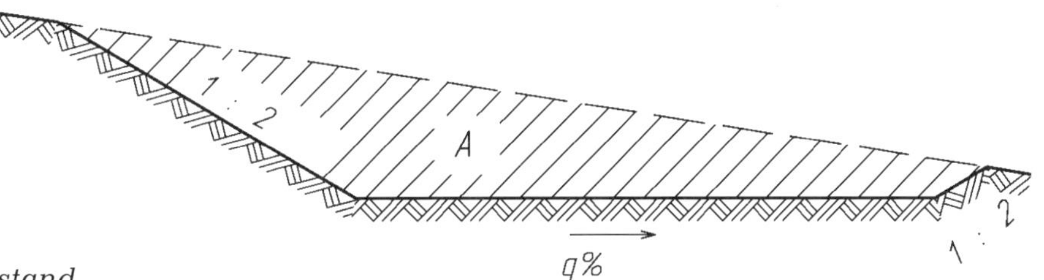

Bild 39

Abtrag $V = \frac{A_1 + A_2}{2} \cdot$ *Abstand.*

Wenn der Abtrag nach vorgegebenen Profilen durchzuführen ist, werden für die Ermittlung des Böschungsraumes die gemäß Profil auszuführenden tatsächlichen Böschungsneigungen der Abrechnung zugrunde gelegt.

Liegen die Profile nicht parallel, z. B. meist im Verkehrswegebau, wird der Abstand in der gekrümmten Linie gemessen, die in der mittleren Entfernung der Flächenschwerpunkte zur Achse liegt *(Bild 40)*.

Straßeneinschnitt in einer Krümmung

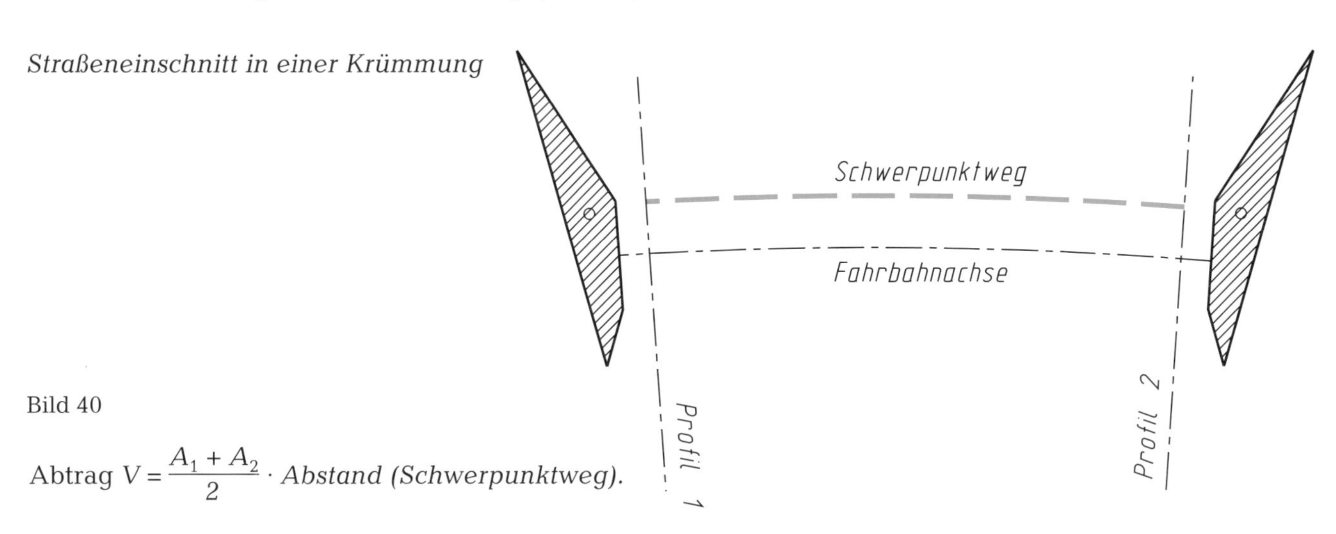

Bild 40

Abtrag $V = \frac{A_1 + A_2}{2} \cdot$ *Abstand (Schwerpunktweg).*

5.5 Einbau und Verdichten

5.5.1 Die Mengen sind im fertigen Zustand im Auftrag zu ermitteln.

5.5.2 Bei Abrechnung nach Raummaß werden abgezogen

- **Baukörper über 1 m³ Einzelgröße,**
- **Leitungen, Sickerkörper, Steinpackungen und dergleichen mit einem äußeren Querschnitt größer 0,1 m².**

Straßendamm

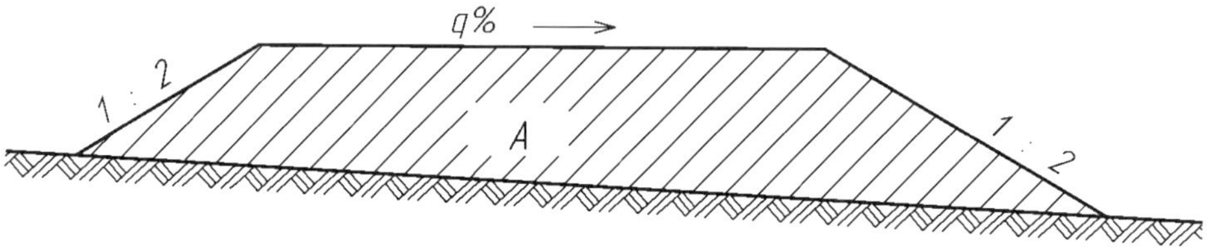

Bild 41

Abtrag $V = \frac{A_1 + A_2}{2} \cdot \textit{Abstand}.$

A = Fläche des Auftragsquerschnitts

Siehe Kommentierung zu Abschnitt 5.4.

Geländeanschnitt

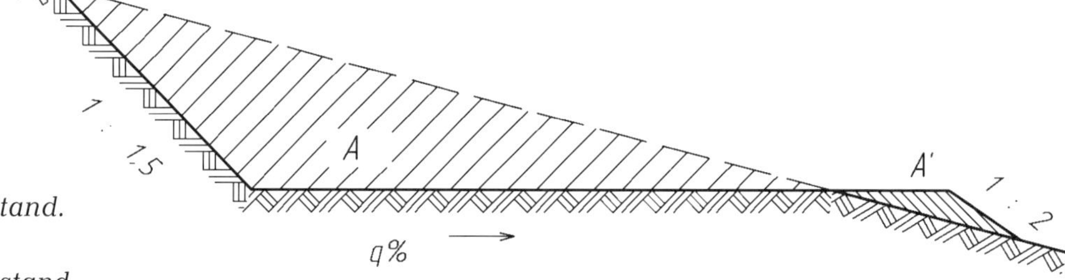

Bild 42

Abtrag $V = \frac{A_1 + A_2}{2} \cdot \textit{Abstand}.$

Auftrag $V = \frac{A'_1 + A'_2}{2} \cdot \textit{Abstand}.$

A = Fläche des Auftragsquerschnitts
A'= Fläche des Auftragsquerschnitts

Sind Abtrags- und Auftragsmengen nicht gleich, ergibt sich

- entweder eine Überschussmenge (Abtrag – Auftrag)
- oder eine Fehlmenge (Auftrag – Abtrag),

deren Weiterverwendung bzw. Lieferung nach den in der Leistungsbeschreibung getroffenen Regelungen abzurechnen ist.

Straßendamm mit Mittelentwässerung

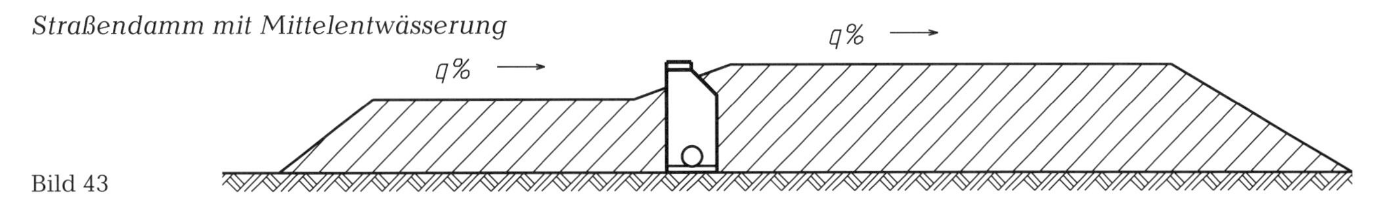

Bild 43

Der Entwässerungsschacht (Baukörper) wird von der Einbaumenge abgezogen, wenn das Raummaß des Schachtes über 1 m³ liegt.

Straßenverbreiterung mit Kabelkanal

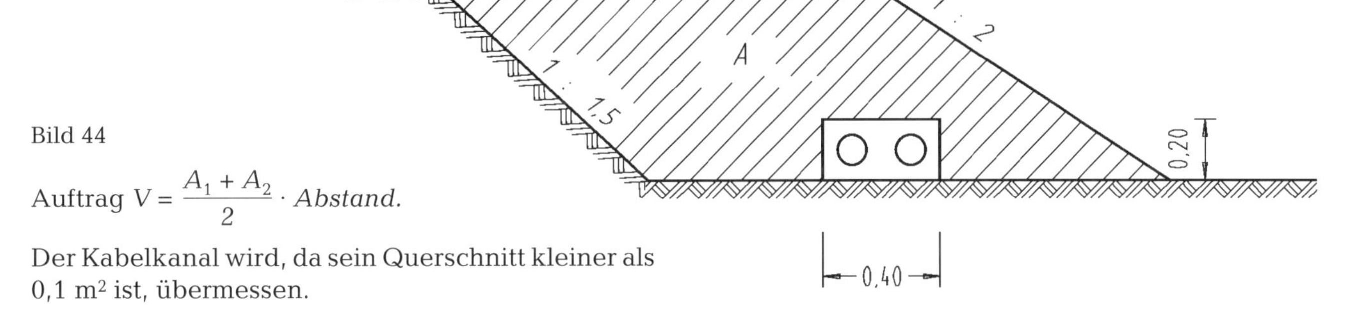

Bild 44

Auftrag $V = \frac{A_1 + A_2}{2} \cdot Abstand.$

Der Kabelkanal wird, da sein Querschnitt kleiner als 0,1 m² ist, übermessen.

5.5.3 Bei Abrechnung nach Flächenmaß werden Durchdringungen über 1 m² Einzelgröße abgezogen.

Oberflächenverdichtung nach Flächenmaß

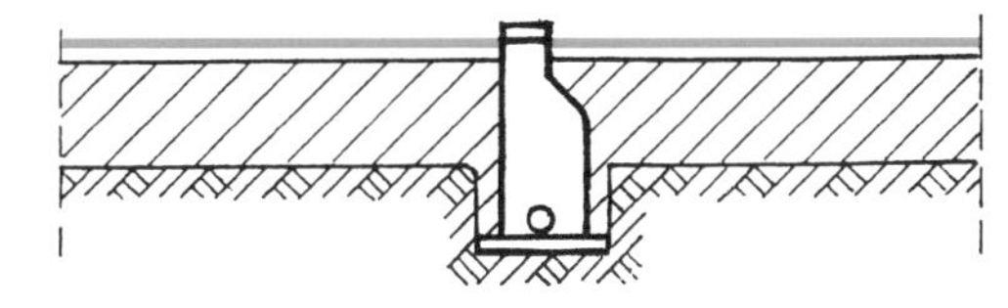

Bild 45

Bei Abrechnung der Oberflächenverdichtung des Erdkörpers nach Flächenmaß wird die Durchdringungsfläche des Schachtes mit einem Querschnitt von über 1 m² abgezogen.

5.5.4 Bei Abrechnung nach Längenmaß wird die Achslänge der längsten eingebetteten Leitung zugrunde gelegt.

Nach Abschnitt 0.5 kann die Abrechnung der Leistung „Einbau und Verdichten des Bodens“ in der Leitungszone nach Längenmaß vereinbart werden.

Für die Abrechnung der Leitungszone ist dann die Achslänge der längsten eingebetteten Leitung zugrunde zu legen.

Bohrarbeiten – DIN 18301

Ausgabe September 2012

Geltungsbereich

Die ATV DIN 18301 „Bohrarbeiten" gilt für Bohrungen jeder Art, Neigung und Tiefe, bei denen Stoffe gelöst und als Bohrgut gefördert werden, insbesondere

- zur Erkundung und Untersuchung von Baugrund und Grundwasser, zur Wassergewinnung und Wassereinleitung, zur Grundwasserabsenkung, zur Entwässerung, zur Entgasung sowie zur Gewinnung von Erdwärme,
- für Einpressarbeiten, Düsenstrahlarbeiten, Bohr- und Verpresspfähle sowie Bohrpfahl-, Verbau- und Dichtwände sowie
- zum Einbau von Tragelementen, Ankern, Sonden und Messgeräten.

Die ATV DIN 18301 gilt auch für

- Bohrungen nach Abschnitt 1.1 in kontaminierten Bereichen,
- das Überbohren, z.B. bei der Erhaltung, der Instandsetzung und dem Rückbau von Brunnen und Grundwassermessstellen sowie
- das Verfüllen von Bohrlöchern, die nicht weiter verwendet werden.

Die ATV DIN 18301 gilt nicht für

- den Ausbau von Bohrungen (siehe ATV DIN 18302 „Arbeiten zum Ausbau von Bohrungen") sowie
- Rohrvortriebsarbeiten (siehe ATV DIN 18319 „Rohrvortriebsarbeiten").

Ergänzend gilt die ATV DIN 18299 „Allgemeine Regelungen für Bauarbeiten jeder Art", Abschnitte 1 bis 5. Bei Widersprüchen gehen die Regelungen der ATV DIN 18301 vor.

0.5 Abrechnungseinheiten

Im Leistungsverzeichnis sind die Abrechnungseinheiten wie folgt vorzusehen:

- *Bohrungen nach Längenmaß (m), getrennt nach Enddurchmessern der Bohrlöcher, Tiefen, Boden- und Felsklassen oder anderen Stoffen, z. B. Beton, Stahlbeton, Stahl, Mauerwerk, sowie getrennt nach Bohrverfahren,*
- *Herstellen und Beseitigen von Bohrschablonen nach Längenmaß (m),*
- *Spülzusätze nach Masse (kg, t),*
- *Umsetzen der Bohreinrichtung, getrennt nach Abständen der Bohransatzpunkte, nach Anzahl (Stück),*
- *Umrüsten der Bohreinrichtung nach Anzahl (Stück),*
- *Entnehmen, Behandeln, Transportieren und Aufbewahren von Proben, getrennt nach Arten, nach Anzahl (Stück),*
- *im Boden verbleibende Rohre einschließlich Rohrverbindungen, getrennt nach Außendurchmessern, Wanddicken und Baulängen, nach Längenmaß (m),*
- *Beseitigen von Hindernissen nach Arbeitszeit (h),*
- *Stoffe für das Verfüllen und Abdichten von Bohrungen nach Längenmaß (m), Raummaß (m^3) oder Masse (kg, t),*
- *Hilfsleistungen und Wartezeiten bei Messungen und Untersuchungen am offenen Bohrloch nach Arbeitszeit (h),*
- *Verfüllen von Bohrungen nach Längenmaß (m), Raummaß (m^3) oder Masse (kg, t).*

5 Abrechnung

Ergänzend zur ATV DIN 18299, Abschnitt 5, gilt:

5.1 Die Bohrlänge wird ermittelt vom plangemäßen Bohransatzpunkt bis zur vereinbarten Endteufe.

5.2 Die Länge von Vor- und Stützverrohrungen wird vom Bohrplanum bis zur vereinbarten Tiefe gerechnet.

5.3 Bohrungen, die aufgegeben werden müssen, werden bis zur erreichten Teufe abgerechnet, es sei denn, dass der Auftragnehmer die Ursache zu vertreten hat.

5.4 Die Länge von Bohrschablonen bei Bohrpfahlwänden wird aus dem Abstand zwischen den außen liegenden Bohransatzpunkten in der Achse der Wand ermittelt.

Erläuterungen

Die ATV DIN 18301 „Bohrarbeiten", Ausgabe September 2012, wurde redaktionell überarbeitet; die Normenverweise wurden aktualisiert.

Für die Abrechnung haben sich gegenüber der bisherigen Ausgabe keine Änderungen ergeben.

5 Abrechnung

Ergänzend zur ATV DIN 18299, Abschnitt 5, gilt:

Siehe Kommentierung zu Abschnitt 5 der ATV DIN 18299 „Allgemeine Regelungen für Bauarbeiten jeder Art".

5.1 Die Bohrlänge wird ermittelt vom plangemäßen Bohransatzpunkt bis zur vereinbarten Endteufe.

Die Länge der Bohrung wird um das Maß des Bohrhindernisses gemindert. Die Abrechnung der Bohrarbeiten ergibt sich wie folgt:

Oberboden	*0,30 m*
Sand	*1,20 m*
Schluff	*2,00 m*
Ton	*2,50 m*
Gesamtlänge	*6,00 m*

Das Beseitigen des Bohrhindernisses wird gesondert abgerechnet (siehe Abschnitt 3.4 und 4.2.1).

Ist ein Schichtenverzeichnis zu liefern, werden die Bohrlängen diesem entnommen.

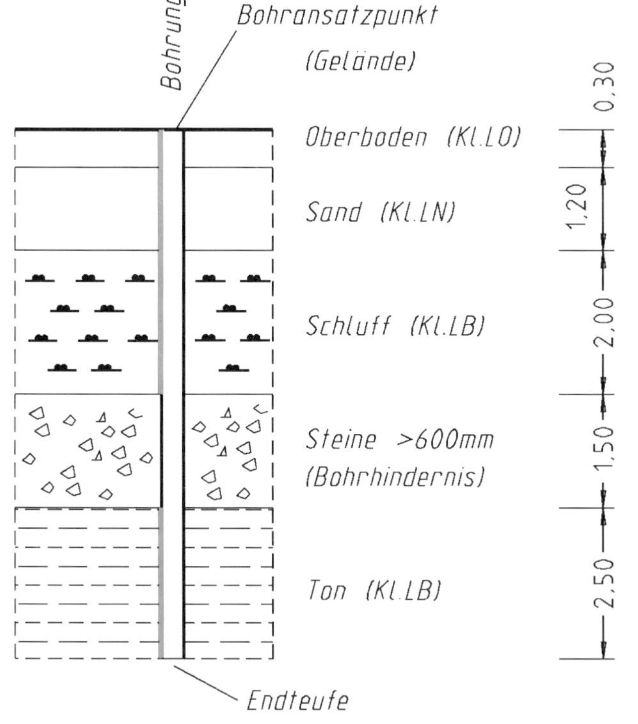

Bild 1

5.2 Die Länge von Vor- und Stützverrohrungen wird vom Bohrplanum bis zur vereinbarten Tiefe gerechnet.

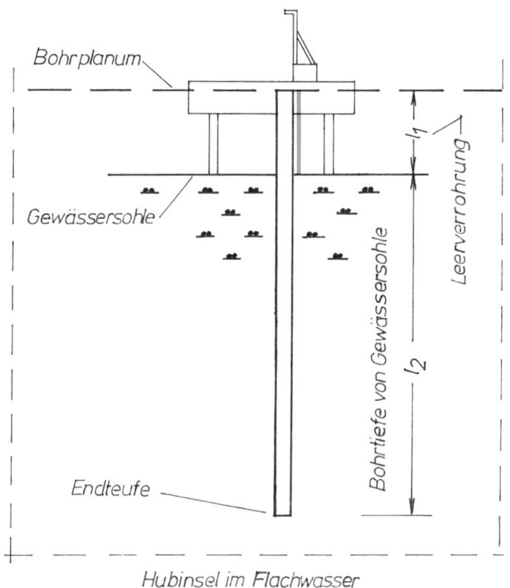

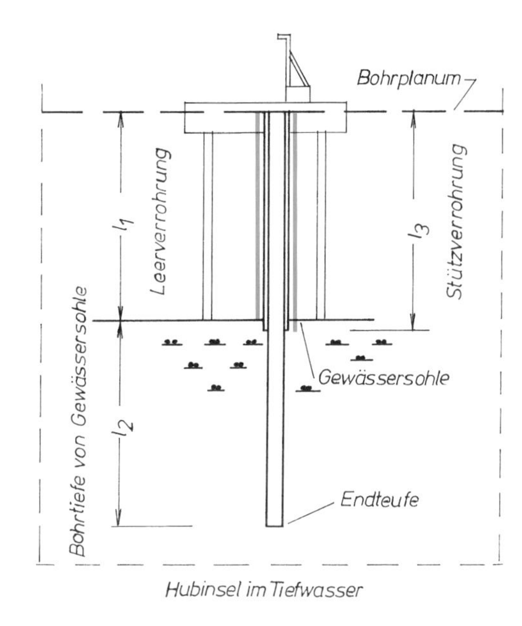

Bild 2

5.3 Bohrungen, die aufgegeben werden müssen, werden bis zur erreichten Teufe abgerechnet, es sei denn, dass der Auftragnehmer die Ursache zu vertreten hat.

Vom Auftragnehmer zu vertretende Ursachen sind z. B. für die Bohrung ungeeignetes Bohrverfahren oder Bohrgerät, Nichtbeachten bekannter Hindernisse.

5.4 Die Länge von Bohrschablonen bei Bohrpfahlwänden wird aus dem Abstand zwischen den außen liegenden Bohransatzpunkten in der Achse der Wand ermittelt.

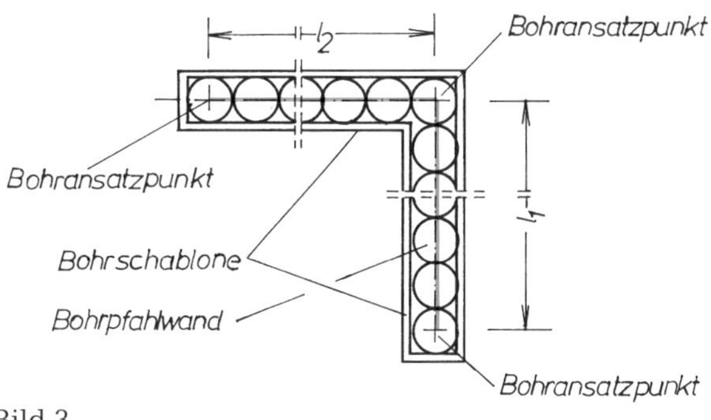

Bild 3

Arbeiten zum Ausbau von Bohrungen – DIN 18302

Ausgabe September 2012

Geltungsbereich

Die ATV DIN 18302 „Arbeiten zum Ausbau von Bohrungen" gilt für den Ausbau von Bohrungen

- zu Brunnen für die
  - Wassergewinnung und Wassereinleitung,
  - Grundwasserabsenkung,
  - Entwässerung und
  - Entgasung,
- zu Grundwassermessstellen,
- für geotechnische Messungen,
- zur Nutzung geothermischer Energie sowie
- zum Einbau von Anoden.

Sie umfasst auch die Erhaltung, Instandsetzung und den Rückbau von ausgebauten Bohrungen.

Die ATV DIN 18302 gilt nicht für

- die beim Ausbau von Bohrungen auszuführenden Erdarbeiten (siehe ATV DIN 18300 „Erdarbeiten") sowie
- den Ausbau zu Bohrpfählen.

Ergänzend gilt die ATV DIN 18299 „Allgemeine Regelungen für Bauarbeiten jeder Art", Abschnitte 1 bis 5. Bei Widersprüchen gehen die Regelungen der ATV DIN 18302 vor.

0.5 Abrechnungseinheiten

Im Leistungsverzeichnis sind die Abrechnungseinheiten wie folgt vorzusehen:

- *Rohre mit Verbindungen und Dichtungen, getrennt nach Stoffen, Durchmessern und Wanddicken, nach Einbaulänge (m),*
- *Filterrohre, getrennt nach Arten und Stoffen, Durchmessern, Wanddicken sowie Spalt- und Schlitzweiten, nach Einbaulänge (m),*
- *Zentrierungen, getrennt nach Arten und Maßen, nach Anzahl (Stück),*
- *Filtersand, Filterkies und sonstige Schüttstoffe, getrennt nach Güten und Korngrößen, nach Schütthöhe (m), Raummaß (m³) oder Masse (kg, t),*
- *Dichtstoffe, z. B. Ton, Suspensionen, nach Höhe der Dichtungsschichten (m), Raummaß (m³) oder Masse (kg, t),*
- *Kiesschüttungskörbe, getrennt nach Durchmessern, nach Einbaulänge (m),*
- *Brunnenköpfe, Ventile, Schieber, Wassermessvorrichtungen, getrennt nach Arten und Maßen, nach Anzahl (Stück),*
- *Ein- und Ausbau von Pumpen zum Entsandungs-, Klar- und Leistungspumpen nach Anzahl (Stück),*
- *Entsandungs-, Klar- und Leistungspumpen, gestaffelt nach Förderleistungen in m³/h und Förderhöhe in m, nach Stunden (h),*
- *Entnahme von Gas- und Wasserproben, getrennt nach Arten, nach Anzahl (Stück),*
- *geotechnische Messeinrichtungen, getrennt nach Arten, nach Anzahl (Stück) oder Länge (m),*
- *geophysikalische Messungen, getrennt nach Arten, nach Länge (m) oder Anzahl (Stück),*
- *Auswertung geophysikalischer Messungen, getrennt nach Arten, nach Anzahl (Stück),*
- *Erdwärmesonden nach Länge (m) oder Anzahl (Stück).*

5 Abrechnung

Ergänzend zur ATV DIN 18299, Abschnitt 5, gilt:

5.1 Die Baulänge von Rohren mit Verbindungen und Dichtungen wird in der Achse ermittelt.

5.2 Erdwärmesonden werden vom Sondenfuß bis zur Geländeoberfläche gerechnet.

Erläuterungen

Die ATV DIN 18302 „Arbeiten zum Ausbau von Bohrungen", Ausgabe September 2012, wurde redaktionell überarbeitet; die Normenverweise wurden aktualisiert.

Für die Abrechnung haben sich gegenüber der bisherigen Ausgabe keine Änderungen ergeben.

5 Abrechnung

Ergänzend zur ATV DIN 18299, Abschnitt 5, gilt:

Siehe Kommentierung zu Abschnitt 5 der ATV DIN 18299 „Allgemeine Regelungen für Bauarbeiten jeder Art".

Bei Rohrleitungen nach ATV DIN 18302 sind die unterschiedlichen Rohrarten und -abmessungen aus den Zeichnungen kaum in ausreichender Genauigkeit festzustellen, sodass in den meisten Fällen Rohrleitungen nicht nach Zeichnungen abgerechnet, sondern an Ort und Stelle aufgemessen werden.

Dies gilt auch für Erdwärmesonden.

Die Abrechnung anfallender Erdarbeiten beim Ausbau von Bohrungen, z. B. Schüttungen, Dichtungsschichten und Verfüllungen, erfolgt nach der fertigen Leistung im eingebauten Zustand. Soweit keine Regelungen in der Leistungsbeschreibung enthalten sind, gilt ATV DIN 18300, insbesondere die Abschnitte 5.1.1 und 5.1.2.

5.1 Die Baulänge von Rohren mit Verbindungen und Dichtungen wird in der Achse ermittelt.

Bei allen Rohren, seien es Filterrohre oder Mantel-, Aufsatz-, Saug-, Sumpf- oder Peilrohre, wird für jede Position im LV als Abrechnungs-Längenmaß (m) die Baulänge in der Achse gemessen. Dabei werden Verbindungen und Dichtungen übermessen.

5.2 Erdwärmesonden werden vom Sondenfuß bis zur Geländeoberfläche gerechnet.

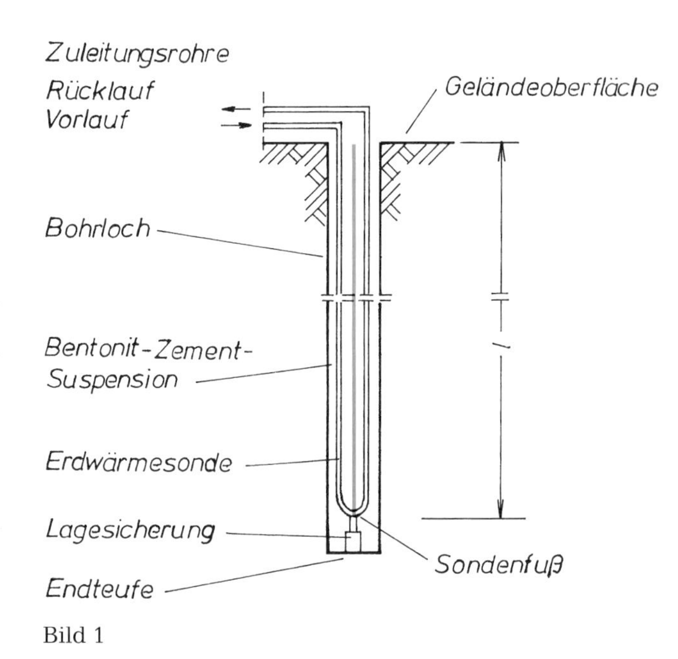

Bild 1

Bei Erdwärmesonden werden die Abrechnungslängen l (m) durch örtliche Aufmaße ermittelt.

Verbauarbeiten – DIN 18303

Ausgabe September 2012

Geltungsbereich

Die ATV DIN 18303 „Verbauarbeiten" gilt für die vorübergehende oder dauerhafte Sicherung von Geländesprüngen und Ufern sowie von Baugruben, Gräben und dergleichen mit Verbau.

Die ATV DIN 18303 gilt nicht für

- die bei Verbauarbeiten auszuführenden Erdarbeiten (siehe ATV DIN 18300 „Erdarbeiten"),
- die bei Trägerbohl-, Pfahl- und Spundwänden auszuführenden Bohr-, Ramm-, Rüttel- oder Pressarbeiten (siehe ATV DIN 18301 „Bohrarbeiten" und ATV DIN 18304 „Ramm-, Rüttel- und Pressarbeiten") und die bei Pfahlwänden erforderlichen Betonarbeiten (siehe ATV DIN 18331 „Betonarbeiten"),
- die bei Verankerungen auszuführenden Bohr- und Verpressarbeiten (siehe ATV DIN 18301 „Bohrarbeiten" und ATV DIN 18309 „Einpressarbeiten"),
- den Verbau an unterirdischen Hohlräumen (siehe ATV DIN 18312 „Untertagebauarbeiten"),
- das Herstellen von flüssigkeitsgestützten Schlitzen (siehe ATV DIN 18313 „Schlitzwandarbeiten mit stützenden Flüssigkeiten"),
- das Herstellen von Bauteilen aus Beton, der im Spritzverfahren aufgetragen wird (siehe ATV DIN 18314 „Spritzbetonarbeiten"),
- ingenieurbiologische Sicherungsbauweisen (siehe ATV DIN 18320 „Landschaftsbauarbeiten"),
- Bodenverfestigung im Düsenstrahlverfahren (siehe ATV DIN 18321 „Düsenstrahlarbeiten") sowie
- das Herstellen von Bodenverfestigungen durch Vereisung oder durch tiefreichende Bodenstabilisierung.

Ergänzend gilt die ATV DIN 18299 „Allgemeine Regelungen für Bauarbeiten jeder Art", Abschnitte 1 bis 5. Bei Widersprüchen gehen die Regelungen der ATV DIN 18303 vor.

0.5 Abrechnungseinheiten

Im Leistungsverzeichnis sind die Abrechnungseinheiten, getrennt nach Bauart, Stoffen und Maßen, wie folgt vorzusehen:

- *Flächenmaß (m²) für Einbauen, Vorhalten und Beseitigen von Verbau, Grabenverbaugeräten, Ausfachungen und dergleichen,*
- *Längenmaß (m) für Träger, Abschlüsse und Anschlüsse an angrenzende Bauwerke, Aussteifungen, Gurtungen, Stahlzugbänder, Verbände und dergleichen,*
- *Anzahl (Stück) für Ankerkopfkonstruktionen, Aussparungen, Überfahrten, Fußgänger- und Behelfsbrücken, Messungen, Dokumentationen und dergleichen,*
- *Masse (kg, t) für Träger, Aussteifungen, Gurtungen, Stahlzugbänder, Verbände und dergleichen.*

5 Abrechnung

Ergänzend zur ATV DIN 18299, Abschnitt 5, gilt:

5.1 Allgemeines

Keine Regelungen.

5.2 Ermittlung der Maße und Mengen

5.2.1 Bei Abrechnung nach Flächenmaß wird die Fläche aus der Länge und den Tiefen des Verbaus ermittelt. Der Länge des Verbaus wird die Länge in der Achse des Verbaus zugrunde gelegt.

Die Höhe von Grabenverbau nach DIN 4124:2012-01, Abschnitte 5, 6 und 7, wird von der planmäßigen Grabensohle am Verbau, bei teilweisem Grabenverbau von dessen Unterseite, bis zur vorgegebenen Oberseite des Verbaus gerechnet.

Einbindender Kanaldielenverbau wird bis zur statisch erforderlichen Einbindetiefe gerechnet.

Die Höhe von Spundwänden sowie überschnittenen und tangierenden Bohrpfahlwänden wird von der Unterseite der statisch erforderlichen oder vorgegebenen Einbindetiefe bis zur vorgegebenen Oberseite des Verbaus gerechnet.

Die Höhe der Ausfachungen von Trägerbohlwänden, aufgelösten Pfahlwänden und Nagelwänden wird von der vorgegebenen Baugrubensohle bis zur vorgegebenen Oberseite des Verbaus gerechnet. Für die Ermittlung der Höhe gilt der tiefste Punkt der Sohle innerhalb des jeweiligen Verbaufeldes.

Fehlt eine Vorgabe für die Höhe der Oberseite, ist die Vorgabe für den oberen Rand nach DIN 4124 maßgebend.

5.2.2 Bei Abrechnung der vertikalen Einzelelemente nach Längenmaß wird die Höhe von Trägerbohlwänden und aufgelösten Pfahlwänden von der Unterseite der statisch erforderlichen oder vorgegebenen Einbindetiefe bis zur vorgegebenen Oberseite des Verbaus gerechnet. Fehlt eine Vorgabe für die Höhe der Oberseite, ist die Vorgabe für den oberen Rand nach DIN 4124:2012-01, Abschnitt 4.3.1 maßgebend.

Die Längen der Gurtungen und Aussteifungen werden in der jeweiligen Achse gerechnet.

Die Länge von Verbauankern und Erdnägeln wird von deren erdseitigen Enden bis zur jeweiligen Unterfläche der Anker- oder Nagelplatte gerechnet.

5.2.3 Bei der Abrechnung nach Masse wird die errechnete Masse der Stahlbauteile zugrunde gelegt. Bei genormten Profilen gelten die Angaben in den DIN-Normen, bei anderen Profilen die Angaben im Profilbuch des Herstellers.

5.2.4 Bei der Abrechnung nach Zeit wird die Vorhaltung des Verbaus für einen Bauabschnitt ab dem Tage nach dem Einbau des letzten vertikalen Tragelementes gerechnet. Die Vorhaltezeit von Grabenverbaugeräten beginnt am Tage nach deren Einbau.

Für Gurtungen und Aussteifungen beginnt sie mit deren Fertigstellung für die jeweilige Ebene im betreffenden Bauabschnitt.

Die Vorhaltezeit endet mit dem vom Auftraggeber vorgegebenen Zeitpunkt zum Rückbau, jedoch frühestens drei Werktage nach Zugang der Mitteilung über die Freigabe beim Auftragnehmer.

5.3 Abzugs- und Übermessungsregeln

Aussparungen für Leitungen und dergleichen bis 1 m^2 werden bei Abrechnung nach Flächenmaß übermessen. Träger, Pfähle und dergleichen werden bei der Ermittlung der Länge in der Achse des Verbaus übermessen.

Erläuterungen

(1) Die ATV DIN 18303 „Verbauarbeiten", Ausgabe September 2012, wurde zur Anpassung an die Entwicklung im Baugeschehen fachtechnisch fortgeschrieben.

(2) Der Geltungsbereich wurde fundamental überarbeitet. Die ATV gilt jetzt für die vorübergehende oder dauerhafte Sicherung von Geländesprüngen und Ufern sowie von Baugruben, Gräben und dergleichen mit Verbau.

Für die Ausführung und Abrechnung der verschiedenen Verbauarten sind zunächst die in der VOB/C vorhandenen speziellen ATV maßgebend, wie z. B. für das Herstellen einer Schlitzwand die ATV DIN 18313 „Schlitzwandarbeiten mit stützenden Flüssigkeiten", für das Rammen einer Spundwand bzw. von Stahlträgern für eine Trägerbohlwand die ATV DIN 18304 „Ramm-, Rüttel- und Pressarbeiten", für die Herstellung einer Bohrpfahlwand die ATV DIN 18301 „Bohrarbeiten" und ATV DIN 18331 „Betonarbeiten". Wenn diese Arbeiten der vorübergehenden und dauerhaften Sicherung von Geländesprüngen, Ufern, Baugruben, Gräben und dergleichen dienen, ist zusätzlich die ATV DIN 18303 zu beachten.

(3) Die Abschnitte 0.5 und 5 wurden grundlegend überarbeitet. Abschnitt 5 wurde weiterhin an eine neue einheitlich abgestimmte Struktur, die künftig in allen ATV übernommen werden soll, angepasst.

(4) Bei vielen Baumaßnahmen hat der Verbau nur eine vorübergehende Sicherungsfunktion, z. B. bei Baugruben und Gräben (Kanalbau). Für solche, ohne großen Planungsaufwand für die Auftragnehmer auszuführenden Sicherungsleistungen, braucht die Wahl der Verbauart oder das Bauverfahren vom Auftraggeber nicht vorgegeben werden.

Für solche Fälle sind die Abrechnungsregelungen der ATV grundsätzlich nicht anwendbar. Festlegungen zur Abrechnung müssen bei solchen Maßnahmen in der Leistungsbeschreibung geregelt werden, z. B. dadurch, dass der Verbau in die Leistungsposition einzurechnen ist oder die Sichtfläche des Verbaus Abrechnungsgrundlage wird.

5 Abrechnung

Ergänzend zur ATV DIN 18299, Abschnitt 5, gilt:

Siehe Kommentierung zu Abschnitt 5 der ATV DIN 18299 „Allgemeine Regelungen für Bauarbeiten jeder Art".

Zum Verbau gehören: Verschalung der Wände von Baugruben/Gräben, (Ramm-)Träger, Absteifungen und Verbindungsmittel (Streben, Zangen, Stützen, Brusthölzer, Anker usw.) sowie die ggf. erforderlichen Bedienungsstege, Leitern und Abdeckungen.

Die Verbau-Leistungen werden für die Abrechnung regelmäßig an Ort und Stelle aufzumessen sein.

5.1 Allgemeines

Keine Regelungen.

5.2 Ermittlung der Maße und Mengen

5.2.1 Bei Abrechnung nach Flächenmaß wird die Fläche aus der Länge und den Tiefen des Verbaus ermittelt. Der Länge des Verbaus wird die Länge in der Achse des Verbaus zugrunde gelegt .

Stahlspundbohlen

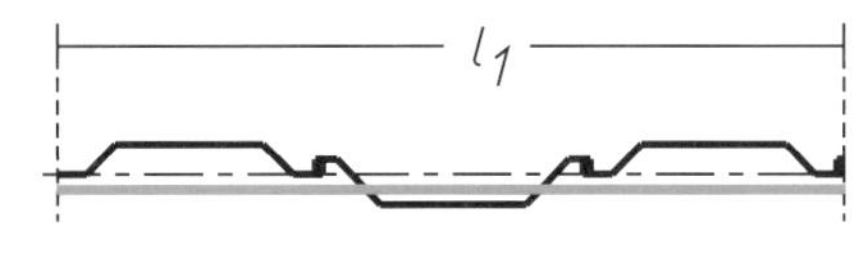

Bild 1

l = Länge in Achse des Verbaus

Tangierende Bohrpfahlwand

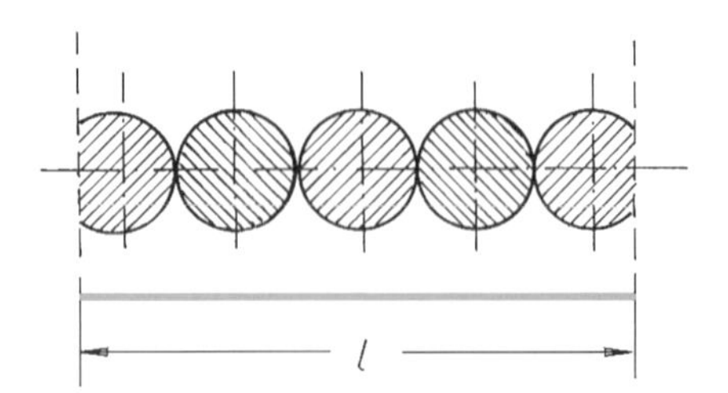

Bild 2

l = Länge in Achse des Verbaus

Die Höhe von Grabenverbau nach DIN 4124:2012-01, Abschnitte 5, 6 und 7, wird von der planmäßigen Grabensohle am Verbau, bei teilweisem Grabenverbau von dessen Unterseite, bis zur vorgegebenen Oberseite des Verbaus gerechnet.

Verbau mit waagerechten Bohlen

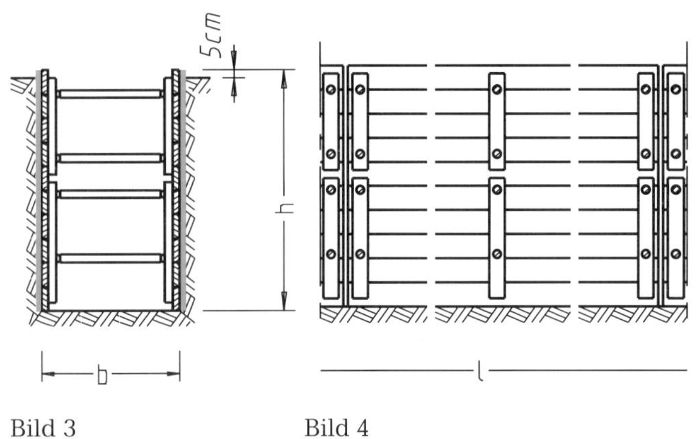

Bild 3 Bild 4

Abgerechnete Fläche: $2 \cdot (l + b) \cdot h$.

l = Länge in der Achse des Verbaus der Wand

b = Breite des Grabens

Teilweiser Grabenverbau

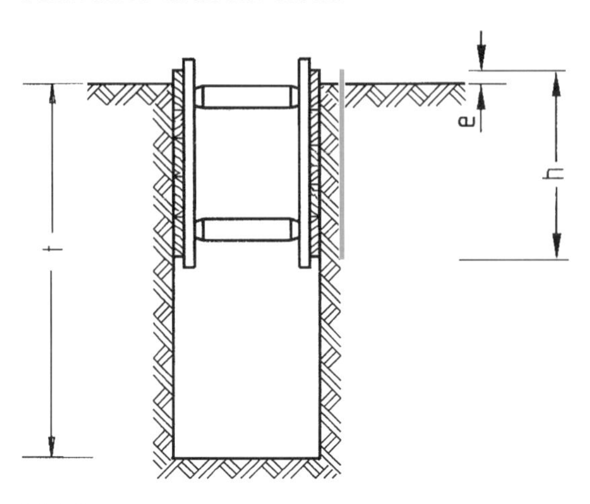

Bild 5

e = 5 cm bei t bis 2,00 m,
e = 10 cm bei t über 2,00 m,
wenn Oberseite des Verbaus nicht vorgegeben ist.

Einbindender Kanaldielenverbau wird bis zur statisch erforderlichen Einbindetiefe gerechnet.

Kanaldielenverbau

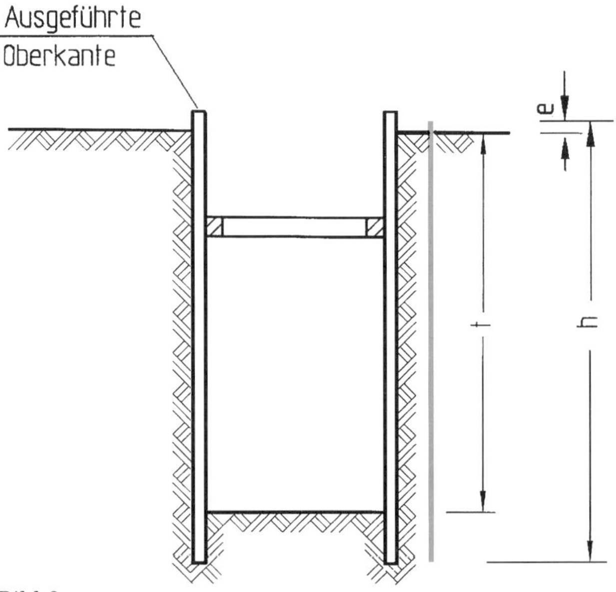

Bild 6

e = 5 cm bei t bis 2,00 m,
e = 10 cm bei t über 2,00 m,
wenn Oberseite des Verbaus nicht vorgegeben ist.

Die Höhe von Spundwänden sowie überschnittenen und tangierenden Bohrpfahlwänden wird von der Unterseite der statisch erforderlichen oder vorgegebenen Einbindetiefe bis zur vorgegebenen Oberseite des Verbaus gerechnet.

Spundwandverbau

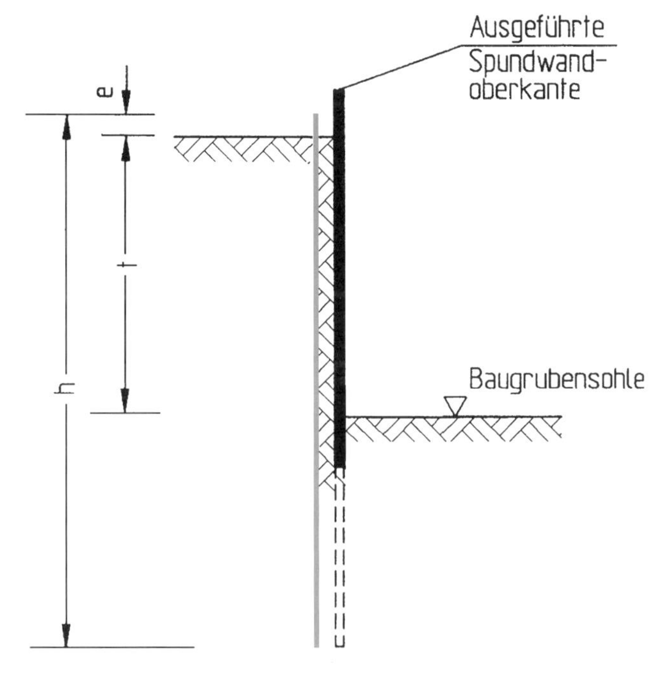

Bild 7

e = 5 cm bei t bis 2,00 m,
e = 10 cm bei t über 2,00 m,
wenn Oberseite des Verbaus nicht vorgegeben ist.

Die Höhe der Ausfachungen von Trägerbohlwänden, aufgelösten Pfahlwänden und Nagelwänden wird von der vorgegebenen Baugrubensohle bis zur vorgegebenen Oberseite des Verbaus gerechnet. Für die Ermittlung der Höhe gilt der tiefste Punkt der Sohle innerhalb des jeweiligen Verbaufeldes.

Trägerbohlwand

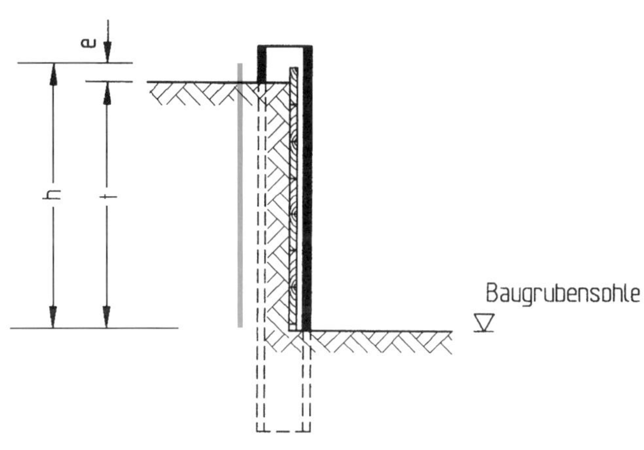

Bild 8

e = 5 cm bei t bis 2,00 m,
e = 10 cm bei t über 2,00 m,
wenn Oberseite des Verbaus nicht vorgegeben ist.

Fehlt eine Vorgabe für die Höhe der Oberseite, ist die Vorgabe für den oberen Rand nach DIN 4124 maßgebend.

DIN 4124, Abschnitt 4.3.1:
e = mind. 5 cm bei t bis 2,00 m,
e = mind. 10 cm bei t über 2,00 m.

Beim Aufmaß des Verbaus bleiben unberücksichtigt die mehr als 5 cm (bei einer Tiefe bis 2,00 m) bzw. 10 cm (bei einer Tiefe über 2,00 m) über Gelände oder Schutzstreifen bzw. die über die vorgegebene Oberseite des Verbaus hinaus ausgeführte Höhe.

5.2.2 Bei Abrechnung der vertikalen Einzelelemente nach Längenmaß wird die Höhe von Trägerbohlwänden und aufgelösten Pfahlwänden von der Unterseite der statisch erforderlichen oder vorgegebenen Einbindetiefe bis zur vorgegebenen Oberseite des Verbaus gerechnet. Fehlt eine Vorgabe für die Höhe der Oberseite, ist die Vorgabe für den oberen Rand nach DIN 4124:2012-01, Abschnitt 4.3.1 maßgebend.

Trägerbohlwand

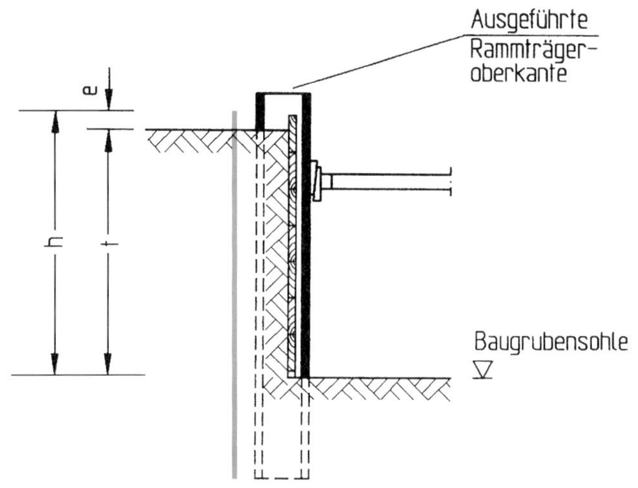

Bild 9

e = 5 cm bei t bis 2,00 m,
e = 10 cm bei t über 2,00 m,
wenn Oberseite des Verbaus nicht vorgegeben ist.

Die Längen der Gurtungen und Aussteifungen werden in der jeweiligen Achse gerechnet.

Gurtung an einer Stahlspundwand

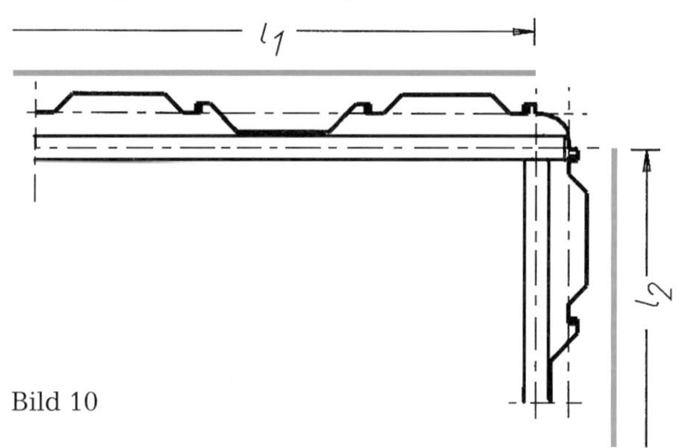

Bild 10

l_1, l_2 = Länge in Achse der Gurtung

Aussteifung einer Baugrube

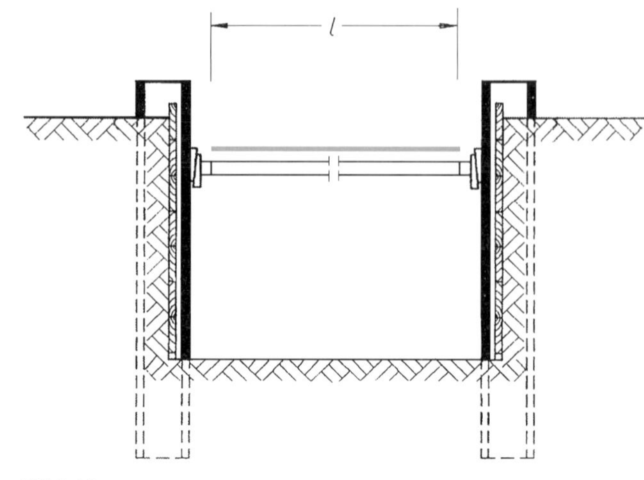

Bild 11

l = Länge in Achse der Aussteifung

Die Länge von Verbauankern und Erdnägeln wird von deren erdseitigen Enden bis zur jeweiligen Unterfläche der Anker- oder Nagelplatte gerechnet.

Verpressanker als Verbauanker

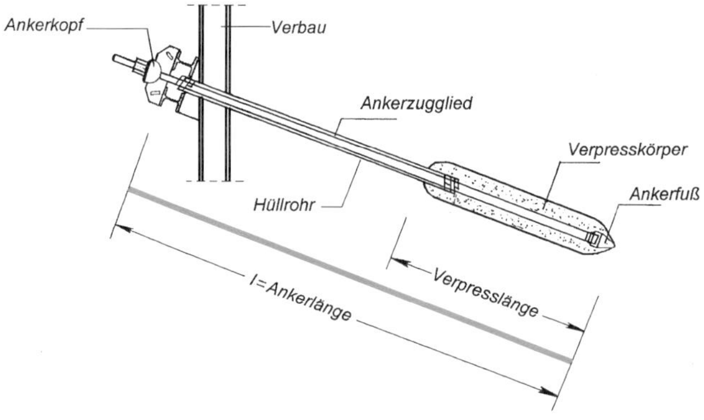

Bild 12

5.2.3 **Bei der Abrechnung nach Masse wird die errechnete Masse der Stahlbauteile zugrunde gelegt. Bei genormten Profilen gelten die Angaben in den DIN-Normen, bei anderen Profilen die Angaben im Profilbuch des Herstellers.**

5.2.4 **Bei der Abrechnung nach Zeit wird die Vorhaltung des Verbaus für einen Bauabschnitt ab dem Tage nach dem Einbau des letzten vertikalen Tragelementes gerechnet. Die Vorhaltezeit von Grabenverbaugeräten beginnt am Tage nach deren Einbau.**

Für Gurtungen und Aussteifungen beginnt sie mit deren Fertigstellung für die jeweilige Ebene im betreffenden Bauabschnitt.

Die Vorhaltezeit endet mit dem vom Auftraggeber vorgegebenen Zeitpunkt zum Rückbau, jedoch frühestens drei Werktage nach Zugang der Mitteilung über die Freigabe beim Auftragnehmer.

5.3 **Abzugs- und Übermessungsregeln**

Aussparungen für Leitungen und dergleichen bis 1 m² werden bei Abrechnung nach Flächenmaß übermessen. Träger, Pfähle und dergleichen werden bei der Ermittlung der Länge in der Achse des Verbaus übermessen.

Berliner Verbau

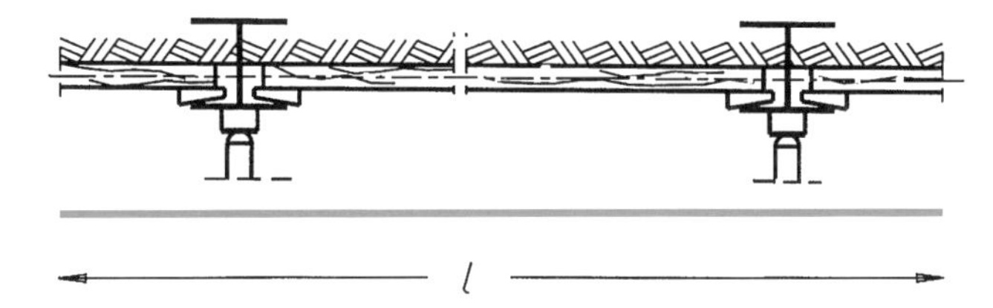

Bild 13

l = Länge in Achse des Verbaus

Ramm-, Rüttel- und Pressarbeiten – DIN 18304

Ausgabe September 2012

Geltungsbereich

Die ATV DIN 18304 „Ramm-, Rüttel- und Pressarbeiten“ gilt für das Einbringen und Ziehen von Bohlen, Pfählen, Trägern, Rohren, Lanzen und dergleichen durch Rammen, Rütteln oder Pressen.

Die ATV DIN 18304 gilt nicht für

- **das Einbringen von Stoffen in Hohlräume, die durch das Einbringen oder Ziehen von Bohlen, Pfählen, Trägern, Rohren, Lanzen und dergleichen entstehen oder verbleiben,**
- **das Einbringen von Bewehrung,**
- **das Einbringen und Ziehen von Tiefenrüttlern,**
- **Bohrarbeiten (siehe ATV DIN 18301 „Bohrarbeiten“),**
- **das Vorhalten eingebrachter Bauelemente (siehe ATV DIN 18303 „Verbauarbeiten“) sowie**
- **Rohrvortriebsarbeiten (siehe ATV DIN 18319 „Rohrvortriebsarbeiten“).**

Ergänzend gilt die ATV DIN 18299 „Allgemeine Regelungen für Bauarbeiten jeder Art“, Abschnitte 1 bis 5. Bei Widersprüchen gehen die Regelungen der ATV DIN 18304 vor.

0.5 Abrechnungseinheiten

Im Leistungsverzeichnis sind die Abrechnungseinheiten, getrennt nach Bauart, Güte, Profilen und Maßen sowie Einbringtiefen, wie folgt vorzusehen:

0.5.1 Einrichten, Umsetzen und Umrüsten der Einbring- oder Zieheinrichtungen nach Anzahl (Stück).

0.5.2 Einbringen von Bohlen, Pfählen, Trägern, Rohren, Lanzen und dergleichen

- *als einzelne Bauelemente nach Anzahl (Stück), Längenmaß (m) oder Masse (kg, t),*
- *für Wände nach Flächenmaß (m^2) oder Masse (kg, t).*

0.5.3 Ziehen von Bohlen, Pfählen, Trägern, Rohren, Lanzen und dergleichen

- *als einzelne Bauelemente nach Anzahl (Stück), Längenmaß (m) oder Masse (kg, t),*
- *für Wände nach Flächenmaß (m^2) oder Masse (kg, t).*

0.5.4 Stoßverbindungen für Bohlen, Pfähle, Träger, Rohre, Lanzen und dergleichen nach Anzahl (Stück).

0.5.5 Anschluss-, Eck- und Abzweigprofile nach Längenmaß (m).

0.5.6 Anbauteile nach Anzahl (Stück).

0.5.7 Passelemente nach Anzahl (Stück).

0.5.8 Einbringhilfen, getrennt nach Verfahren, z. B. Vorbohrungen, Spülhilfen, nach Längenmaß (m) oder Flächenmaß (m^2).

0.5.9 Abgetrennte, nicht wiederverwendbare oder im Boden verbleibende Bauelemente nach Masse (kg, t).

5 Abrechnung

Ergänzend zur ATV DIN 18299, Abschnitt 5, gilt:

5.1 Allgemeines

Keine Regelungen.

5.2 Ermittlung der Maße und Mengen

5.2.1 Bei Abrechnung nach Flächenmaß wird die Fläche aus den Längen und den Höhen der hergestellten Wände ermittelt.

5.2.1.1 Der Länge der Wand wird die Länge in der Achse der Wand zugrunde gelegt.

5.2.1.2 Die Höhe von Wänden wird von der vorgegebenen Unterseite bis zur vorgegebenen Oberseite der Wand gerechnet.

5.2.2 Bei Abrechnung nach Längenmaß wird die vorgegebene Länge der einzelnen Bauelemente gerechnet.

5.2.3 Bei Abrechnung nach Masse wird die errechnete Masse der vorgegebenen Bauelemente zugrunde gelegt. Diese wird bei

- **genormten Profilen nach DIN-Normen,**
- **bei anderen Profilen nach Angaben im Profilbuch des Herstellers errechnet.**

5.3 Einzelregelungen

Bauelemente, die nicht wie vorgegeben eingebaut werden können, und daher ganz oder teilweise im Boden verbleiben, werden ohne Minderung der Abrechnungsmenge beim Ziehen gerechnet.

Erläuterungen

(1) Die ATV DIN 18304 „Ramm-, Rüttel- und Pressarbeiten", Ausgabe September 2012, wurde zur Anpassung an die Entwicklung des Baugeschehens fachtechnisch überarbeitet.

(2) Im Geltungsbereich erfolgten insbesondere redaktionelle Klarstellungen. Die Abschnitte 0.5 und 5 wurden grundlegend überarbeitet. So wurde die Trennung zwischen Lieferung und Einbringen der Bauelemente aufgegeben. Abschnitt 5 wurde weiterhin an eine neue einheitlich abgestimmte Struktur, die künftig in allen ATV übernommen werden soll, angepasst.

5 Abrechnung

Ergänzend zur ATV DIN 18299, Abschnitt 5, gilt:

Siehe Kommentierung zu Abschnitt 5 der ATV DIN 18299 „Allgemeine Regelungen für Bauarbeiten jeder Art".

5.1 Allgemeines

Keine Regelungen.

5.2 Ermittlung der Maße und Mengen

5.2.1 Bei Abrechnung nach Flächenmaß wird die Fläche aus den Längen und den Höhen der hergestellten Wände ermittelt.

5.2.1.1 Der Länge der Wand wird die Länge in der Achse der Wand zugrunde gelegt.

5.2.1.2 Die Höhe von Wänden wird von der vorgegebenen Unterseite bis zur vorgegebenen Oberseite der Wand gerechnet.

Die Regelungen des Abschnitts 5.2.1 gelten für die Abrechnung der Bauelemente nach Flächenmaß (m^2).

Das Liefern und Einbringen der Bauelemente wird nicht mehr gesondert abgerechnet. Entsprechend den Vorgaben nach Abschnitt 0.5 „Abrechnungseinheiten" sind die einzelnen Bauelemente getrennt nach Bauart, Güte, Profilen, Maßen und Einbringtiefen in Leistungspositionen auszuschreiben sowie nach den Regelungen des Abschnitts 5 „Abrechnung" zu messen und abzurechnen.

Stahlspundbohlen

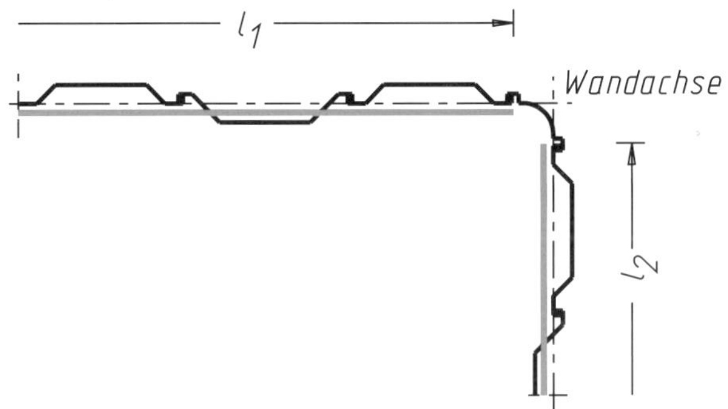

Bild 1

Bei Stahlspundbohlen werden die Schlösser übermessen.

Aufmaßfläche (m^2) = $(l_1 + l_2)$ · *Wandhöhe*

Wandhöhe entspricht der vorgegebenen Bauelementlänge (vorgegebene Unterseite bis vorgegebene Oberseite).

Unterschiedliche Einbringtiefen der Bauelemente werden über verschiedene Positionen abgerechnet.

Die Eckbohle wird gemäß Abschnitt 0.5.5. getrennt nach Stück oder Längenmaß abgerechnet.

Gratspundung

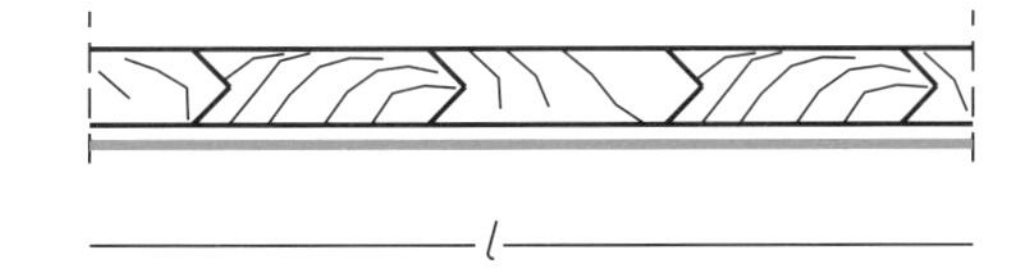

Bild 2

Aufgemessen wird die Fläche ohne Berücksichtigung der Längskeile.

Aufmaßfläche (m^2) = l · Wandhöhe

Unterschiedliche Einbringtiefen der Spundung werden über verschiedene Positionen abgerechnet.

Spundwand aus Holzbohlen

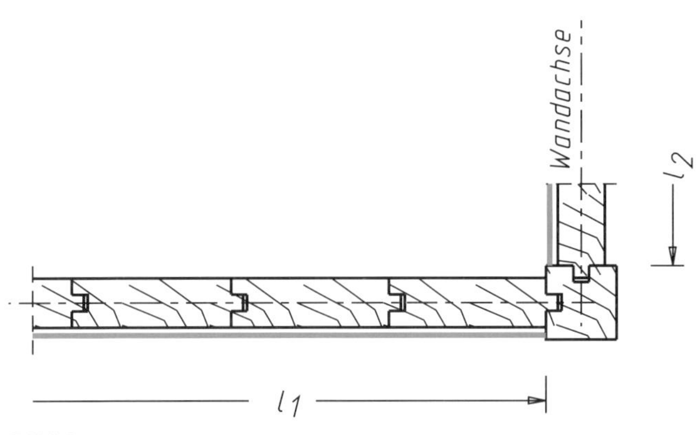

Bild 3

Aufmaßfläche (m^2) = $(l_1 + l_2)$ · *Wandhöhe.*

Wandhöhe entspricht der vorgegebenen Bauelementlänge.

Die Eckbohle wird getrennt (Stück oder Längenmaß) abgerechnet.

Hafenkai

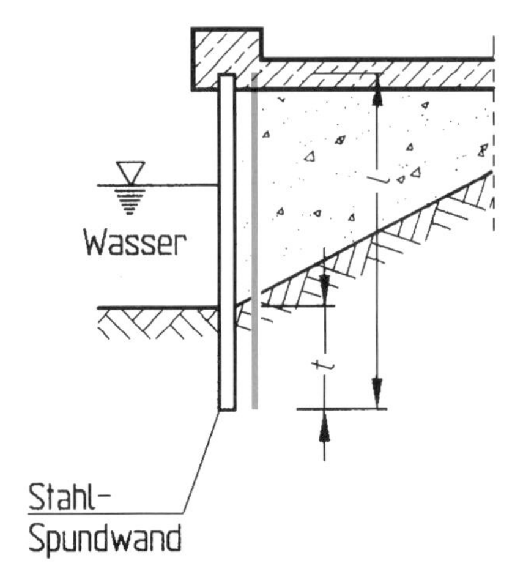

Bild 4

Abrechnung der Stahl-Spundwand:

A = l · Spundwandlänge

Unterschiedliche Einbringtiefen *(t)* werden über verschiedene, nach Einbringtiefe gestaffelte, Positionen abgerechnet.

5.2.2 Bei Abrechnung nach Längenmaß wird die vorgegebene Länge der einzelnen Bauelemente gerechnet.

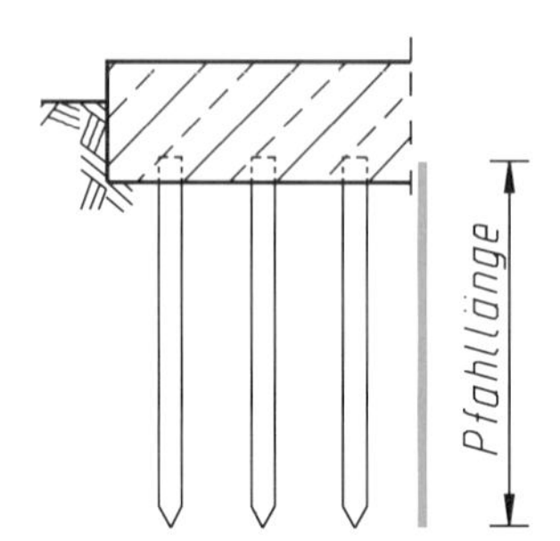

Bild 5

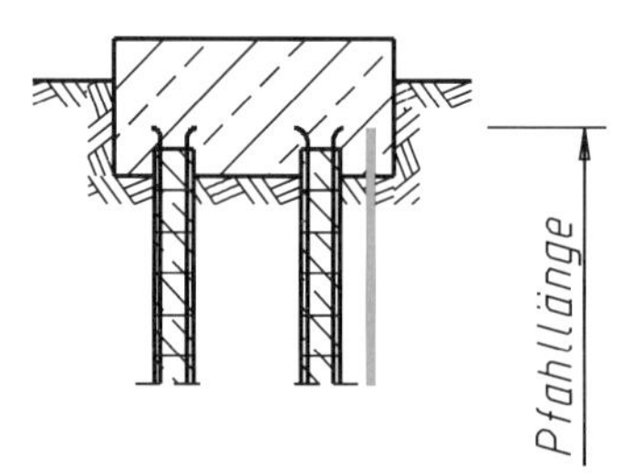

Bild 6

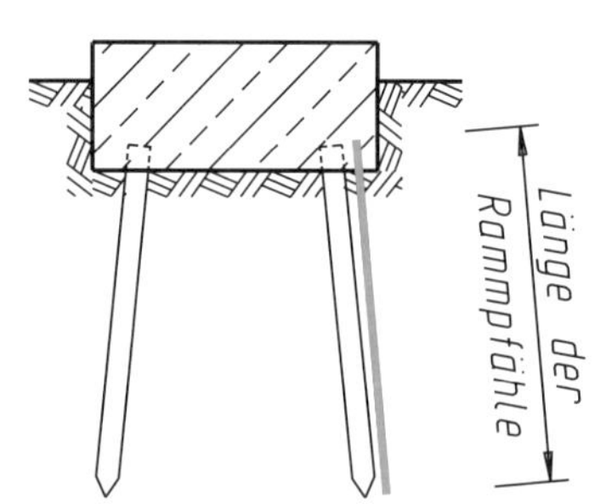

Bild 7

5.2.3 Bei Abrechnung nach Masse wird die errechnete Masse der vorgegebenen Bauelemente zugrunde gelegt. Diese wird bei

- **genormten Profilen nach DIN-Normen,**
- **bei anderen Profilen nach Angaben im Profilbuch des Herstellers**

errechnet.

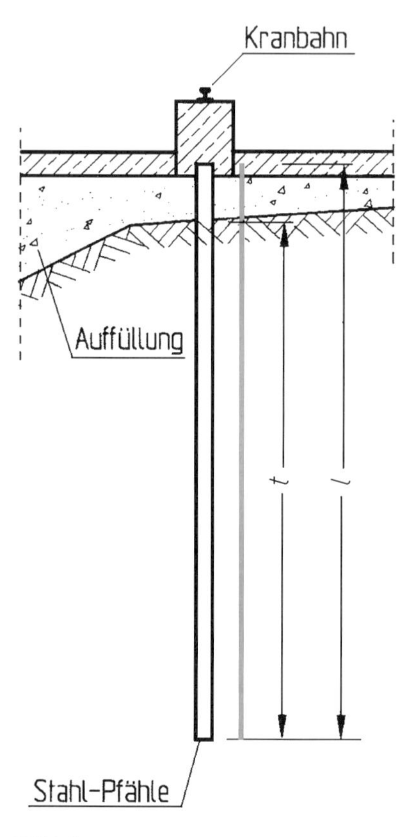

Bild 8

Abrechnung der Stahl-Pfähle gestaffelt nach Einbringtiefe (t):

M (t) = l · m-Gewicht · Anzahl

Neben der Abrechnung nach Länge (m) oder Masse (t) werden Pfähle regelmäßig auch nach Anzahl (Stück) abgerechnet (siehe Abschnitt 0.5.2). Im Leistungsverzeichnis und bei der Abrechnung ist dann nach Bauart, Güte, Profilen und Maßen sowie Einbringtiefen zu differenzieren.

Rammpfähle zur Aufnahme einer Kranbrücke

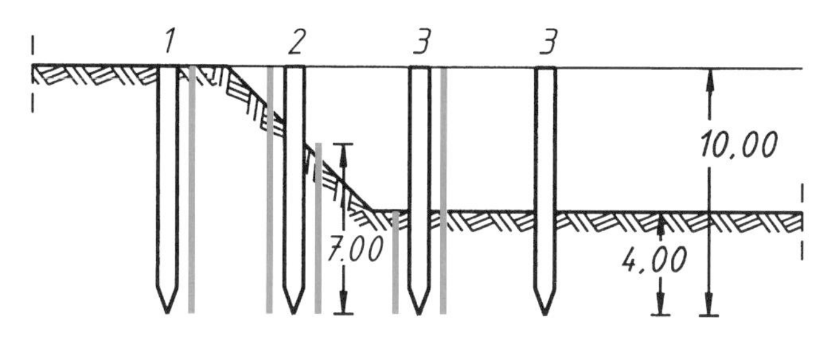

Bild 9

Abrechnung der Pfähle (z. B. Stahlbetonrammpfähle):

Pos. 1 Stahlbeton-Rammpfähle, 10 m lang, 10 m tief einbringen a Stück

Pos. 2 Stahlbeton-Rammpfähle, 10 m lang, 7 m tief einbringen b Stück

Pos. 3 Stahlbeton-Rammpfähle, 10 m lang, 4 m tief einbringen c Stück

5.3 Einzelregelungen

Bauelemente, die nicht wie vorgegeben eingebaut werden können und daher ganz oder teilweise im Boden verbleiben, werden ohne Minderung der Abrechnungsmenge beim Ziehen gerechnet.

Für das Ziehen von Bauelementen gelten für die Abrechnungseinheiten nach Abschnitt 0.5.3 dieselben Vorgaben wie beim Einbringen.

Neben der Gesamtlänge des zu ziehenden Bauelements ist nach Bauart, Güte, Profilen und Maßen sowie der vorhandenen Länge im Boden (Einbringtiefe) zu differenzieren.

Für die Ermittlung der Maße und Mengen für das Ziehen von Bauelementen gelten die Aussagen in Abschnitt 5.2 entsprechend.

Einen Sonderfall regelt Abschnitt 5.3.

In der Ausführung einer Leistung können Bauelemente nicht wie vorgegeben eingebaut und auch nicht gezogen werden. Für den nicht erfolgreichen Ziehversuch erhält der Auftragnehmer jedoch eine Vergütung, die z. B. abhängig ist von den Maßen und der vorhandenen Länge im Boden (Einbringtiefe) des zu ziehenden Bauelements.

Die Vergütung der Bauelemente, die nicht ausgebaut werden können und daher ganz oder teilweise im Boden verbleiben, werden gemäß Abschnitt 3.6.6 der ATV DIN 18304 zum Zeitwert vergütet. Der Schrotterlös der ausgebauten Teile ist dabei zu berücksichtigen.

Wasserhaltungsarbeiten – DIN 18305

Ausgabe September 2012

Geltungsbereich

Die ATV DIN 18305 „Wasserhaltungsarbeiten" gilt für das Auf-, Um- und Abbauen sowie Vorhalten und Betreiben von Anlagen für offene und geschlossene Wasserhaltungen.

Die ATV DIN 18305 gilt nicht für das Ausbauen von Bohrungen zu Brunnen (siehe ATV DIN 18302 „Arbeiten zum Ausbau von Bohrungen") und die bei Wasserhaltungsarbeiten auszuführenden Erdarbeiten (siehe ATV DIN 18300 „Erdarbeiten"), Bohrarbeiten (siehe ATV DIN 18301 „Bohrarbeiten") und Dränarbeiten (siehe ATV DIN 18308 „Drän- und Versickerarbeiten").

Ergänzend gilt die ATV DIN 18299 „Allgemeine Regelungen für Bauarbeiten jeder Art", Abschnitte 1 bis 5. Bei Widersprüchen gehen die Regelungen der ATV DIN 18305 vor.

0.5 Abrechnungseinheiten

Im Leistungsverzeichnis sind die Abrechnungseinheiten wie folgt vorzusehen:

- *Einbauen, Ausbauen und Umbauen von Wasserhaltungsanlagen, getrennt nach Förderleistung, nach Anzahl (Stück),*
- *Vorhalten von Wasserhaltungsanlagen, getrennt nach Förderleistung, nach Tagen (d),*
- *Betreiben von Wasserhaltungsanlagen, getrennt nach Förderleistung, nach Stunden (h),*
- *Einbauen, Ausbauen und Umbauen von Pumpensümpfen, Quellfassungen, Pumpen, Stromerzeugern, Stromverteilern und Messvorrichtungen nach Anzahl (Stück),*
- *Einbauen, Ausbauen und Umbauen von Rohrleitungen mit Zubehör, getrennt nach Nennweiten, und von Gerinnen mit Zubehör nach Längenmaß (m),*
- *Vorhalten von Absenkbrunnen, Pumpensümpfen, Quellfassungen, Grundwassermessstellen, Pumpen, Stromerzeugern, Stromverteilern und Messvorrichtungen, getrennt nach Anzahl (Stück) und nach Tagen (d),*
- *Betreiben von Absenkbrunnen, Pumpensümpfen, Quellfassungen, Grundwassermessstellen, Pumpen, Stromerzeugern, Stromverteilern und Messvorrichtungen, getrennt nach Anzahl (Stück) und nach Stunden (h),*
- *Vorhalten von Rohrleitungen mit Zubehör, getrennt nach Nennweiten, und von Gerinnen mit Zubehör nach Längenmaß (m) und nach Tagen (d),*
- *Stellen der Bedienungsmannschaft bei Betriebsbereitschaft nach Tagen (d) oder Stunden (h),*
- *Liefern von verbleibenden Rohren einschließlich Rohrverbindungen nach Längenmaß (m),*
- *Liefern von verbleibenden Teilen der Wasserhaltungsanlage nach Anzahl (Stück),*
- *Liefern, Einbauen und Schließen von Brunnentöpfen nach Anzahl (Stück),*
- *Fördermenge nach Raummaß (m^3).*

5 Abrechnung

Ergänzend zur ATV DIN 18299, Abschnitt 5, gilt:

5.1 Die Länge von Rohrleitungen, einschließlich ihrer Bögen sowie Form-, Pass- und Verbindungsstücke, wird in der Mittelachse ermittelt. Dabei werden Rohrbögen bis zum Schnittpunkt der Mittelachsen gerechnet.

5.2 Angefangene Tage werden als volle Tage, angefangene Stunden als volle Stunden gerechnet.

Erläuterungen

Die ATV DIN 18305 „Wasserhaltungsarbeiten", Ausgabe September 2012, wurde in den Verweisen auf die VOB/A, VOB/B und VOB/C aktualisiert. Ansonsten erfolgten keine weiteren Änderungen.

5 Abrechnung

Ergänzend zur ATV DIN 18299, Abschnitt 5, gilt:

Siehe Kommentierung zu Abschnitt 5 der ATV DIN 18299 „Allgemeine Regelungen für Bauarbeiten jeder Art".

Für Wasserhaltungsarbeiten werden im Allgemeinen keine für die Abrechnung geeigneten Zeichnungen angefertigt. Die Leistungen, z. B. Einbau, Ausbau, Umbau von Rohrleitungen, Pumpen, Antriebsmaschinen, Stromerzeugern, Messvorrichtungen, sind an Ort und Stelle aufzumessen.

5.1 Die Länge von Rohrleitungen, einschließlich ihrer Bögen sowie Form-, Pass- und Verbindungsstücke, wird in der Mittelachse ermittelt. Dabei werden Rohrbögen bis zum Schnittpunkt der Mittelachsen gerechnet.

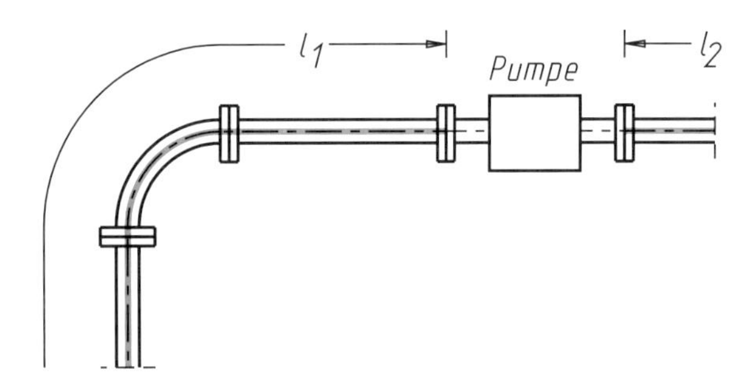

Bild 1

Aufmaß der Leitungen in der Rohrachse bis zum Pumpenflansch Außenkante und vom Pumpenflansch Außenkante bis zum Rohrende.

Aufmaß = $l_1 + l_2$.

5.2 Angefangene Tage werden als volle Tage, angefangene Stunden als volle Stunden gerechnet.

Der letzte Betriebstag ist der Tag, bis zu welchem die Wasserhaltungsanlage tatsächlich in Betrieb war. Es kann erforderlich sein, die Wasserhaltungsanlage nach Beendigung der Wasserhaltungsarbeiten noch eine gewisse Zeit in Bereitschaft zu halten. Für die Abrechnung gilt dann der letzte Tag der Betriebsbereitschaft.

Der Betrieb einer Wasserhaltungsanlage ist, wenn sie aus mehreren Pumpensätzen besteht, – je nach Vereinbarung – entweder für die Anlage insgesamt oder für die einzelnen Pumpensätze getrennt zu erfassen. Abgerechnet werden jeweils die Zeiträume, in denen Wasser abgepumpt worden ist.

Entwässerungskanalarbeiten – DIN 18306

Ausgabe September 2012

Geltungsbereich

Die ATV DIN 18306 „Entwässerungskanalarbeiten" gilt für das Herstellen von geschlossenen Entwässerungskanälen und Entwässerungsleitungen im Erdreich, auch unter Gebäuden, einschließlich der zugehörigen Schächte.

Die ATV DIN 18306 gilt nicht für

- die bei der Herstellung der Entwässerungskanäle und Entwässerungsleitungen sowie der Schächte auszuführenden Erdarbeiten (siehe ATV DIN 18300 „Erdarbeiten"),
- Verbauarbeiten (siehe ATV DIN 18303 „Verbauarbeiten"),
- Arbeiten an Druckrohrleitungen (siehe ATV DIN 18307 „Druckrohrleitungsarbeiten außerhalb von Gebäuden"),
- Rohrvortriebsarbeiten (siehe ATV DIN 18319 „Rohrvortriebsarbeiten"),
- das Herstellen von Ortbetonbauwerken (siehe ATV DIN 18331 „Betonarbeiten"),
- das Herstellen von Entwässerungsleitungen innerhalb von Gebäuden (siehe ATV DIN 18381 „Gas-, Wasser- und Abwasser-Installationsarbeiten innerhalb von Gebäuden") sowie
- das Herstellen von Rohrleitungen in Schutzrohren und Rohrkanälen.

Ergänzend gilt die ATV DIN 18299 „Allgemeine Regelungen für Bauarbeiten jeder Art", Abschnitte 1 bis 5. Bei Widersprüchen gehen die Regelungen der ATV DIN 18306 vor.

0.5 Abrechnungseinheiten

Im Leistungsverzeichnis sind die Abrechnungseinheiten, getrennt nach Art, Stoffen und Maßen, wie folgt vorzusehen:

- *Entwässerungskanäle und Entwässerungsleitungen nach Längenmaß (m),*
- *Schutz- und Dichtungsanstriche sowie Beschichtungen nach Flächenmaß (m²),*
- *Formstücke nach Anzahl (Stück),*
- *Schachtfertigteile und Schachtausrüstungen nach Anzahl (Stück),*
- *Schächte nach Längenmaß (m) oder Anzahl (Stück),*
- *Sohlschalen und Platten nach Längenmaß (m) oder Flächenmaß (m²).*

5 Abrechnung

Ergänzend zur ATV DIN 18299, Abschnitt 5, gilt:

5.1 Bei Abrechnung nach Längenmaß werden die Achslängen der Entwässerungskanäle und Entwässerungsleitungen zugrunde gelegt.

Bei Entwässerungskanälen und Entwässerungsleitungen aus vorgefertigten Rohren werden die lichten Weiten von Schächten abgezogen, Formstücke werden übermessen.

Bei Entwässerungskanälen aus vorgefertigten Rohren mit Schachtaufsätzen und bei gemauerten sowie betonierten Entwässerungskanälen werden die lichten Weiten der Schächte übermessen.

5.2 Die Schachttiefe wird von der Auflagerfläche der Schachtabdeckung bis zum tiefsten Punkt der Rinnensohle gerechnet.

Erläuterungen

Die ATV DIN 18306 „Entwässerungskanalarbeiten", Ausgabe September 2012, wurde in den Verweisen auf die VOB/A, VOB/B und VOB/C aktualisiert. Ansonsten erfolgten keine weiteren Änderungen.

5 Abrechnung

Ergänzend zur ATV DIN 18299, Abschnitt 5, gilt:

Siehe Kommentierung zu Abschnitt 5 der ATV DIN 18299 „Allgemeine Regelungen für Bauarbeiten jeder Art".

Für das Aufmaß von Entwässerungskanälen und -leitungen liegen oftmals genaue Pläne vor. Aufgemessen werden müssen hingegen häufig die Anschlüsse an vorhandene Rohrleitungen und Schächte, da sie nicht immer mit ausreichender Genauigkeit aus den Zeichnungen zu entnehmen sind.

Sind jedoch Bestandspläne zu liefern, so sind die Abrechnungsmaße diesen Bestandsplänen zu entnehmen.

5.1 Bei Abrechnung nach Längenmaß werden die Achslängen der Entwässerungskanäle und Entwässerungsleitungen zugrunde gelegt.

Bei Entwässerungskanälen und Entwässerungsleitungen aus vorgefertigten Rohren werden die lichten Weiten von Schächten abgezogen, Formstücke werden übermessen.

Bei Entwässerungskanälen aus vorgefertigten Rohren mit Schachtaufsätzen und bei gemauerten sowie betonierten Entwässerungskanälen werden die lichten Weiten der Schächte übermessen.

Steinzeugrohrleitungen

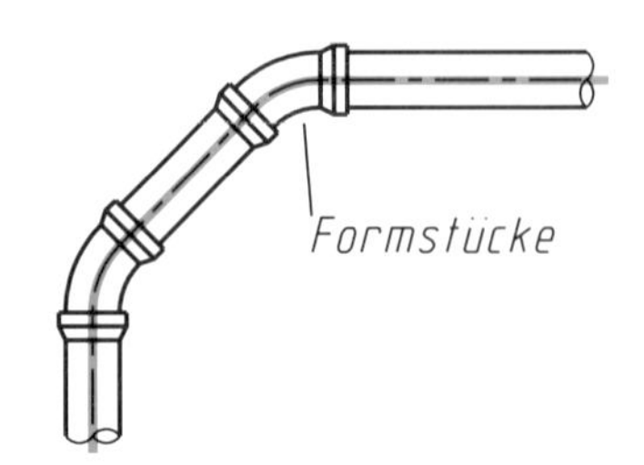

Bild 1

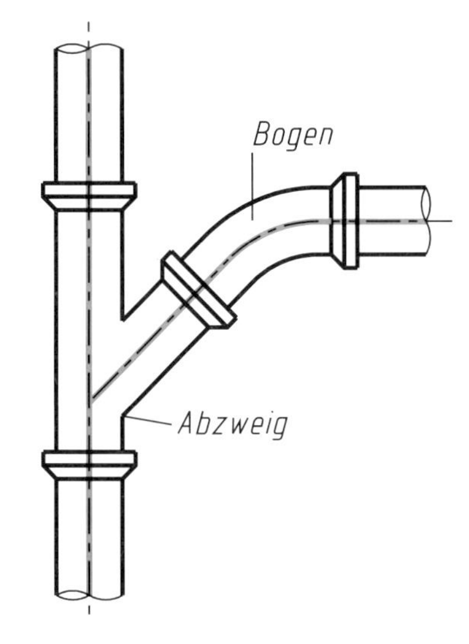

Bild 2

Aufmaß der Rohrleitungen in der Achse; Formstücke werden hierbei – unbeschadet ihrer gesonderten Vergütung nach Stück gemäß Abschnitt 4.2.4 – übermessen.

Entwässerungsschacht, Leitungen aus vorgefertigten Rohren

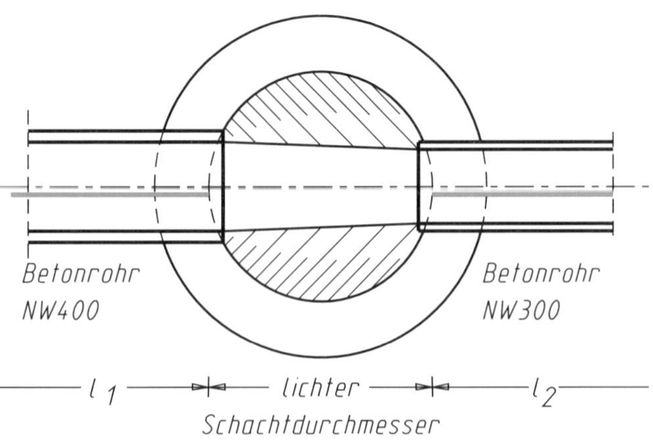

Bild 3

Entwässerungsschacht, gemauerter Kanal und zwei vorgefertigte Betonrohre

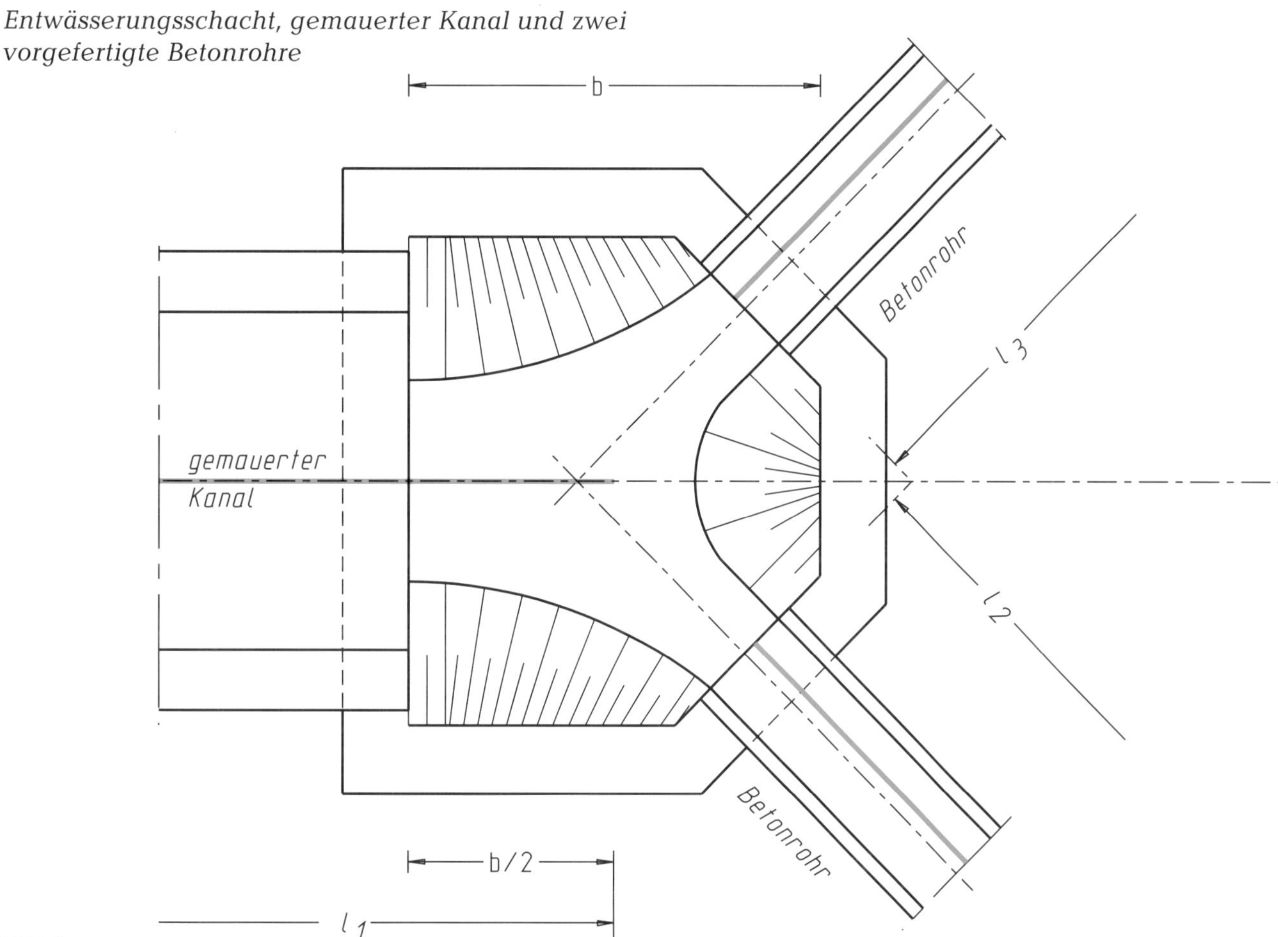

Bild 4

Aufmaß des gemauerten Kanals = l_1 (bis zur Hälfte der lichten Schachtbreite).

Aufmaß der Betonrohre = l_2 bzw. l_3 (bis Innenwand Schacht).

5.2 Die Schachttiefe wird von der Auflagerfläche der Schachtabdeckung bis zum tiefsten Punkt der Rinnensohle gerechnet.

Vorgefertigtes Rohr mit Schachtaufsatz (Draufsicht)

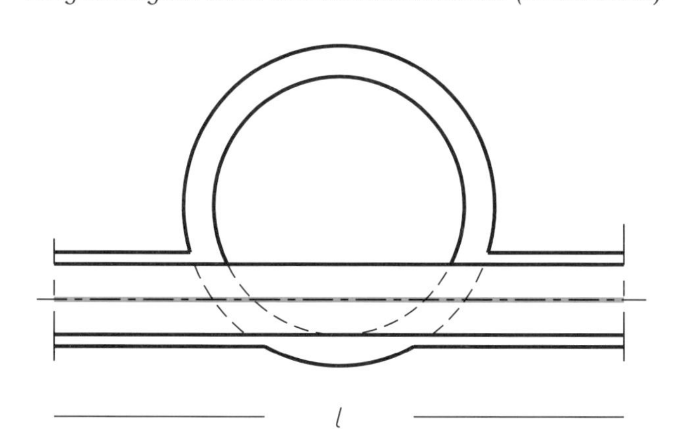

Bild 5

Schacht aus Mauerwerk und Fertigteilen

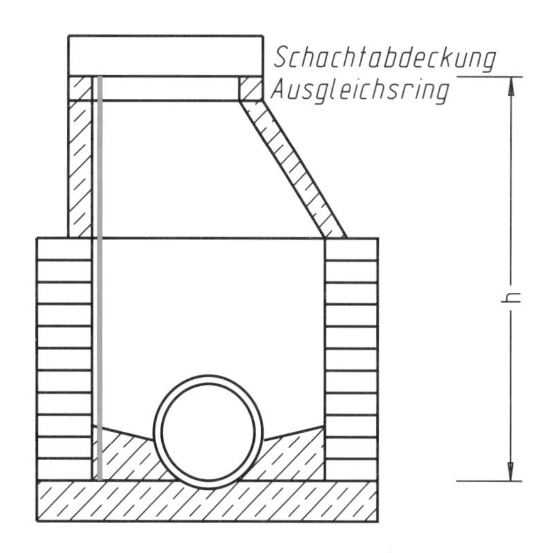

Bild 6

Druckrohrleitungsarbeiten außerhalb von Gebäuden – DIN 18307

Ausgabe September 2012

Geltungsbereich

Die ATV DIN 18307 „Druckrohrleitungsarbeiten außerhalb von Gebäuden" gilt für Arbeiten an Druckrohrleitungen zum Transport von gasförmigen und flüssigen Stoffen außerhalb von Gebäuden auch in Schutzrohren und Rohrkanälen.

Die ATV DIN 18307 gilt nicht für

- die bei der Herstellung von Druckrohrleitungen auszuführenden Erdarbeiten (siehe ATV DIN 18300 „Erdarbeiten"),
- Verbauarbeiten (siehe ATV DIN 18303 „Verbauarbeiten") sowie
- das Herstellen von Rohrleitungen innerhalb von Gebäuden (siehe ATV DIN 18381 „Gas-, Wasser- und Entwässerungsanlagen innerhalb von Gebäuden").

Ergänzend gilt die ATV DIN 18299 „Allgemeine Regelungen für Bauarbeiten jeder Art", Abschnitte 1 bis 5. Bei Widersprüchen gehen die Regelungen der ATV DIN 18307 vor.

0.5 Abrechnungseinheiten

Im Leistungsverzeichnis sind die Abrechnungseinheiten, getrennt nach Bauart, Stoffen, Nennweiten und sonstigen Maßen sowie ggf. maximal zulässigem Betriebsdruck, wie folgt vorzusehen:

- *Rohrleitungen nach Längenmaß (m),*
- *Rohrschnitte nach Anzahl (Stück),*
- *Rohrverbindungen nach Anzahl (Stück),*
- *Formstücke nach Anzahl (Stück),*
- *Armaturen und Zubehörteile nach Anzahl (Stück),*
- *Anbohrungen nach Anzahl (Stück), zusätzlich getrennt nach Rohrarten der anzubohrenden und anzuschließenden Rohre,*
- *Einbindungen und Anschlüsse an Rohrleitungen nach Anzahl (Stück), zusätzlich getrennt nach Rohrarten der einzubauenden Rohre und Formstücke,*
- *Prüfung der Schweißnähte nach Anzahl (Stück),*
- *Herstellen des Innen- und Außenschutzes an Schweiß- und anderen Rohrverbindungen nach Anzahl (Stück),*
- *Kopflöcher für Rohrverbindungen nach Anzahl (Stück) oder Raummaß (m^3),*
- *Trennen von in Betrieb verbleibenden Rohrleitungen sowie Art der Abdichtung der stillzulegenden Rohrleitungen nach Anzahl (Stück),*
- *Um- und Anbindung neuer Rohrleitungen an in Betrieb befindliche Rohrleitungen nach Anzahl (Stück),*
- *Stützungen oder Aufhängungen nach Anzahl (Stück) oder Rohrlängenmaß (m).*

5 Abrechnung

Ergänzend zur ATV DIN 18299, Abschnitt 5, gilt:

Bei Abrechnung nach Längenmaß werden Rohrleitungen einschließlich Bögen und Rohrleitungsteile in der Mittelachse gerechnet.

Rohrverbindungen, Formstücke und Armaturen werden übermessen.

Erläuterungen

Die ATV DIN 18307 „Druckrohrleitungsarbeiten außerhalb von Gebäuden", Ausgabe September 2012, wurde in den Verweisen auf die VOB/A, VOB/B und VOB/C aktualisiert. Ansonsten erfolgten keine weiteren Änderungen.

5 Abrechnung

Ergänzend zur ATV DIN 18299, Abschnitt 5, gilt:

Siehe Kommentierung zu Abschnitt 5 der ATV DIN 18299 „Allgemeine Regelungen für Bauarbeiten jeder Art".

Sind eingebaute Leitungen nach Vorschriften von Versorgungsunternehmen einzumessen und in Bestandszeichnungen festzuhalten erfolgt die Abrechnung in der Regel nach den Bestandszeichnungen.

Bei Abrechnung nach Längenmaß werden Rohrleitungen einschließlich Bögen und Rohrleitungsteile in der Mittelachse gerechnet.

Rohrverbindungen, Formstücke und Armaturen werden übermessen.

Stahlmuffenrohre

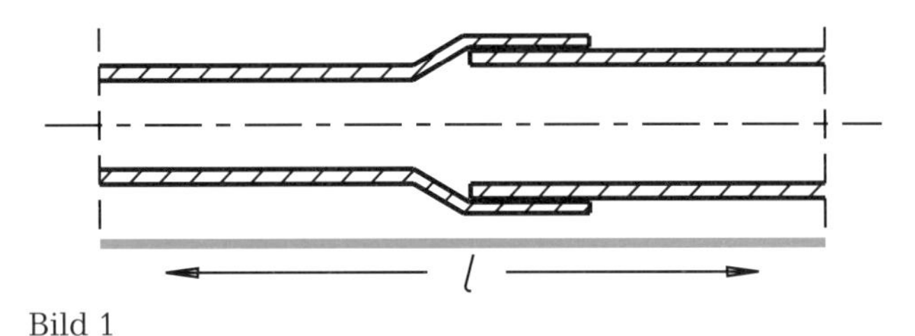

Bild 1

Rohrverbindungen werden beim Aufmaß der Rohre übermessen.

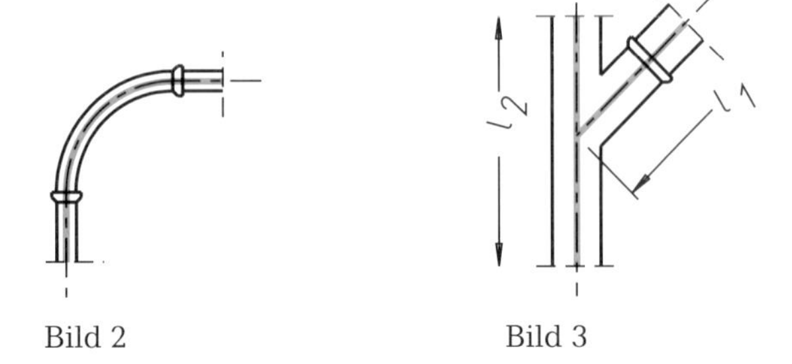

Bild 2 Bild 3

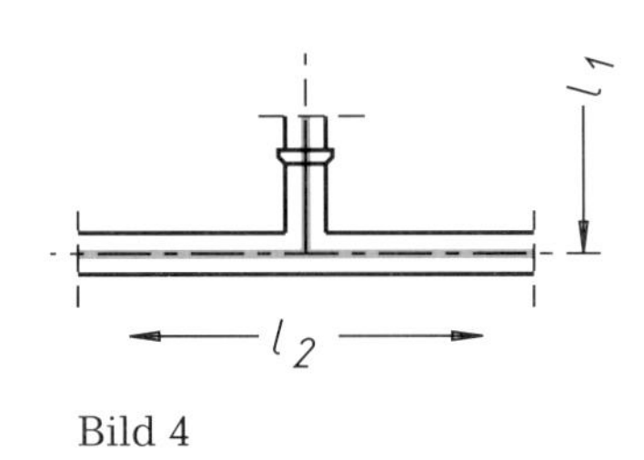

Bild 4

Rohrverbindungen, Formstücke und Armaturen werden bei Ermittlung der Rohrlänge – unbeschadet ihrer (gemäß Leistungsbeschreibung) gesonderten Abrechnung – übermessen.

Drän- und Versickerarbeiten – DIN 18308

Ausgabe September 2012

Geltungsbereich

Die ATV DIN 18308 „Drän- und Versickerarbeiten" gilt für Dränungen mit Rohren und rohrlose Dränungen sowie für das Herstellen von Versickeranlagen mit und ohne Wasserrückhaltung einschließlich des Einbaus zugehöriger, sickerfähiger und filterstabiler Stoffe und Bauteile.

Die ATV DIN 18308 gilt nicht für

- die bei Drän- und Versickerarbeiten auszuführenden Erdarbeiten (siehe ATV DIN 18300 „Erdarbeiten"),
- geschlossene Entwässerungskanäle und Entwässerungsleitungen einschließlich der zugehörigen Schächte (siehe ATV DIN 18306 „Entwässerungskanalarbeiten") sowie
- vertikale Tiefendränagen und Versickerungen über Brunnen.

Ergänzend gilt die ATV DIN 18299 „Allgemeine Regelungen für Bauarbeiten jeder Art", Abschnitte 1 bis 5. Bei Widersprüchen gehen die Regelungen der ATV DIN 18308 vor.

0.5 Abrechnungseinheiten

Im Leistungsverzeichnis sind die Abrechnungseinheiten, getrennt nach Bauart, Stoffen und Maßen sowie Tiefenlage, wie folgt vorzusehen:

- *Raummaß (m^3) für Speicher- und Versickerelemente sowie Dränpackungen,*
- *Flächenmaß (m^2) für Geokunststoffe und Geotextilien sowie Filter- und Dränschichten,*
- *Längenmaß (m) für Kanäle und Leitungen sowie rohrlose Dränungen,*
- *Anzahl (Stück) für Schächte und Formstücke.*

5 Abrechnung

Ergänzend zur ATV DIN 18299, Abschnitt 5, gilt:

5.1 Bei Abrechnung nach Längenmaß wird die Länge in der Mittelachse der Bauteile ermittelt. Formstücke werden übermessen und gesondert gerechnet.

5.2 Es werden abgezogen:

5.2.1 Bei Abrechnung nach Raummaß:

Rohre und Bauteile mit einer mittleren Querschnittsfläche über 0,1 m^2.

5.2.2 Bei Abrechnung nach Flächenmaß:

Aussparungen aufgrund von Einbauten und dergleichen über 1 m^2 Einzelgröße.

5.2.3 Bei Abrechnung nach Längenmaß:

Schächte mit einer Nennweite über 1 m.

Erläuterungen

Die ATV DIN 18308 „Drän- und Versickerarbeiten“, Ausgabe September 2012, wurde redaktionell überarbeitet; die Normenverweise wurden aktualisiert.

Für die Abrechnung haben sich gegenüber der bisherigen Ausgabe keine Änderungen ergeben.

5 Abrechnung

Ergänzend zur ATV DIN 18299, Abschnitt 5, gilt:

Siehe Kommentierung zu Abschnitt 5 der ATV DIN 18299 „Allgemeine Regelungen für Bauarbeiten jeder Art“.

Bei Rohrleitungen nach ATV DIN 18308 sind die unterschiedlichen Rohrarten und -abmessungen aus den Zeichnungen kaum in ausreichender Genauigkeit festzustellen, sodass in den meisten Fällen Rohrleitungen nicht nach Zeichnungen abgerechnet, sondern an Ort und Stelle aufgemessen werden.

5.1 Bei Abrechnung nach Längenmaß wird die Länge in der Mittelachse der Bauteile ermittelt. Formstücke werden übermessen und gesondert gerechnet.

Dränleitungen

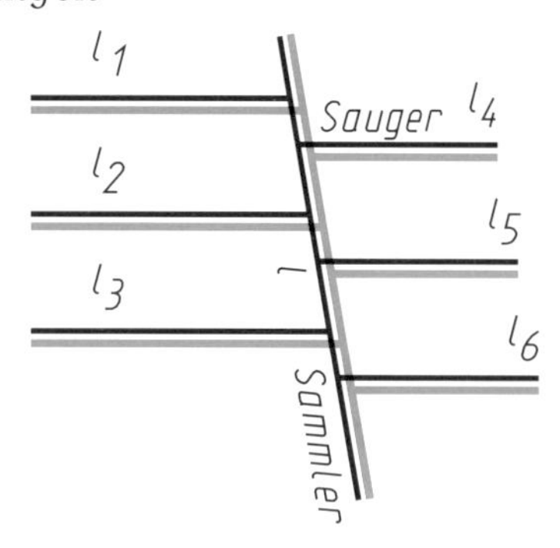

Bild 1

Aufmaß der Rohrleitungen, getrennt nach den Rohrleitungen für Sammler und den Rohrleitungen für Sauger.

Aufmaß: Sammler = l.
Sauger = $l_1 + l_2 + l_3 + l_4 + l_5 \dots$

Verbindung der Saugrohre mit der Sammelleitung (Formstück)

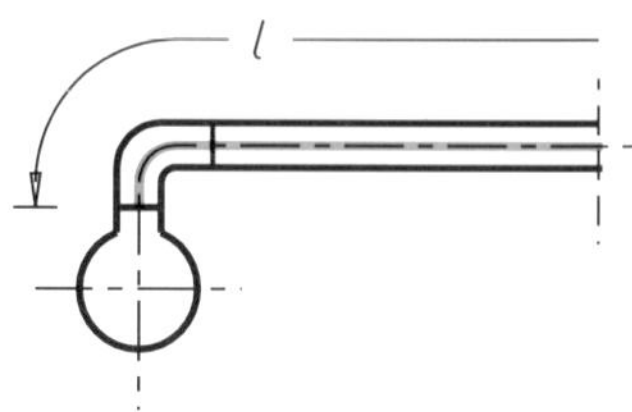

Bild 2

Aufmaß: Saugrohrleitung = l,
Formstück nach Anzahl.

Verbindung der Saugrohre mit der Sammelleitung (Formstück)

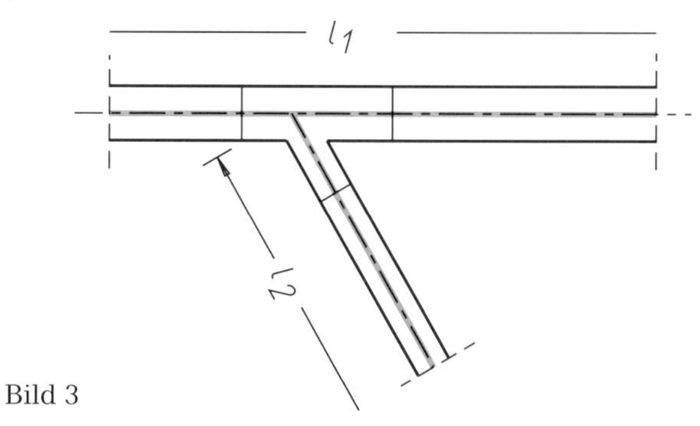

Bild 3

Aufmaß: Sammelrohrleitung = l_1,
Saugrohrleitung = l_2,
Formstück nach Anzahl.

5.2 Es werden abgezogen:

5.2.1 Bei Abrechnung nach Raummaß:

Rohre und Bauteile mit einer mittleren Querschnittsfläche über 0,1 m².

Regenwasserversickerung

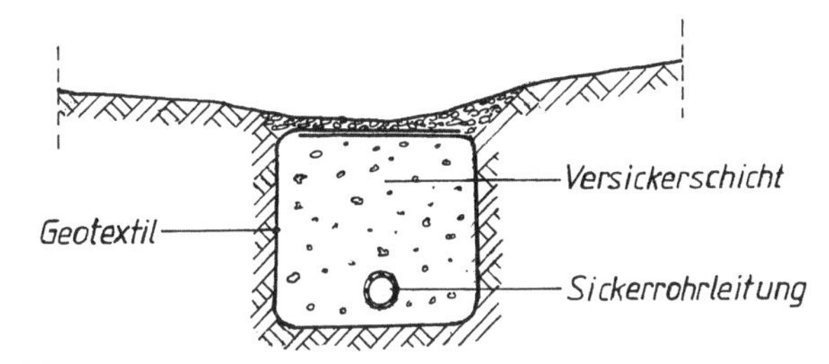

Bild 4

Die in der Rigole liegende Sickerrohrleitung wird bei einem Querschnitt von kleiner als 0,1 m² übermessen.

5.2.2 Bei Abrechnung nach Flächenmaß:

Aussparungen aufgrund von Einbauten und dergleichen über 1 m² Einzelgröße.

Bei der Abrechnung von Geokunststoffen, Geotextilien, Filter- und Dränschichten nach Flächenmaß werden Aussparungen von Einbauten mit einem Querschnitt von kleiner als 1 m² übermessen.

Eine entsprechende Bagatellregelung ist auch in anderen ATV zu finden, z. B. in der ATV DIN 18300 „Erdarbeiten" und in der ATV DIN 18318 „Verkehrswegebauarbeiten – Pflasterdecken und Plattenbeläge in ungebundener Ausführung, Einfassungen".

5.2.3 Bei Abrechnung nach Längenmaß:

Schächte mit einer Nennweite über 1 m.

Anschluss von Versickerungsleitungen an einen Reinigungsschacht

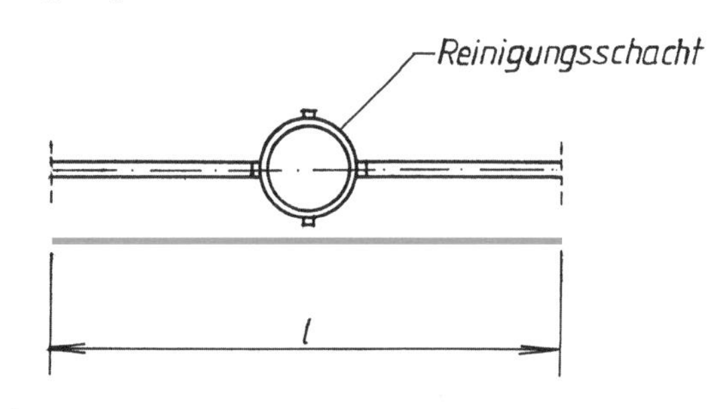

Bild 5

Weil der Querschnitt des Reinigungsschachtes kleiner als 1,0 m ist, wird der Schacht übermessen.

Einpressarbeiten – DIN 18309

Ausgabe September 2012

Geltungsbereich

Die ATV DIN 18309 „Einpressarbeiten" gilt für Injektionsarbeiten zum Dichten, Verfestigen, Verbessern von Boden, Fels und Bauwerken, zum Füllen von Hohlräumen und zum Verdrängen von Boden. Sie gilt auch für Verpressarbeiten bei Verpressankern, bei Bodennägeln, bei Bohrpfählen, bei Mikropfählen, bei Schlitzwänden und bei Verdrängungspfählen.

Die ATV DIN 18309 gilt nicht für

- das Auspressen von Spannkanälen im konstruktiven Ingenieurbau (siehe ATV DIN 18331 „Betonarbeiten"),
- die Bohrarbeiten für die Einpressarbeiten (siehe ATV DIN 18301 „Bohrarbeiten"),
- die Ausführung von Düsenstrahlarbeiten (siehe ATV DIN 18321 „Düsenstrahlarbeiten"),
- das Füllen von Rissen und Hohlräumen in Beton (siehe ATV DIN 18349 „Betonerhaltungsarbeiten").

Ergänzend gilt die ATV DIN 18299 „Allgemeine Regelungen für Bauarbeiten jeder Art", Abschnitte 1 bis 5. Bei Widersprüchen gehen die Regelungen der ATV DIN 18309 vor.

0.5 Abrechnungseinheiten

Im Leistungsverzeichnis sind die Abrechnungseinheiten, ggf. unter Berücksichtigung von Abrechnungsregeln, wie folgt vorzusehen:

- *Einpressen je Pumpe nach Einpresszeit (h),*
- *Vorhalten von Geräten und Personal bei Stillstandszeiten nach Zeit (h, d),*
- *Liefern von Feststoffen zur Herstellung von Einpressstoff nach Masse (kg), getrennt nach Arten,*
- *Liefern von Lösungen und flüssigen Zusätzen nach Raummaß (l), getrennt nach Arten,*
- *Aufbereiten, Mischen von Einpressstoff nach Masse (kg) oder Raummaß (l), getrennt nach Arten,*
- *Einführen von Packern in ein Rohr- oder Bohrloch nach Anzahl (Stück),*
- *Versetzen von Packern innerhalb eines Rohres oder dem Bohrloch von Verpressstelle zu Verpressstelle nach Anzahl (Stück),*
- *Anschluss der Leitungen an ein Einpressrohr nach Anzahl (Stück),*
- *Entnahme von Proben und Durchführung von Prüfungen nach Anzahl (Stück), getrennt nach Prüfverfahren,*
- *Injizieren des Bodens bei Abdichtungs- und Verfestigungsarbeiten nach Raummaß (m^3),*
- *Beseitigen des Überprofils nach Sichtfläche (m^2) oder Raummaß (m^3),*
- *Verpressen und Verfüllen von Verpressankern, Bodennägeln, Mikropfählen nach Anzahl (Stück) oder Länge (m), getrennt nach Arten und Maßen,*
- *Verpressen, getrennt nach Vor-, Erst- und Nachverpressen, sowie Verfüllen bei Bohrpfählen, Verdrängungspfählen und Schlitzwänden, nach Masse (kg) des Verpressstoffes oder Anzahl (Stück), je Bauteil oder Verpressstelle,*
- *Einpressungen nach Raummaß (l) oder Masse (kg) des Einpressstoffes,*
- *Freispülen und Verfüllen von Bohrlöchern und Rohren nach Längen (m), getrennt nach Arten und Maßen.*

5 Abrechnung

Ergänzend zur ATV DIN 18299, Abschnitt 5, gilt:

5.1 Allgemeines

Der Ermittlung der Leistung – gleichgültig, ob sie nach Zeichnung oder nach Aufmaß erfolgt – sind die Maße, Zeit und Mengen der Einpressungen zugrunde zu legen.

5.2 Ermittlung der Maße, Zeit und Mengen

5.2.1 Die Einpresszeit je Pumpe beginnt, wenn ein Durchfluss oder ein Druckanstieg gemessen wird. Sie endet bei Erreichen des vereinbarten Enddruckes, der vereinbarten Einpressmenge oder anderen vereinbarten Abbruchkriterien.

5.2.2 Die Einpressmenge wird nach verpresster Menge (kg oder l) abgerechnet.

5.2.3 Das theoretische Bohrlochvolumen wird ermittelt aus dem Außendurchmesser der Bohrkrone und der verfüllten Bohrlochlänge. Das Volumen von eingebauten Teilen wird nicht abgezogen.

5.3 Abzugs- und Übermessungsregeln

Unterbrechungen des Einpressens, die zum Beseitigen von Störungen oder Verstopfungen nötig waren, werden bis zur Dauer von jeweils 15 min bei der Berechnung der Einpresszeit je Pumpe nicht abgezogen. Darüber hinausgehende Unterbrechungen, sofern diese vom Auftragnehmer zu vertreten sind, werden nicht berücksichtigt.

Erläuterungen

(1) Die ATV DIN 18309 „Einpressarbeiten", Ausgabe 2012, wurde zur Anpassung an die Entwicklung des Baugeschehens fachtechnisch überarbeitet; die Normenverweise wurden aktualisiert.

(2) Im Geltungsbereich erfolgten Klarstellungen zu Verpressarbeiten bei Verpressankern, bei Bodennägeln, bei Bohrpfählen, bei Mikropfählen, bei Schlitzwänden und bei Verdrängungspfählen sowie Erweiterungen, z. B. Verbessern von Boden, Fels und Bauwerken sowie zum Verdrängen von Boden.

(3) Abschnitt 0.5 „Abrechnungseinheiten" wurde in fast allen Spiegelstrichen fachlich überarbeitet und erweitert.

(4) Der Abschnitt 5 „Abrechnung" wurde an eine neue einheitlich abgestimmte Struktur, die künftig in allen ATV übernommen werden soll, angepasst. Neu aufgenommen wurden Rechenregelungen zum theoretischen Bohrvolumen. Nach Abschnitt 4.1.5 werden dem Auftragnehmer Verfüll- und Verpressmengen bis zum 1,7-fachen des theoretischen Bohrlochvolumens nicht gesondert vergütet (Nebenleistung).

5 Abrechnung

Ergänzend zur ATV DIN 18299, Abschnitt 5, gilt:

Siehe Kommentierung zu Abschnitt 5 der ATV DIN 18299 „Allgemeine Regelungen für Bauarbeiten jeder Art".

Die Leistungen bei Einpressarbeiten werden regelmäßig nicht nach Zeichnungen abgerechnet, sondern sind nach Maß bzw. Zeit an Ort und Stelle aufzumessen bzw. nachzuweisen.

5.1 Allgemeines

Der Ermittlung der Leistung – gleichgültig, ob sie nach Zeichnung oder nach Aufmaß erfolgt – sind die Maße, Zeit und Mengen der Einpressungen zugrunde zu legen.

5.2 Ermittlung der Maße, Zeit und Mengen

5.2.1 Die Einpresszeit je Pumpe beginnt, wenn ein Durchfluss oder ein Druckanstieg gemessen wird. Sie endet bei Erreichen des vereinbarten Enddruckes, der vereinbarten Einpressmenge oder anderen vereinbarten Abbruchkriterien.

5.2.2 Die Einpressmenge wird nach verpresster Menge (kg oder l) abgerechnet.

Der Auftragnehmer hat nach der ATV als Leistung jeden Einpressvorgang nach Datum und bei Injektionen auch nach Uhrzeit (Beginn, Ende) zu dokumentieren, soweit nichts anderes in den Vertragsunterlagen vereinbart ist.

Weiterhin hat er für jeden Einpressvorgang den zeitlichen Verlauf des Drucks und die eingepresste Menge durch eine automatische Aufzeichnung (Datenerfassung) zu erfassen.

Diese Aufzeichnungen dienen neben der Qualitätssicherung bei einer Abrechnung der Leistung nach Zeit oder eingepresster Menge auch als Abrechnungsgrundlage (Aufmaß).

5.2.3 Das theoretische Bohrlochvolumen wird ermittelt aus dem Außendurchmesser der Bohrkrone und der verfüllten Bohrlochlänge. Das Volumen von eingebauten Teilen wird nicht abgezogen.

Das theoretische Bohrlochvolumen ergibt sich aus der Fläche des Außendurchmessers (d) der Bohrkrone multipliziert mit der verpressten Länge (l), z. B. bei Verpressanker die Verpresskörperlänge, bei Injektionen der Abstand der Packer. Das Volumen eingebauter Teile, z. B. Ankerzugglieder, Hüllrohre, bleibt unberücksichtigt.

5.3 Abzugs- und Übermessungsregeln

Unterbrechungen des Einpressens, die zum Beseitigen von Störungen oder Verstopfungen nötig waren, werden bis zur Dauer von jeweils 15 min bei der Berechnung der Einpresszeit je Pumpe nicht abgezogen. Darüber hinausgehende Unterbrechungen, sofern diese vom Auftragnehmer zu vertreten sind, werden nicht berücksichtigt.

Jede Unterbrechung des Einpressens, egal wer diese zu vertreten hat, wird bis zu einer Dauer von 15 Minuten bei der Berechnung der Einpresszeit je Pumpe nicht abgezogen.

Nassbaggerarbeiten – DIN 18311

Ausgabe September 2012

Geltungsbereich

Die ATV DIN 18311 „Nassbaggerarbeiten" gilt für das Lösen von Boden und Fels unter Wasser, einschließlich Laden, Fördern und Ablagern des gelösten Bodens und Fels unter und über Wasser. Sie gilt auch für das Lösen von Boden und Fels über Wasser im Uferbereich, wenn diese Arbeiten im Zusammenhang mit dem Lösen von Boden und Fels unter Wasser ausgeführt werden.

Die ATV DIN 18311 gilt nicht für

- Erdarbeiten an Land (siehe ATV DIN 18300 „Erdarbeiten"),
- Herstellung von Dränungen im Landeskulturbau (siehe ATV DIN 18308 „Drän- und Versickerarbeiten"),
- Oberbodenarbeiten nach den Grundsätzen des Landschaftsbaus (siehe ATV DIN 18320 „Landschaftsbauarbeiten").

Ergänzend gilt die ATV DIN 18299 „Allgemeine Regelungen für Bauarbeiten jeder Art", Abschnitte 1 bis 5. Bei Widersprüchen gehen die Regelungen der ATV DIN 18311 vor.

0.5 Abrechnungseinheiten

Im Leistungsverzeichnis sind die Abrechnungseinheiten wie folgt vorzusehen:

- *Abtrag, Auftrag nach Raummaß (m^3), nach Flächenmaß (m^2) oder nach Masse (t), gestaffelt nach der Länge der Förderwege,*
- *Fördern nach Raummaß (m^3) oder Masse (t), gestaffelt nach der Länge der Förderwege,*
- *Beseitigen von Hindernissen nach Masse (t), nach Anzahl (Stück) oder Raummaß (m^3),*
- *Beseitigen einzelner Bäume nach Anzahl (Stück),*
- *Beseitigen einzelner Steine und Blöcke nach Anzahl (Stück) oder Raummaß (m^3).*

5 Abrechnung

Ergänzend zur ATV DIN 18299, Abschnitt 5, gilt:

5.1 Das Aufmaß ist im Abtrag zu nehmen.

5.2 Bei der Mengenermittlung sind die üblichen Näherungsverfahren zulässig.

5.3 Als Länge des Förderweges gilt die kürzeste zumutbare Strecke vom Mittelpunkt der Fläche eines Baggerabschnittes zum Mittelpunkt der Ablagerungsfläche.

5.4 Beim Aufmaß im Auftrag sind Setzungen des Untergrundes zu berücksichtigen; etwaige Spülverluste bleiben unberücksichtigt.

5.5 Ist nach Masse abzurechnen, so ist diese durch Wiegen, bei Schiffsladungen durch Schiffseiche, festzustellen.

5.6 Bei Abrechnung nach Masse wird die Abladung nach Schiffseiche vor und nach der Beladung ermittelt. Bei unten nicht dicht geschlossenem Laderaum, z.B. bei Klappschuten, ist der Auftrieb, bei unten geschlossenen Laderäumen, z.B. bei Spülschuten, ist der Wasseranteil zu berücksichtigen.

5.7 Bei der Mengenermittlung nach Laderaummaß wird die gemittelte Füllhöhe des Laderaumes nach üblichen Verfahren bestimmt und die Laderaumfüllung aus der amtlich bescheinigten Füllskala errechnet. Sind auf Laderaumbaggern geeignete Laderaumanzeiger vorhanden, so können auch diese zur Leistungsermittlung verwendet werden.

Nach dem Entleeren von Schuten oder Laderaumbaggern im Schiffsgefäß verbleibende Reste von Baggergut werden aufgemessen und in Abzug gebracht.

5.8 Laderaumbagger und Schuten sowie deren Laderäume müssen amtlich vermessen sein.

Erläuterungen

Die ATV DIN 18311 „Nassbaggerarbeiten", Ausgabe September 2012, wurde redaktionell überarbeitet; die Normenverweise wurden aktualisiert.

Für die Abrechnung haben sich gegenüber der bisherigen Ausgabe keine Änderungen ergeben.

5 Abrechnung

Ergänzend zur ATV DIN 18299, Abschnitt 5, gilt:

Siehe Kommentierung zu Abschnitt 5 der ATV DIN 18299 „Allgemeine Regelungen für Bauarbeiten jeder Art".

5.1 Das Aufmaß ist im Abtrag zu nehmen.

Die Mengenermittlung (m³) nach Lageplänen sowie Profilen und Tiefenkarten wird auf der Grundlage von Peilungen vor Beginn und nach Abschluss der Baggerarbeiten durchgeführt.

Wenn die auszubaggernden Mengen in der Leistungsbeschreibung, z. B. durch Profile, festgelegt sind, so werden Überschreitungen beim Aufmaß nicht berücksichtigt.

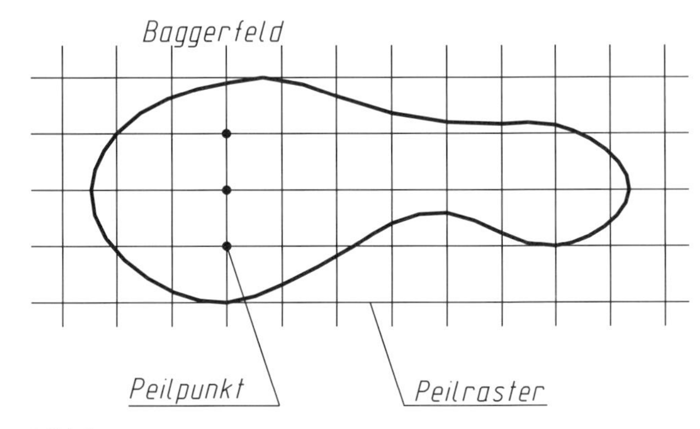

Bild 1

Dabei sind, je nach Festlegung in der Leistungsbeschreibung, drei Fälle zu unterscheiden:

Fall 1: Abrechnung nach Abtrags-Istprofilen

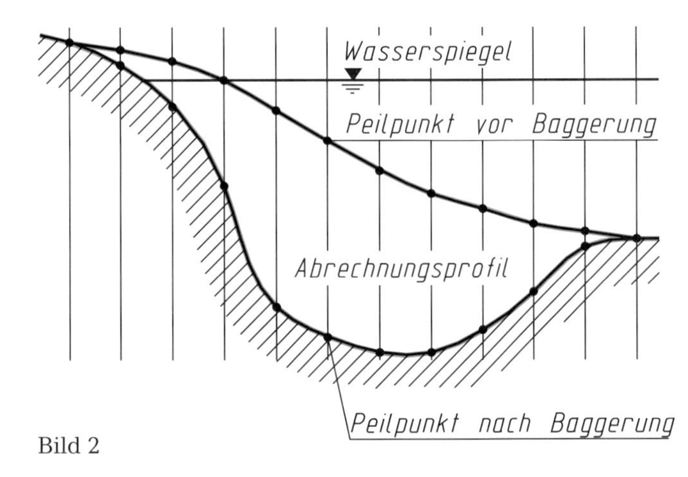

Bild 2

Das Abrechnungsprofil ergibt sich aus den Peilpunkten vor und nach der Baggerung.

Fall 2: Abrechnung nach Abtrags-Sollprofilen

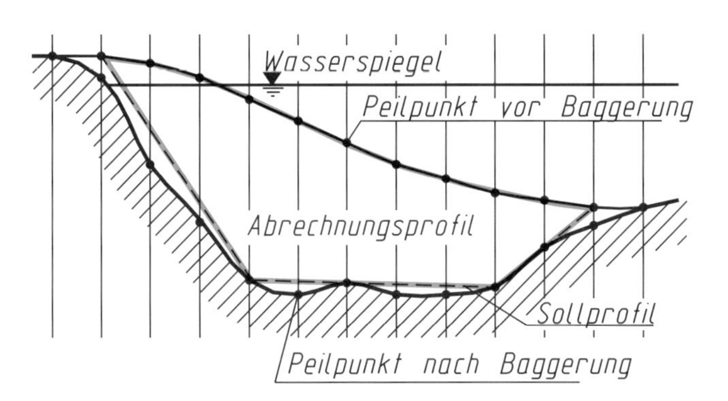

Bild 3

Das Abrechnungsprofil ergibt sich aus den Peilpunkten vor der Baggerung und dem Sollprofil.

Fall 3: Abrechnung nach Abtragsprofilen innerhalb einer Toleranz

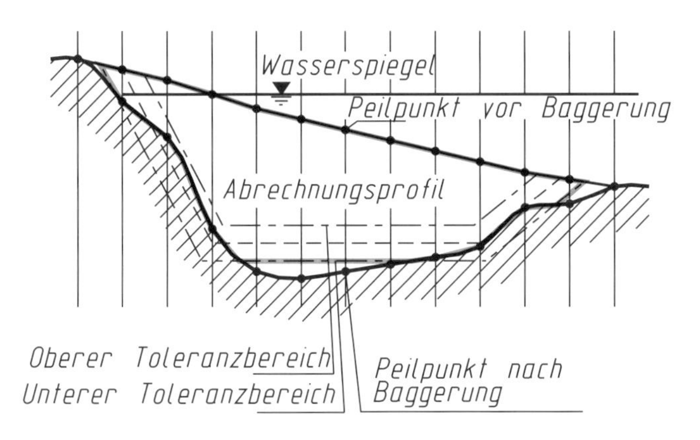

Bild 4

Das Abrechnungsprofil ergibt sich aus den Peilpunkten vor und nach der Baggerung unter Berücksichtigung des Toleranzbereiches.

5.2 Bei der Mengenermittlung sind die üblichen Näherungsverfahren zulässig.

Die Abrechnung erfolgt grundsätzlich nach der Profilmengenberechnung.

5.3 Als Länge des Förderweges gilt die kürzeste zumutbare Strecke vom Mittelpunkt der Fläche eines Baggerabschnittes zum Mittelpunkt der Ablagerungsfläche.

„Zumutbar" ist die kürzeste Strecke, die vom Baggerabschnitt (Baggerfeld, Baggerstelle) bis zur Ablagerungsstelle mit den für den Einsatz vorgesehenen Schiffen (Schuten, Laderaumbagger) befahrbar ist. Umwege wegen zu geringer Wassertiefe werden dabei berücksichtigt.

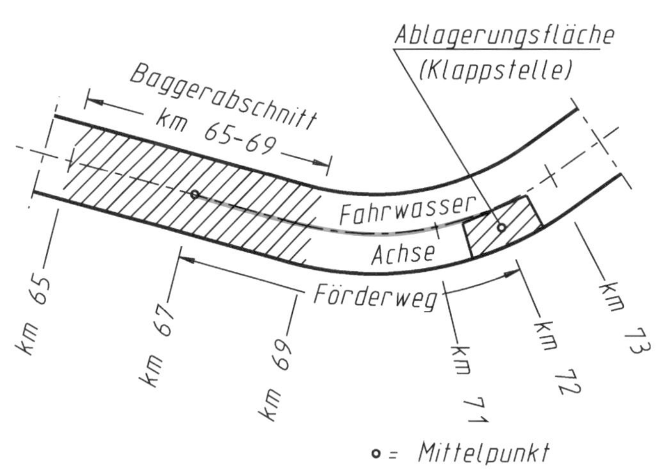

Bild 5

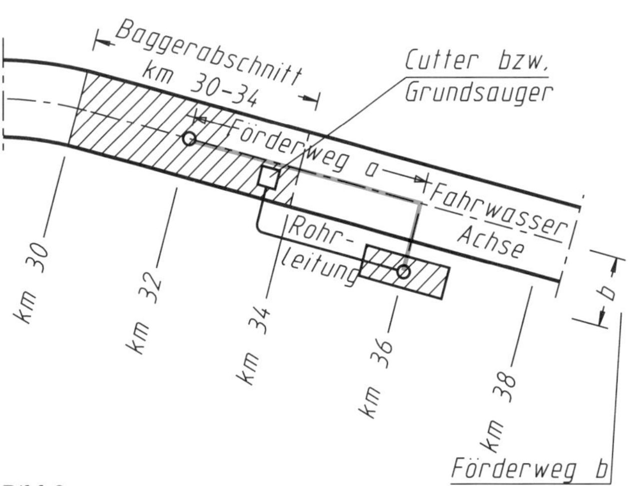

Bild 6

Gesamtförderstrecke = $a + b$.

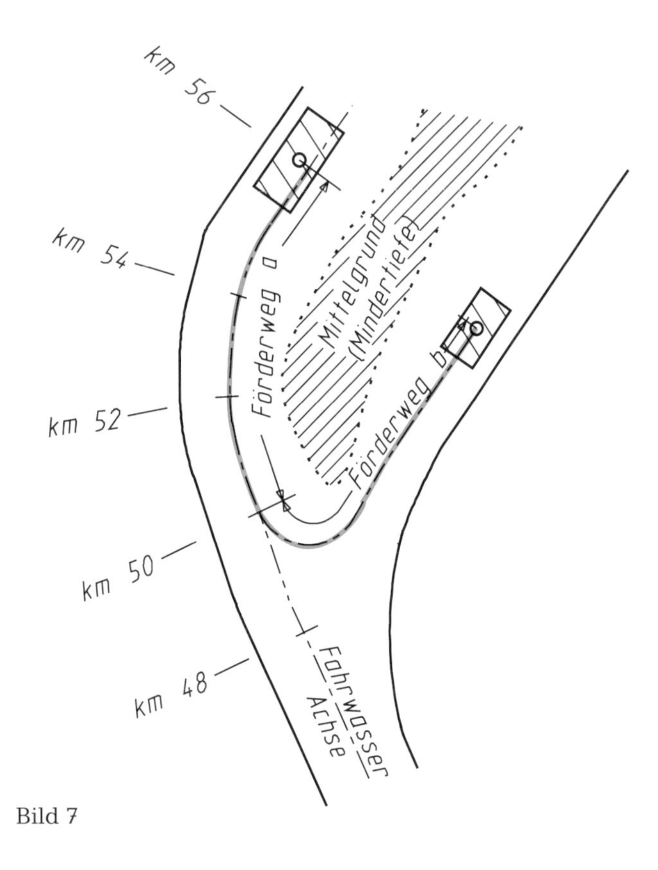

Bild 7

5.4 Beim Aufmaß im Auftrag sind Setzungen des Untergrundes zu berücksichtigen; etwaige Spülverluste bleiben unberücksichtigt.

Spülverluste entstehen, wenn der abgelagerte Boden infolge des Wasserverlustes (Ausbluten) an Volumen verliert sowie durch die Rückführung des Spülwassers. Für die Abrechnung maßgebend ist der verbleibende Boden auf der Ablagerungsfläche (Spülfeld).

Für die Abrechnung nach Spülfeldaufmaß sind, soweit erforderlich, Setzungspegel in einem Raster aufzustellen, mindestens jedoch zwei Stück je Spülfeld. Der Zeitpunkt des Aufmaßes ist abhängig von der Setzungsdauer.

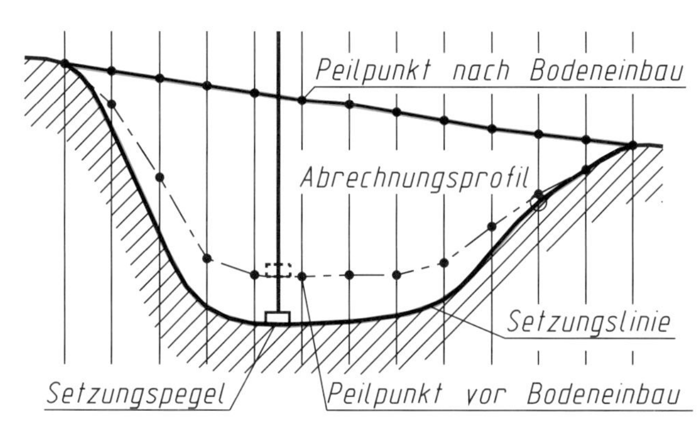

Bild 8

5.5 Ist nach Masse abzurechnen, so ist diese durch Wiegen, bei Schiffsladungen durch Schiffseiche, festzustellen.

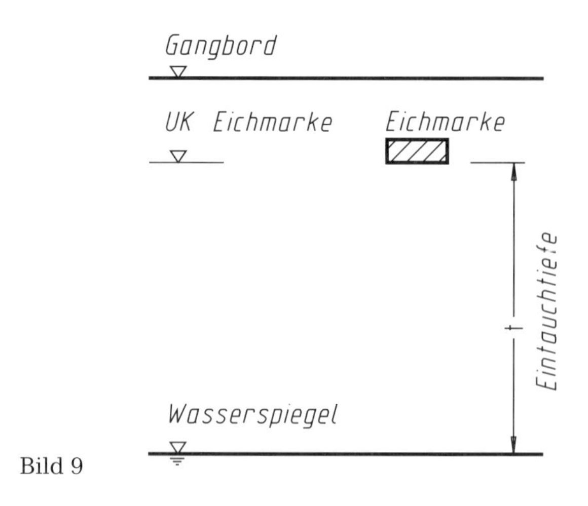

Bild 9

5.6 Bei Abrechnung nach Masse wird die Abladung nach Schiffseiche vor und nach der Beladung ermittelt. Bei unten nicht dicht geschlossenem Laderaum, z.B. bei Klappschuten, ist der Auftrieb, bei unten geschlossenen Laderäumen, z.B. bei Spülschuten, ist der Wasseranteil zu berücksichtigen.

Werden ausnahmsweise Fahrzeuge ohne Füllskala oder Beladungsanzeiger eingesetzt, so muss der Umfang des Laderaumes aufgemessen werden.

Nach dem Entladen von Schuten oder Laderaumbaggern verbleibende Reste werden vom Aufmaß der Ladung in Abzug gebracht.

5.7 Bei der Mengenermittlung nach Laderaummaß wird die gemittelte Füllhöhe des Laderaumes nach üblichen Verfahren bestimmt und die Laderaumfüllung aus der amtlich bescheinigten Füllskala errechnet. Sind auf Laderaumbaggern geeignete Laderaumanzeiger vorhanden, so können auch diese zur Leistungsermittlung verwendet werden. Nach dem Entleeren von Schuten oder Laderaumbaggern im Schiffsgefäß verbleibende Reste von Baggergut werden aufgemessen und in Abzug gebracht.

Befindet sich ein Teil oder die ganze Ladung in Suspension mit einem Feststoffanteil von > 10 Vol.-%, so wird bei der Mengenermittlung der in Suspension befindliche Ladungsanteil berücksichtigt.

Das Suspensionsvolumen V_{susp} ergibt sich aus dem theoretischen Laderaumvolumen V_{Lader} abzüglich der festen Ladung V_A (durch Lotaufmaß ermittelt).

Die Feststoffmenge in der Suspension (Suspensionsanteil) V_B wird aus dem Suspensionsvolumen (m³) und dem Feststoffanteil der Suspension (%) ermittelt.

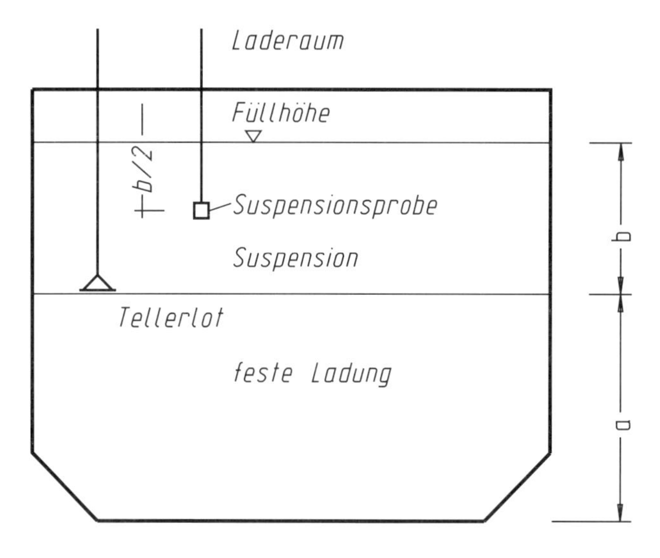

Bild 10

$$V_{susp} = V_{Lader} - V_A.$$

$$V_B = V_{susp} \cdot \textit{Feststoffanteil}\ (\%).$$

$$\text{Abrechnungsmenge} = V_A + V_B.$$

Der Feststoffanteil entspricht dem Absetzverhalten von Suspensionsproben über einen bestimmten Zeitraum (z. B. 16 Tage).

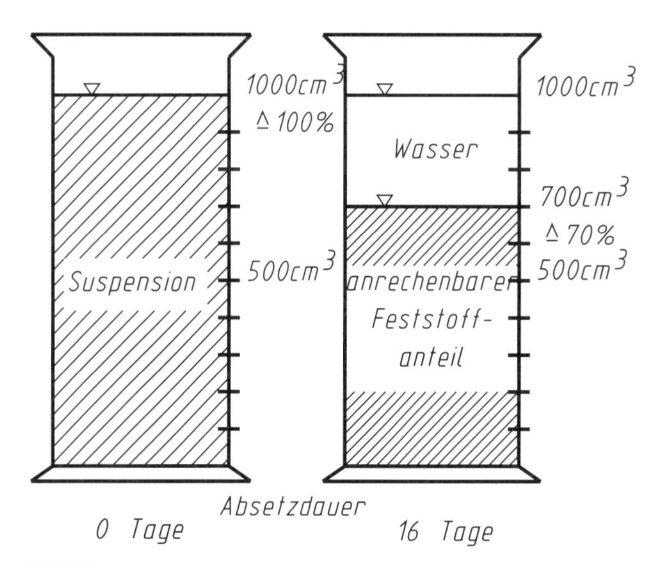

Bild 11

Alternativ kann die Feststoffmenge der Suspension durch Umrechnung auf ein anrechenbares Raumgewicht bestimmt werden.

5.8 Laderaumbagger und Schuten sowie deren Laderäume müssen amtlich vermessen sein.

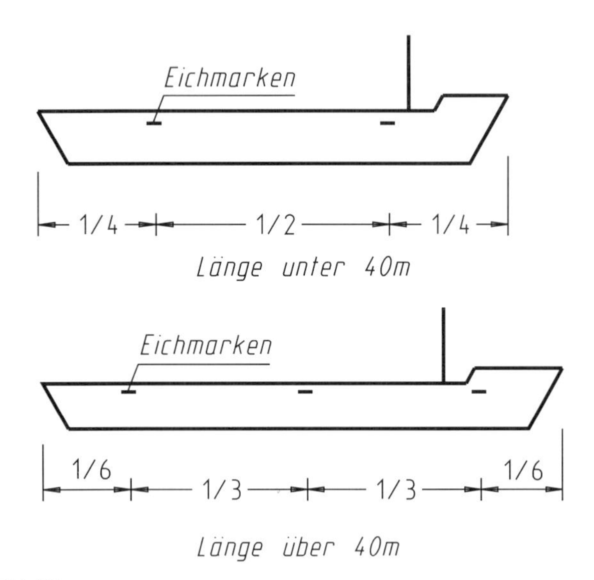

Bild 12

Untertagebauarbeiten – DIN 18312

Ausgabe September 2012

Geltungsbereich

Die ATV DIN 18312 „Untertagebauarbeiten" gilt für das Herstellen unterirdischer Hohlräume in Boden und Fels in geschlossener Bauweise wie Stollen, Tunnel, Kavernen, Schächte und dergleichen, die nicht unmittelbar zur Gewinnung von Bodenschätzen dienen.

Das Herstellen (Vortrieb) unterirdischer Hohlräume umfasst den Ausbruch (Lösen, Laden und Fördern von Boden und Fels unter Tage) und die Sicherung des Hohlraumes.

Die ATV DIN 18312 gilt auch dann für Sicherungsarbeiten, wenn diese gleichzeitig der Auskleidung (endgültiges Tragwerk) dienen.

Die ATV DIN 18312 gilt nicht für

- Brunnenbauarbeiten (siehe ATV DIN 18302 „Arbeiten zum Ausbau von Bohrungen"),
- Verbauarbeiten außerhalb der unterirdischen Hohlräume (siehe ATV DIN 18303 „Verbauarbeiten") sowie
- Rohrvortriebsarbeiten (siehe ATV DIN 18319 „Rohrvortriebsarbeiten").

Die ATV DIN 18312 gilt auch nicht für

- Erdarbeiten (siehe ATV DIN 18300 „Erdarbeiten"),
- Wasserhaltungsarbeiten (siehe ATV DIN 18305 „Wasserhaltungsarbeiten"),
- Einpressarbeiten (siehe ATV DIN 18309 „Einpressarbeiten"),
- Spritzbetonarbeiten (siehe ATV DIN 18314 „Spritzbetonarbeiten") sowie
- Beton- und Stahlbetonarbeiten (siehe ATV DIN 18331 „Betonarbeiten"),

soweit nicht in der ATV DIN 18312 dafür Regelungen enthalten sind.

Ergänzend gilt die ATV DIN 18299 „Allgemeine Regelungen für Bauarbeiten jeder Art", Abschnitte 1 bis 5. Bei Widersprüchen gehen die Regelungen der ATV DIN 18312 vor.

0.5 Abrechnungseinheiten

Im Leistungsverzeichnis sind die Abrechnungseinheiten wie folgt vorzusehen:

- *Ausbruch nach Raummaß (m^3) oder Längenmaß (m), getrennt nach Vortriebsklassen,*
- *Aufwendungen für das Fassen und Ableiten beim Ausbruch von Bergwasser über die Grenzwassermenge hinaus nach Raummaß (m^3) oder Längenmaß (m), gestaffelt nach Wassermengen,*
- *Beseitigen von Hindernissen nach Raummaß (m^3) oder Anzahl (Stück),*
- *Beseitigen von Wasser nach Raummaß (l, m^3),*
- *Sichern mit Beton nach Flächenmaß (m^2),*
- *Verfüllen von Hohlräumen nach Raummaß (l, m^3),*
- *Maschendraht, Betonstahlmatten, Verzugs- oder Getriebedielen nach Flächenmaß (m^2), nach Masse (kg, t) oder Anzahl (Stück),*
- *Gitterträger und Streckenbögen nach Masse (kg, t) oder Anzahl (Stück),*
- *Felsnägel und Anker nach Anzahl (Stück), getrennt nach Arten und Größen,*
- *Tübbingausbau nach Längenmaß (m) oder Tübbingringe nach Anzahl (Stück).*

5 Abrechnung

Ergänzend zur ATV DIN 18299, Abschnitt 5, gilt:

5.1 Allgemeines

5.1.1 Bei der Mengenermittlung sind die üblichen Näherungsverfahren zulässig.

5.1.2 Bei Abrechnung nach Masse wird die Masse durch Berechnen ermittelt. Dabei ist die errechnete Masse maßgebend, bei genormten Profilen gelten die Angaben in den DIN-Normen, bei anderen Profilen die Angaben im Profilbuch des Herstellers.

5.2 Wasserableitung

Die abzurechnende Wassermenge wird ermittelt aus der aus dem Hohlraum abgeführten Wassermenge abzüglich der zugeführten Brauchwassermenge.

5.3 Ausbruch

5.3.1 Die Ausbruchmengen sind nach theoretischem Ausbruchquerschnitt und Achslänge, getrennt nach Vortriebsklassen, zu ermitteln. Das Ausbruchsollprofil (L_{AS}-Linie) ist die Summe aus innerer Tragwerksbegrenzung (L_{TW}-Linie), Bautoleranz der Innenschale (t_b), planmäßiger Dicke der Innenschale (d_i), Deformationstoleranz der Außenschale (t_d), Dicke der Ankerköpfe und Abdichtung (d_{ak}), planmäßige Dicke der Außenschale (d_a), Innentoleranz (t_i) sowie Überhöhung ($ü$) zum Ausgleich nicht vermeidbarer Verformungen in Problemzonen.

Der Mehrausbruch zwischen dem Ausbruchsollprofil (L_{AS}-Linie) und der äußeren Ausbruchtoleranz (L_A-Linie) sowie vermeidbarer Mehrausbruch bleiben unberücksichtigt. Die äußere Ausbruchtoleranz (L_A-Linie) wird errechnet aus Ausbruchsollprofil (L_{AS}-Linie) und Außentoleranz (t_a).

5.3.2 Mehrausbruch nach Abschnitt 3.3.4 wird durch Aufmaß des entstandenen Hohlraums ermittelt.

5.3.3 Bei Abzweigungen und Durchdringungen wird der abzweigende oder durchdringende Hohlraum mit vollem Profilquerschnitt bis zum theoretischen Schnittpunkt der Längsachsen durchgerechnet.

5.3.4 Hohlräume im Gebirge, die innerhalb des Ausbruchsollprofils liegen, werden bei der Ermittlung der Ausbruchmengen übermessen, z. B. bei vorhandenem Probestollen.

5.4 Sicherung

5.4.1 Die Fläche der Sicherung aus Beton ist über die Abwicklung der Innenfläche, die so genannte Innenleibung, aus dem Ausbruchsollprofil unter Berücksichtigung der festgelegten, theoretischen Dicke der Sicherung zu ermitteln. Aussparungen, z. B. Öffnungen, Nischen, bis 1 m^2 Einzelgröße werden übermessen.

5.4.2 Die Flächen von Maschendraht, Betonstahlmatten, Verzugs- und Getriebedielen werden nach den Sollmaßen der bedeckten Flächen ohne Berücksichtigung von Überlappungen, Sicken, Rippen, Aufbiegungen und dergleichen ermittelt.

5.4.3 Bei der Ermittlung der Masse von Gitterträgern und Stahlbögen werden Verbindungselemente, Fußplatten, Längsaussteifungen und Überlappungen nicht berücksichtigt.

5.4.4 Die Länge der Sicherung mit Tübbings wird in Bauwerkslängsachse ermittelt.

5.5 Verfüllung

Die Verfüllung von beim Ausbruch angetroffenen Hohlräumen wird durch Aufmaß der zu verfüllenden Anteile dieser Hohlräume ermittelt. Dabei anzulegende Aussparungen, z. B. Öffnungen, Nischen, bis 0,25 m^3 Einzelgröße werden übermessen.

Erläuterungen

Die ATV DIN 18312 „Untertagebauarbeiten", Ausgabe September 2012, wurde redaktionell überarbeitet; die Normenverweise wurden aktualisiert.

Für die Abrechnung haben sich gegenüber der bisherigen Ausgabe keine Änderungen ergeben.

Darstellung der Schalendicken, der Toleranzen und des Mehrausbruchs (Bild 1 der ATV DIN 18312)

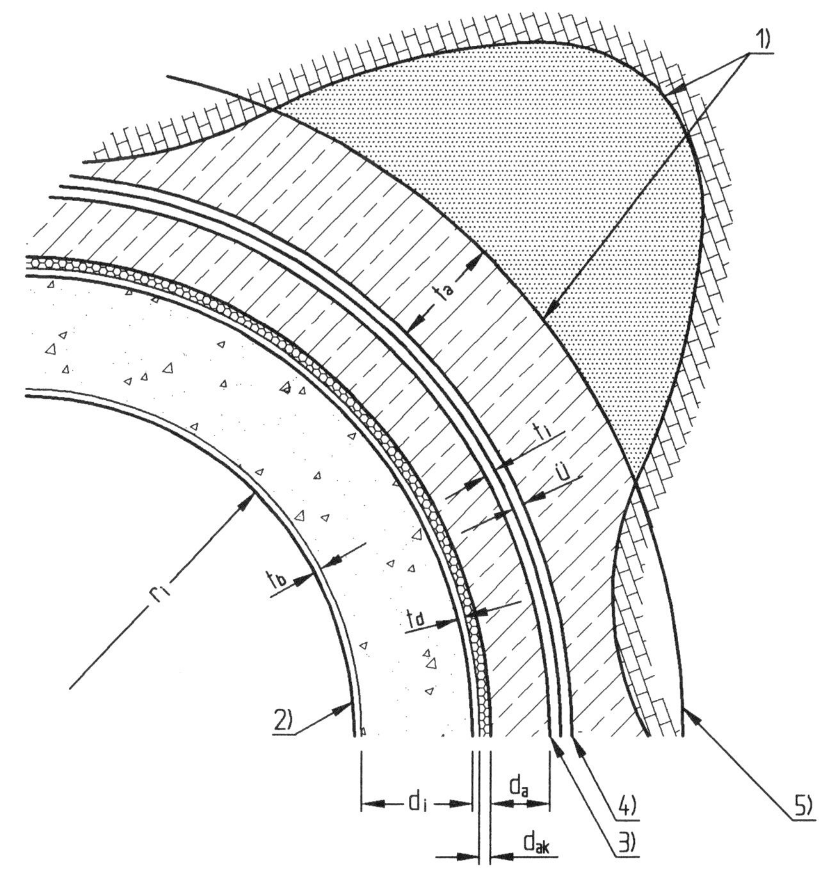

r_i Planmäßiger Radius der inneren Tragwerksbegrenzung
d_i Planmäßige Dicke der Innenschale
d_{ak} Dicke der Ankerköpfe und der Abdichtung
d_a Planmäßige Dicke der Außenschale
t_b Bautoleranz der Innenschale
t_d Deformationstoleranz der Außenschale
t_i Innentoleranz
t_a Außentoleranz
$ü$ Überhöhung zum Ausgleich nicht vermeidbarer Verformungen in Problemzonen

$L_{AS} = L_{TW} + t_b + d_i + t_d + d_{ak} + d_a + t_i + ü$
$L_I = L_{AS} - t_i - ü$
$L_A = L_{AS} + t_a$

1) Grenzlinien des geologisch bedingten, unvorhersehbaren, unvermeidbaren Mehrausbruchs
2) L_{TW}-Linie (innere Tragwerksbegrenzungslinie)
3) L_I-Linie
4) L_{AS}-Linie (Ausbruchsollprofil)
5) L_A-Linie (äußere Ausbruchtoleranz)

5 Abrechnung

Ergänzend zur ATV DIN 18299, Abschnitt 5, gilt:

Siehe Kommentierung zu Abschnitt 5 der ATV DIN 18299 „Allgemeine Regelungen für Bauarbeiten jeder Art".

5.1 Allgemeines

Regelprofile – Beispiele

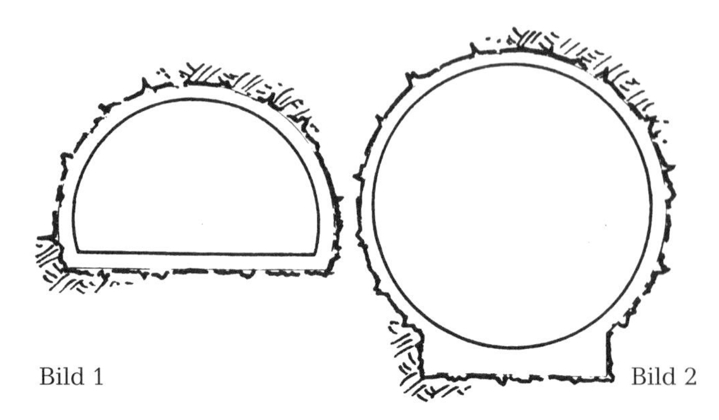

Bild 1 Bild 2

5.1.1 Bei der Mengenermittlung sind die üblichen Näherungsverfahren zulässig.

Üblich sind die Näherungsverfahren nur bei der Ausbruch-Ermittlung; hier ist sinngemäß wie bei der ATV DIN 18300 „Erdarbeiten" zu verfahren.

5.1.2 Bei Abrechnung nach Masse wird die Masse durch Berechnen ermittelt. Dabei ist die errechnete Masse maßgebend, bei genormten Profilen gelten die Angaben in den DIN-Normen, bei anderen Profilen die Angaben im Profilbuch des Herstellers.

Eine Abrechnung nach Masse kommt im Allgemeinen nur in Betracht für die Bewehrung (Betonstahlmatten) der Betonsicherung, der Gitterträger und der Streckenbögen.

Bei der Bewehrung sind Zubehörteile sowie Walztoleranzen und Verschnitt sinngemäß wie bei ATV DIN 18331 abzurechnen.

5.2 Wasserableitung

Die abzurechnende Wassermenge wird ermittelt aus der aus dem Hohlraum abgeführten Wassermenge abzüglich der zugeführten Brauchwassermenge.

Bei dem abzurechnenden „Wasser" handelt es sich um „Berg"wasser, das mit den gleichen Einrichtungen abgeführt wird wie das zugeführte „Brauch"wasser des Auftragnehmers; deshalb muss eine Differenzrechnung angestellt werden.

5.3 Ausbruch

5.3.1 Die Ausbruchmengen sind nach theoretischem Ausbruchquerschnitt und Achslänge, getrennt nach Vortriebsklassen, zu ermitteln. Das Ausbruchsollprofil (L_{AS}-Linie) ist die Summe aus innerer Tragwerksbegrenzung (L_{TW}-Linie), Bautoleranz der Innenschale (t_b), planmäßiger Dicke der Innenschale (d_i), Deformationstoleranz der Außenschale (t_d), Dicke der Ankerköpfe und Abdichtung (d_{ak}), planmäßiger Dicke der Außenschale (d_a), Innentoleranz (t_i) sowie Überhöhung ($ü$) zum Ausgleich nicht vermeidbarer Verformungen in Problemzonen.

Der Mehrausbruch zwischen dem Ausbruchsollprofil (L_{AS}-Linie) und der äußeren Ausbruchtoleranz (L_A-Linie) sowie vermeidbarer Mehrausbruch bleiben unberücksichtigt. Die äußere Ausbruchtoleranz (L_A-Linie) wird errechnet aus Ausbruchsollprofil (L_{AS}-Linie) und Außentoleranz (t_a).

Ausbruchsollprofil

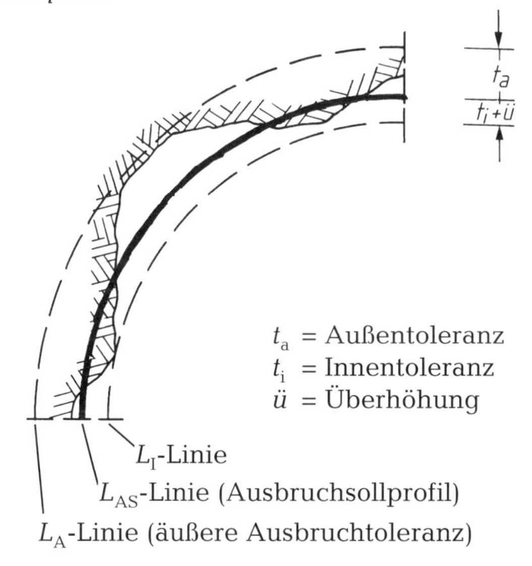

Bild 3

Maßgebend für die (theoretische) Ermittlung der Ausbruchmengen ist das „Ausbruchsollprofil" (L_{AS}-Linie).

5.3.2 Mehrausbruch nach Abschnitt 3.3.4 wird durch Aufmaß des entstandenen Hohlraums ermittelt.

Der „Mehrausbruch nach Abschnitt 3.3.4" ist der durch die geologischen Verhältnisse bedingte, nicht vermeidbare, die äußere Toleranz „t_a" (L_A-Linie) überschreitende Mehrausbruch; er wird gesondert vergütet.

Geologisch bedingter Mehrausbruch

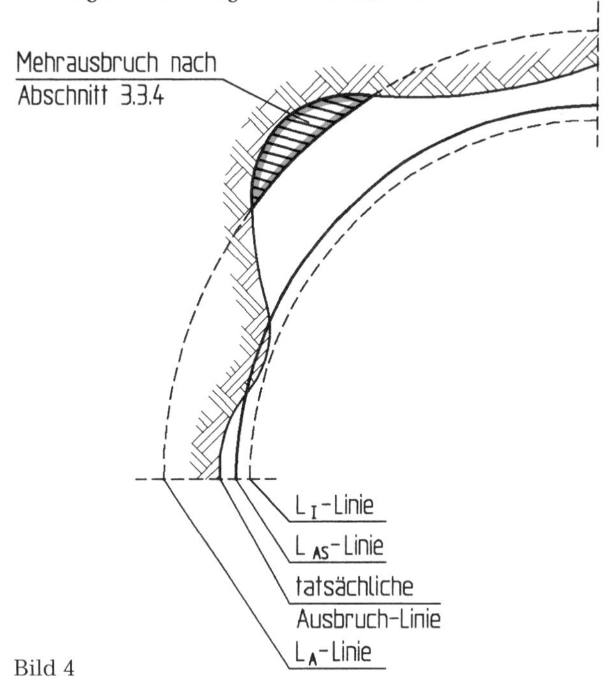

Bild 4

Zu dem „Mehrausbruch nach Abschnitt 3.3.4" zählt nicht der innerhalb der L_A-Linie und L_{AS}-Linie anfallende Mehrausbruch, unabhängig davon, ob er durch die Arbeitsweise des AN (= vermeidbarer Mehrausbruch) oder geologisch (= unvermeidbarer Mehrausbruch) bedingt ist.

5.3.3 Bei Abzweigungen und Durchdringungen wird der abzweigende oder durchdringende Hohlraum mit vollem Profilquerschnitt bis zum theoretischen Schnittpunkt der Längsachsen durchgerechnet.

Durchdringung von zwei gleich großen Tunneln

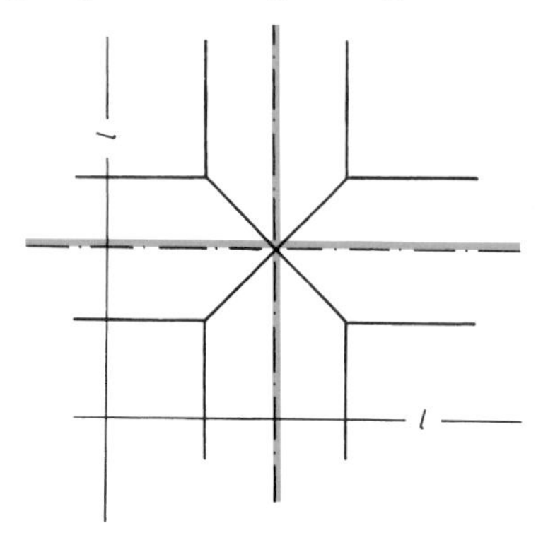

Bild 5

Einbindung eines kleineren Tunnels

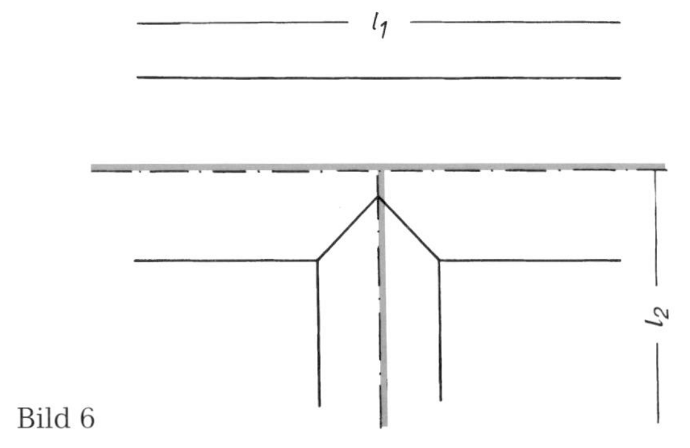

Bild 6

5.3.4 Hohlräume im Gebirge, die innerhalb des Ausbruchsollprofils liegen, werden bei der Ermittlung der Ausbruchmengen übermessen, z.B. bei vorhandenem Probestollen.

Hohlraum im Ausbruchprofil

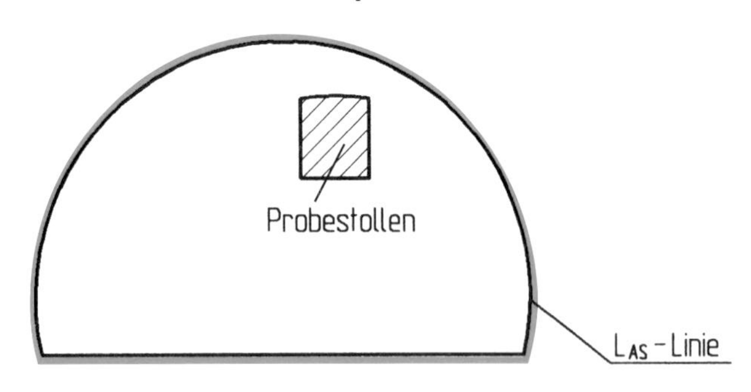

Bild 7

Die Regelung gilt für Hohlräume ohne Größenbegrenzung.

5.4 Sicherung

5.4.1 Die Fläche der Sicherung aus Beton ist über die Abwicklung der Innenfläche, die so genannte Innenleibung, aus dem Ausbruchsollprofil unter Berücksichtigung der festgelegten, theoretischen Dicke der Sicherung zu ermitteln. Aussparungen, z.B. Öffnungen, Nischen, bis 1 m² Einzelgröße werden übermessen.

Sicherung mit Ankern

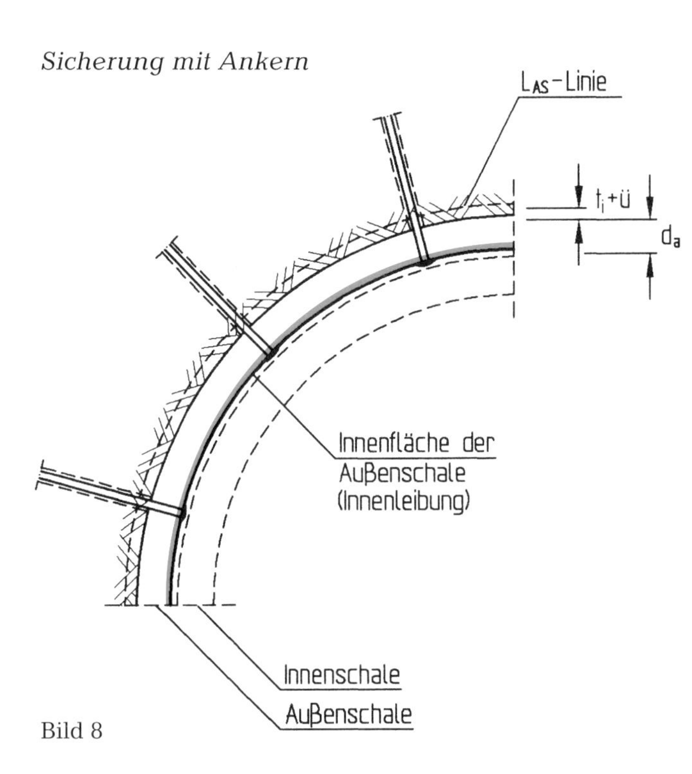

Bild 8

Aufmaß der Beton-Sicherung (= Außenschale) an der (theoretischen) Linie $L_{AS} - (t_i + ü) - d_a$.
d_{ak} und t_d bleiben unberücksichtigt.

Nische

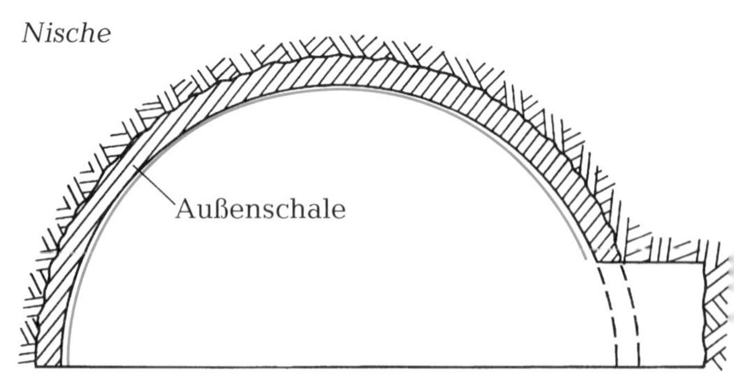

Bild 9

Nischenöffnung: *1,80 · 1,20 = 2,16 m²*
Da die Öffnung für die Nische größer als 1 m² ist, wird sie beim Aufmaß der Sicherung abgezogen.

5.4.2 Die Flächen von Maschendraht, Betonstahlmatten, Verzugs- und Getriebedielen werden nach den Sollmaßen der bedeckten Flächen ohne Berücksichtigung von Überlappungen, Sicken, Rippen, Aufbiegungen und dergleichen ermittelt.

Sicherung mit Stahlbögen (Längsschnitt)

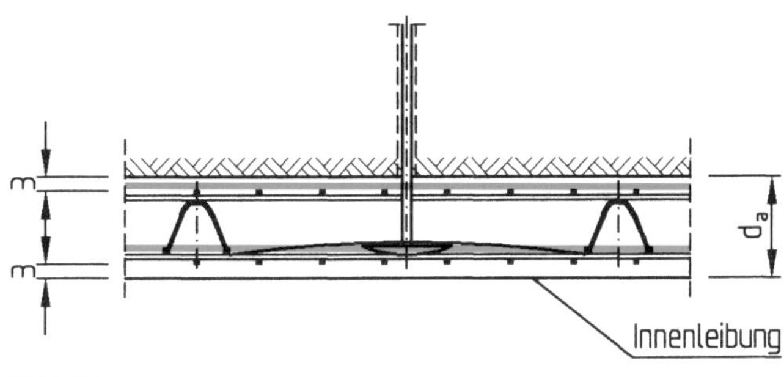

Bild 10

Arbeitsgänge bei Sicherung mit Stahlbögen und zweilagiger Bewehrung:

- 3 cm Spritzbeton
- 1. Lage Betonstahlmatten
- Stahlbögen
- Spritzbeton zwischen den Bögen
- Anker
- Spritzbeton im Ankerbereich
- 2. Lage Betonstahlmatten
- 3 cm Spritzbeton

Abrechnung der Bewehrung (m^2):

Jeweils bedeckte Flächen aus Linie im Querschnitt mal Sicherungslänge.

Linienmaße für die einzelnen Lagen:

- 1. Lage = *Innenleibung + d_a – 3 cm.*
- 2. Lage = *Innenleibung + 3 cm + Dicke der Betonstahlmatte.*

5.4.3 Bei der Ermittlung der Masse von Gitterträgern und Stahlbögen werden Verbindungselemente, Fußplatten, Längsaussteifungen und Überlappungen nicht berücksichtigt.

Sicherung mit Gitterträger

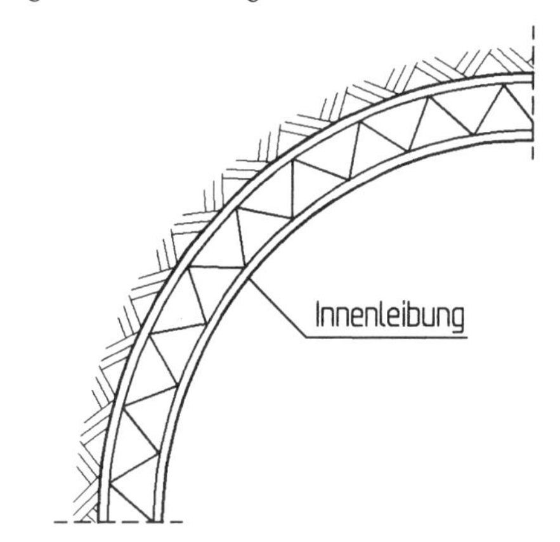

Bild 11

Gitterträger werden regelmäßig nach Anzahl (Stück) abgerechnet.

Bei Abrechnung nach Gewicht (t) ist Abschnitt 5.1.2 zu beachten.

5.4.4 Die Länge der Sicherung mit Tübbings wird in Bauwerkslängsachse ermittelt.

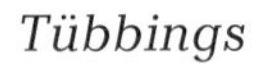

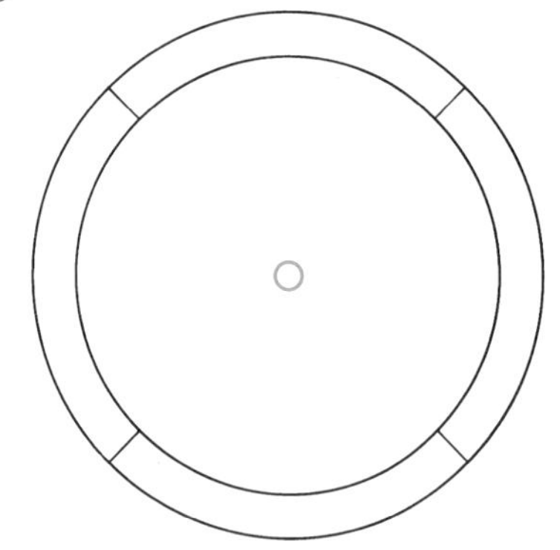

Bild 12

Aufmaß der Tübbingringe in Tunnellängsachse.

5.5 Verfüllung

Die Verfüllung von beim Ausbruch angetroffenen Hohlräumen wird durch Aufmaß der zu verfüllenden Anteile dieser Hohlräume ermittelt. Dabei anzulegende Aussparungen, z. B. Öffnungen, Nischen, bis 0,25 m³ Einzelgröße werden übermessen.

Schlitzwandarbeiten mit stützenden Flüssigkeiten – DIN 18313

Ausgabe September 2012

Geltungsbereich

Die ATV DIN 18313 „Schlitzwandarbeiten mit stützenden Flüssigkeiten" gilt für das Herstellen von Stützwänden, Dichtwänden, Barretten und anderen Bauwerksteilen in flüssigkeitsgestützten Erdschlitzen. Dazu zählen das Ausheben unter stützender Flüssigkeit, das Bewehren und Betonieren sowie der Einbau von Bauelementen in die Schlitze.

Sie gilt auch für das Herstellen und Beseitigen von Leitwänden und die dazu erforderlichen Erdarbeiten.

Die ATV DIN 18313 gilt nicht für das Herstellen von Schmalwänden, bei denen mit Hilfe von eingerammten, eingepressten oder eingerüttelten Bauelementen Boden verdrängt wird (siehe ATV DIN 18304 „Ramm-, Rüttel- und Pressarbeiten") und nicht für suspensionsgestützte Bohrungen (siehe ATV DIN 18301 „Bohrarbeiten").

Ergänzend gilt die ATV DIN 18299 „Allgemeine Regelungen für Bauarbeiten jeder Art", Abschnitte 1 bis 5. Bei Widersprüchen gehen die Regelungen der ATV DIN 18313 vor.

0.5 Abrechnungseinheiten

Im Leistungsverzeichnis sind die Abrechnungseinheiten wie folgt vorzusehen:

0.5.1 Herstellen und Beseitigen der Leitwände einschließlich erforderlicher Erdarbeiten, getrennt nach doppelseitigen oder einseitigen Leitwänden, Bauart und Maßen, nach Längenmaß (m).

0.5.2 Herstellen von Schlitzwänden, getrennt nach Grundrissformen der Elemente sowie nach Bauart und Maßen:

- *Schlitzwandaushub, Beton und andere Schlitzwandstoffe nach Raummaß (m^3),*
- *Bewehrung nach Masse (kg, t).*

0.5.3 Verfüllen des Leerschlitzes nach Raummaß (m^3).

0.5.4 Ersatz des Verlustes an stützender Flüssigkeit nach Raummaß (m^3).

0.5.5 Anschlüsse, Aussparungen, Einbauteile wie Ankerschienen, Leitungen, Dübel, Ankerhülsen und dergleichen sowie Verbauträger, getrennt nach Bauart und Maßen, nach Anzahl (Stück).

0.5.6 Dichtungs- und Bauelemente, z. B. Dichtungsbahnen, Stahlspundwände, getrennt nach Bauart und Maßen, nach Flächenmaß (m^2).

0.5.7 Beseitigen von bekannten Hindernissen, getrennt nach Art und Maßen, nach Raummaß (m^3) oder Anzahl (Stück).

0.5.8 Herstellen von Bewegungsfugen und Fugendichtungen, getrennt nach Art, Lage und Maßen, nach Längenmaß (m).

5 Abrechnung

Ergänzend zur ATV DIN 18299, Abschnitt 5, gilt:

5.1 Der Ermittlung der Leistung – gleichgültig, ob sie nach Zeichnungen oder Aufmaß erfolgt – sind die Maße der hergestellten Bauteile zugrunde zu legen.

5.1.1 Die Länge der Leitwände, der ausgehobenen Schlitze und der Schlitzwand ergibt sich aus der Länge der Schlitzwandachse im Grundriss.

5.1.2 Die Dicke der ausgehobenen Schlitze und der Schlitzwand ergibt sich aus der vorgegebenen Nenndicke.

5.1.3 Die Tiefe der ausgehobenen Schlitze ergibt sich aus dem Maß von der Oberseite der Leitwand, bei Ausführung ohne Leitwände von der Oberfläche des anstehenden Bodens, bis zur vorgegebenen Tiefe der Schlitzwand.

5.1.4 Die Tiefe der Schlitzwand ergibt sich aus dem Maß von der vorgegebenen Schlitzwandunterseite bis zur vorgegebenen Schlitzwandoberseite, bei Verwendung von selbsterhärtenden Stützflüssigkeiten bei Ausführung mit Leitwänden bis zur Oberseite der Leitwand, bei Ausführung ohne Leitwände bis zur Oberfläche des anstehenden Bodens.

5.1.5 Die Höhe des Leerschlitzes ergibt sich aus dem Maß von der vorgegebenen Schlitzwandoberseite bis zur Oberfläche des anstehenden Bodens.

5.2 Aussparungen, Leitungen und Einbauteile werden übermessen.

5.3 Durch Bewehrung und Einbauteile verdrängte Mengen werden nicht abgezogen.

5.4 Bewehrung

5.4.1 Die Masse der Stahlbewehrung wird nach den Stahllisten abgerechnet.

Die Masse anderer Bewehrung wird nach Plan abgerechnet. Zur Bewehrung gehören auch die Unterstützungen, z.B. Fußbügel, Stahlböcke, Abstandshalter aus Stahl, Aufhängebügel, Verspannungen, Auswechselungen, Montageeisen.

5.4.2 Maßgebend ist die errechnete Masse. Bei genormten Stählen gelten die Angaben in den DIN-Normen, bei anderen Stählen die Angaben im Profilbuch des Herstellers.

5.4.3 Bindedraht, Walztoleranzen und Verschnitt werden bei der Ermittlung der Abrechnungsmasse nicht berücksichtigt.

Erläuterungen

(1) Die ATV DIN 18313 „Schlitzwandarbeiten mit stützenden Flüssigkeiten", Ausgabe 2012, wurde zur Anpassung an die Entwicklung des Baugeschehens fachtechnisch überarbeitet; die Normenverweise wurden aktualisiert.

(2) Im Geltungsbereich erfolgten Klarstellungen, z. B. dass das Bewehren und Betonieren sowie der Einbau von Bauelementen in die Schlitze auch unter diese ATV fällt.

(3) Der Abschnitt 0.5 „Abrechnungseinheiten" wurde redaktionell überarbeitet, gestrafft und um den Abschnitt 0.5.8 ergänzt.

(4) Der Abschnitt 5 „Abrechnung" wurde gestrafft, einige Abrechnungsregelungen wurden nicht mehr aufgenommen (Ersatz des Verlustes an stützender Flüssigkeit, Ermittlung des Flächenmaßes). Er wurde weiterhin an eine neue einheitlich abgestimmte Struktur, die künftig in allen ATV übernommen werden soll, angepasst.

5 Abrechnung

Ergänzend zur ATV DIN 18299, Abschnitt 5, gilt:

Siehe Kommentierung zu Abschnitt 5 der ATV DIN 18299 „Allgemeine Regelungen für Bauarbeiten jeder Art".

Wenn Schlitzwände als Teil einer Baukonstruktion hergestellt werden, sind in den überwiegenden Fällen Zeichnungen vorhanden, die für die Abrechnung verwendet werden können; bei Schlitzwänden, die als Baubehelf dienen, sind nicht immer Zeichnungen vorhanden, sodass in diesen Fällen die Leistung an Ort und Stelle aufgemessen werden muss.

5.1 Der Ermittlung der Leistung – gleichgültig, ob sie nach Zeichnungen oder Aufmaß erfolgt – sind die Maße der hergestellten Bauteile zugrunde zu legen.

5.1.1 Die Länge der Leitwände, der ausgehobenen Schlitze und der Schlitzwand ergibt sich aus der Länge der Schlitzwandachse im Grundriss.

5.1.2 Die Dicke der ausgehobenen Schlitze und der Schlitzwand ergibt sich aus der vorgegebenen Nenndicke.

5.1.3 Die Tiefe der ausgehobenen Schlitze ergibt sich aus dem Maß von der Oberseite der Leitwand, bei Ausführung ohne Leitwände von der Oberfläche des anstehenden Bodens, bis zur vorgegebenen Tiefe der Schlitzwand.

5.1.4 Die Tiefe der Schlitzwand ergibt sich aus dem Maß von der vorgegebenen Schlitzwandunterseite bis zur vorgegebenen Schlitzwandoberseite, bei Verwendung von selbsterhärtenden Stützflüssigkeiten bei Ausführung mit Leitwänden bis zur Oberseite der Leitwand, bei Ausführung ohne Leitwände bis zur Oberfläche des anstehenden Bodens.

5.1.5 Die Höhe des Leerschlitzes ergibt sich aus dem Maß von der vorgegebenen Schlitzwandoberseite bis zur Oberfläche des anstehenden Bodens.

Abrechnung der Länge der Leitwände, des Schlitzwandaushubes und der Schlitzwände

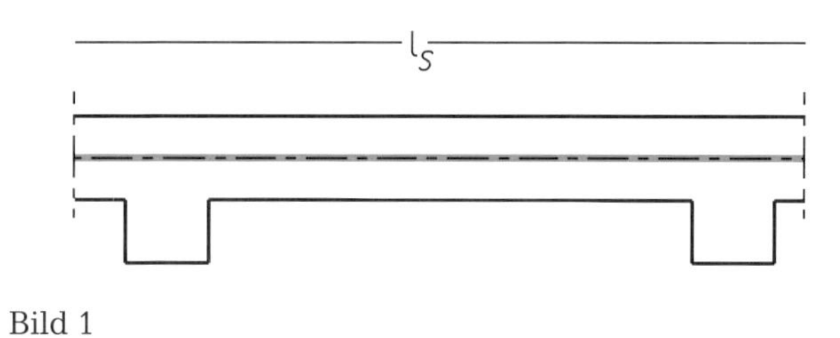

Bild 1

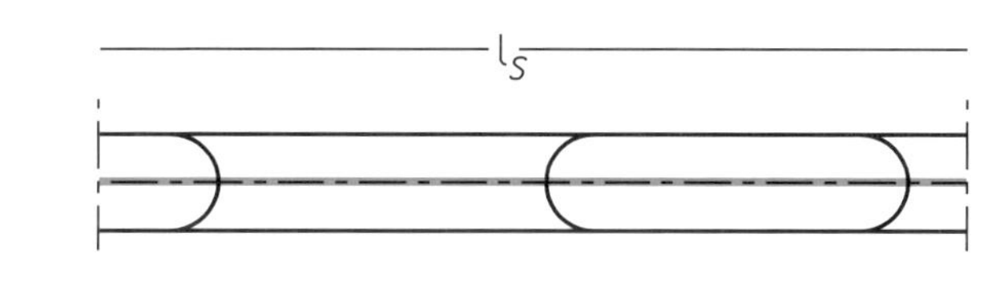

Bild 2

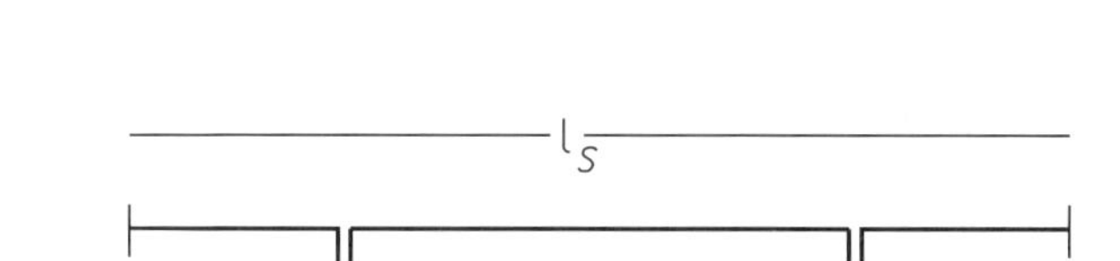

Bild 3

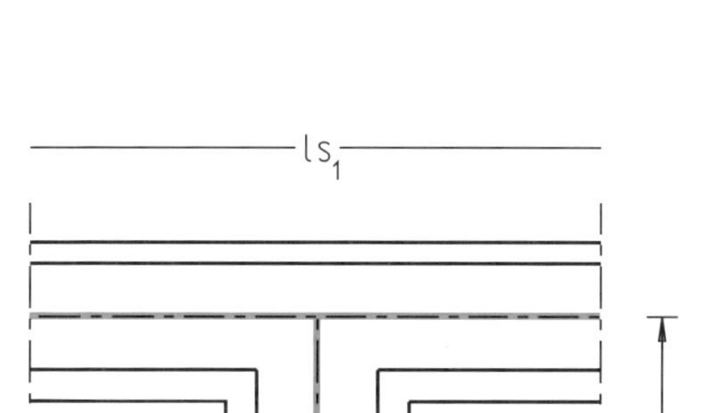

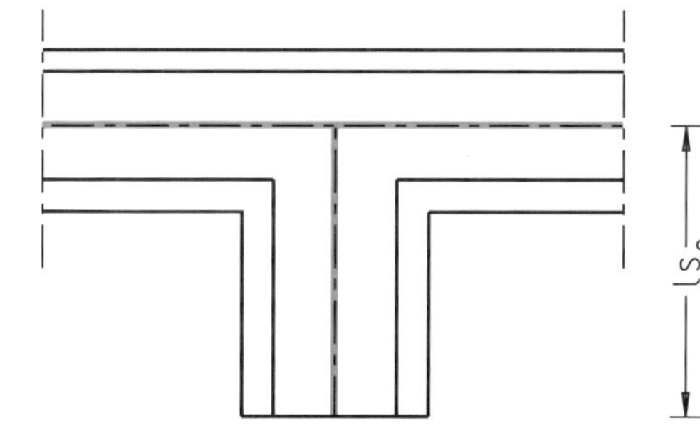

Bild 4

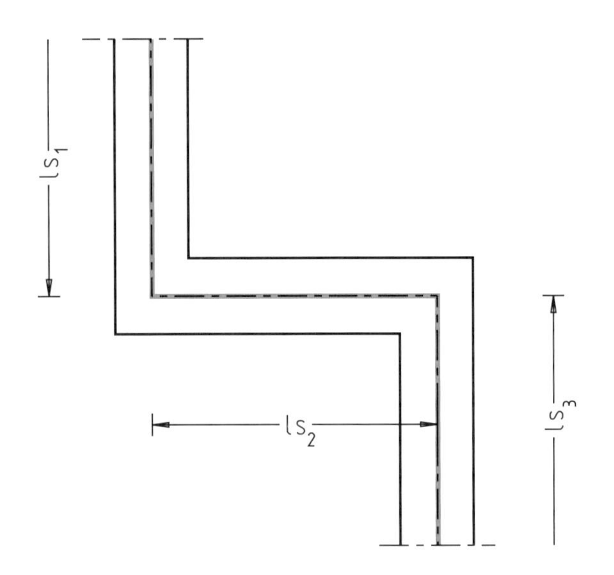

Bild 5

Abrechnung der Leitwände doppelseitig oder einseitig nach Längenmaß.

Abrechnung der Dicke und der Tiefe des Schlitzwandaushubes und der Schlitzwände sowie der Höhe des Leerschlitzes

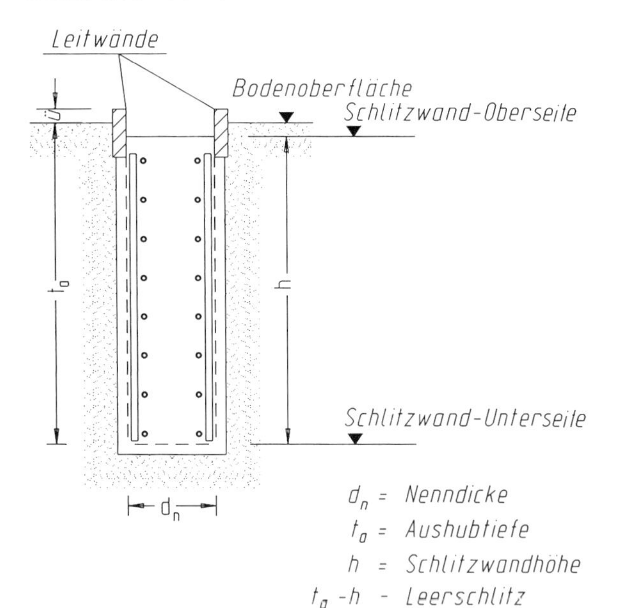

Bild 6

Abrechnung der ausgehobenen Schlitze (Abschnitt 5.1.3) nach Raummaß:

a) Ausführung ohne Leitwände

Grundrissform nach den Bildern 1, 2 und 3 sowie Querschnitt nach Bild 6:

Aushub-Volumen $= l_s \cdot t_a \cdot d_n$

Grundrissform nach Bild 4 sowie Querschnitt nach Bild 6:

Aushub-Volumen $= (l_{s1} + l_{s2}) \cdot t_a \cdot d_n$

Grundrissform nach Bild 5 sowie Querschnitt nach Bild 6:

Aushub-Volumen $= (l_{s1} + l_{s2} + l_{s3}) \cdot t_a \cdot d_n$

b) Ausführung mit Leitwände

Wie unter a) jedoch statt t_a ist $(t_a + ü)$ einzusetzen.

Abrechnung der Schlitzwände (Abschnitt 5.1.4) nach Raummaß:

a) Ausführung ohne Verwendung von selbsterhärtenden Stützflüssigkeiten

Grundrissform nach den Bildern 1, 2 und 3 sowie Querschnitt nach Bild 6:

Schlitzwand-Volumen $= l_s \cdot h \cdot d_n$

Grundrissform nach Bild 4 sowie Querschnitt nach Bild 6:

Schlitzwand-Volumen $= (l_{s1} + l_{s2}) \cdot h \cdot d_n$

Grundrissform nach Bild 5 sowie Querschnitt nach Bild 6:

Schlitzwand-Volumen $= (l_{s1} + l_{s2} + l_{s3}) \cdot h \cdot d_n$

b) Ausführung bei Verwendung von selbsterhärtenden Stützflüssigkeiten und mit Leitwände

Wie unter a) jedoch statt h ist $(t_a + ü)$ einzusetzen.

c) Ausführung bei Verwendung von selbsterhärtenden Stützflüssigkeiten und ohne Leitwände

Wie unter a) jedoch statt h ist t_a einzusetzen.

5.2 Aussparungen, Leitungen und Einbauteile werden übermessen.

Die Größe der Aussparung, der Leitung oder des Einbauteils ist unerheblich.

5.3 Durch Bewehrung und Einbauteile verdrängte Mengen werden nicht abgezogen.

5.4 Bewehrung

5.4.1 Die Masse der Stahlbewehrung wird nach den Stahllisten abgerechnet.

Die Masse anderer Bewehrung wird nach Plan abgerechnet. Zur Bewehrung gehören auch die Unterstützungen, z. B. Fußbügel, Stahlböcke, Abstandshalter aus Stahl, Aufhängebügel, Verspannungen, Auswechselungen, Montageeisen.

5.4.2 Maßgebend ist die errechnete Masse. Bei genormten Stählen gelten die Angaben in den DIN-Normen, bei anderen Stählen die Angaben im Profilbuch des Herstellers.

5.4.4 Bindedraht, Walztoleranzen und Verschnitt werden bei der Ermittlung der Abrechnungsmasse nicht berücksichtigt.

Diese Regelung entspricht der gleichartigen Regelung in der ATV DIN 18331 „Betonarbeiten" mit den hier notwendigen, teilweise anderen Beispielen für Bewehrungselemente.

Hilfsstoffe aus anderem Material als Stahl, z. B. Kunststoff-Abstandshalter, werden bei der Ermittlung des Abrechnungsgewichtes nicht berücksichtigt.

Spritzbetonarbeiten – DIN 18314

Ausgabe September 2012

Geltungsbereich

Die ATV DIN 18314 „Spritzbetonarbeiten" gilt für das Herstellen von Bauteilen aus bewehrtem und unbewehrtem Beton jeder Art, der im Spritzverfahren aufgetragen und dabei verdichtet wird.

Sie gilt auch für das Instandsetzen und das Verstärken von Bauteilen mit Spritzbeton sowie mit kunststoffmodifizierten Betonen und Mörteln, die im Spritzverfahren aufgetragen und dabei verdichtet werden.

Die ATV DIN 18314 gilt nicht für

- das Auftragen von Putzmörtel im Spritzverfahren (siehe ATV DIN 18350 „Putz- und Stuckarbeiten") sowie
- Spritzbeton als Sicherung bei Untertagebauarbeiten, soweit dafür in der ATV DIN 18312 „Untertagebauarbeiten" Regelungen enthalten sind.

Ergänzend gilt die ATV DIN 18299 „Allgemeine Regelungen für Bauarbeiten jeder Art", Abschnitte 1 bis 5. Bei Widersprüchen gehen die Regelungen der ATV DIN 18314 vor.

0.5 Abrechnungseinheiten

Im Leistungsverzeichnis sind die Abrechnungseinheiten wie folgt vorzusehen:

0.5.1 Bauteile aus Spritzbeton, getrennt nach Beton, Schalung und Bewehrung, für

- *Beton, getrennt nach Arten und Maßen, nach Raummaß (m³), Flächenmaß (m²) oder Längenmaß (m),*
- *Schalung, getrennt nach Arten und Maßen, nach Flächenmaß (m²),*
- *Seitenschalung von Unterzügen, Stützen und dergleichen nach Längenmaß (m),*
- *Bewehrung, getrennt nach Arten und Maßen, nach Masse (kg, t).*

0.5.2 Anzahl (Stück), getrennt nach Arten und Maßen, für

- *Bauteile aus Spritzbeton,*
- *Herstellen von Aussparungen, z. B. Öffnungen, Nischen, Hohlräume, Schlitze, Kanäle,*
- *Verankerungen.*

5 Abrechnung

Ergänzend zur ATV DIN 18299, Abschnitt 5, gilt:

5.1 Die Auftragdicke wird bei unebenen Auftragflächen durch Profilvergleich vor und nach dem Auftrag ermittelt.

5.2 Die durch die Bewehrung verdrängten Spritzbetonmengen werden nicht abgezogen.

5.3 Schalung für Bauteile, Begrenzungen und Aussparungen, z. B. für Ränder, Öffnungen, Nischen, Hohlräume, Schlitze, Kanäle, wird bei der Abrechnung nach Flächenmaß in der Abwicklung der geschalten Betonfläche gemessen.

5.4 Die Masse der Bewehrung wird nach den Stahllisten abgerechnet. Zur Bewehrung gehören auch Verankerungen, Unterstützungen, Auswechselungen, Montageeisen und dergleichen.

Maßgebend ist die errechnete Masse. Bei genormten Stählen gelten die Angaben in den DIN-Normen, bei anderen Stählen die Angaben im Profilbuch des Herstellers.

Bindedraht, Walztoleranzen und Verschnitt werden bei der Ermittlung der Abrechnungsmassen nicht berücksichtigt.

Bei der Abrechnung von Betonstahlmatten wird jedoch ein durch den Auftragnehmer nicht zu vertretender Verschnitt, dessen Masse über 10 % der Masse der eingebauten Betonstahlmatten liegt, zusätzlich gerechnet.

5.5 Es werden abgezogen:

5.5.1 Bei Abrechnung nach Flächenmaß: Aussparungen, z. B. Öffnungen, Nischen sowie einbindende Bauteile über 1 m².

5.5.2 Bei Abrechnung nach Raummaß: Aussparungen über 0,25 m³ Einzelgröße.

Erläuterungen

Die ATV DIN 18314 „Spritzbetonarbeiten", Ausgabe September 2012, wurde in den Verweisen auf die VOB/A, VOB/B und VOB/C aktualisiert. Ansonsten erfolgten keine weiteren Änderungen.

5 Abrechnung

Ergänzend zur ATV DIN 18299, Abschnitt 5, gilt:

Siehe Kommentierung zu Abschnitt 5 der ATV DIN 18299 „Allgemeine Regelungen für Bauarbeiten jeder Art".

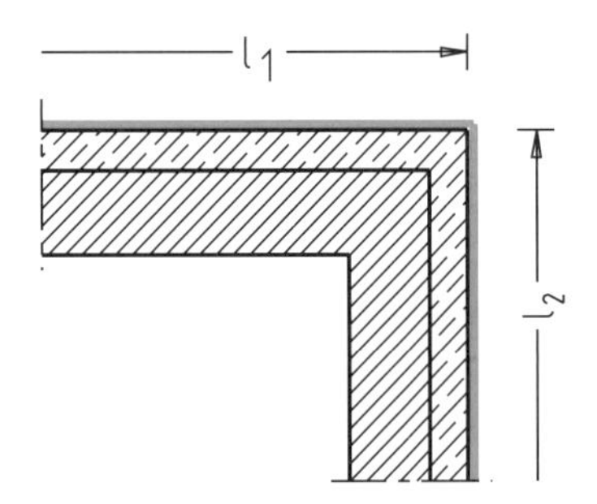

Bild 1

Aufgemessen wird die Spritzbetonoberfläche $l_1 + l_2$.

Korrosionsschutz eines Stahlbehälters durch Spritzbeton

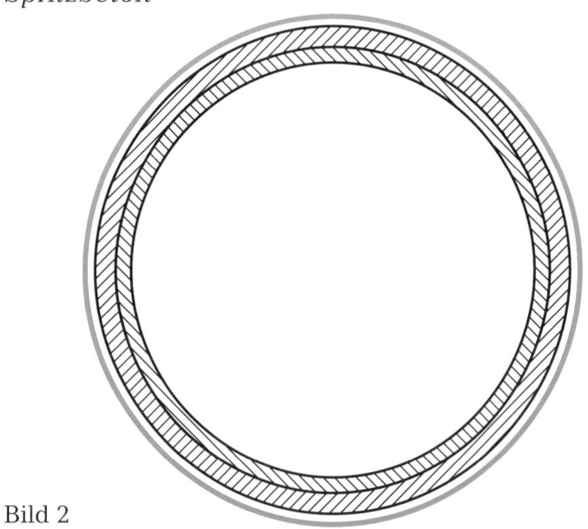

Bild 2

Aufmaß nach Abwicklung der Fläche an der Oberfläche des Spritzbetons.

Ummantelung von Stahlträgern mit Spritzbeton. Ausmauerung der Stahlträger, Ummantelung mit engmaschigem Baustahlgewebe, dann Spritzbeton

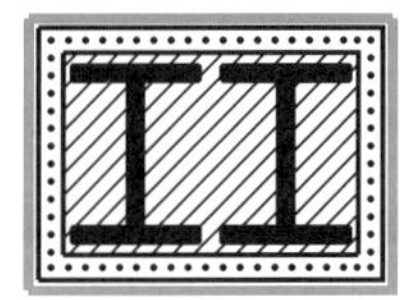

Bild 3

Verstärkung eines Gewölbes durch Spritzbeton

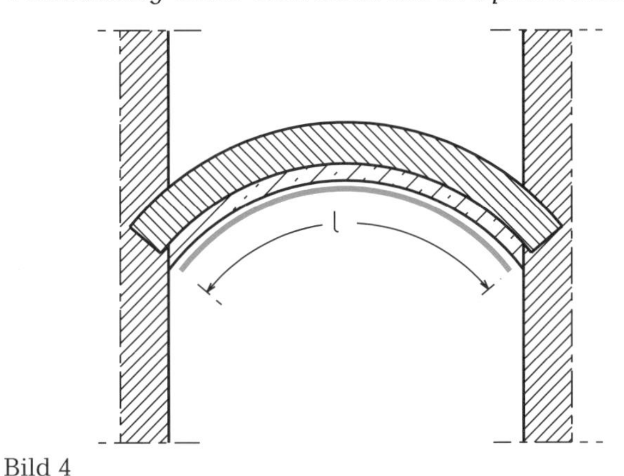

Bild 4

Aufmaß nach Spritzbetonoberfläche.

5.1 Die Auftragdicke wird bei unebenen Auftragflächen durch Profilvergleich vor und nach dem Auftrag ermittelt.

Spritzbeton auf unebener Auftragfläche

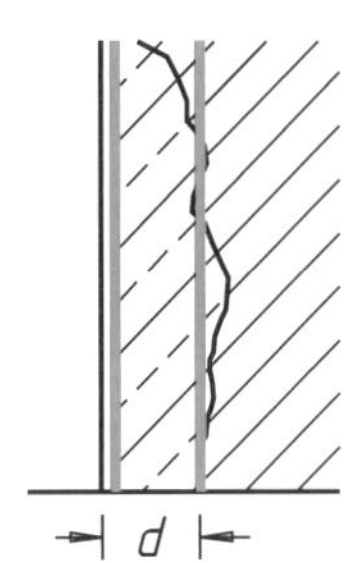

Bild 5

Die mittlere Auftragdicke *„d"* wird durch Profilvergleich vor und nach dem Spritzbetonauftrag ermittelt.

Abgerechnetes Raummaß =
Spritzbetonfläche · d (m^3).

5.2 Die durch die Bewehrung verdrängten Spritzbetonmengen werden nicht abgezogen.

5.3 Schalung für Bauteile, Begrenzungen und Aussparungen, z. B. für Ränder, Öffnungen, Nischen, Hohlräume, Schlitze, Kanäle, wird bei der Abrechnung nach Flächenmaß in der Abwicklung der geschalten Betonfläche gemessen.

Schalung einer Öffnung

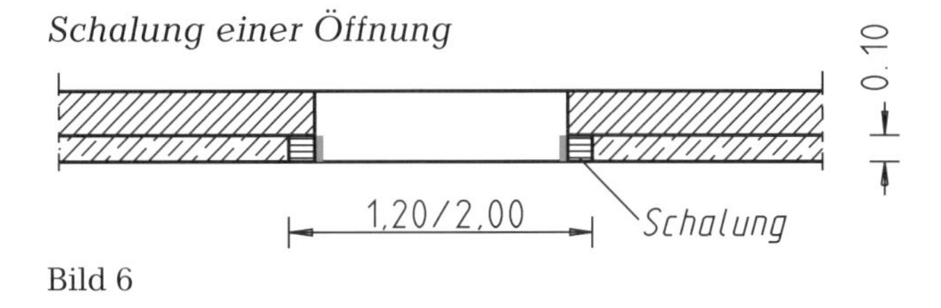

Bild 6

Schalfläche: *2 · (1,20 · 2,00 · 0,10) = 0,48* m^2.

5.4 Die Masse der Bewehrung wird nach den Stahllisten abgerechnet. Zur Bewehrung gehören auch Verankerungen, Unterstützungen, Auswechselungen, Montageeisen und dergleichen.

Maßgebend ist die errechnete Masse. Bei genormten Stählen gelten die Angaben in den DIN-Normen, bei anderen Stählen die Angaben im Profilbuch des Herstellers.

Bindedraht, Walztoleranzen und Verschnitt werden bei der Ermittlung der Abrechnungsmassen nicht berücksichtigt.

Bei der Abrechnung von Betonstahlmatten wird jedoch ein durch den Auftragnehmer nicht zu vertretender Verschnitt, dessen Masse über 10 % der Masse der eingebauten Betonstahlmatten liegt, zusätzlich gerechnet.

Bei der Abrechnung der Bewehrung nach Masse dürfen die Massen aus Bindedraht, Walztoleranzen und Verschnitt nicht berücksichtigt werden. Der Auftragnehmer hat diese Massen über einen Zuschlag bei der Kalkulation des Einheitspreises zu erfassen.

Für Betonstahlmatten wird der Verschnitt jedoch anders (neu) geregelt:

Von der Masse des durch den Auftragnehmer nicht zu vertretenden Verschnitts wird die Verschnittmasse bei der Mengenermittlung berücksichtigt, die über 10 % der Masse der eingebauten Betonstahlmatten liegt.

Beispiel:

Masse der eingebauten Betonstahlmatten:	*3.340 kg*
Masse des nicht zu vertretenden Verschnitts:	*836 kg*
10 % der eingebauten Betonstahlmatten:	*334 kg*
Zusätzlich zu rechnen:	*502 kg*
Abrechnungsmasse:	*3.842 kg*

5.5 Es werden abgezogen:

5.5.1 Bei Abrechnung nach Flächenmaß: Aussparungen, z. B. Öffnungen, Nischen sowie einbindende Bauteile über 1 m².

5.5.2 Bei Abrechnung nach Raummaß: Aussparungen über 0,25 m³ Einzelgröße.

Aussparung im Mauerwerk und Spritzbeton

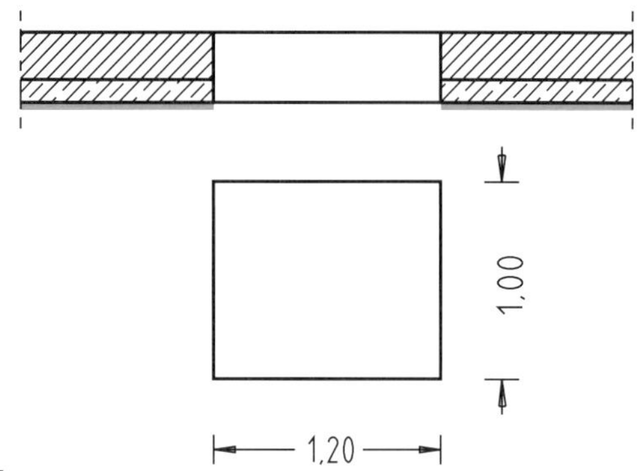

Bild 7

Da die Fläche größer als 1 m² ist, wird sie beim Aufmaß der Spritzbetonoberfläche abgezogen, wobei es gleich ist, ob der Spritzbeton nach Flächenmaß oder nach Raummaß abgerechnet wird.

Baugrube, gesichert durch Stahlträger und Spritzbeton, Spritzbeton auf Erdreich (bewehrt oder unbewehrt)

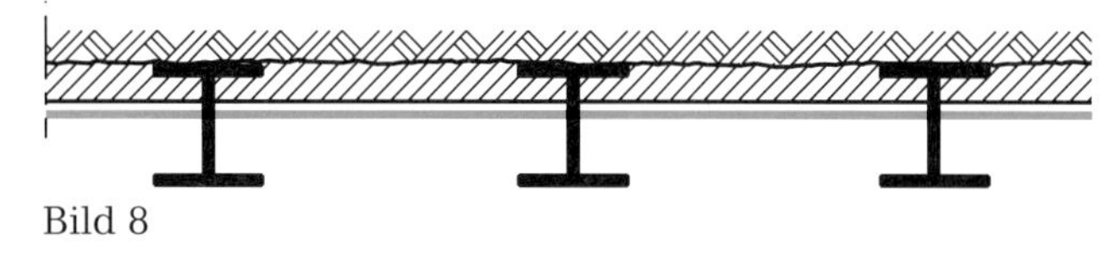

Bild 8

Aufmaß nach Flächenmaß, die Stahlträger werden übermessen.

Verstärkung einer Betondecke durch Spritzbeton

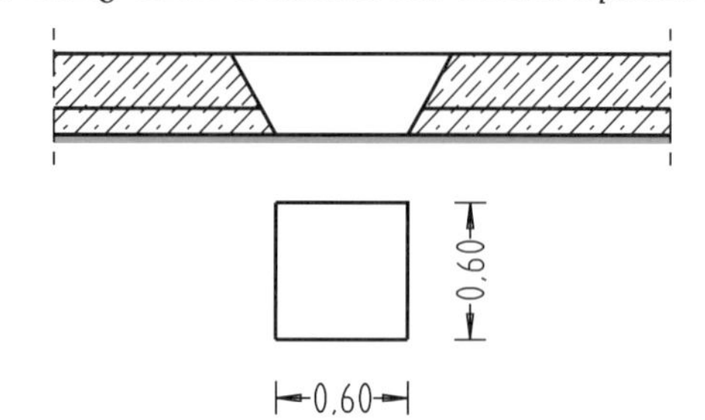

Bild 9

Die Öffnung in der Spritzbetonoberfläche ergibt sich aus den Maßen der Spritzbetonoberfläche. Öffnungsgröße *0,60 · 0,60 = 0,36 m²*. Da die Öffnung kleiner als 1 m² ist, wird die Öffnung beim Aufmaß des Spritzbetons übermessen, wobei es gleich ist, ob der Spritzbeton nach Flächenmaß oder nach Raummaß abgerechnet wird.

Einbindung in Spritzbetonwand

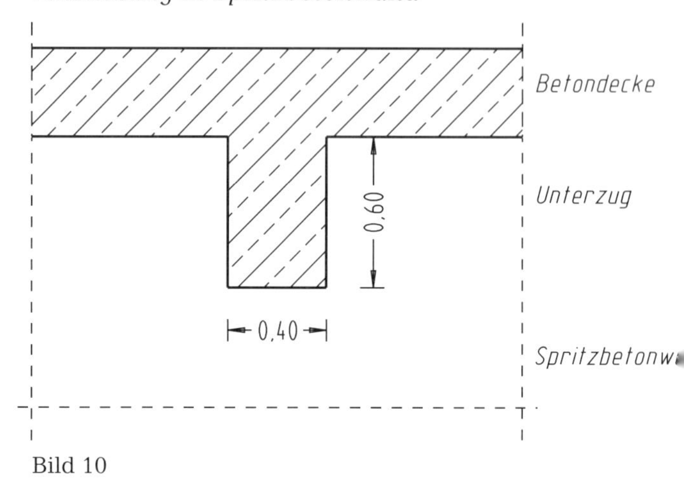

Bild 10

Die Einbindung ist mit *0,40 · 0,60 = 0,24 m²* kleiner als 1 m² und wird somit übermessen.

Verfüllung eines Hohlraumes

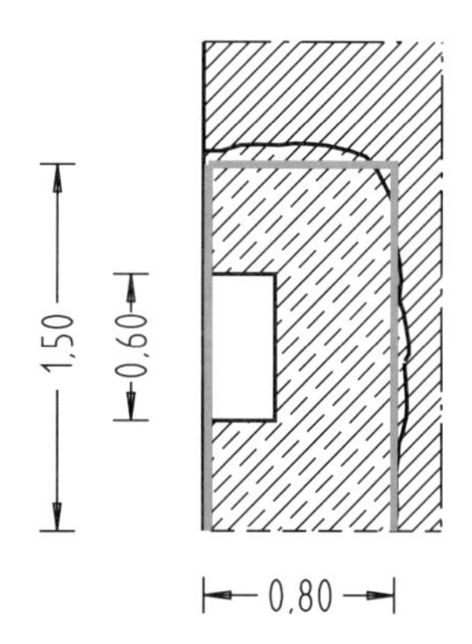

Bild 11

Der Hohlraum ist so beschaffen, dass sich das Raummaß annähernd bestimmen lässt.

Höhe · Tiefe · Länge
1,50 · 0,80 · 1,80 = 2,16 m³

An der Vorderfront wird eine Nische freigelassen zur Aufnahme einer Gedenktafel.

Abmessungen: *0,60 · 0,40 · 0,25*

Da die Nische kleiner als 0,25 m³ ist, wird sie beim Aufmaß der Spritzbetonhinterfüllung übermessen. Der Schalungsanteil der Nische bleibt unberücksichtigt.

Verkehrswegebauarbeiten – Oberbauschichten ohne Bindemittel – DIN 18315

Ausgabe September 2012

Geltungsbereich

Die ATV DIN 18315 „Verkehrswegebauarbeiten – Oberbauschichten ohne Bindemittel“ gilt für das Befestigen von Straßen und Wegen aller Art, Plätzen, Höfen, Flugbetriebsflächen, Bahnsteigen und Gleisanlagen mit Trag- und Deckschichten im Straßenbau sowie mit Frostschutz- und Planumsschutzschichten für Gleisanlagen.

Die ATV DIN 18315 gilt nicht für das Verbessern und Verfestigen des Unterbaus und des Untergrundes sowie das Herstellen von Gleisbettungen (siehe ATV DIN 18325 „Gleisbauarbeiten“).

Ergänzend gilt die ATV DIN 18299 „Allgemeine Regelungen für Bauarbeiten jeder Art“, Abschnitte 1 bis 5. Bei Widersprüchen gehen die Regelungen der ATV DIN 18315 vor.

0.5 Abrechnungseinheiten

Im Leistungsverzeichnis sind die Abrechnungseinheiten, getrennt nach Art, Stoffen und Maßen, wie folgt vorzusehen:

- *Nachverdichten der Unterlage nach Flächenmaß (m²),*
- *Herstellen der planmäßigen Höhenlage, Neigung und der festgelegten Ebenheit der Unterlagen nach Flächenmaß (m²),*
- *Planumsschutzschichten für Gleisanlagen nach Flächenmaß (m²), Raummaß (m³) oder Masse (t),*
- *Tragschichten nach Flächenmaß (m²), Raummaß (m³) oder Masse (t),*
- *Deckschichten nach Flächenmaß (m²),*
- *Oberbauschichten aus unsortierten Baustoffgemischen und Böden nach Flächenmaß (m²), Raummaß (m³) oder Masse (t),*
- *Probenahmen für Kontrollprüfungen nach Anzahl (Stück).*

5 Abrechnung

Ergänzend zur ATV DIN 18299, Abschnitt 5, gilt:

5.1 Bei Abrechnung nach Raum- oder Flächenmaß wird die Breite bis zur Mitte der Böschungslinie des eingebauten Baustoffgemisches, Bodens oder Fels gemessen.

5.2 Bei Abrechnung nach Flächenmaß werden Aussparungen oder Einbauten bis 1 m² Einzelgröße sowie Schienen übermessen.

5.3 Bei Abrechnung nach Raummaß wird der eingenommene Raum von Leitungen sowie von Aussparungen oder Einbauten mit einer mittleren Durchdringungsfläche bis 1 m² übermessen.

Erläuterungen

Die ATV DIN 18315 „Verkehrswegebauarbeiten – Oberbauschichten ohne Bindemittel", Ausgabe September 2012, wurde redaktionell überarbeitet; die Normenverweise wurden aktualisiert.

Für die Abrechnung haben sich gegenüber der bisherigen Ausgabe keine Änderungen ergeben.

5 Abrechnung

Ergänzend zur ATV DIN 18299, Abschnitt 5, gilt:

Siehe Kommentierung zu Abschnitt 5 der ATV DIN 18299 „Allgemeine Regelungen für Bauarbeiten jeder Art".

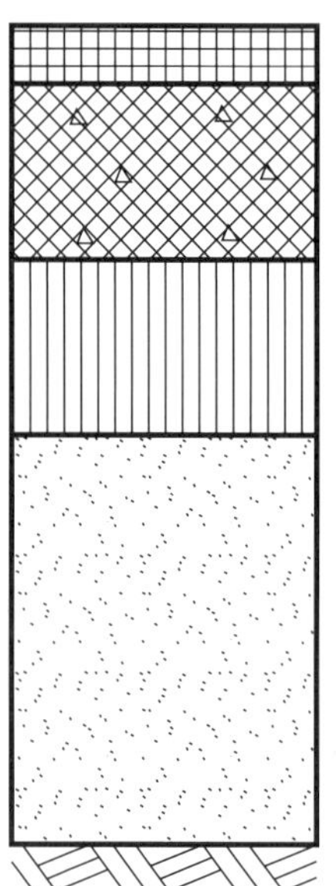

Bild 1

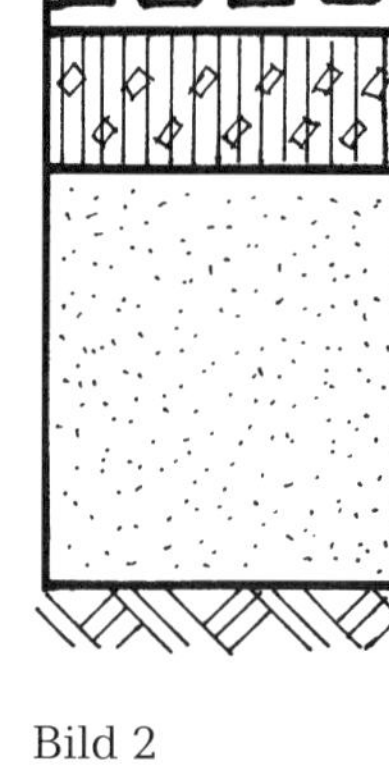

Bild 2

Für die Abrechnung der einzelnen Schichten gelten die entsprechenden ATV.

5.1 Bei Abrechnung nach Raum- oder Flächenmaß wird die Breite bis zur Mitte der Böschungslinie des eingebauten Baustoffgemisches, Bodens oder Fels gemessen.

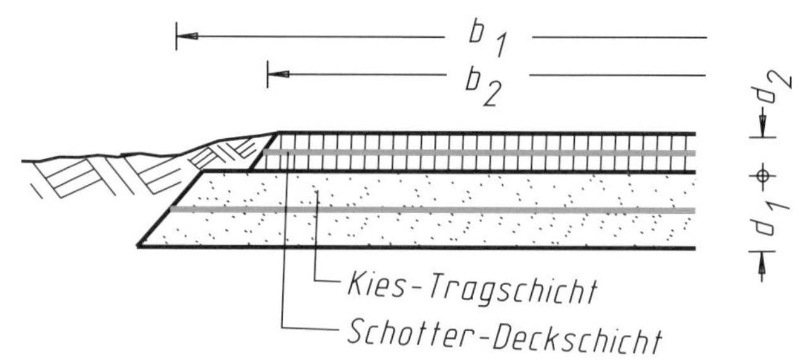

Bild 3

5.2 Bei Abrechnung nach Flächenmaß werden Aussparungen oder Einbauten bis 1 m² Einzelgröße sowie Schienen übermessen.

Befestigung mit Einbauten

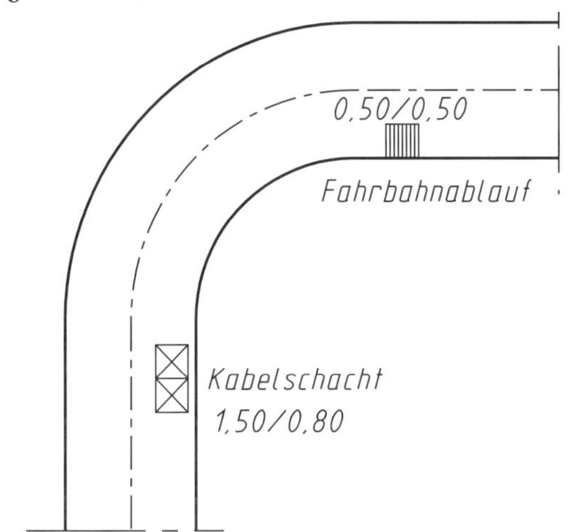

Bild 4

Der Fahrbahnablauf bleibt bei der Flächenermittlung unberücksichtigt, da er kleiner als 1 m² ist. Die Fläche des Kabelschachtes hingegen wird abgezogen, da sie größer als 1 m² ist.

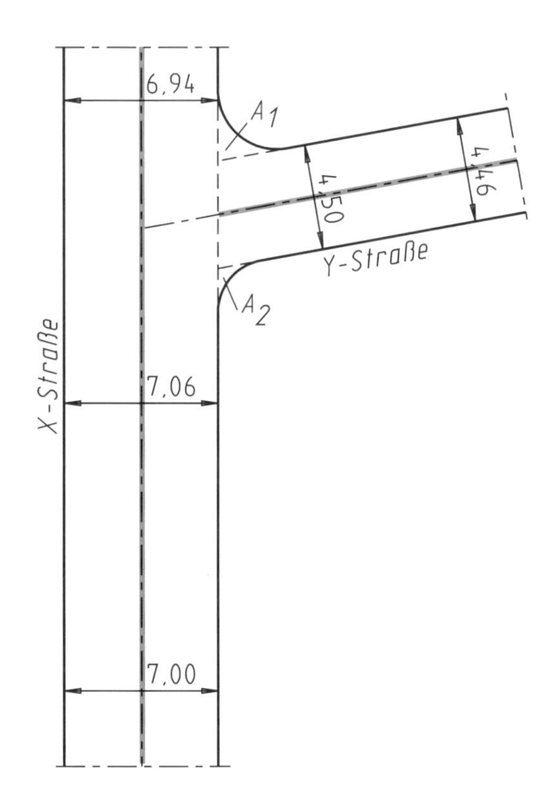

Bild 5

Abrechnung einer Schottertragschicht nach örtlichem Aufmaß.

Mittlere Straßenbreite $X = \frac{(6{,}94 + 7{,}06 + 7{,}00)}{3} = 7{,}00\ m.$

Mittlere Straßenbreite $Y = \frac{(4{,}50 + 4{,}46)}{2} = 4{,}48\ m.$

Fläche Straße $X = 7{,}00\ m \cdot$ *Länge der Straße.*

Fläche Straße $Y = 4{,}48\ m \cdot$ *Länge der Straße* $+ A_1 + A_2$.

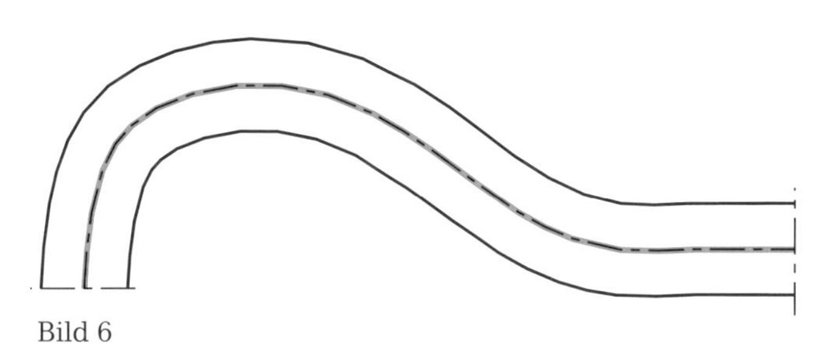

Bild 6

Längen von Straßen oder Teilen der Straße, die bogenförmig verlaufen, werden in der Mittelachse gemessen.

5.3 Bei Abrechnung nach Raummaß wird der eingenommene Raum von Leitungen sowie von Aussparungen oder Einbauten mit einer mittleren Durchdringungsfläche bis 1 m² übermessen.

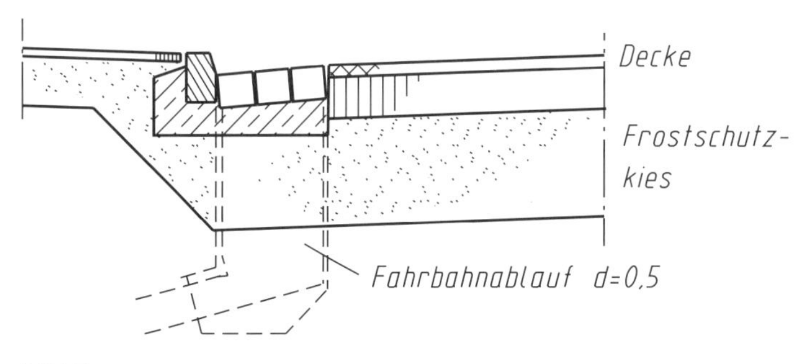

Bild 7

Schaftdurchmesser des Fahrbahnablaufes 0,5 m.

Bei Abrechnung des Frostschutzkieses wird der Fahrbahnablauf übermessen, da die mittlere Durchdringungsfläche kleiner als 1 m² ist.

Verkehrswegebauarbeiten – Oberbauschichten mit hydraulischen Bindemitteln – DIN 18316

Ausgabe September 2012

Geltungsbereich

Die ATV DIN 18316 „Verkehrswegebauarbeiten – Oberbauschichten mit hydraulischen Bindemitteln" gilt für das Befestigen von Straßen und Wegen aller Art, Plätzen, Höfen, Flugbetriebsflächen, Bahnsteigen und Gleisanlagen mit Tragschichten und Decken.

Die ATV DIN 18316 gilt nicht für das Verbessern und Verfestigen des Unterbaus und des Untergrundes.

Ergänzend gilt die ATV DIN 18299 „Allgemeine Regelungen für Bauarbeiten jeder Art", Abschnitte 1 bis 5. Bei Widersprüchen gehen die Regelungen der ATV DIN 18316 vor.

0.5 Abrechnungseinheiten

Im Leistungsverzeichnis sind die Abrechnungseinheiten, getrennt nach Art, Stoffen und Maßen, wie folgt vorzusehen:

- *Nachverdichten der Unterlage nach Flächenmaß (m²),*
- *Herstellen der planmäßigen Höhenlage, Neigung und festgelegten Ebenheit der Unterlage nach Flächenmaß (m²),*
- *Reinigen nach Flächenmaß (m²),*
- *Schichten zum Angleichen oder Ausgleichen der Höhenlage nach Masse (t) oder Raummaß (m³),*
- *Tragschichten und Betondecken nach Flächenmaß (m²),*
- *Bewehrung nach Flächenmaß (m²) oder nach Masse (t) entsprechend den Stahllisten,*
- *Fugenherstellung und Fugenverguss einschließlich Verdübelung und Verankerung, getrennt nach den verschiedenen Arten der Fugenausbildung, nach Längenmaß (m),*
- *Verdübelungen und Verankerungen, sofern sie gesondert abgerechnet werden sollen, nach Längenmaß (m) der verdübelten oder verankerten Fugen oder nach Anzahl (Stück),*
- *Nachbehandlung der Oberfläche von Betondecken nach Flächenmaß (m²),*
- *Probenahmen bei Kontrollprüfungen nach Anzahl (Stück).*

5 Abrechnung

Ergänzend zur ATV DIN 18299, Abschnitt 5, gilt:

5.1 Bei Abrechnung nach Flächenmaß werden Aussparungen oder Einbauten bis 1 m² Einzelgröße sowie Fugen und Schienen übermessen.

5.2 Bei Abrechnung von Bewehrung nach Flächenmaß werden Überdeckungen nicht berücksichtigt.

5.3 Bei Abrechnung von Fugen nach Längenmaß werden Unterbrechungen der Fugen übermessen.

Erläuterungen

Die ATV DIN 18316 „Verkehrswegebauarbeiten – Oberbauschichten mit hydraulischen Bindemitteln", Ausgabe September 2012, wurde redaktionell überarbeitet; die Normenverweise wurden aktualisiert.

Für die Abrechnung haben sich gegenüber der bisherigen Ausgabe keine Änderungen ergeben.

5 Abrechnung

Ergänzend zur ATV DIN 18299, Abschnitt 5, gilt:

Siehe Kommentierung zu Abschnitt 5 der ATV DIN 18299 „Allgemeine Regelungen für Bauarbeiten jeder Art".

Die Skizzen zur ATV DIN 18315 *(Bild 1 und 2)* bei den Erläuterungen zu dem Aufbau der Straßenbefestigung und dessen Abrechnung gelten auch für die ATV DIN 18316.

5.1 Bei Abrechnung nach Flächenmaß werden Aussparungen oder Einbauten bis 1 m² Einzelgröße sowie Fugen und Schienen übermessen.

Straße mit Längsgefälle

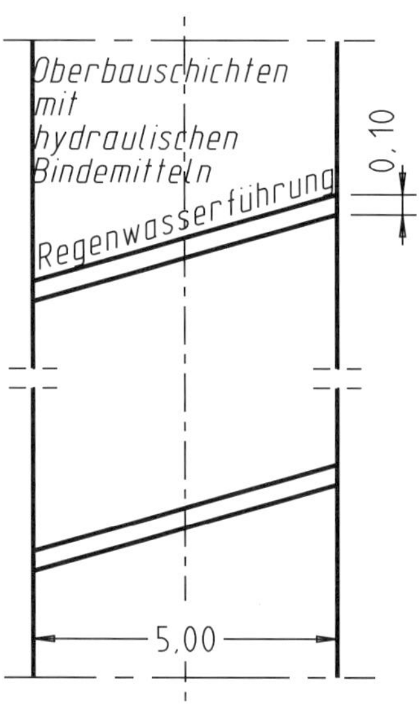

Bild 1

Die Straßenoberfläche ist zwar in ganzer Breite unterbrochen, die Querrinne wird aber übermessen, da die von ihr eingenommene Fläche kleiner als 1 m² ist.

Fahrbahn mit Verkehrsinsel

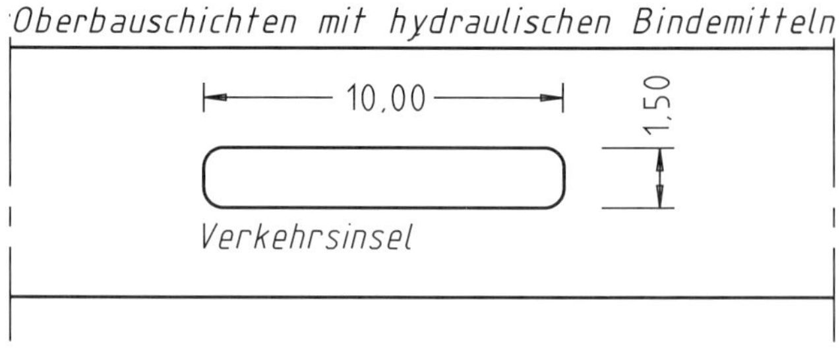

Oberbauschichten mit hydraulischen Bindemitteln

10,00

1,50

Verkehrsinsel

Bild 2

Die Fläche der Verkehrsinsel wird beim Aufmaß der Fahrbahnbefestigung abgezogen, da sie größer als 1 m² ist.

Straße mit Quergefälle

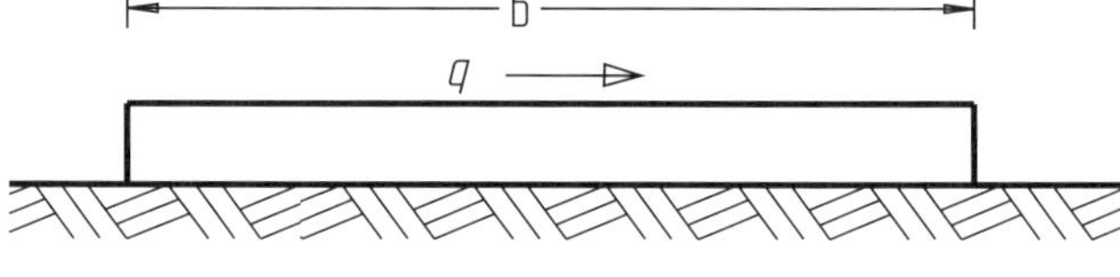

Bild 3

Abrechnung der Fahrbahnbefestigung nach Sollbreite oder nach örtlichem Aufmaß.

Straße mit Längsgefälle

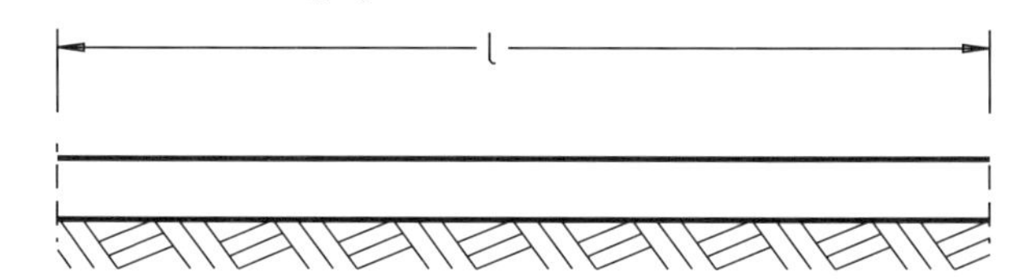

Bild 4

Abrechnung der Fahrbahnbefestigung nach Solllänge in der Fahrbahnachse oder nach örtlichem Aufmaß.

5.2 Bei Abrechnung von Bewehrung nach Flächenmaß werden Überdeckungen nicht berücksichtigt.

5.3 Bei Abrechnung von Fugen nach Längenmaß werden Unterbrechungen der Fugen übermessen.

Verkehrswegebauarbeiten – Oberbauschichten aus Asphalt – DIN 18317

Ausgabe September 2012

Geltungsbereich

Die ATV DIN 18317 „Verkehrswegebauarbeiten – Oberbauschichten aus Asphalt" gilt für das Befestigen von Straßen und Wegen aller Art, Plätzen, Höfen, Flugbetriebsflächen, Bahnsteigen und Gleisanlagen mit

- Asphalttragschichten,
- Asphalttragdeckschichten,
- Asphaltbinderschichten und
- Deckschichten aus Asphalt

sowie für Oberflächenbehandlungen, Schutzschichten und Deckschichten aus Asphalt auf Brücken.

Die ATV DIN 18317 gilt nicht für

- das Herstellen von Schichten mit teer- oder pechhaltigen Ausbaustoffen,
- das Herstellen von Schutzschichten auf Bauwerksabdichtungen, Abdichtungen, Dichtflächen und Estrichen aus Gussasphalt (siehe ATV DIN 18354 „Gussasphaltarbeiten").

Ergänzend gilt die ATV DIN 18299 „Allgemeine Regelungen für Bauarbeiten jeder Art", Abschnitte 1 bis 5. Bei Widersprüchen gehen die Regelungen der ATV DIN 18317 vor.

0.5 Abrechnungseinheiten

Im Leistungsverzeichnis sind die Abrechnungseinheiten, getrennt nach Art, Stoffen und Maßen, wie folgt vorzusehen:

- *Nachverdichten der Unterlage nach Flächenmaß (m²),*
- *Herstellen der planmäßigen Höhenlage, Neigung und der festgelegten Ebenheit der Unterlage aus Asphalt nach Masse (t),*
- *Reinigen nach Flächenmaß (m²),*
- *Ansprühen mit bitumenhaltigem Bindemittel nach Flächenmaß (m²) oder nach Masse (t),*
- *Schichten zum Angleichen oder Ausgleichen der Höhenlage nach Masse (t),*
- *Asphalttragschichten, Asphalttragdeckschichten, Asphaltbinderschichten, Deckschichten und Schutzschichten aus Asphalt, Oberflächenbehandlungen nach Flächenmaß (m²), Masse (t) oder nach Raummaß (m³),*
- *Bearbeiten der Oberflächen von Deckschichten aus Asphalt nach Flächenmaß (m²),*
- *Fugenherstellung und Fugenverguss nach Längenmaß (m),*
- *Probenahmen für Kontrollprüfungen nach Anzahl (Stück).*

5 Abrechnung

Ergänzend zur ATV DIN 18299, Abschnitt 5, gilt:

Bei Abrechnung nach Flächen- oder Raummaß werden Aussparungen oder Einbauten bis 1 m² Einzelgröße sowie Fugen und Schienen übermessen.

Erläuterungen

(1) Die ATV DIN 18317 „Verkehrwegebauarbeiten – Oberbauschichten aus Asphalt", Ausgabe 2012, wurde zur Anpassung an die Entwicklung des Baugeschehens fachtechnisch überarbeitet; die Normenverweise wurden aktualisiert.

(2) Der Geltungsbereich wurde gestrafft und hinsichtlich Abgrenzung für das Herstellen von Schutzschichten klarer gefasst.

(3) Die Abschnitte 0.5 „Abrechnungseinheiten" und 5 „Abrechnung" haben eine Erweiterung erfahren: Asphaltschichten können künftig auch nach Raummaß abgerechnet werden.

5 Abrechnung

Ergänzend zur ATV DIN 18299, Abschnitt 5, gilt:

Siehe Kommentierung zu Abschnitt 5 der ATV DIN 18299 „Allgemeine Regelungen für Bauarbeiten jeder Art".

Die Skizzen zur ATV DIN 18315 *(Bild 1 und 2)* bei den Erläuterungen zu dem Aufbau der Straßenbefestigung und dessen Abrechnung gelten auch für die ATV DIN 18317.

Fahrbahnrand ohne Einfassung

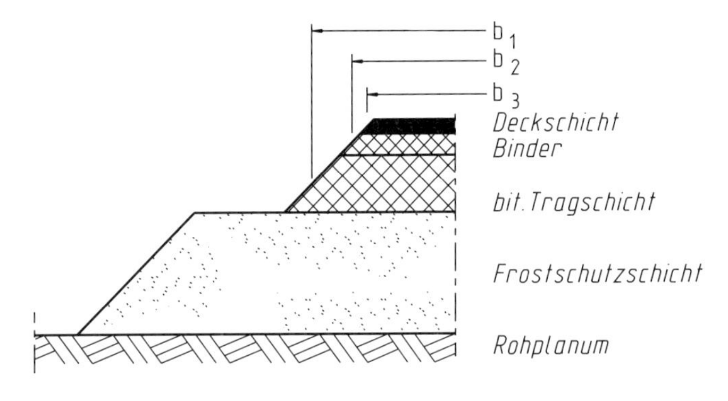

Bild 1

Die Breiten der einzelnen Schichten werden bis zur Mitte der Böschungslinie gemessen.

Bei Abrechnung nach Flächen- oder Raummaß werden Aussparungen oder Einbauten bis 1 m² Einzelgröße sowie Fugen und Schienen übermessen.

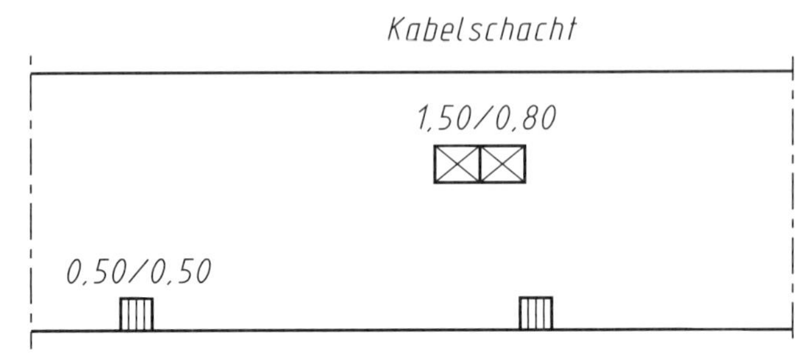

Bild 2

Die Fahrbahnabläufe bleiben bei der Flächenermittlung unberücksichtigt, da sie kleiner als 1 m² sind. Die Fläche des Kabelschachtes hingegen wird abgezogen, da sie größer als 1 m² ist.

Die Abrechnungseinheit „m³" für den Einbau von Asphaltschichten soll vor allem bei größeren Flächen eine Alternative zur Abrechnungseinheit „t" sein, wenn eine Schicht mit unterschiedlichen Dicken eingebaut werden muss.

Die Messung der Dicken erfolgt durch ein Flächennivellement gemäß den Technischen Prüfvorschriften zur Bestimmung der Dicken von Oberbauschichten im Straßenbau (TP D-StB 89) der Forschungsgesellschaft für Straßen- und Verkehrswesen (FGSV).

Eine solche Abrechnung ist mit entsprechenden IT-Programmen immer dann sinnvoller und wirtschaftlicher als die Bearbeitung einer Vielzahl von Wiegescheinen, wenn entsprechend große Flächen bearbeitet werden müssen.

Weiterhin ist eine solche Abrechnung weniger anfällig für Unregelmäßigkeiten.

Verkehrswegebauarbeiten – Pflasterdecken und Plattenbeläge in ungebundener Ausführung, Einfassungen – DIN 18318

Ausgabe September 2012

Geltungsbereich

Die ATV DIN 18318 „Verkehrswegebauarbeiten – Pflasterdecken und Plattenbeläge in ungebundener Ausführung, Einfassungen" gilt für das Befestigen von Straßen, Wegen, Plätzen, Höfen, Terrassen und dergleichen und von Bahnsteigen und Gleisanlagen mit Pflastersteinen und Platten.

Sie gilt auch für das Herstellen von Einfassungen und Entwässerungsrinnen.

Die ATV DIN 18318 gilt nicht für Pflasterdecken und Plattenbeläge, die ohne Drän- und Tragschicht auf Bauwerken gebettet sind.

Ergänzend gilt die ATV DIN 18299 „Allgemeine Regelungen für Bauarbeiten jeder Art", Abschnitte 1 bis 5. Bei Widersprüchen gehen die Regelungen der ATV DIN 18318 vor.

0.5 Abrechnungseinheiten

Im Leistungsverzeichnis sind die Abrechnungseinheiten, getrennt nach Art, Stoffen und Maßen, wie folgt vorzusehen:

0.5.1 Nachverdichten der Unterlage nach Flächenmaß (m²).

0.5.2 Herstellen der planmäßigen Höhenlage, Neigung und der festgelegten Ebenheit der Unterlage nach Flächenmaß (m²).

0.5.3 Pflasterdecken und Plattenbeläge

- *Pflasterdecken und Plattenbeläge getrennt nach Ausführungsarten, z. B. im Bogen, nach Muster, nach Flächenmaß (m²),*
- *Abputzen aufgenommener Pflasterdecken und Plattenbeläge getrennt nach Arten des Fugenstoffs und der Unterlage nach Flächenmaß (m²),*
- *Zuarbeiten, Verhau oder Schneiden von Platten und Pflastersteinen*
  - *für Verlegen und Versetzen an Kanten und Einfassungen nach Längenmaß (m),*
  - *für Verlegen und Versetzen an Einbauten und Aussparungen nach Anzahl (Stück),*
- *Zuarbeiten, Verhau oder Schneiden von Platten aus Naturstein nach Anzahl (Stück),*
- *Formteile und Sonderformate*
  - *für Verlegen und Versetzen an Kanten und Einfassungen nach Längenmaß (m),*
  - *für Verlegen und Versetzen an Einbauten und Aussparungen nach Anzahl (Stück).*

0.5.4 Fugenverguss oder Fugenfüllung

- *bei Pflasterdecken und Plattenbelägen nach Flächenmaß (m²),*
- *von Bewegungsfugen nach Längenmaß (m) oder Anzahl (Stück).*

0.5.5 Einfassungen, Entwässerungsrinnen

- *Bord- oder Einfassungssteine, Entwässerungsrinnen nach Längenmaß (m),*
- *Fundamente mit oder ohne Rückenstütze von Einfassungen nach Längenmaß (m),*
- *Bearbeiten von Köpfen der Bord- und Einfassungssteine nach Anzahl (Stück),*
- *Nacharbeiten der Schnurkante, Nacharbeiten oder Aufarbeiten eines vorhandenen Anlaufs (Fase) oder der Trittflächen an Bordsteinen nach Längenmaß (m).*

5 Abrechnung

Ergänzend zur ATV DIN 18299, Abschnitt 5, gilt:

5.1 **Einzelflächen unter 0,5 m^2 werden mit 0,5 m^2 gerechnet.**

5.2 **Für das Entfernen von Fugenfüll- und Bettungsstoffen an aufgenommenen Pflastersteinen und Platten wird mit den Maßen der aufgenommenen Fläche gerechnet.**

5.3 **Zuarbeiten, Verhau oder Schneiden von Pflastersteinen und Platten wird nach der Länge der Fuge zwischen Belag oder Decke und angrenzenden Flächen, Bauteilen oder Einfassungen gerechnet.**

5.4 **Fugenverguss und Fugenfüllung von Pflasterdecken und Plattenbelägen werden nach der Fläche der Decke oder des Belags gerechnet.**

5.5 **Die Länge der Einfassung wird an der Vorderseite der Bord- oder Einfassungssteine gemessen. Dies gilt auch bei der Abrechnung von Fundamenten mit und ohne Rückenstütze nach Längenmaß.**

5.6 **Nacharbeiten der Schnurkante, Nacharbeiten oder Aufarbeiten eines vorhandenen Anlaufs (Fase) oder der Trittflächen von Bordsteinen werden nach der Länge der bearbeiteten Bordsteine gerechnet.**

5.7 **Bei der Abrechnung werden übermessen:**

- **Randfugen zwischen Pflasterdecke oder Plattenbelag und Einfassung, z. B. Bordstein und Schiene,**
- **Fugen innerhalb der Pflasterdecke oder des Plattenbelags und Stoßfugen zwischen den einzelnen Bordsteinen oder Einfassungssteinen,**
- **Schienen, wenn beidseitig eine gleichartige Befestigung an die Schienen herangeführt ist,**
- **in der befestigten Fläche liegende oder in sie hineinragende Aussparungen oder Einbauten bis 1 m^2 Einzelgröße, z. B. Schächte, Schieber, Maste, Stufen.**

5.8 **Bei Abrechnung nach Flächenmaß werden Aussparungen oder Einbauten über 1 m^2 Einzelgröße abgezogen; wenn sie in verschiedenartigen Befestigungen liegen, werden sie anteilig abgezogen.**

5.9 **Bei Abrechnung nach Längenmaß werden Aussparungen oder Einbauten über 1 m Einzellänge in Entwässerungsrinnen und Einfassungen abgezogen.**

Erläuterungen

Die ATV DIN 18318 „Verkehrswegebauarbeiten – Pflasterdecken und Plattenbeläge in ungebundener Ausführung, Einfassungen", Ausgabe September 2012, wurde redaktionell überarbeitet; die Normenverweise wurden aktualisiert.

Für die Abrechnung haben sich gegenüber der bisherigen Ausgabe keine Änderungen ergeben.

5 Abrechnung

Ergänzend zur ATV DIN 18299, Abschnitt 5, gilt:

Siehe Kommentierung zu Abschnitt 5 der ATV DIN 18299 „Allgemeine Regelungen für Bauarbeiten jeder Art".

5.1 Einzelflächen unter 0,5 m² werden mit 0,5 m² gerechnet.

Die Einzelflächen können regelmäßig oder unregelmäßig geformt sein.

Gepflasterte Treppenstufen

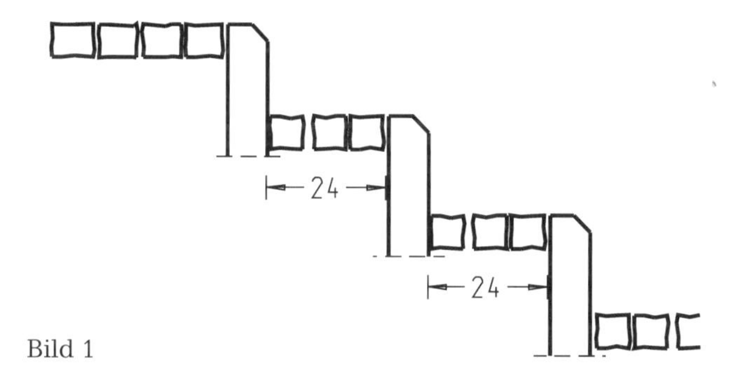

Bild 1

Treppenbreite zwischen den Wangen = *1,20 m*.

Auftrittsfläche = *0,24 · 1,20 = 0,29 m²*; abgerechnet werden je 0,5 m².

Belag aus Gehwegplatten 40/40 cm

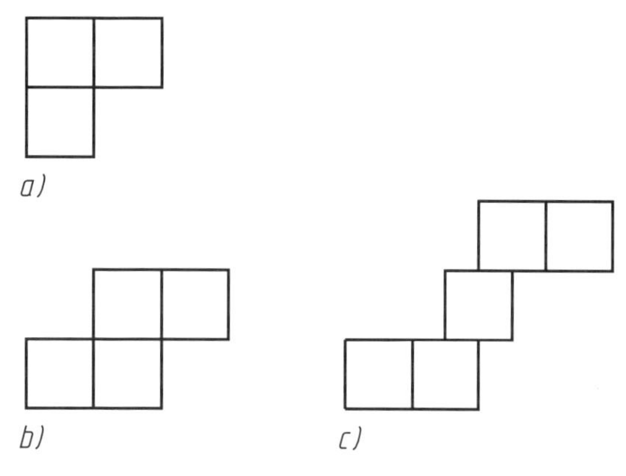

Bild 2

Teilfläche *a = 0,48 m²*; abgerechnet werden 0,5 m².
Teilfläche *b = 0,64 m²* = Abrechnungsfläche.
Teilfläche *c = 0,80 m²* = Abrechnungsfläche.

Gehweg, befestigt mit Platten und Mosaikpflaster

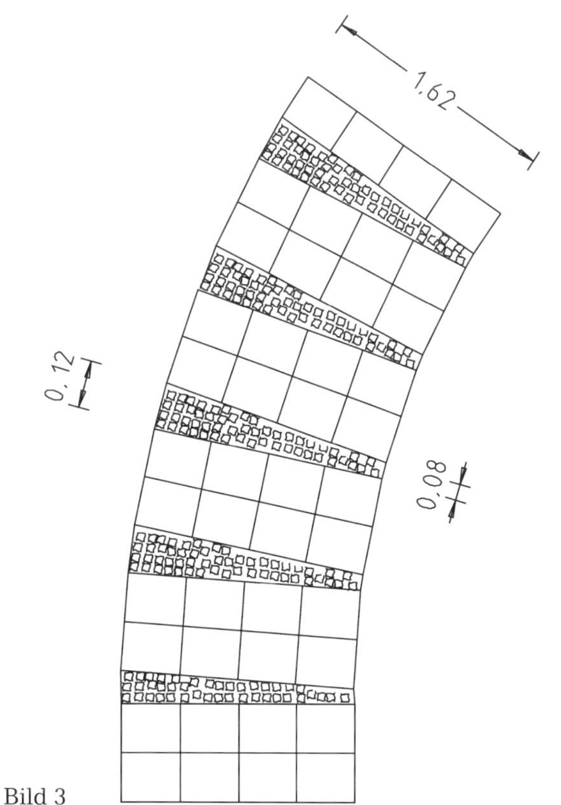

Bild 3

Abrechnungsfläche je Pflasterzwickel = *0,5 m²*.

Schachtabdeckung in einer Plattenfläche, Zwickel mit Kleinpflaster befestigt

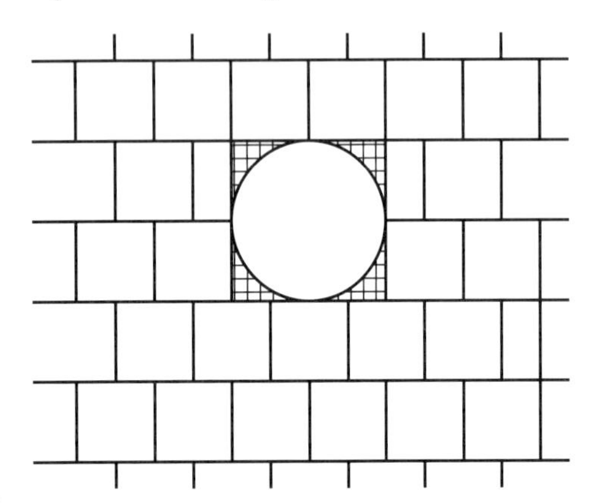

Bild 4

Die vier gepflasterten Teilflächen hängen nicht zusammen und werden mit je 0,5 m^2 abgerechnet.

Geschnittene Platten und Mosaikpflaster

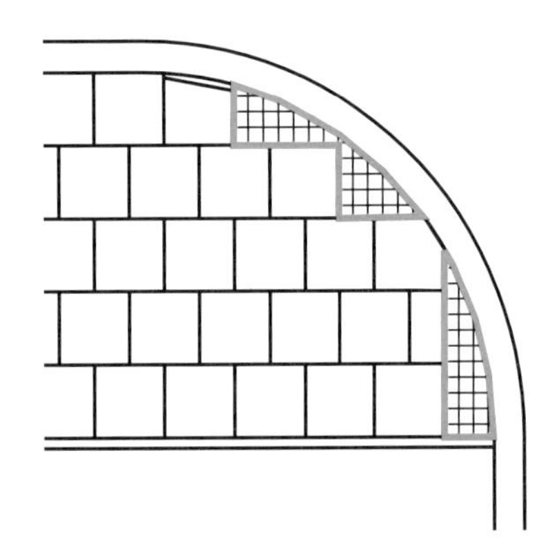

Bild 5

Gehwegplatten 40/40 cm.

Platten teilweise geschnitten, Restflächen mit Mosaikpflaster ausgezwickelt.

Abrechnungsflächen Mosaikpflaster = 3 · *0,5 m^2*.

Gehwegplatten 40/40 cm im Diagonalverband, Restflächen in Mosaikpflaster

Bild 6

Abrechnungsfläche Mosaikpflaster je 0,5 m^2.

5.2 Für das Entfernen von Fugenfüll- und Bettungsstoffen an aufgenommenen Pflastersteinen und Platten wird mit den Maßen der aufgenommenen Fläche gerechnet.

Die Einzelflächenregelung des Abschnitts 5.1 gilt hierfür nicht.

5.3 Zuarbeiten, Verhau oder Schneiden von Pflastersteinen und Platten wird nach der Länge der Fuge zwischen Belag oder Decke und angrenzenden Flächen, Bauteilen oder Einfassungen gerechnet.

Gehwegplatten im Diagonalverband, Randplatten geschnitten

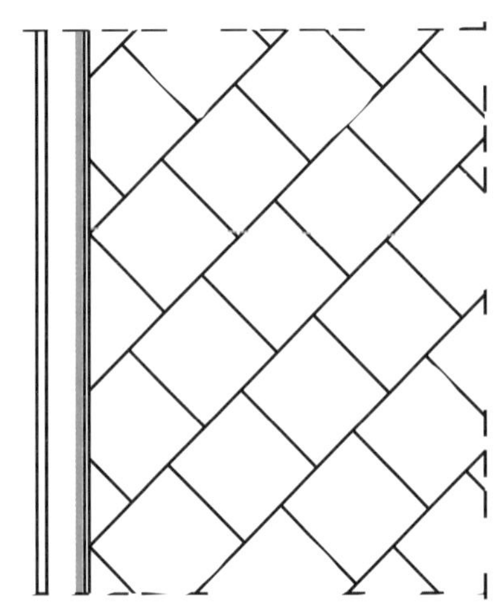

Bild 7

Zuarbeiten, Verhau oder Schneiden von Pflastersteinen, Platten, Bordsteinen, Formstücken und Formteilen einschließlich Passstücken, sowohl an Kanten und Einfassungen als auch an Einbauten und Aussparungen, unabhängig von deren Größe, wird als „Besondere Leistung" gesondert abgerechnet (siehe Abschnitt 4.2.3).

Für solche Leistungen an Einbauten und Aussparungen wird regelmäßig die Abrechnungseinheit „Stück" festgelegt (siehe Abschnitt 0.5.3).

5.4 Fugenverguss und Fugenfüllung von Pflasterdecken und Plattenbelägen werden nach der Fläche der Decke oder des Belags gerechnet.

5.5 Die Länge der Einfassung wird an der Vorderseite der Bord- oder Einfassungssteine gemessen. Dies gilt auch bei der Abrechnung von Fundamenten mit und ohne Rückenstütze nach Längenmaß.

Verkehrsinsel

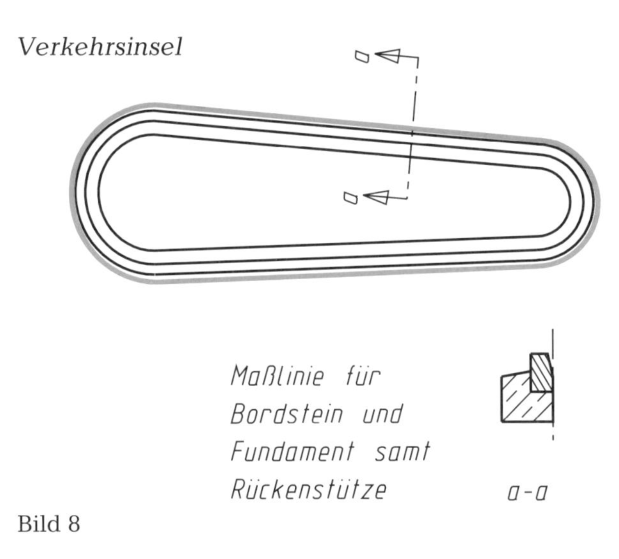

Bild 8

Schachtabdeckung mit Pflasterkranz

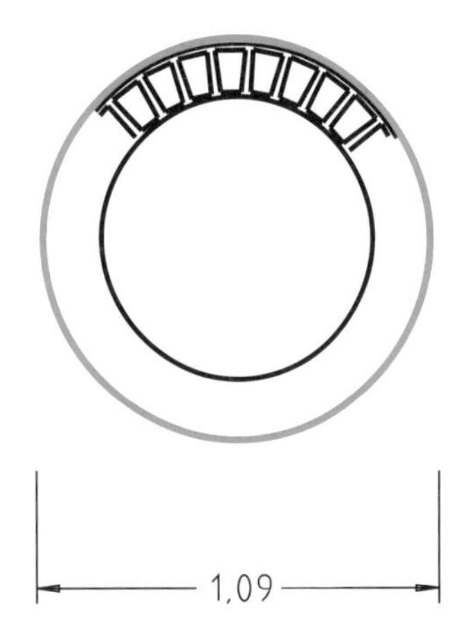

Bild 9

Länge der Einfassung $L = 1{,}09 \cdot \pi = 3{,}42$ *m*.

Wendehammer, mit Bordsteinen eingefasst

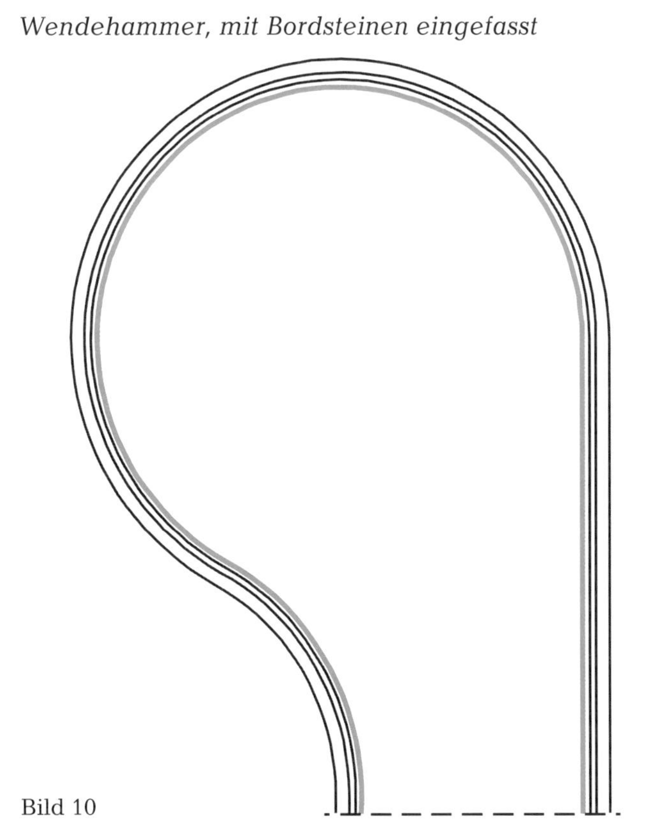

Bild 10

5.6 **Nacharbeiten der Schnurkante, Nacharbeiten oder Aufarbeiten eines vorhandenen Anlaufs (Fase) oder der Trittflächen von Bordsteinen werden nach der Länge der bearbeiteten Bordsteine gerechnet.**

5.7 **Bei der Abrechnung werden übermessen:**

- **Randfugen zwischen Pflasterdecke oder Plattenbelag und Einfassung, z. B. Bordstein und Schiene,**
- **Fugen innerhalb der Pflasterdecke oder des Plattenbelags und Stoßfugen zwischen den einzelnen Bordsteinen oder Einfassungssteinen,**
- **Schienen, wenn beidseitig eine gleichartige Befestigung an die Schienen herangeführt ist,**
- **in der befestigten Fläche liegende oder in sie hineinragende Aussparungen oder Einbauten bis 1 m² Einzelgröße, z. B. Schächte, Schieber, Maste, Stufen.**

5.8 **Bei Abrechnung nach Flächenmaß werden Aussparungen oder Einbauten über 1 m² Einzelgröße abgezogen; wenn sie in verschiedenartigen Befestigungen liegen, werden sie anteilig abgezogen.**

Pflasterrinne vor Hochbord

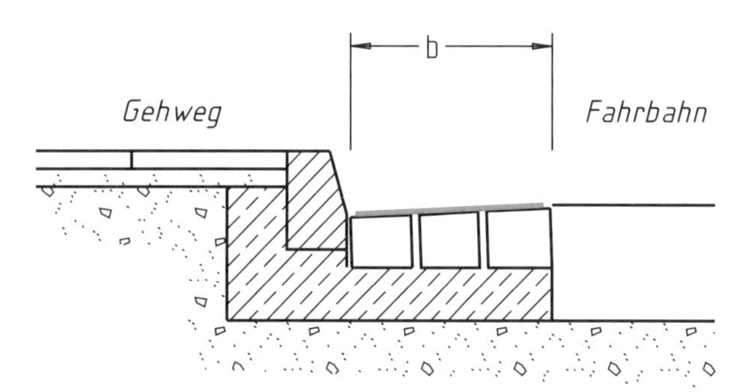

Bild 11

Großpflaster, beidseitig an Schienen grenzend

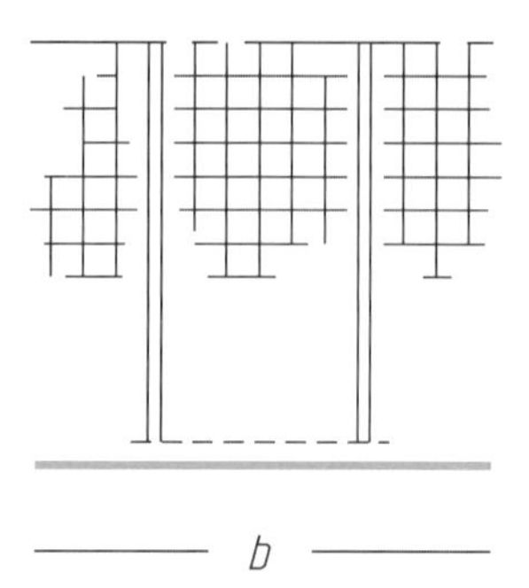

Bild 12

Bei der Abrechnung des Pflasterbelages werden die Schienen übermessen (*b*).

Großpflaster, einseitig an Schienen grenzend

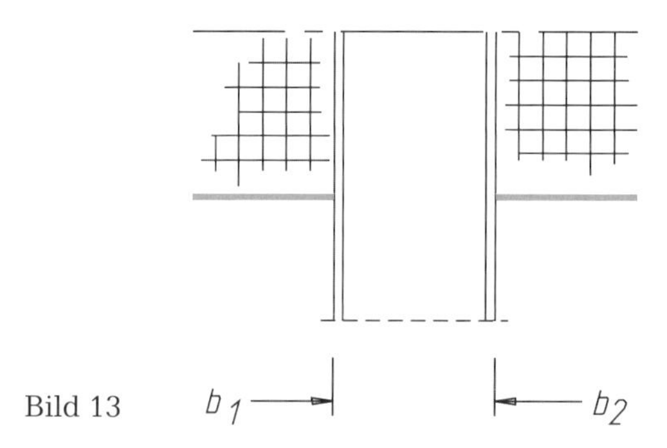

Bild 13

Aufmaß des Pflasterbelages bis an die Schienen ($b_1 + b_2$).

Groß- und Kleinpflaster im Bereich von Schienen

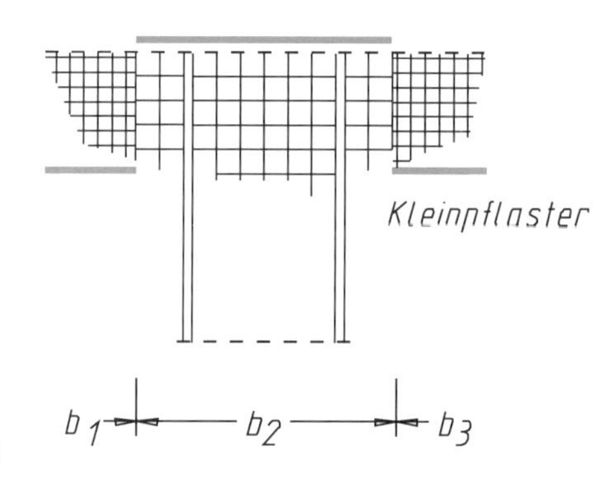

Bild 14

Breite des Großpflasters = b_2.
Breite des Kleinpflasters = $b_1 + b_3$.

Großpflaster zwischen den Schienen, Kleinpflaster außerhalb der Schienen

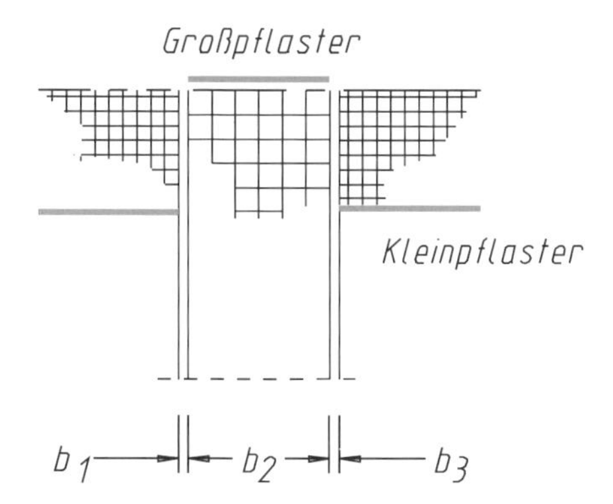

Bild 15

Breite des Großpflasters = b_2.
Breite des Kleinpflasters = $b_1 + b_3$.

Die Schienen werden nicht übermessen.

In die Pflasterfläche hineinragende Aussparung

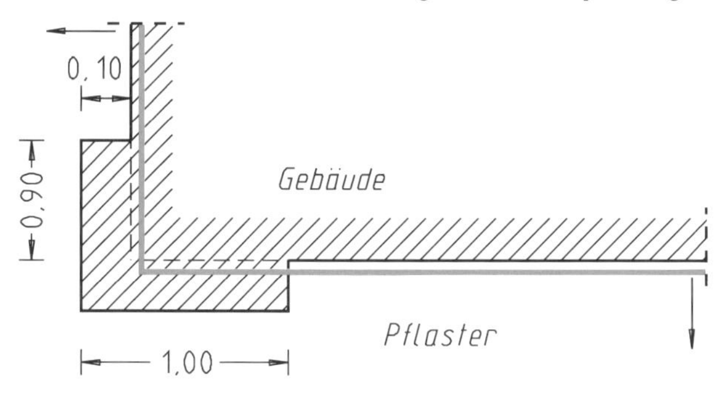

Bild 16

Da die Aussparung kleiner als 1 m² ist, bleibt sie beim Aufmaß unberücksichtigt.

Pflasterrinne mit Fahrbahnablauf F 10

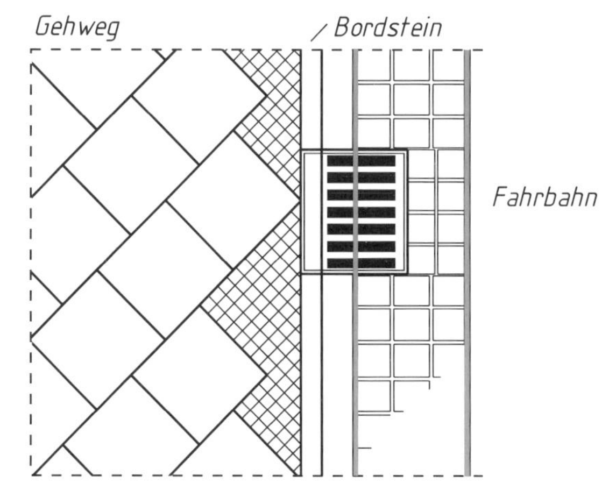

Bild 17

Der Fahrbahnablauf wird übermessen.

Pflasterrinne mit Fahrbahnablauf

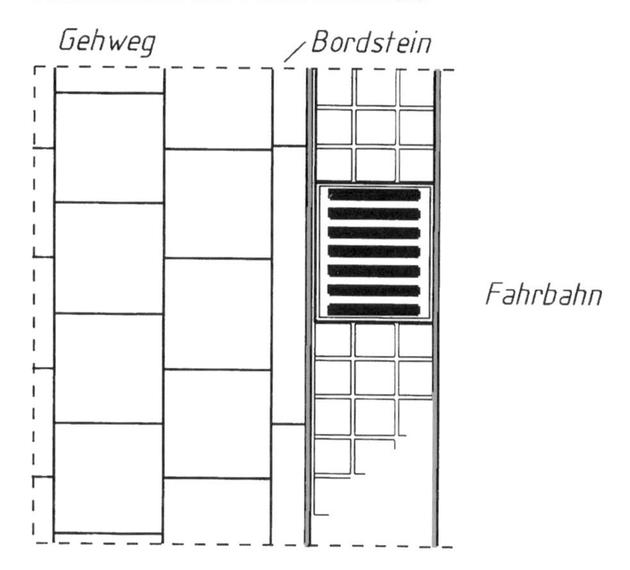

Bild 18

Der in der Fläche liegende Einlauf hat eine Größe < 1 m² und wird daher bei der Flächenermittlung übermessen.

Schachtabdeckung mit Pflasterkranz in einer Plattenbefestigung, Restflächen in Kleinpflaster

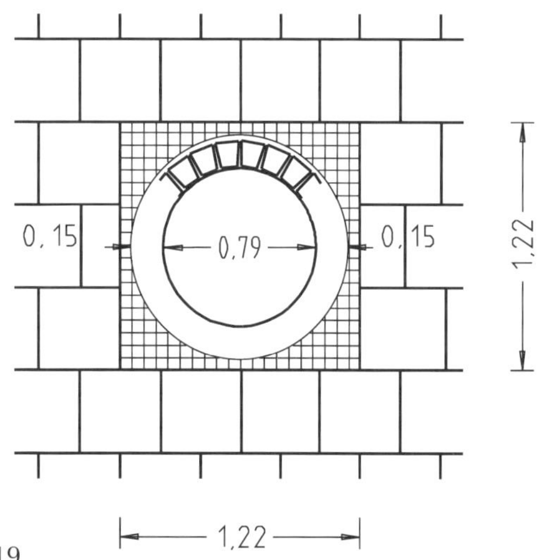

Bild 19

Schachtabdeckung einschließlich Pflasterkranz < 1,0 m².

Abzurechnende Kleinpflasterfläche $A_{Kl} = 1{,}22 \cdot 1{,}22$ (ohne Abzug).

Schachtabdeckung einschließlich Pflasterkranz und Kleinpflasterfläche ≥ 1,0 m².

Abzurechnende Plattenfläche A_{Pl} abzüglich A_{Kl} ($1{,}22 \cdot 1{,}22$).

Schachtabdeckung in verschiedenen Befestigungsarten

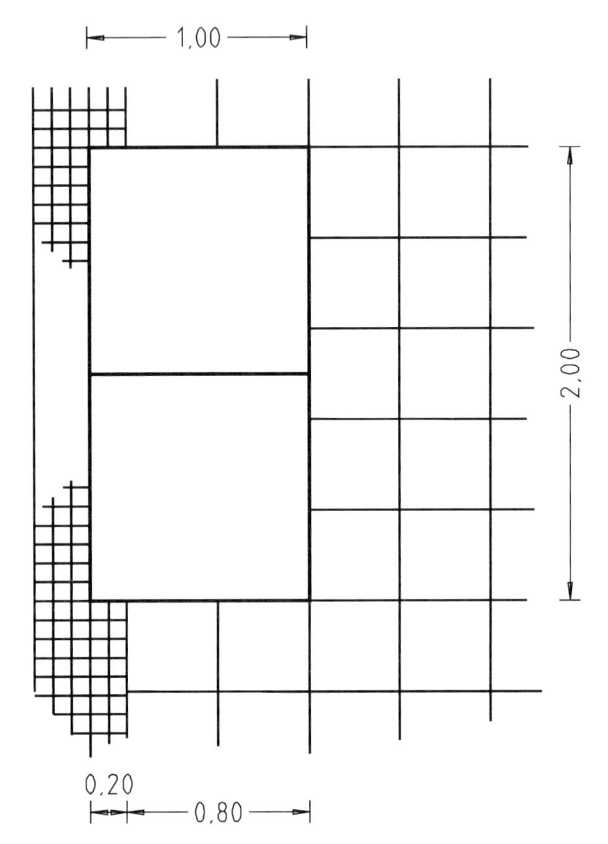

Bild 20

Abzurechnende Plattenfläche A abzüglich $0{,}80 \cdot 2{,}00$.

Abzurechnende Pflasterfläche A abzüglich $0{,}20 \cdot 2{,}00$.

Aussparung in Plattenbelag. Pflasterzeile

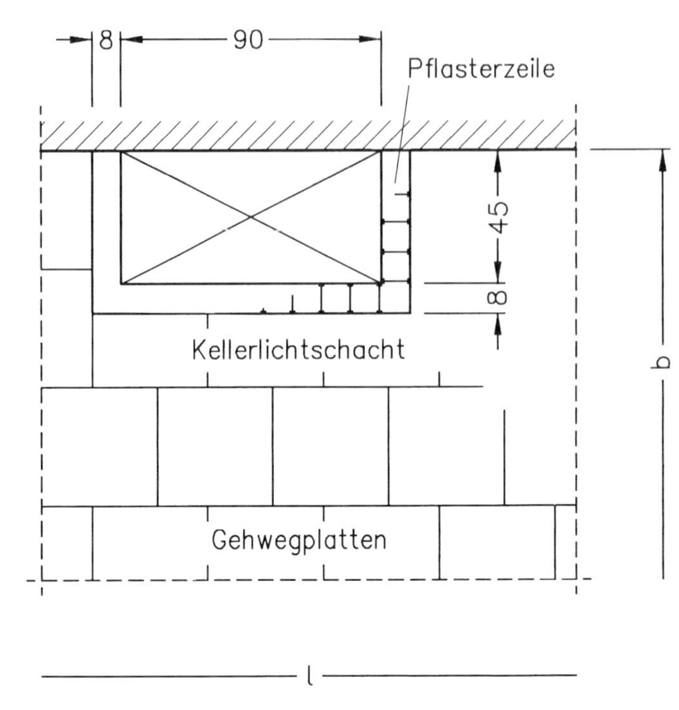

Bild 21

Abrechnung der Gehwegplatten

$A = l \cdot b$ ohne Abzug, da Aussparung < 1 m².

Abrechnung der Pflasterzeile

nach Länge:

$L = 2 \cdot (0{,}45 + 0{,}08) + 0{,}90 = 1{,}96\ m;$

nach Fläche:

$A = [2 \cdot (0{,}45 + 0{,}08) + 0{,}90] \cdot 0{,}08 = 0{,}16\ m^2 < 0{,}5\ m^2.$

Abzurechnende Fläche = $0{,}5\ m^2$.

5.9 Bei Abrechnung nach Längenmaß werden Aussparungen oder Einbauten über 1 m Einzellänge in Entwässerungsrinnen und Einfassungen abgezogen.

Pflasterrinne mit Fahrbahnablauf, Abrechnung nach Längenmaß

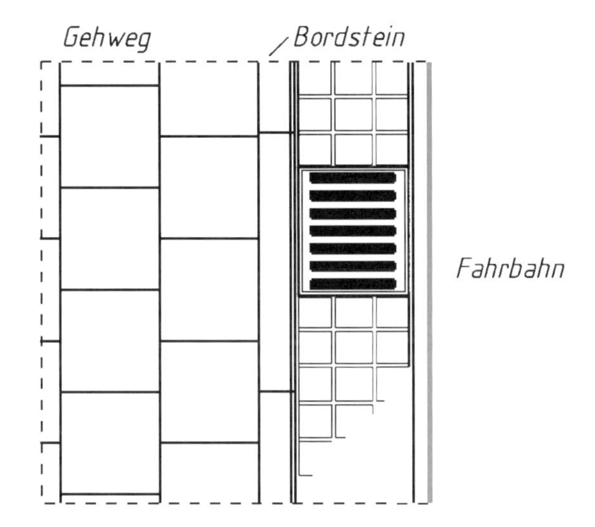

Bild 22

Da der Fahrbahnablauf kleiner als 1 m ist, wird die Pflasterrinne durchgemessen.

Rohrvortriebsarbeiten – DIN 18319

Ausgabe September 2012

Geltungsbereich

Die ATV DIN 18319 „Rohrvortriebsarbeiten" gilt für den unterirdischen Einbau von vorgefertigten Rohren und vergleichbaren Baukörpern beliebigen Profils durch Pressen, Rammen oder Ziehen.

Sie gilt auch für Rohrvortriebsarbeiten im Verdrängungsverfahren, das Überfahren bestehender Leitungen und das Verdrängen bestehender Rohrleitungen sowie für das Lösen von Boden und Fels beim Vortrieb und das Fördern aus dem Rohr und dem unmittelbaren Arbeitsbereich.

Die ATV DIN 18319 gilt nicht für

- die Herstellung von Baugruben,
- Bohrarbeiten (siehe ATV DIN 18301 „Bohrarbeiten"),
- Entwässerungskanalarbeiten (siehe ATV DIN 18306 „Entwässerungskanalarbeiten"),
- Druckrohrleitungsarbeiten im Erdreich (siehe ATV DIN 18307 „Druckrohrleitungsarbeiten außerhalb von Gebäuden"),
- vorauseilende Ausbruch- und Sicherungsarbeiten (siehe ATV DIN 18312 „Untertagebauarbeiten"),
- das Einbringen von Rohren in Vortriebsrohre oder bestehende Rohre,
- Horizontalspülbohrverfahren.

Ergänzend gilt die ATV DIN 18299 „Allgemeine Regelungen für Bauarbeiten jeder Art", Abschnitte 1 bis 5. Bei Widersprüchen gehen die Regelungen der ATV DIN 18319 vor.

0.5 Abrechnungseinheiten

Im Leistungsverzeichnis sind die Abrechnungseinheiten, getrennt nach Bauart und Maßen sowie Boden- und Felsklassen, wie folgt vorzusehen:

- *Vortriebe nach Längenmaß (m),*
- *Überfahren oder Verdrängen bestehender Leitungen nach Längenmaß (m),*
- *Entfernen von Hindernissen aus dem Vortrieb heraus nach Stunden (h), sonst nach Raummaß (m^3), Anzahl (Stück) oder Stunden (h),*
- *Umsetzen der Vortriebseinrichtungen, getrennt nach Umsetzen von Grube zu Grube und innerhalb einer Grube, nach Anzahl (Stück),*
- *Betrieb von Wasserhaltungsanlagen oder Pumpen, z.B. zur Umleitung der Vorflut, gestaffelt nach Förderleistung der Pumpen, nach Stunden (h) je Pumpe,*
- *Befahren von Leitungen sowie Reinigen, getrennt nach Art und Grad der Verschmutzung in % des Querschnitts, nach Längenmaß (m),*
- *Einbringen von Einpressgut, getrennt nach Inhaltstoffen, nach Raummaß (m^3) oder Masse (kg, t).*

5 Abrechnung

Ergänzend zur ATV DIN 18299, Abschnitt 5, gilt:

5.1 Die Länge des Vortriebs wird in der Rohrachse als Gesamtlänge der vorgetriebenen Rohre ermittelt. Zwischenschächte werden übermessen.

5.2 Vortriebe, die aufgegeben werden müssen, werden entsprechend der erreichten Vortriebsstrecken gerechnet, es sei denn, dass die Ursache der Auftragnehmer zu vertreten hat.

Erläuterungen

Die ATV DIN 18319 „Rohrvortriebsarbeiten", Ausgabe September 2012, wurde redaktionell überarbeitet; die Normenverweise wurden aktualisiert.

Für die Abrechnung haben sich gegenüber der bisherigen Ausgabe keine Änderungen ergeben.

5 Abrechnung

Ergänzend zur ATV DIN 18299, Abschnitt 5, gilt:

Siehe Kommentierung zu Abschnitt 5 der ATV DIN 18299 „Allgemeine Regelungen für Bauarbeiten jeder Art".

5.1 Die Länge des Vortriebs wird in der Rohrachse als Gesamtlänge der vorgetriebenen Rohre ermittelt. Zwischenschächte werden übermessen.

5.2 Vortriebe, die aufgegeben werden müssen, werden entsprechend der erreichten Vortriebsstrecken gerechnet, es sei denn, dass die Ursache der Auftragnehmer zu vertreten hat.

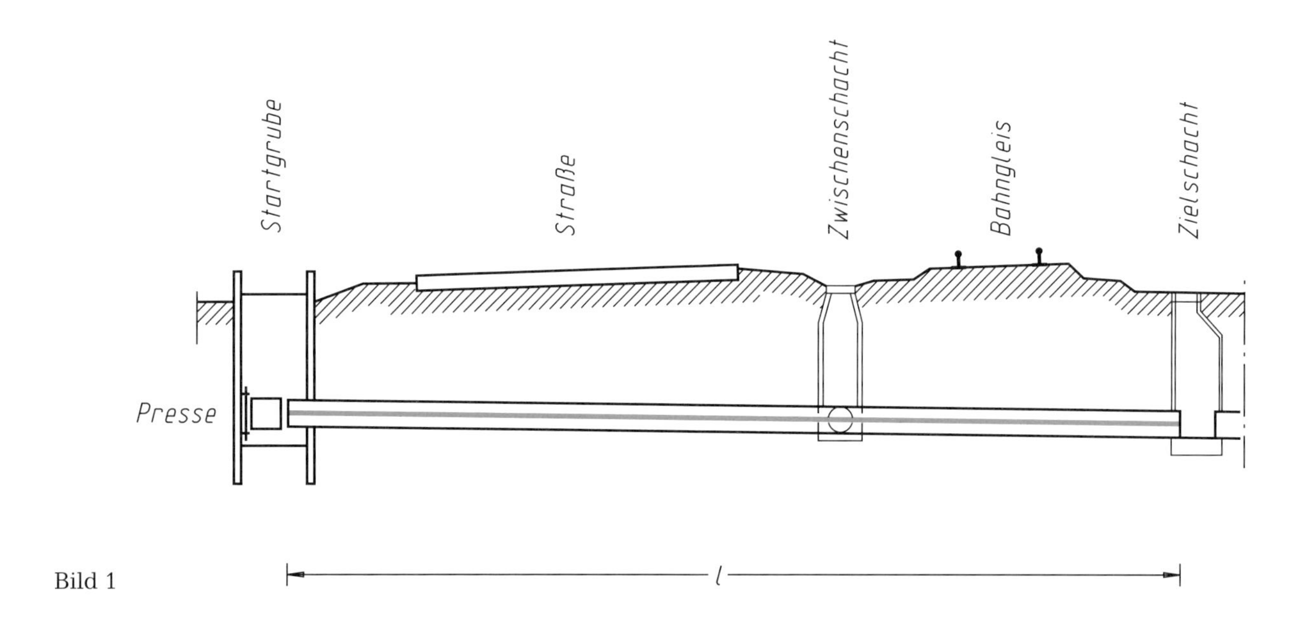

Bild 1

Landschaftsbauarbeiten – DIN 18320

Ausgabe September 2012

Geltungsbereich

Die ATV DIN 18320 „Landschaftsbauarbeiten" gilt für

- **vegetationstechnische Bau-, Pflege- und Instandhaltungsarbeiten, Rodungsarbeiten,**
- **ingenieurbiologische Sicherungsbauweisen,**
- **Bau-, Pflege- und Instandhaltungsarbeiten für Spiel- und Sportanlagen sowie**
- **Schutzmaßnahmen für Bäume, Pflanzenbestände und Vegetationsflächen.**

Die ATV DIN 18320 gilt nicht für Erdarbeiten, die anderen als vegetationstechnischen Zwecken dienen, und nicht für das Abtragen und Lagern von Oberboden (siehe ATV DIN 18300 „Erdarbeiten").

Ergänzend gilt die ATV DIN 18299 „Allgemeine Regelungen für Bauarbeiten jeder Art", Abschnitte 1 bis 5. Bei Widersprüchen gehen die Regelungen der ATV DIN 18320 vor.

0.5 Abrechnungseinheiten

Im Leistungsverzeichnis sind die Abrechnungseinheiten wie folgt vorzusehen:

0.5.1 Raummaß (m³), getrennt nach Art und Maßen, für

- *Auf- und Abtrag von Boden,*
- *Entfernen von ungeeigneten Bodenarten,*
- *Lagern von Boden, Kompost, sonstigen Schüttgütern und Bauholz,*
- *Ausbringen von Bodenverbesserungsstoffen,*
- *Bewässerung,*
- *Säubern der Baustelle von störenden Stoffen.*

0.5.2 Flächenmaß (m²), getrennt nach Art und Maßen, für

- *Säubern der Baustelle von störenden Stoffen,*
- *Aufnehmen von pflanzlichen Bodendecken,*
- *Sichern von Bodenflächen und Oberflächen von Bodenlagern,*
- *Auf- und Abtrag von Boden,*
- *Aufnehmen von Flächenbefestigungen,*
- *Bodenbearbeitung, z. B. Lockern, Ebnen, Verdichten,*
- *Einarbeiten von Dünger und Bodenverbesserungsstoffen,*
- *Rasen und wiesenähnliche Flächen,*
- *Nass- und Trockenansaaten,*
- *Deckbauweisen des Lebendverbaues,*
- *Herstellen von Filter-, Drän-, Trag- und Deckschichten,*
- *Schutzvorrichtungen für Pflanzflächen,*
- *Pflegeleistungen, z. B. Rasenschnitt, Gehölzschnitt, Heckenschnitt, Beregnen, Bodenlockerung, Pflanzenschutz, Winterschutzmaßnahmen.*

0.5.3 Längenmaß (m), getrennt nach Art und Maßen, für

- *Faschinenverbau, Flechtwerke, Buschlagen, Heckenlagen, Pflanzgräben, Pflanzriefen,*
- *Einfriedungen, Einfassungen, Abgrenzungen, lineare Markierungen,*
- *Dränstränge, Rinnen,*
- *Schnitt von Hecken.*

0.5.4 Anzahl (Stück), getrennt nach Art und Maßen, für

- *Roden oder Herausnehmen von Pflanzen, Vegetationsstücken,*
- *Einschlagen von Pflanzen, Pflanzarbeiten, Setzen von Steckhölzern und Setzstangen, Verankerungen von Gehölzen,*
- *Pflanzgruben,*
- *Pflegen von Einzelpflanzen, Pflanzgefäßen,*
- *Schutzvorrichtungen für Pflanzen,*

- *Ausstattungsgegenstände, z.B. Bänke, Tische, Abfallbehälter, Spiel- und Sportgeräte,*
- *Markierungszeichen, Punktmarkierungen,*
- *Einläufe, Regner,*
- *Schneiden von Gehölzen.*

0.5.5 Masse (kg, t), getrennt nach Art, für
- *Ausbringen von Saatgut für Nass- und Trockenansaaten,*
- *Ausbringen von Dünger,*
- *Säubern der Baustelle von störenden Stoffen.*

5 Abrechnung

Ergänzend zur ATV DIN 18299, Abschnitt 5, gilt:

5.1 Allgemeines

5.1.1 Der Ermittlung der Leistung – gleichgültig, ob sie nach Zeichnungen oder nach Aufmaß erfolgt – sind zugrunde zu legen:
- die tatsächlichen Maße, dabei werden die Maße in der Abwicklung der Flächen ermittelt,
- bei der Pflege von Dachbegrünungen die tatsächliche Vegetationsfläche einschließlich eventueller Randstreifen.

5.1.2 Flächen werden getrennt nach Flächenneigungen abgerechnet, wenn ihre Neigung steiler als 1 : 4 ist.

5.1.3 Abtrag wird an der Entnahmestelle ermittelt.

5.1.4 Bodenlager werden jeweils im Einzelnen nach ihrer Fertigstellung ermittelt.

5.1.5 Anschüttungen, Andeckungen, Einbau von Schichten werden im fertigen, Vegetationstragschichten im gesetzten Zustand zur Zeit der Abnahme an den Auftragstellen ermittelt.

5.1.6 Boden wird, getrennt nach Bodengruppen, nach DIN 18915 und, soweit 50 m Förderweg überschritten werden, auch gestaffelt nach Länge der Förderwege abgerechnet.

5.1.7 Ist nach Masse abzurechnen, so ist diese durch Wiegen, bei Schiffsladungen durch Schiffseiche festzustellen.

5.1.8 Zu rodende Pflanzen werden vor dem Roden ermittelt, dabei Sträucher getrennt nach Höhe, Bäume getrennt nach Stammdurchmesser, der in 1 m Höhe über dem Gelände ermittelt wird. Bei mehrstämmigen Bäumen gilt als Durchmesser die Summe der Durchmesser der einzelnen Stämme.

5.1.9 Schnitt von Hecken wird nach der bearbeiteten Fläche ermittelt.

5.1.10 Bei der Auszählung von Flächenpflanzungen, z.B. aus bodendeckenden Stauden und Gehölzen, leichten Sträuchern und Heistern, werden Ausfälle bis zu 5 % der Gesamtstückzahl nicht berücksichtigt, wenn trotz Ausfall einzelner Pflanzen ein geschlossener Eindruck entsteht.

5.2 Es werden abgezogen:

5.2.1 Bei der Abrechnung nach Flächenmaß:
- bei Nass- und Trockenansaaten nach DIN 18918, Aussparungen über 100 m^2 Einzelfläche, z.B. Felsflächen, Bauwerke;
- bei sonstigen Flächen, Aussparungen über 2,5 m^2 Einzelfläche, z.B. Bäume, Baumscheiben, Stützen, Einläufe, Felsnasen, Schrittplatten.

5.2.2 Bei der Abrechnung nach Längenmaß: Unterbrechungen über 1 m Länge.

Erläuterungen

Die ATV DIN 18320 „Landschaftsbauarbeiten", Ausgabe September 2012, wurde redaktionell überarbeitet; die Normenverweise wurden aktualisiert.

Für die Abrechnung haben sich gegenüber der bisherigen Ausgabe keine Änderungen ergeben.

5 Abrechnung

Ergänzend zur ATV DIN 18299, Abschnitt 5, gilt:

Siehe Kommentierung zu Abschnitt 5 der ATV DIN 18299 „Allgemeine Regelungen für Bauarbeiten jeder Art".

5.1 Allgemeines

5.1.1 Der Ermittlung der Leistung – gleichgültig, ob sie nach Zeichnungen oder nach Aufmaß erfolgt – sind zugrunde zu legen:

- **die tatsächlichen Maße, dabei werden die Maße in der Abwicklung der Flächen ermittelt,**
- **bei der Pflege von Dachbegrünungen die tatsächliche Vegetationsfläche einschließlich eventueller Randstreifen.**

Die ausgeführte Leistung ist meist aufgrund von Aufmaßen zu ermitteln, weil entsprechend genaue Ausführungspläne nicht vorliegen, zumal auch bei den für Landschaftsbauarbeiten typischen schrägen oder gekrümmten Geländeflächen das „Abwicklungs"-Maß der Leistung nicht aus Lageplänen entnommen werden kann *(Bild 1)*.

Für die Leistungsermittlung bei Bodenbewegungen (Abtrag, Lagerung, Andeckung usw.) gilt sinngemäß die Kommentierung zur ATV DIN 18300 „Erdarbeiten".

Böschungsandeckung

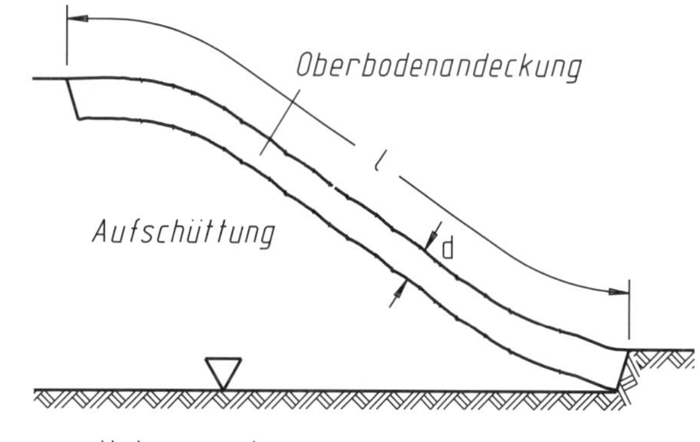

Bild 1

d = mittlere Dicke.

5.1.2 Flächen werden getrennt nach Flächenneigungen abgerechnet, wenn ihre Neigung steiler als 1 : 4 ist.

Die getrennte Ermittlung der jeweiligen Abrechnungsflächen richtet sich nach der Positionseinteilung im Leistungsverzeichnis *(Bild 2)*.

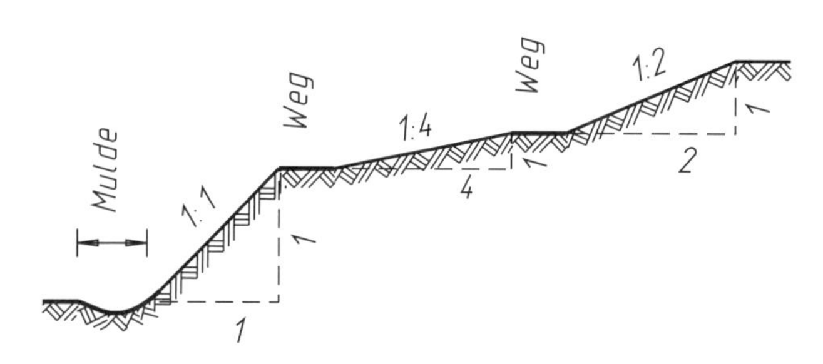

Bild 2

Besondere Geländegestaltungen, z. B. Mulden, werden meist gesondert abgerechnet.

5.1.3 Abtrag wird an der Entnahmestelle ermittelt.

Die für die Abrechnung geltenden tatsächlichen Maße des Abtrags sind an der Abtrags(Entnahme)-stelle festzustellen, bei flächigem Abtrag die (mittlere) Dicke durch Nivellement vor und nach dem Abtrag *(Bild 3)*.

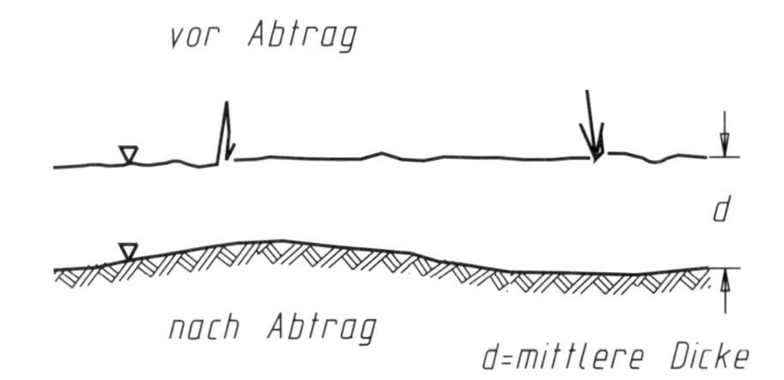

Bild 3

Abtragsmenge $V = d \cdot \mathit{Fläche}\ (m^3)$.

5.1.4 Bodenlager werden jeweils im Einzelnen nach ihrer Fertigstellung ermittelt.

Bodenlager werden regelmäßig in leicht aufmessbaren Mieten angelegt *(Bild 4).*

Bodenmiete

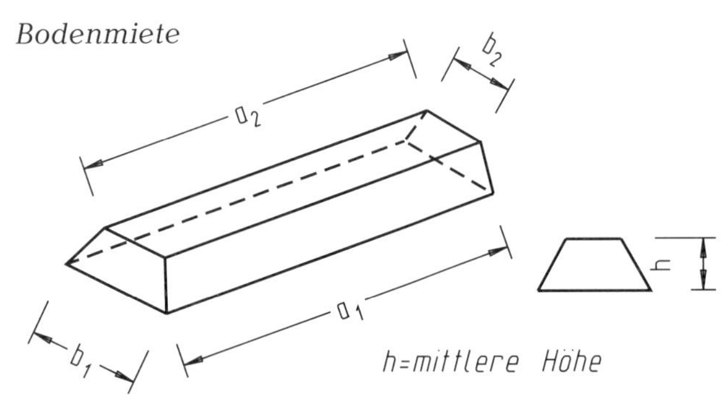

Bild 4

Raummaß des Ablagerungskörpers (Bodenmiete) nach Näherungsformel (siehe Kommentierung zur ATV DIN 18300 „Erdarbeiten", Abschnitt 5.1.1).

$$V = h \cdot \left(\frac{a_1 + a_2}{2}\right) \cdot \left(\frac{b_1 + b_2}{2}\right).$$

5.1.5 Anschüttungen, Andeckungen, Einbau von Schichten werden im fertigen, Vegetationstragschichten im gesetzten Zustand zur Zeit der Abnahme an den Auftragstellen ermittelt.

Die für die Abrechnung geltenden tatsächlichen Maße des Auftrags sind an der Auftragsstelle festzustellen, bei flächigem Auftrag durch Nivellement vor und nach dem Auftrag; *Bild 3* gilt sinngemäß.

Rasensoden-Andeckung

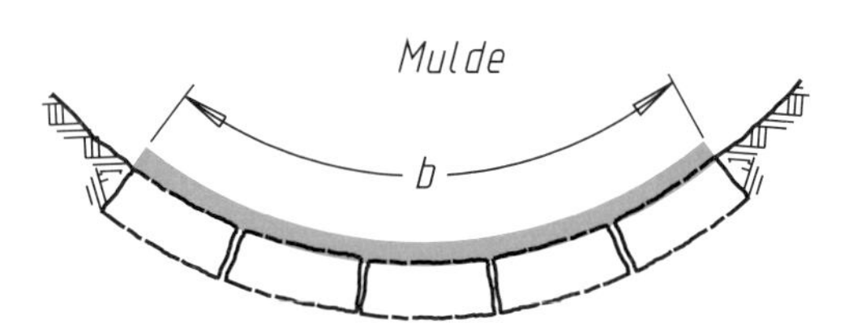

Bild 5

$\mathit{Fläche} = b \cdot \mathit{Länge}\ (m^2)$.

Bei sehr ungleichmäßigen Unterlagen und/oder Auftragsoberflächen ist meist zweckmäßigerweise im Leistungsverzeichnis die Ermittlung der Abrechnungsmenge an der Entnahmestelle oder auf dem Transportgerät festgelegt.

5.1.6 Boden wird, getrennt nach Bodengruppen, nach DIN 18915 und, soweit 50 m Förderweg überschritten werden, auch gestaffelt nach Länge der Förderwege abgerechnet.

Bodengruppen nach DIN 18915, Tabelle 1:

1 = organischer Boden
2 = nicht bindiger Boden
3 = nicht bindiger, steiniger Boden
4 = schwach bindiger Boden
5 = schwach bindiger, steiniger Boden
6 = bindiger Boden
7 = bindiger, steiniger Boden
8 = stark bindiger Boden
9 = stark bindiger, steiniger Boden
10 = stark steiniger Boden.

Übliche Staffeln für die Länge des Förderweges nach dem „Standardleistungskatalog für den Straßen- und Brückenbau (STLK)":

bis 0,25 km
über 0,25 bis 0,5 km
über 0,5 bis 1 km
über 1 bis 2,5 km
über 2,5 bis 5 km.

Förderweglänge

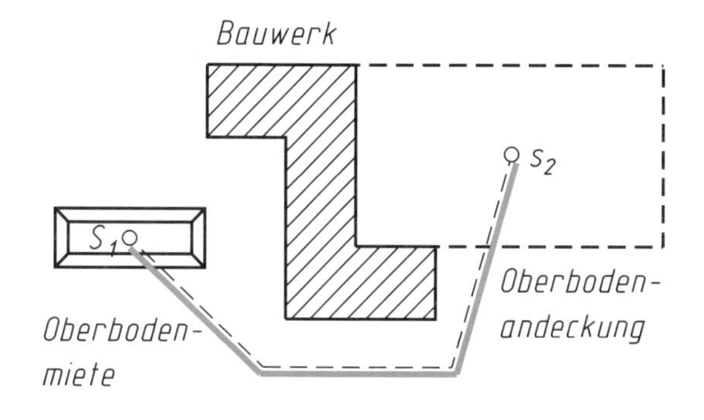

Bild 6

S_1 und S_2 = jeweils Schwerpunkt

Länge des Förderweges = S_1 bis S_2

5.1.7 Ist nach Masse abzurechnen, so ist diese durch Wiegen, bei Schiffsladungen durch Schiffseiche festzustellen.

Abzurechnen ist aufgrund von Frachtbriefen oder Wiegescheinen einer geeichten Waage, auf denen die Masse des Fahrzeugs im leeren und im jeweils beladenen Zustand festgehalten wird. Meist ist eine geeichte automatische oder eine geeichte handbediente mit einem Sicherheitsausdruck versehene Waage (in der Regel Brückenwaage) verlangt.

Diese Abrechnungsart kommt bei Schüttgütern in Betracht wie Bodenverbesserungsstoffen, Dünger, Kalk, Saatgut.

5.1.8 Zu rodende Pflanzen werden vor dem Roden ermittelt, dabei Sträucher getrennt nach Höhe, Bäume getrennt nach Stammdurchmesser, der in 1 m Höhe über dem Gelände ermittelt wird. Bei mehrstämmigen Bäumen gilt als Durchmesser die Summe der Durchmesser der einzelnen Stämme.

Die Höhe zu rodender Sträucher (Buschwerk) wird vom Gelände bis zu den Strauchspitzen, die Breite (bei Abrechnung nach Flächenmaß) 1 m über dem Gelände gemessen.

Übliche Staffeln nach dem „Standardleistungskatalog für den Straßen- und Brückenbau (STLK)“:

- mittlere Höhe: bis 2 m
  über 2 bis 3 m.
- Breite: bis 1 m
  über 1 bis 3 m
  über 3 bis 5 m.

Bei zu rodenden Bäumen übliche Durchmesserstaffeln nach dem STLK:

über 0,1 bis 0,3 m

über 0,3 bis 0,5 m

über 0,5 bis 0,75 m

über 0,75 bis 1 m.

Bei zu rodenden Wurzelstöcken früher gefällter Bäume wird der Durchmesser der Schnittstelle gemessen, wenn nichts anderes vereinbart ist.

5.1.9 Schnitt von Hecken wird nach der bearbeiteten Fläche ermittelt.

Die bearbeitete (geschnittene) Heckenfläche wird in der Abwicklung gemessen *(Bild 7)*.

Schnitt einer Hecke, allseitig

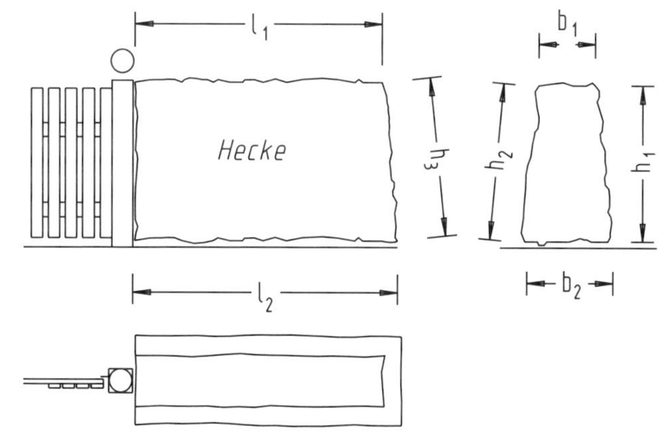

Bild 7

$$A = \frac{b_1 + b_2}{2} \cdot h_1 + 2 \cdot \frac{l_1 + l_2}{2} \cdot h_2 + \frac{b_1 + b_2}{2} \cdot h_3 \ (m^2).$$

Bei lang gestreckten Hecken mit einheitlicher Größe und derselben Schnittbearbeitung wird regelmäßig nach Längenmaß (m) abgerechnet.

5.1.10 Bei der Auszählung von Flächenpflanzungen, z. B. aus bodendeckenden Stauden und Gehölzen, leichten Sträuchern und Heistern, werden Ausfälle bis zu 5 % der Gesamtstückzahl nicht berücksichtigt, wenn trotz Ausfall einzelner Pflanzen ein geschlossener Eindruck entsteht.

Der „geschlossene Eindruck" ist nicht mehr gegeben, wenn sich die „Ausfälle" in größeren, auffälligen Flächen konzentrieren.

5.2 Es werden abgezogen:

5.2.1 Bei der Abrechnung nach Flächenmaß:

- **bei Nass- und Trockenansaaten nach DIN 18918, Aussparungen über 100 m² Einzelfläche, z. B. Felsflächen, Bauwerke;**
- **bei sonstigen Flächen, Aussparungen über 2,5 m² Einzelfläche, z.B. Bäume, Baumscheiben, Stützen, Einläufe, Felsnasen, Schrittplatten.**

Felsfläche mit Nassansaat

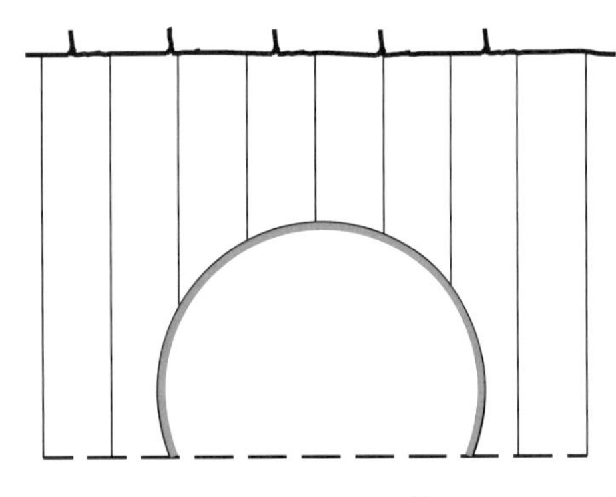

Tunnelmund
einschl. Portalkranz
Fläche = *89 m²*

Bild 8

Der Tunnel wird nicht abgezogen, da kleiner als 100 m² *(Bild 8)*.

Rastplatz in/an Rasenfläche

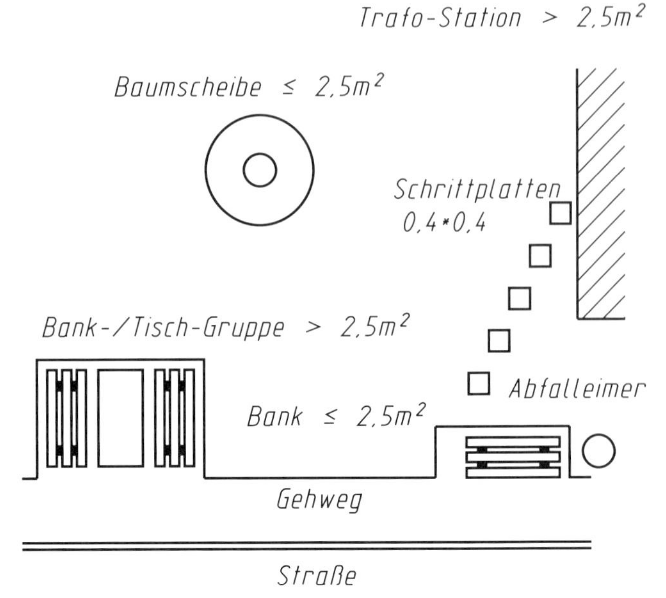

Bild 9

Bei der Ermittlung der Fläche für die Ansaat des Rasens *(Bild 9)*

- werden abgezogen: Bank-/Tisch-Gruppe und Trafo-Station,
- werden nicht abgezogen: Baumscheibe, Bank, Abfallbehälter sowie die Schrittplatten, da jede einzelne Platte kleiner als 2,5 m².

5.2.2 Bei der Abrechnung nach Längenmaß: Unterbrechungen über 1 m Länge.

Lang gestreckte Hecke

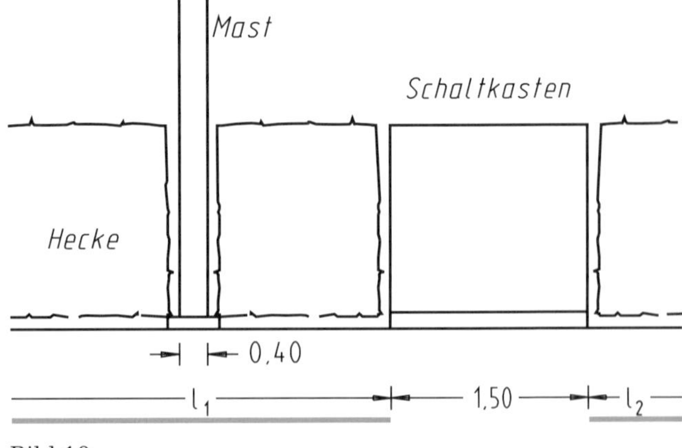

Bild 10

Die Unterbrechung der Hecke durch den Mast wird nicht, die durch den Schaltkasten wird abgezogen.

Mulde, mit Rasensoden ausgelegt

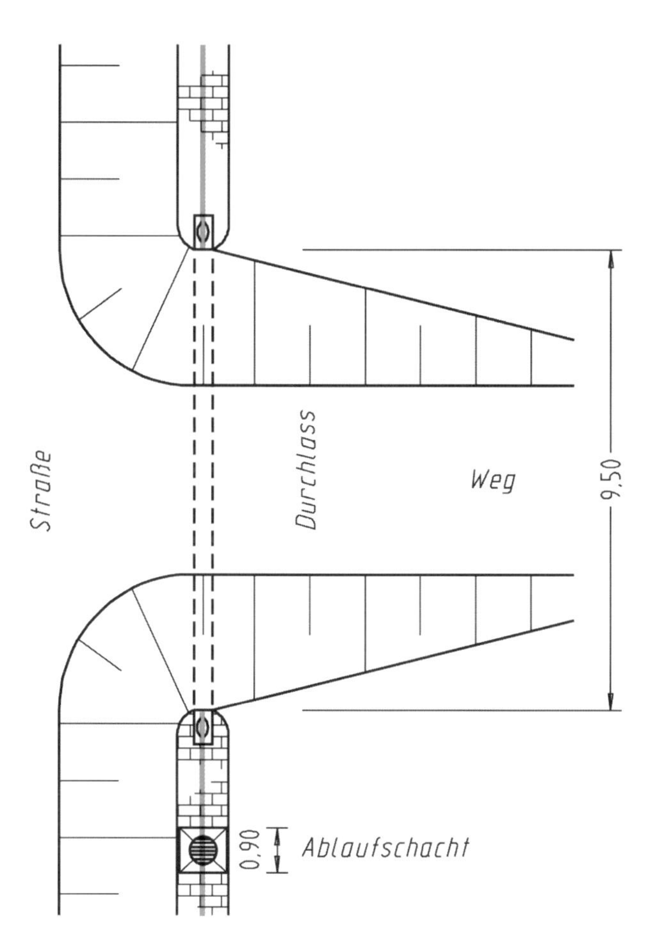

Bild 11

Die Schachtabdeckung und die Böschungsköpfe des Durchlasses werden nicht, die Länge des Wegdurchlasses wird abgezogen.

Düsenstrahlarbeiten – DIN 18321

Ausgabe September 2012

Geltungsbereich

Die ATV DIN 18321 „Düsenstrahlarbeiten" gilt für das Dichten oder Verfestigen von Boden, Fels und Auffüllungen durch Düsenstrahlverfahren.

Die ATV DIN 18321 gilt nicht für

- **die für Düsenstrahlarbeiten vorzunehmenden Bohrarbeiten (siehe ATV DIN 18301 „Bohrarbeiten"),**
- **Einpressarbeiten (siehe ATV DIN 18309 „Einpressarbeiten").**

Ergänzend gilt die ATV DIN 18299 „Allgemeine Regelungen für Bauarbeiten jeder Art", Abschnitte 1 bis 5. Bei Widersprüchen gehen die Regelungen der ATV DIN 18321 vor.

0.5 Abrechnungseinheiten

Im Leistungsverzeichnis sind die Abrechnungseinheiten, getrennt nach Boden- und Bauart sowie der Mischung der Düsenstrahlsuspension, wie folgt vorzusehen:

- ***Düsenstrahlelemente nach Düslänge (m),***
- ***Prüfungen nach Anzahl (Stück), getrennt nach Prüfverfahren,***
- ***Beseitigen des Überprofils nach Flächenmaß (m²),***
- ***Entsorgen des Rückflusses nach Raummaß (m³) oder Masse (kg, t),***
- ***Beseitigen des mit Rückfluss verfestigten Bodens aus den Arbeitsebenen, getrennt nach Arbeitsbereichen, nach Anzahl (Stück),***
- ***Umsetzen von Einrichtungen, getrennt nach Entfernung, nach Anzahl (Stück) sowie***
- ***Probeelemente und deren Prüfungen nach Anzahl (Stück).***

5 Abrechnung

Ergänzend zur ATV DIN 18299, Abschnitt 5, gilt:

5.1 Die Düslänge wird aus der plangemäßen Düsstrecke ermittelt.

5.2 Die Fläche für das Beseitigen des Überprofils wird aus der Projektion der plangemäßen Sichtfläche ermittelt.

Erläuterungen

Die ATV DIN 18321 „Düsenstrahlarbeiten", Ausgabe September 2012, wurde redaktionell überarbeitet; die Normenverweise wurden aktualisiert.

Für die Abrechnung haben sich gegenüber der bisherigen Ausgabe keine Änderungen ergeben.

5 Abrechnung

Ergänzend zur ATV DIN 18299, Abschnitt 5, gilt:

Siehe Kommentierung zu Abschnitt 5 der ATV DIN 18299 „Allgemeine Regelungen für Bauarbeiten jeder Art".

5.1 Die Düslänge wird aus der plangemäßen Düsstrecke ermittelt.

Statisch erforderlicher Stützkörper

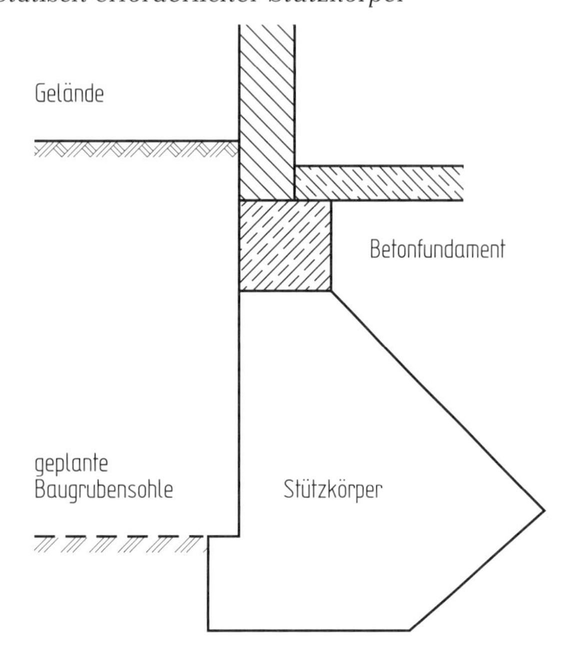

Bild 1

Zwei sich überschneidende Düsenstrahlelemente

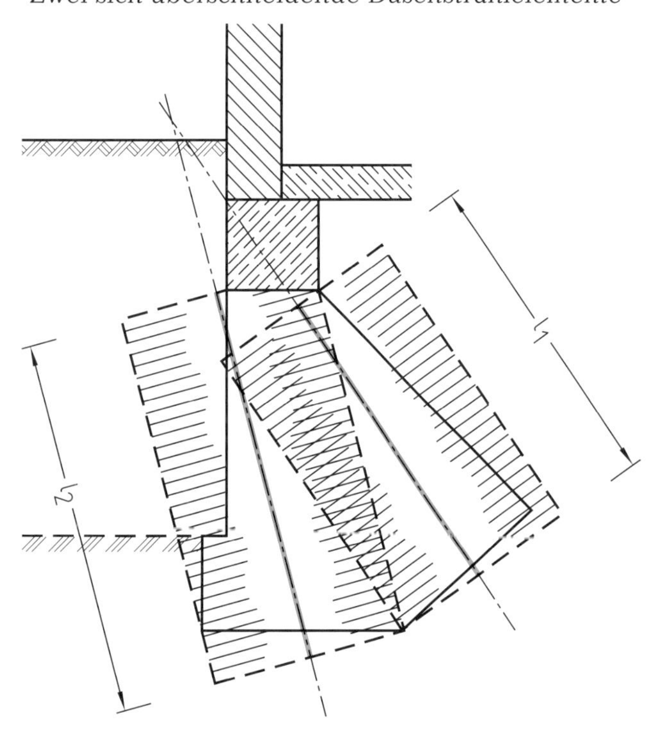

Bild 2

Plangemäße Düsstrecken = $l_1 + l_2$.

5.2 Die Fläche für das Beseitigen des Überprofils wird aus der Projektion der plangemäßen Sichtfläche ermittelt.

Zu beseitigendes Überprofil

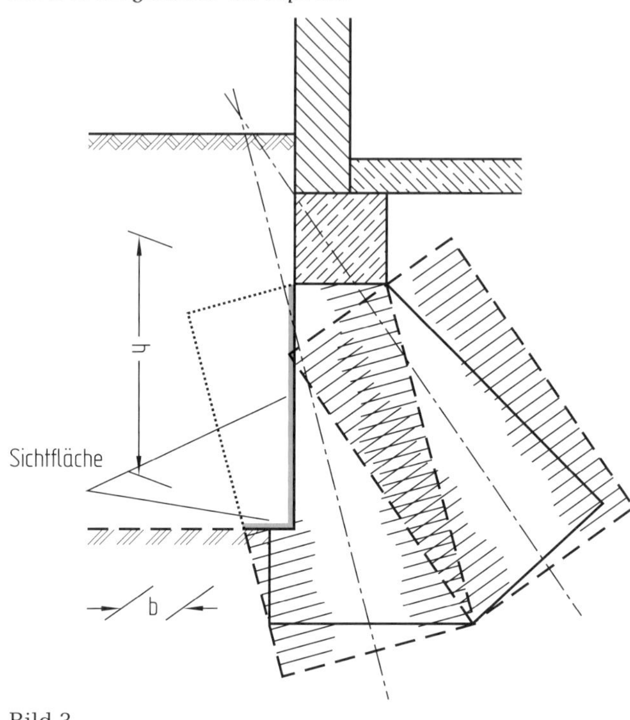

Bild 3

Plangemäße Sichtfläche
= $(h + b)$ · *Länge der Unterfangung.*

Kabelleitungstiefbauarbeiten – DIN 18322

Ausgabe September 2012

Geltungsbereich

Die ATV DIN 18322 „Kabelleitungstiefbauarbeiten" gilt für das Legen von Kabeln und Kabelschutzrohren und für das Herstellen und Instandsetzen von Kabelkanälen, einschließlich der dazugehörigen Schächte, Maste, Verteilerschränke und dergleichen.

Sie gilt auch für den Aufbruch befestigter Oberflächen für Kabelleitungstiefbauarbeiten.

Die ATV DIN 18322 gilt nicht für die bei Kabelleitungstiefbauarbeiten auszuführenden Erdarbeiten (siehe ATV DIN 18300 „Erdarbeiten"), Verbauarbeiten (siehe ATV DIN 18303 „Verbauarbeiten") und Verkehrswegebauarbeiten (siehe ATV DIN 18315 bis ATV DIN 18318 „Verkehrswegebauarbeiten").

Die ATV DIN 18322 gilt auch nicht für

- **Rohrvortriebsarbeiten (siehe ATV DIN 18319 „Rohrvortriebsarbeiten") sowie**
- **elektrische Kabel- und Leitungsanlagen, die als nicht selbstständige Außenanlagen zu den Gebäuden gehören (siehe ATV DIN 18382 „Nieder- und Mittelspannungsanlagen bis 36 kV").**

Ergänzend gilt die ATV DIN 18299 „Allgemeine Regelungen für Bauarbeiten jeder Art", Abschnitte 1 bis 5. Bei Widersprüchen gehen die Regelungen der ATV DIN 18322 vor.

0.5 Abrechnungseinheiten

Im Leistungsverzeichnis sind die Abrechnungseinheiten, getrennt nach Bauart, Stoffen und Maßen, z. B. Kabel- oder Rohrdurchmesser, sowie gegebenenfalls zusätzlich gestaffelt nach Längen der Förderwege, wie folgt vorzusehen:

- *Aufstellen, Vorhalten, Umsetzen und Abbauen von Verkehrszeichen und Verkehrslenkungseinrichtungen nach Anzahl (Stück),*
- *Aufstellen, Vorhalten, Umsetzen und Abbauen von Absperrungen nach Längenmaß (m),*
- *Aufstellen, Vorhalten, Umsetzen und Abbauen von Fußgänger- und Behelfsbrücken, zusätzlich getrennt nach Brückenklassen, nach Anzahl (Stück),*
- *Baumschutz nach Flächenmaß (m²) oder Anzahl (Stück); Rückschnitt und Wurzelbehandlung nach Anzahl (Stück),*
- *Beseitigen einzelner Bäume, Sträucher, Steine und dergleichen nach Anzahl (Stück),*
- *Entfernen und Wiedererrichten von Einfriedungen und dergleichen nach Längenmaß (m) oder Anzahl (Stück),*
- *Beseitigen von Hindernissen nach Raummaß (m³), z. B. Mauerreste, oder Anzahl (Stück), z. B. Baumstümpfe,*
- *Aufbruch nach Flächenmaß (m²),*
- *Sichern von Leitungen nach Längenmaß (m) oder nach Anzahl (Stück),*
- *Entsorgen ausgebauter und nicht wieder verwendbarer, unbelasteter Stoffe und Bauteile nach Raummaß (m³), Flächenmaß (m²), Längenmaß (m), Anzahl (Stück) oder Masse (kg, t),*
- *Liefern von Füllstoffen, Verfüllen von Rohren, Hohlräumen und dergleichen nach Raummaß (m³) oder Masse (kg, t),*
- *Legen und Ausbauen von Kabeln, Rohren, Kabelkanälen, Erdungsleitern sowie Kabelschutz und dergleichen nach Längenmaß (m),*
- *Anpassen und Schnitte an Kabelkanälen aus Fertigteilen nach Längenmaß (m) oder Anzahl (Stück),*
- *Einbauen von Formstücken, z. B. Abzweige, Krümmer, Rohradapter, nach Anzahl (Stück),*
- *Herstellen und Einbauen von Schächten nach Längenmaß (m) oder Anzahl (Stück),*

- *Einbauen von Fertig- und Einzelteilen, z. B. Kabelfertigteilschächte, Schachtunterteile, Schachtringe, Übergangsringe, Platten, Schachthälse, Schachtabdeckungen, Schmutzfänger, Steighilfen, nach Anzahl (Stück),*
- *Einbauen von Zubehörteilen nach Anzahl (Stück),*
- *Einbauen oder Aufstellen und Abbauen von Verteilerschränken, Pfosten, Masten und dergleichen nach Anzahl (Stück),*
- *Einbauen von Verbindungs- und Verteilungseinrichtungen nach Anzahl (Stück),*
- *Herstellen von Einbindungen, Befestigungen, Anschlüssen, Verbindungen und dergleichen sowie Rohrschnitte nach Anzahl (Stück),*
- *Anbohrungen, Kernbohrungen und dergleichen nach Anzahl (Stück),*
- *Reinigen von Rohren und Kabelkanalzügen nach Längenmaß (m),*
- *Verkappen von Kabeln, Abdichten von Rohren und Kabelkanalzügen nach Anzahl (Stück),*
- *Trennschnitte bei gebundenem Oberbau, Fugenschneiden und Fugenverguss, z. B. von Bewegungs- und Randfugen, nach Längenmaß (m),*
- *Reinigen aufgenommener und beigestellter Bauteile, z. B. Pflaster, Platten, nach Flächenmaß (m²) oder Anzahl (Stück),*
- *Dokumentationen nach Anzahl (Stück) oder Dokumentation von Leitungen nach Längenmaß (m).*

5 Abrechnung

Ergänzend zur ATV DIN 18299, Abschnitt 5, gilt:

5.1 Allgemeines

5.1.1 Bei der Mengenermittlung sind die üblichen Näherungsverfahren zulässig.

5.1.2 Die Mengen des Aufbruchs sind an der Aufbruchstelle im Abtrag zu ermitteln.

5.1.3 Die Mengen des Einbaus sind im fertigen Zustand zu ermitteln.

5.2 Abrechnung nach Längenmaß

5.2.1 Bei Abrechnung nach Längenmaß wird die Länge in der Mittelachse der Bauteile gerechnet, dabei werden Unterbrechungen unter 1 m Länge sowie Rohrverbindungen, Formstücke und dergleichen übermessen.

Längen werden auf die nächsten vollen 10 cm aufgerundet.

5.2.2 Jedes Kabel, einschließlich der vorgegebenen Vorratslängen, und jedes Kabelschutzrohr und Kabelkanalrohr wird in seiner Gesamtlänge nach Abschnitt 5.2.1 gerechnet.

5.3 Abrechnung nach Flächenmaß

5.3.1 Aussparungen oder Einbauten bis 1 m² Einzelgröße werden übermessen.

Bindet eine Aussparung anteilig in angrenzende, getrennt zu rechnende Flächen mit verschiedenen Befestigungen ein, wird zur Ermittlung der Übermessungsgröße die jeweils anteilige Aussparungsfläche gerechnet.

5.3.2 Fugen werden übermessen. Schienen werden nur dann übermessen, wenn beidseitig der Schienen Flächen mit gleicher Befestigungsart liegen.

5.3.3 Einzelflächen unter 0,50 m² werden mit 0,50 m² gerechnet.

5.4 Abrechnung nach Masse
Ist nach Masse abzurechnen, so ist diese durch Wiegen festzustellen.

Erläuterungen

(1) Die ATV DIN 18322 „Kabelleitungstiefbauarbeiten", Ausgabe September 2012, wurde in den Verweisen auf die VOB/A, VOB/B und VOB/C aktualisiert. Ansonsten erfolgten keine weiteren Änderungen.

(2) Weil die ATV DIN 18322 auch für den Aufbruch befestigter Oberflächen gilt, sind bei der Ausführung und Abrechnung von Kabelleitungsgräben verschiedene Vorschriften zu beachten, die nachfolgend erläutert werden:

Kabelleitungsgraben im Gelände

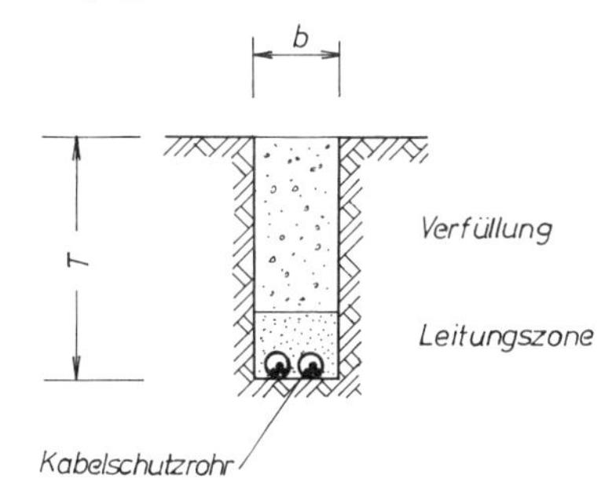

Bild 1

Die Festlegung der Grabenbreite und der Grabensicherung sowie die Abrechnung des Aushubs und der Verfüllung einschließlich der Leitungszone erfolgt nach ATV DIN 18300.

Kabelleitungsgraben im Fahrbahnbereich einer Straße

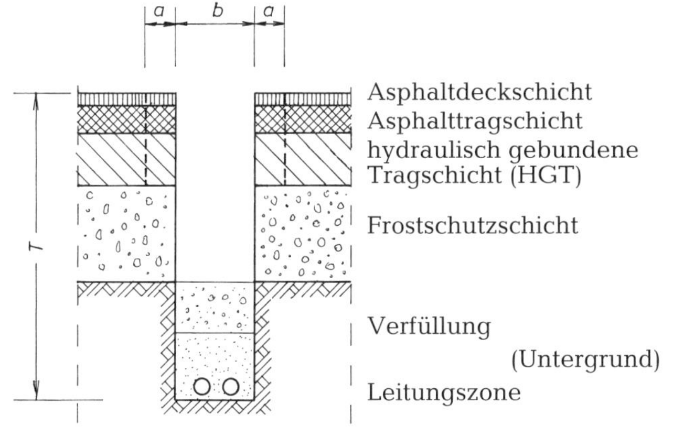

Bild 2

b = Grabenbreite nach ATV DIN 18300.

a = Zurückzuschneidende Mindestmehrbreite gemäß Zeile 1 und 2 der Tabelle 1 der ATV DIN 18322.

Die Ausführung und Abrechnung des Aufbruchs der Asphaltdeckschicht, Asphalttragschicht und der hydraulisch gebundenen Tragschicht erfolgt nach ATV DIN 18322 unter Berücksichtigung der Mehrbreiten *a*. Der Aufbruch im Bereich der Mehrbreiten *a* wird erst nach dem Verfüllen des Grabens bis OK Frostschutzschicht ausgeführt.

Die Abrechnungsbreite *b* und die Sicherung des Grabens wird nach ATV DIN 18300 festgelegt.

Die Ausführung und Abrechnung des Aushubs der Frostschutzschicht und des Untergrundes erfolgt nach ATV DIN 18300.

Die Ausführung und Abrechnung der Verfüllung des Grabens im Bereich der Leitungszone sowie oberhalb der Leitungszone bis UK Frostschutzschicht erfolgt nach ATV DIN 18300.

Die Ausführung und Abrechnung des Einbaus der Frostschutzschicht erfolgt nach ATV DIN 18315.

Die Ausführung und Abrechnung des Einbaus der hydraulisch gebundenen Tragschicht erfolgt nach ATV DIN 18316.

Die Ausführung und Abrechnung des Einbaus der Asphaltschichten erfolgt nach ATV DIN 18317.

Kabelleitungsgraben in befestigten Bereichen aus Pflasterdecken und Plattenbelägen:

Die Ausführung und Abrechnung des Aufbruchs der Pflasterdecken und Plattenbeläge erfolgt unter Berücksichtigung der Mehrbreiten *a* gemäß den Zeilen 3 bis 6 der Tabelle 1 nach ATV DIN 18322. Weiteres siehe *Bilder 3 und 4.*

Für die darunter liegenden Schichten gelten die Erläuterungen zu *Bild 2* sinngemäß.

Die Ausführung und Abrechnung des Einbaus der ungebundenen Pflasterdecken und Plattenbeläge erfolgt nach ATV DIN 18318.

Für die Ausführung und Abrechnung des Einbaus von gebundenen Pflasterdecken und Plattenbelägen sind die Regelungen des jeweiligen Bauvertrags zu beachten.

Tabelle 1: Mehrbreiten zur Rücknahme und Reststreifenbreiten

<table>
<tr><th rowspan="2">Nr.</th><th rowspan="2">Oberbau</th><th colspan="2">Mehrbreiten zu Gräben/Gruben je Randzone zur Rücknahme der Decken und gebundenen Tragschichten</th><th rowspan="2">Reststreifen-breiten [2]</th></tr>
<tr><th>Tiefe ≤ 2 m</th><th>Tiefe > 2 m</th></tr>
<tr><td></td><td>1</td><td>2</td><td>3</td><td>4</td></tr>
<tr><td>1</td><td>Asphaltschichten (Deck- und Tragschichten)</td><td>15 cm</td><td>20 cm</td><td>≤ 35 cm</td></tr>
<tr><td>2</td><td>Betondecke und gebundene Tragschichten</td><td>15 cm</td><td>20 cm</td><td>≤ 85 cm</td></tr>
<tr><td>3</td><td>Platten auf ungebundener Schicht</td><td colspan="3"></td></tr>
<tr><td>3.1</td><td>Fahrbahn</td><td rowspan="2">Formatbreite, mind. 15 cm</td><td rowspan="2">Formatbreite, mind. 20 cm</td><td>≤ 40 cm</td></tr>
<tr><td>3.2</td><td>Gehweg</td><td>≤ 20 cm</td></tr>
<tr><td>4</td><td>Pflaster auf ungebundener Schicht</td><td colspan="3"></td></tr>
<tr><td>4.1</td><td>Fahrbahn</td><td rowspan="2">Formatbreite, mind. 15 cm</td><td rowspan="2">Formatbreite, mind. 20 cm</td><td>≤ 40 cm oder ≤ 1/2 Bogenbreite</td></tr>
<tr><td>4.2</td><td>Gehweg</td><td>≤ 20 cm</td></tr>
<tr><td>5</td><td>Platten auf gebundener Schicht</td><td colspan="3"></td></tr>
<tr><td>5.1</td><td>Decke (Platten auf gebundener Bettungsschicht) Fahrbahn</td><td rowspan="2">15 cm + 15 cm[1]</td><td rowspan="2">20 cm + 15 cm[1]</td><td>≤ 40 cm</td></tr>
<tr><td>5.2</td><td>Decke (Platten auf gebundener Bettungsschicht) Gehweg</td><td>≤ 20 cm</td></tr>
<tr><td>5.3</td><td>Gebundene Tragschicht Fahrbahn</td><td rowspan="2">15 cm</td><td rowspan="2">15 cm</td><td rowspan="2">–</td></tr>
<tr><td>5.4</td><td>Gebundene Tragschicht Gehweg</td></tr>
<tr><td>6</td><td>Pflaster auf gebundener Schicht</td><td colspan="3"></td></tr>
<tr><td>6.1</td><td>Decke (Pflaster auf gebundener Bettungsschicht) Fahrbahn</td><td rowspan="2">15 cm + 15 cm[1]</td><td rowspan="2">20 cm + 15 cm[1]</td><td>≤ 40 cm oder ≤ 1/2 Bogenbreite</td></tr>
<tr><td>6.2</td><td>Decke (Pflaster auf gebundener Bettungsschicht) Gehweg</td><td>≤ 20 cm</td></tr>
<tr><td>6.3</td><td>Gebundene Tragschicht Fahrbahn</td><td rowspan="2">15 cm</td><td rowspan="2">15 cm</td><td rowspan="2">–</td></tr>
<tr><td>6.4</td><td>Gebundene Tragschicht Gehweg</td></tr>
<tr><td></td><td colspan="4">[1] Ragen die Platten oder Pflastersteine in diesen zusätzlichen Rücknahmestreifen hinein, so sind sie ebenfalls aufzunehmen und neu zu verlegen.
[2] Die Reststreifen schließen unmittelbar an die 15/20 cm breiten Rücknahmestreifen ohne Berücksichtigung der Formatbreiten an.</td></tr>
</table>

5 Abrechnung

Ergänzend zur ATV DIN 18299, Abschnitt 5, gilt:

Siehe Kommentierung zu Abschnitt 5 der ATV DIN 18299 „Allgemeine Regelungen für Bauarbeiten jeder Art".

Ausführungszeichnungen des Auftraggebers werden für die Abrechnung von Kabelleitungstiefbauarbeiten in der Regel nicht verwendet werden können, weil der genaue Verlauf und zum Teil auch die Tiefe der Kabeltrasse, die Lage der Schächte, Masten und Verteilerschränke vor Ort festgelegt werden. In diesen Fällen ist nach örtlichem Aufmaß abzurechnen.

Dies gilt auch für den Straßenaufbruch, dessen Dicke und Aufbau, z. B. in alten Straßen, meist erst während der Ausführung festgestellt werden kann.

5.1 Allgemeines

5.1.1 Bei der Mengenermittlung sind die üblichen Näherungsverfahren zulässig.

Siehe Kommentierung zu Abschnitt 5.1.1 der ATV DIN 18300 „Erdarbeiten".

5.1.2 Die Mengen des Aufbruchs sind an der Aufbruchstelle im Abtrag zu ermitteln.

Die Größe des Aufbruchs im Straßenbereich wird bestimmt durch die Grabenbreite gemäß ATV DIN 18300 sowie durch die Mehrbreiten für die Rücknahme und gegebenenfalls Reststreifenbreite gemäß Tabelle 1 der ATV DIN 18322.

Näheres zur Grabenbreite siehe Kommentierung zu Abschnitt 5.2 der ATV DIN 18300 „Erdarbeiten".

Aufbruch in einem Gehweg mit Plattenbelag in gebundener Ausführung (Grabentiefe T ≤ 2 m)

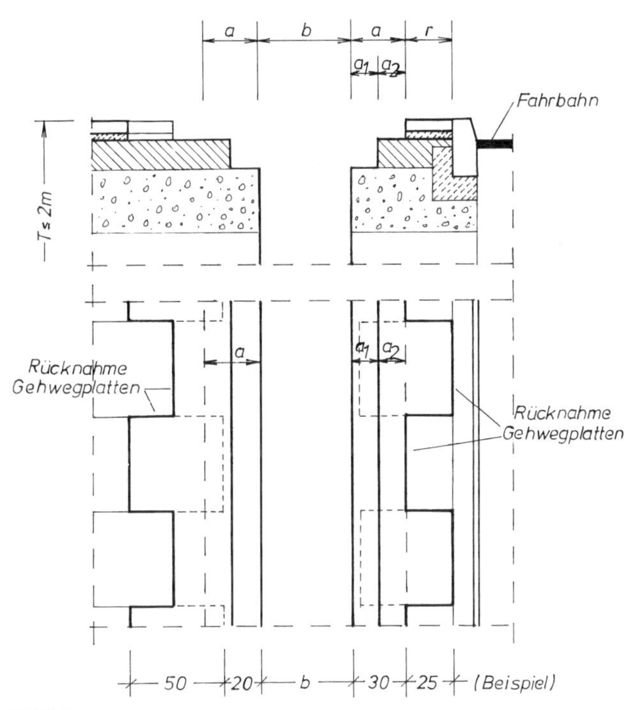

Bild 3

b = Grabenbreite.

a = Mehrbreiten für Rücknahme gemäß Zeile 5.2 der Tabelle 1.

a_1 = Mehrbreite für Rücknahme der gebundenen Tragschicht gemäß Zeile 5.4 der Tabelle 1, mind. 15 cm.

a_2 = Mehrbreite für Rücknahme der Gehwegplatten auf gebundener Bettungsschicht gemäß Zeile 5.2 der Tabelle 1, mind. 15 cm. In diesen Streifen hineinragende Platten sind ebenfalls aufzunehmen.

r = Reststreifenbreite gemäß Zeile 5.2 der Tabelle 1. Ist die Reststreifenbreite ≤ 20 cm, ist dieser Bereich ebenfalls aufzunehmen.

Beispiel: a = *15 cm + 15 cm = 30 cm.*
r = *55 cm – 30 cm = 25 cm > 20 cm.*
Reststreifenbreite ist nicht aufzunehmen.

Aufbruch in einem Gehweg mit Plattenbelag in ungebundener Ausführung (Grabentiefe $T \leq 2$ m)

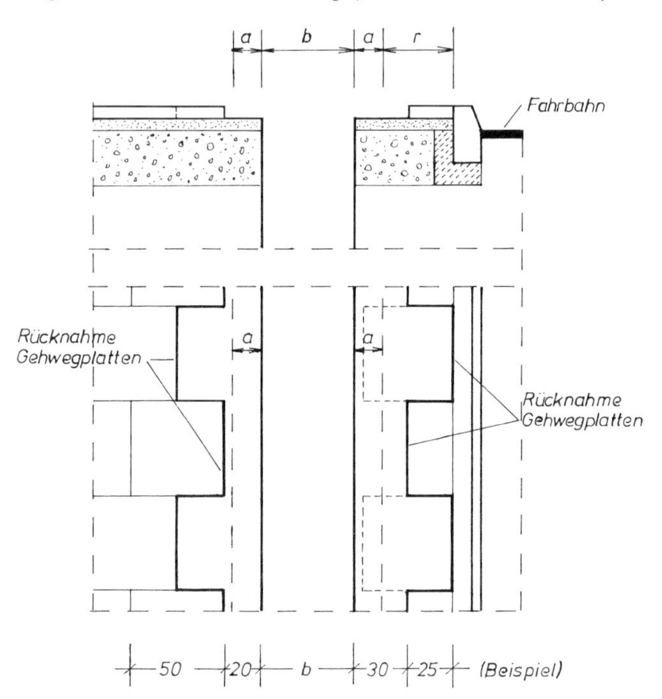

Bild 4

b = Grabenbreite.

a = Mehrbreiten für Rücknahme gemäß Zeile 4.2 der Tabelle 1.

r = Reststreifenbreite gemäß Zeile 4.2 der Tabelle 1. Ist die Reststreifenbreite ≤ 20 cm, ist dieser Bereich ebenfalls aufzunehmen.

Beispiel: a = *15 cm.*
r = *55 cm – 15 cm = 40 cm > 20 cm.*
Reststreifenbreite ist nicht aufzunehmen.

Aufbruch im Fahrbahnbereich einer Straße

Siehe *Bild 2*

5.1.3 Die Mengen des Einbaus sind im fertigen Zustand zu ermitteln.

Siehe Kommentierung zu Abschnitt 5.5 der ATV DIN 18300 „Erdarbeiten".

5.2 Abrechnung nach Längenmaß

5.2.1 Bei Abrechnung nach Längenmaß wird die Länge in der Mittelachse der Bauteile gerechnet, dabei werden Unterbrechungen unter 1 m Länge sowie Rohrverbindungen, Formstücke und dergleichen übermessen.

Längen werden auf die nächsten vollen 10 cm aufgerundet.

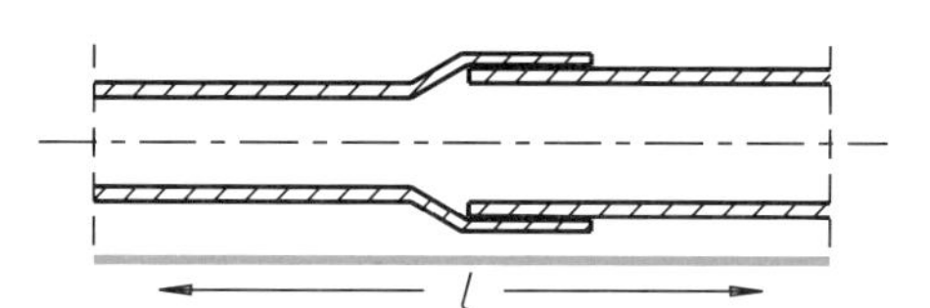

Bild 5

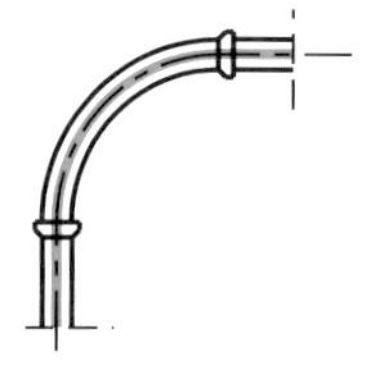

Bild 6

Die Abrechnung von Kabeln, Kabelschutzrohren und Kabelkanälen erfolgt in der Mittelachse der Bauteile. Dabei werden Unterbrechungen unter 1 m Länge sowie Rohrverbindungen, Formstücke und dergleichen – unbeschadet ihrer (gemäß Leistungsbeschreibung) gesonderten Abrechnung – übermessen.

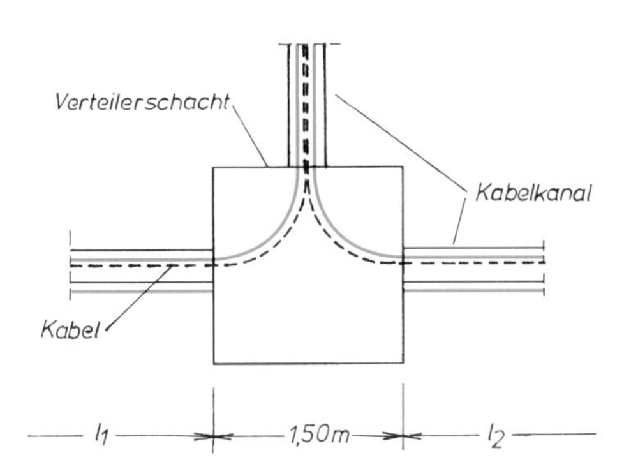

Bild 7

Abrechnung Kabelkanal: $l_1 + l_2$, weil Breite des Verteilerschachtes ≥ 1,0 m.

Abrechnung der Kabel: Die im Verteilerschacht verlaufenden Kabellängen werden bei der Abrechnung nach Längenmaß gerechnet.

Jedes gemessene Längenmaß, z. B. l_1 und l_2 der Kabelkanäle, wird auf die nächsten vollen 10 cm gerundet.

Bei einer Unterbrechung < 1,0 m wird jedoch die durchgehende Gesamtlänge des Kabelkanals (ohne Abzug der Unterbrechungslänge) auf die nächsten vollen 10 cm gerundet.

5.2.2 Jedes Kabel, einschließlich der vorgegebenen Vorratslängen, und jedes Kabelschutzrohr und Kabelkanalrohr wird in seiner Gesamtlänge nach Abschnitt 5.2.1 gerechnet.

Auch bei Kabelbündeln wird jedes Kabel gerechnet. Dabei wird für jedes Kabel das gemessene Längenmaß auf die nächsten vollen 10 cm gerundet.

5.3 Abrechnung nach Flächenmaß

Entsprechend dem Geltungsbereich der ATV und den Abrechnungseinheiten in Abschnitt 0.5 sind die nachfolgenden Abrechnungsregelungen für den Aufbruch oder das Reinigen aufzunehmender Befestigungen, z.B. gebundene Deck- und Tragschichten, Pflasterdecken, Plattenbeläge, anzuwenden.

5.3.1 Aussparungen oder Einbauten bis 1 m² Einzelgröße werden übermessen.

Bindet eine Aussparung anteilig in angrenzende, getrennt zu rechnende Flächen mit verschiedenen Befestigungen ein, wird zur Ermittlung der Übermessungsgröße die jeweils anteilige Aussparungsfläche gerechnet.

In Mehrbreite für Rücknahme hineinragende Aussparung

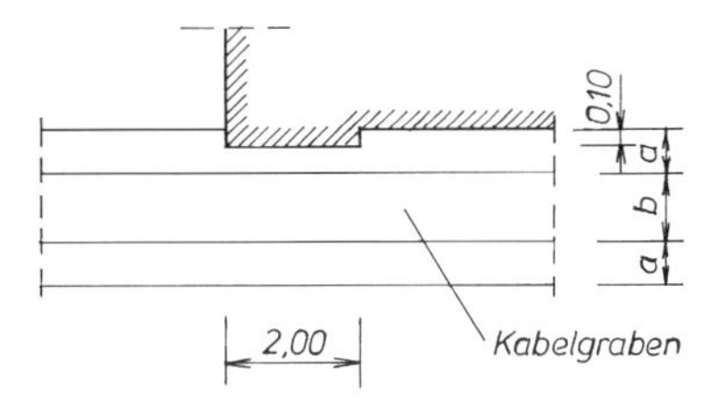

Bild 8

a = Mehrbreite für Rücknahme.
b = Grabenbreite.

Da die Aussparung kleiner als 1 m² ist, bleibt sie beim Aufmaß unberücksichtigt.

5.3.2 Fugen werden übermessen. Schienen werden nur dann übermessen, wenn beidseitig der Schienen Flächen mit gleicher Befestigungsart liegen.

Siehe Kommentierung zu Abschnitt 5.7 *(Bilder 11 bis 15)* der ATV DIN 18318 „Verkehrswegebauarbeiten – Pflasterdecken und Plattenbeläge in ungebundener Ausführung, Einfassungen".

5.3.3 Einzelflächen unter 0,50 m² werden mit 0,50 m² gerechnet.

Siehe Kommentierung zu Abschnitt 5.1 *(Bilder 1 bis 6)* der ATV DIN 18318 „Verkehrswegebauarbeiten – Pflasterdecken und Plattenbeläge in ungebundener Ausführung, Einfassungen".

5.4 Abrechnung nach Masse

Ist nach Masse abzurechnen, so ist diese durch Wiegen festzustellen.

Siehe Kommentierung zu Abschnitt 5.1.2 der ATV DIN 18300 „Erdarbeiten".

Kampfmittelräumarbeiten – DIN 18323

Ausgabe September 2012

Geltungsbereich

Die ATV DIN 18323 „Kampfmittelräumarbeiten" gilt für das Sondieren und Bergen von gewahrsamslos gewordenen Kampfmitteln sowie für vorbereitende Arbeiten, wie Rodungs-, Abbruch- und Rückbauarbeiten, bei denen eine Gefährdung durch Kampfmittel bestehen kann. Sie gilt auch für das Abtragen von mit Kampfmitteln belasteten Böden und für den Transport dieses Aushubs zu den Bearbeitungsflächen oder Separationsanlagen auf der Baustelle.

Die ATV DIN 18323 gilt nicht für den Umgang mit Kampfmitteln mit chemischen und biologischen Kampfstoffen oder radioaktiven Bestandteilen.

Ergänzend gilt die ATV DIN 18299 „Allgemeine Regelungen für Bauarbeiten jeder Art", Abschnitte 1 bis 5. Bei Widersprüchen gehen die Regelungen der ATV DIN 18323 vor.

0.5 Abrechnungseinheiten

Im Leistungsverzeichnis sind die Abrechnungseinheiten, getrennt nach Art, Stoffen und Maßen, wie folgt vorzusehen:

0.5.1 Raummaß (m^3) für

- *Abtragen, Transportieren und Lagern von Boden auf der Baustelle,*
- *Separieren des Aushubs,*
- *Aufnehmen, Transportieren und Lagern von Bauschutt, Bauwerksresten und dergleichen.*

0.5.2 Flächenmaß (m^2), zusätzlich getrennt nach Räumtiefen oder Schichtdicken sowie Neigungen der Flächen bis 1 : 4 und über 1 : 4, für

- *Freischneiden und Roden von Vegetation,*
- *Aufbrechen von Flächenbefestigungen,*
- *Sondieren,*
- *Räumen.*

0.5.3 Längenmaß (m) für

- *Bohrlochsondierungen,*
- *Umlegen und Sichern von Leitungen.*

0.5.4 Anzahl (Stück) für

- *Fällen von Bäumen, Roden von Baumstümpfen,*
- *Freilegen und Bergen von Kampfmitteln und Störkörpern,*
- *Transportieren von Kampfmitteln, gestaffelt nach Länge der Transportwege,*
- *Befüllen und Kennzeichnen von Transportbehältern.*

0.5.5 Masse (kg, t), getrennt nach Arten und gestaffelt nach Transportwegen, für Transportieren von Schrott und anderen Störkörpern auf der Baustelle.

0.5.6 Stunden (h) für

- *Beseitigen von Hindernissen,*
- *Personal-, Maschinen- und Geräteeinsatz,*
- *baubegleitendes Sondieren.*

5 Abrechnung

Ergänzend zur ATV DIN 18299, Abschnitt 5, gilt:

Der Ermittlung der Leistung – gleichgültig, ob sie nach Zeichnung oder nach Aufmaß erfolgt – sind die Maße der sondierten und geräumten Flächen zugrunde zu legen.

Erläuterungen

(1) Die ATV DIN 18323 „Kampfmittelräumarbeiten" wurde neu erarbeitet und ist als „Ausgabe September 2012" erstmalig in der VOB/C enthalten.

(2) Die ATV gilt auch für alle mit dem Sondieren und Bergen von Kampfmitteln erforderlichen vorbereitenden Maßnahmen, bei denen eine Gefährdung durch Kampfmittel vorhanden ist, z. B. Rodungs-, Abbruch- und Rückbauarbeiten.

Weiterhin ist sie für das Abtragen von mit Kampfmitteln belasteten Böden und für den Transport dieses Aushubs zu den Bearbeitungsflächen oder Separationsanlagen auf der Baustelle einschlägig.

5 Abrechnung

Ergänzend zur ATV DIN 18299, Abschnitt 5, gilt:

Der Ermittlung der Leistung – gleichgültig, ob sie nach Zeichnung oder nach Aufmaß erfolgt – sind die Maße der sondierten und geräumten Flächen zugrunde zu legen.

Abschnitt 0.5 gibt vor, welche Abrechnungseinheiten für die unter dieser ATV anfallenden Leistungen im Leistungsverzeichnis für eine VOB-konforme Ausschreibung verwendet werden sollen.

Besondere Festlegungen zur Ermittlung der Abrechnungsmaße, zu Messvereinfachungen oder zu Übermessungen bestehen für Leistungen nach dieser ATV nicht.

Für die Mengenermittlung sind die Maßangaben aus Zeichnungen oder aufgrund örtlicher Aufmaße zu Grunde zu legen.

Vorgaben zur Abrechnung in der Leistungsbeschreibung sind gegebenenfalls vorrangig.

Soweit Erdbauleistungen von nicht mit Kampfmittel belasteten Böden bei Kampfmittelräumarbeiten anfallen, gilt ATV DIN 18300 „Erdarbeiten" mit den entsprechenden Abrechnungsregelungen.

Gleisbauarbeiten – DIN 18325

Ausgabe September 2012

Geltungsbereich

Die ATV DIN 18325 „Gleisbauarbeiten" gilt für das Herstellen von Gleisanlagen und für Arbeiten an Gleisen und Weichen sowie deren Bettung.

Die ATV DIN 18325 gilt nicht

- für die bei Gleisbauarbeiten auszuführenden Erdarbeiten (siehe ATV DIN 18300 „Erdarbeiten") sowie Frostschutz- und Planumsschutzschichten (siehe ATV DIN 18315 „Verkehrswegebauarbeiten – Oberbauschichten ohne Bindemittel") sowie
- für die Befestigung von Verkehrswegen (siehe ATV DIN 18315 „Verkehrswegebauarbeiten – Oberbauschichten ohne Bindemittel", ATV DIN 18316 „Verkehrswegebauarbeiten – Oberbauschichten mit hydraulischen Bindemitteln", ATV DIN 18317 „Verkehrswegebauarbeiten – Oberbauschichten aus Asphalt", ATV DIN 18318 „Verkehrswegebauarbeiten – Pflasterdecken und Plattenbeläge in ungebundener Ausführung, Einfassungen").

Ergänzend gilt die ATV DIN 18299 „Allgemeine Regelungen für Bauarbeiten jeder Art", Abschnitte 1 bis 5. Bei Widersprüchen gehen die Regelungen der ATV DIN 18325 vor.

0.5 Abrechnungseinheiten

Im Leistungsverzeichnis sind die Abrechnungseinheiten wie folgt vorzusehen:

0.5.1 Beim Auf- und Abladen

- *Bettungsstoffe und Bettungsrückstände nach Masse (t) oder Raummaß (m³),*
- *Gleise nach Längenmaß (m),*
- *Schienen nach Längenmaß (m) oder nach Masse (t),*
- *Gleisschwellen nach Anzahl (Stück),*
- *Weichen, Kreuzungen, Schienenauszugs- und Hemmschuhauswurfvorrichtungen nach Anzahl (Stück) oder nach Masse (t),*
- *Gestänge von Weichen, Kreuzungen, Schienenauszugs- und Hemmschuhauswurfvorrichtungen nach Masse (t) oder Anzahl (Stück),*
- *Weichenschwellen nach Längenmaß (m), Weichenschwellensätze nach Anzahl (Stück),*
- *loses Schienen-, Schwellen- und Weichenkleineisen sowie Kleinteile nach Masse (t) oder Anzahl (Stück),*
- *Weichenstellvorrichtungen und Schienenentwässerungskästen nach Anzahl (Stück),*
- *Kabelkanäle und Abdeckungen nach Anzahl (Stück) oder Längenmaß (m),*
- *(Kabelschutz-)Rohre nach Anzahl (Stück) oder Längenmaß (m).*

0.5.2 Beim Ausführen von Gleisarbeiten

- *Bettung nach Längenmaß (m), Flächenmaß (m²) oder Raummaß (m³),*
- *Gleise nach Längenmaß (m),*
- *Schienen nach Längenmaß (m),*
- *Spannungsausgleich der Schienen nach Längenmaß (m),*
- *Auftragsschweißen nach Längenmaß (m),*
- *Schweißungen nach Anzahl (Stück), getrennt nach Art, Schienenform,*
- *Schleifen von Schienen nach Längenmaß (m),*
- *Gleisschwellen nach Anzahl (Stück),*
- *Weichen, Kreuzungen, Schienenauszugs- und Hemmschuhauswurfvorrichtungen nach Anzahl (Stück) oder Leistungslänge (m),*
- *Weichenschwellen nach Längenmaß (m),*
- *Schienen- und Schwellenkleineisen sowie Kleinteile und dergleichen nach Anzahl (Stück), Längenmaß des Gleises (m) oder Leistungslänge der Weichen (m),*

- *Weichenstellvorrichtungen und Schienenentwässerungskästen nach Anzahl (Stück),*
- *Kabelkanäle und Abdeckungen nach Längenmaß (m),*
- *(Kabelschutz-)Rohre nach Längenmaß (m),*
- *Gestellen einer Schweißaufsichtskraft nach Arbeitszeit (h).*

5 Abrechnung

Ergänzend zur ATV DIN 18299, Abschnitt 5, gilt:

5.1 Abrechnung nach Masse

5.1.1 Beim Berechnen der Masse sind bei genormten Stählen die Angaben in den DIN-Normen maßgebend, bei anderen Stählen die Angaben im Profilbuch des Herstellers.

5.1.2 Die Masse wird ermittelt bei

- **Bettungsstoffen und Bettungsrückständen durch Wiegen,**
- **Schienen durch Berechnen,**
- **Weichen, Kreuzungen, Schienenauszugs- und Hemmschuhauswurfvorrichtungen, jeweils ohne Schwellen, durch Wiegen,**
- **Gestänge von Weichen, Kreuzungen, Schienenauszugs- und Hemmschuhauswurfvorrichtungen durch Berechnen,**
- **Kleineisen und Kleinteilen durch Wiegen oder Berechnen.**

5.2 Abrechnung nach Raummaß

Das Raummaß von Bettungsstoffen und Bettungsrückständen wird beim Auf- und Abladen in loser Menge, das der eingebauten Bettung wird im verdichteten Zustand ermittelt.

5.3 Abrechnung nach Längenmaß

5.3.1 In Gleisbögen wird mit der Gleislänge im Außenstrang gerechnet.

5.3.2 Die Leistungslänge bei Weichen und Kreuzungen wird begrenzt

- **bei einfachen Weichen (EW) durch Zungen- und Herzstückstöße,**
- **bei einfachen und doppelten Kreuzungsweichen (EKW, DKW) durch äußere Herzstückstöße,**
- **bei EKW und DKW mit außen liegenden Zungen durch die Zungenstöße.**

5.3.3 Die Leistungslänge bei Schienenauszugsvorrichtungen (SAV) und Hemmschuhauswurfvorrichtungen (HAV) wird begrenzt durch Zungenstoß und Backenschienenstoß.

5.4 Mengenstaffel für Gleisarbeiten unter laufendem Bahnbetrieb

5.4.1 Die Zuordnung der täglichen, innerhalb der Arbeitszeit erbrachten Mengen bezieht sich auf die Dauer der Schicht.

5.4.2 Als Dauer der Schicht gilt die tägliche Tarifarbeitszeit zuzüglich der Ruhepausen nach dem für die gewerblichen Arbeitnehmer des Auftragnehmers gültigen Rahmentarifvertrag.

5.4.3 Die Arbeitszeit je Tag beginnt 30 Minuten vor der ersten vereinbarten Gleissperrung und endet 30 Minuten nach der letzten Gleissperrung.

5.4.4 Überschreitet die Arbeitszeit je Tag die Dauer der Schicht, werden die geleisteten Mengen je Tag mit dem Verhältnis der Dauer der Schicht zur Arbeitszeit multipliziert, um die Leistung in die entsprechende Teilleistung (Position) einzuordnen.

5.4.5 Werden Sperrungen der Gleisanlage aus Gründen, für die der Auftragnehmer einzustehen hat, nicht genutzt, z. B. wegen Maschinenschäden, werden die erbrachten Mengen mit dem Verhältnis der Dauer der Schicht zur geleisteten Arbeitszeit multipliziert. Die geleistete Arbeitszeit ergibt sich aus der Arbeitszeit, gekürzt um die Ausfallzeit. Das Ergebnis der Berechnung ist Grundlage für die Einordnung der erbrachten Leistung in die entsprechende Teilleistung (Position).

5.4.6 Werden Sperrungen der Gleisanlagen aus Gründen, für die der Auftragnehmer nicht einzustehen hat, z. B. fehlendes Sicherungspersonal, Nebel, Frost, hohe Schienenwärme, nicht gewährt, werden bei der Berechnung der Mengen je Schicht nur die tatsächlich erreichten Mengen in die entsprechende Teilleistung (Position) eingeordnet.

Erläuterungen

Die ATV DIN 18325 „Gleisbauarbeiten", Ausgabe September 2012, wurde in den Verweisen auf die VOB/A, VOB/B und VOB/C aktualisiert. Ansonsten erfolgten keine weiteren Änderungen.

5 Abrechnung

Ergänzend zur ATV DIN 18299, Abschnitt 5, gilt:

Siehe Kommentierung zu Abschnitt 5 der ATV DIN 18299 „Allgemeine Regelungen für Bauarbeiten jeder Art".

Regel-Bettungsquerschnitt für eingleisige Bahnen in gerader Strecke

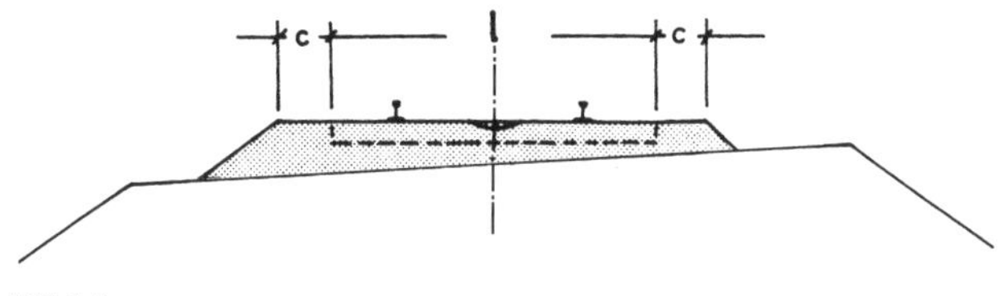

Bild 1

Regel-Bettungsquerschnitt für eingleisige Bahnen im Bogen mit 100 mm Überhöhung

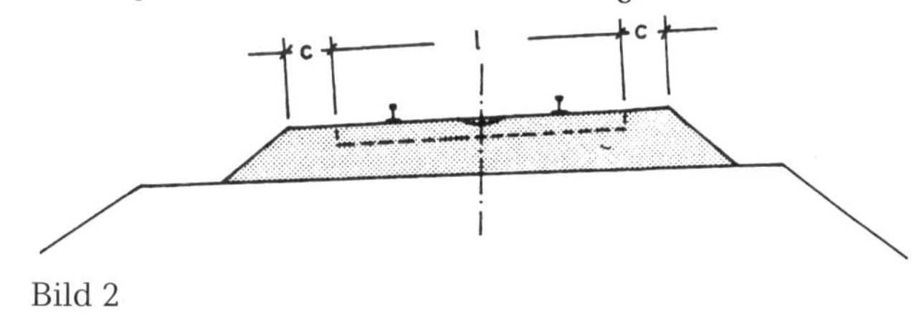

Bild 2

Regel-Bettungsquerschnitt für zweigleisige Bahnen in gerader Strecke

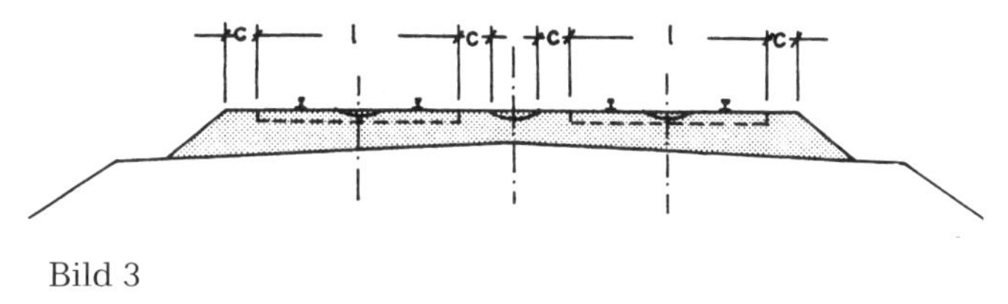

Bild 3

Regel-Bettungsquerschnitt für zweigleisige Bahnen im Bogen mit 100 mm Überhöhung

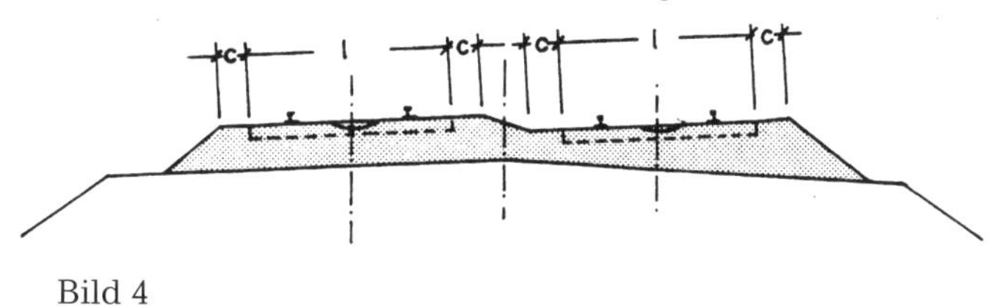

Bild 4

Diese ATV unterscheidet sich von den meisten anderen ATV dadurch, dass zu den Leistungen *nicht* die Lieferung der dazugehörigen Stoffe und Bauteile gehört (Abschnitt 2.1). Dies hat seine Ursache darin, dass die Unternehmen, die Schienenverkehrsleistungen erbringen, als Großverbraucher die benötigten Stoffe und Bauteile günstiger erwerben und einfacher zu den einzelnen Verwendungsstellen transportieren können.

5.1 Abrechnung nach Masse

5.1.1 **Beim Berechnen der Masse sind bei genormten Stählen die Angaben in den DIN-Normen maßgebend, bei anderen Stählen die Angaben im Profilbuch des Herstellers.**

5.1.2 **Die Masse wird ermittelt bei**

- **Bettungsstoffen und Bettungsrückständen durch Wiegen,**
- **Schienen durch Berechnen,**
- **Weichen, Kreuzungen, Schienenauszugs- und Hemmschuhauswurfvorrichtungen, jeweils ohne Schwellen, durch Wiegen,**
- **Gestänge von Weichen, Kreuzungen, Schienenauszugs- und Hemmschuhauswurfvorrichtungen durch Berechnen,**
- **Kleineisen und Kleinteilen durch Wiegen oder Berechnen.**

5.2 Abrechnung nach Raummaß

Das Raummaß von Bettungsstoffen und Bettungsrückständen wird beim Auf- und Abladen in loser Menge, das der eingebauten Bettung wird im verdichteten Zustand ermittelt.

5.3 Abrechnung nach Längenmaß

5.3.1 **In Gleisbögen wird mit der Gleislänge im Außenstrang gerechnet.**

5.3.2 **Die Leistungslänge bei Weichen und Kreuzungen wird begrenzt**

- **bei einfachen Weichen (EW) durch Zungen- und Herzstückstöße,**
- **bei einfachen und doppelten Kreuzungsweichen (EKW, DKW) durch äußere Herzstückstöße,**
- **bei EKW und DKW mit außen liegenden Zungen durch die Zungenstöße.**

5.3.3 **Die Leistungslänge bei Schienenauszugsvorrichtungen (SAV) und Hemmschuhauswurfvorrichtungen (HAV) wird begrenzt durch Zungenstoß und Backenschienenstoß.**

Aufmaß von Gleisen nach Längenmaß

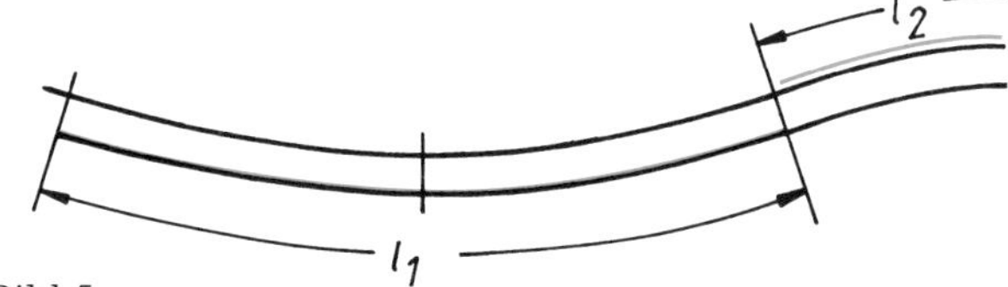

Bild 5

Gleislängen werden in Gleisbögen im Außenstrang gemessen.

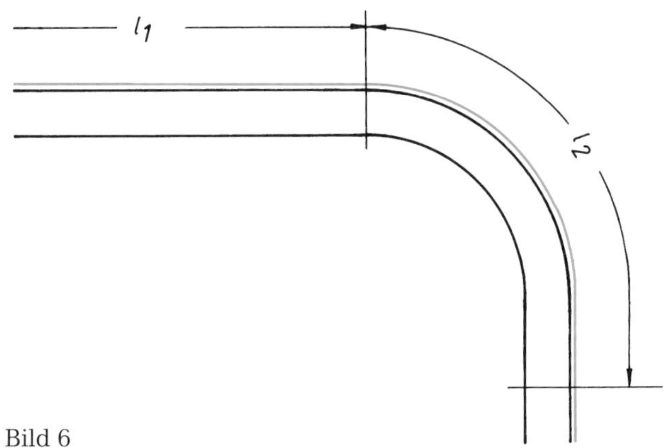

Bild 6

Gleislängen werden in Gleisbögen im Außenstrang gemessen.

Weichenformen (Systemskizzen)

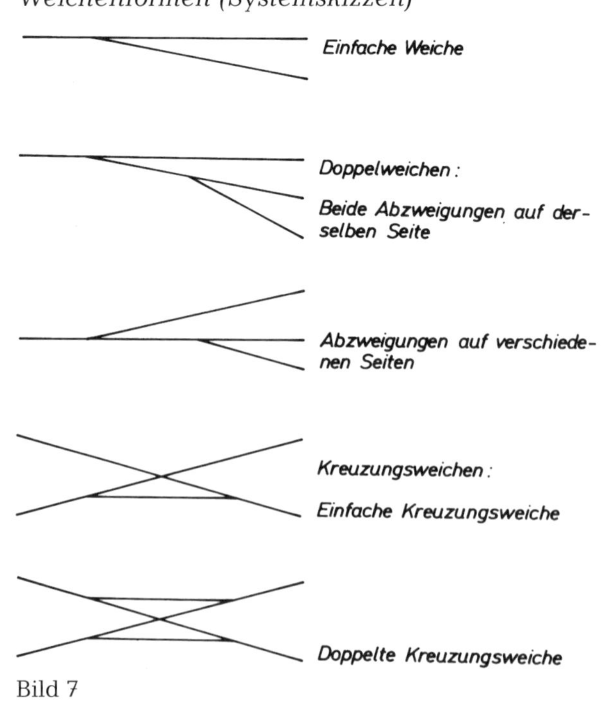

Bild 7

Einfache Weiche (Systemskizze)

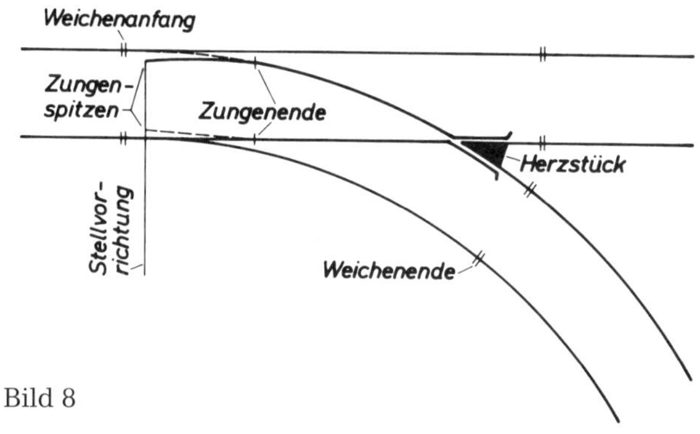

Bild 8

Bei der Abrechnung von eingebauten Weichen ist das jeweilige Weichengestänge in der Leistung enthalten.

Schwellen

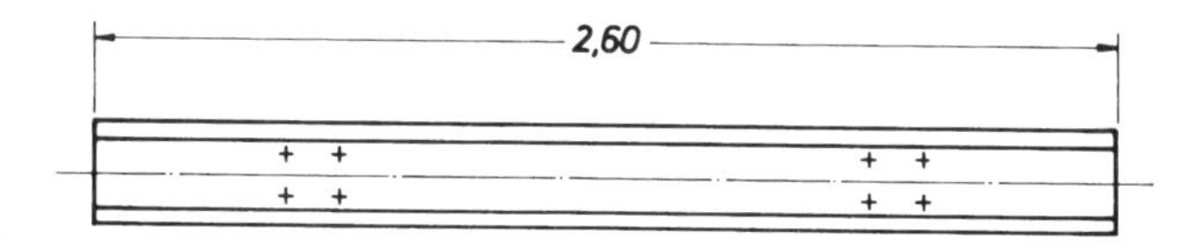

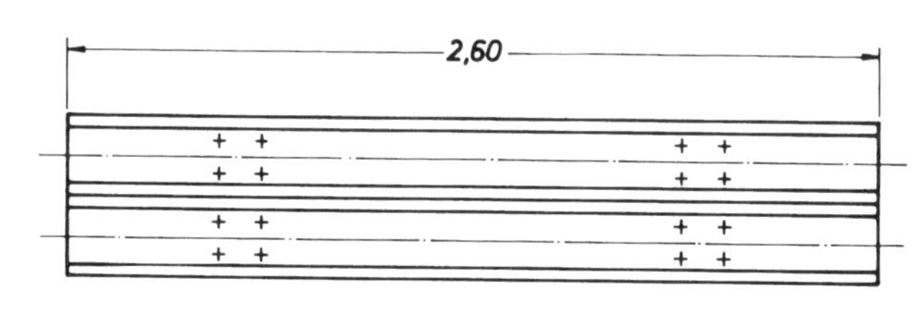

Bild 9

5.4 Mengenstaffel für Gleisarbeiten unter laufendem Bahnbetrieb

5.4.1 Die Zuordnung der täglichen, innerhalb der Arbeitszeit erbrachten Mengen bezieht sich auf die Dauer der Schicht.

5.4.2 Als Dauer der Schicht gilt die tägliche Tarifarbeitszeit zuzüglich der Ruhepausen nach dem für die gewerblichen Arbeitnehmer des Auftragnehmers gültigen Rahmentarifvertrag.

5.4.3 Die Arbeitszeit je Tag beginnt 30 Minuten vor der ersten vereinbarten Gleissperrung und endet 30 Minuten nach der letzten Gleissperrung.

5.4.4 Überschreitet die Arbeitszeit je Tag die Dauer der Schicht, werden die geleisteten Mengen je Tag mit dem Verhältnis der Dauer der Schicht zur Arbeitszeit multipliziert, um die Leistung in die entsprechende Teilleistung (Position) einzuordnen.

Beispiel zu 5.4.4:

- LV-Pos. 1.1.1 m Gleise stopfen und richten, Schichtleistung über 200 m bis 500 m 14,32 EUR/m
- LV-Pos. 1.1.2 m Gleise stopfen und richten, Schichtleistung über 500 m bis 900 m 7,16 EUR/m
- LV-Pos. 1.1.3 m Gleise stopfen und richten, Schichtleistung über 900 m bis 1.300 m 4,56 EUR/m

Abrechnungsgrundlagen:
- Arbeitszeit (Az): 12 Stunden (h).
- Schichtzeit (Sz): 8 Stunden (h).
- tatsächlich geleistete Menge: 1.800 m während dieser Az.

Abrechnung der erbrachten Leistung:
- Schichtleistung
  = *tats. gel. Menge* · $Sz/Az = 1.800 \cdot {}^{8}/_{12} = 1.200$ *m.*
- Zutreffend ist somit LV-Position 1.1.3 mit 4,56 EUR/m.

Abrechnungsbetrag = *1.800 · 4,56 EUR/m = 8.208,– EUR.*

5.4.5 Werden Sperrungen der Gleisanlage aus Gründen, für die der Auftragnehmer einzustehen hat, nicht genutzt, z.B. wegen Maschinenschäden, werden die erbrachten Mengen mit dem Verhältnis der Dauer der Schicht zur geleisteten Arbeitszeit multipliziert. Die geleistete Arbeitszeit ergibt sich aus der Arbeitszeit, gekürzt um die Ausfallzeit. Das Ergebnis der Berechnung ist Grundlage für die Einordnung der erbrachten Leistung in die entsprechende Teilleistung (Position).

Beispiel zu 5.4.5:

- LV-Pos. 1.1.1 m Gleise stopfen und richten, Schichtleistung über 200 m bis 500 m 14,32 EUR/m
- LV-Pos. 1.1.2 m Gleise stopfen und richten, Schichtleistung über 500 m bis 900 m 7,16 EUR/m
- LV-Pos. 1.1.3 m Gleise stopfen und richten, Schichtleistung über 900 m bis 1.300 m 4,56 EUR/m
- LV-Pos. 1.1.4 m Gleise stopfen und richten, Schichtleistung über 1.300 m bis 1.700 m 3,42 EUR/m

Abrechnungsgrundlagen:

- Ausfallzeit wegen Maschinenschaden beim AN: 2 h.
- Arbeitszeit (Az): 8 h, aber wegen Maschinenschaden nur anrechenbar *= 8 – 2 = 6 h.*
- Schichtzeit (Sz): 8 h.
- tatsächlich geleistete Menge: 1.050 m während dieser Az.

Abrechnung der erbrachten Leistung:

- Arbeitszeit (Az): 6 Stunden (h).
- Schichtzeit (Sz): 8 Stunden (h).
- tatsächlich geleistete Menge: 1.050 m während dieser Az.

Abrechnung der erbrachten Leistung:

- Schichtleistung = *tats. gel. Menge · Sz/Az = 1.050 m ·* $^{8}/_{6}$ *= 1.400 m.*
- Zutreffend ist LV-Position 1.1.4 mit 3,42 EUR/m.

Abrechnungsbetrag = *1.050 m · 3,42 EUR/m = 3.591,– EUR.*

5.4.6 Werden Sperrungen der Gleisanlagen aus Gründen, für die der Auftragnehmer nicht einzustehen hat, z.B. fehlendes Sicherungspersonal, Nebel, Frost, hohe Schienenwärme, nicht gewährt, werden bei der Berechnung der Mengen je Schicht nur die tatsächlich erreichten Mengen in die entsprechende Teilleistung (Position) eingeordnet.

Renovierungsarbeiten an Entwässerungskanälen – DIN 18326

Ausgabe September 2012

Geltungsbereich

Die ATV DIN 18326 „Renovierungsarbeiten an Entwässerungskanälen" gilt für Leistungen zur Verbesserung der aktuellen Funktionsfähigkeit von Entwässerungsleitungen und Entwässerungskanälen im Erdreich sowie den zugehörigen Bauwerken unter vollständiger oder teilweiser Einbeziehung ihrer ursprünglichen Substanz.

Die ATV DIN 18326 gilt nicht für

- Renovierungsarbeiten im Anschleuderverfahren,
- Wasserhaltungsarbeiten (siehe ATV DIN 18305 „Wasserhaltungsarbeiten"),
- das Herstellen von Entwässerungskanälen und Entwässerungsleitungen (siehe ATV DIN 18306 „Entwässerungskanalarbeiten"),
- Arbeiten an Druckrohrleitungen (siehe ATV DIN 18307 „Druckrohrleitungsarbeiten außerhalb von Gebäuden"),
- Verpressarbeiten, die zur Verfüllung von Hohlräumen in Boden und Fels aus dem Entwässerungskanal oder anderen Bauwerken heraus durchgeführt werden (siehe ATV DIN 18309 „Einpressarbeiten"),
- das Instandsetzen und Verstärken von Entwässerungsbauteilen mit Spritzbeton u.ä. Stoffen, die im Spritzverfahren aufgetragen und dabei verdichtet werden (siehe ATV DIN 18314 „Spritzbetonarbeiten"),
- die grabenlose Erneuerung von Entwässerungskanälen mithilfe von Berstverfahren und Mikrotunnelbau (siehe ATV DIN 18319 „Rohrvortriebsarbeiten"),
- Arbeiten zur Erhaltung und Instandsetzung von Bauwerken und Bauteilen aus Beton (siehe ATV DIN 18349 „Betonerhaltungsarbeiten")
- das Verlegen von Fliesen, Platten und dergleichen in Bauwerken des Entwässerungssystems (siehe ATV DIN 18352 „Fliesen- und Plattenarbeiten"),
- Arbeiten an Leitungen und Kanälen innerhalb von Gebäuden und anderen Bauwerken (siehe ATV DIN 18381 „Gas-, Wasser- und Entwässerungsanlagen innerhalb von Gebäuden").

Ergänzend gilt die ATV DIN 18299 „Allgemeine Regelungen für Bauarbeiten jeder Art", Abschnitte 1 bis 5. Bei Widersprüchen gehen die Regelungen der ATV DIN 18326 vor.

0.5 Abrechnungseinheiten

Im Leistungsverzeichnis sind die Abrechnungseinheiten wie folgt vorzusehen:

- *Einbringen von Füllstoff, z.B. in den Ringraum, getrennt nach Inhaltstoffen, nach Raummaß (l, m³) oder Masse (kg, t),*
- *statische Berechnungen nach Anzahl (Stück),*
- *Kanalreinigung nach Längenmaß (m), Anzahl der Kanalhaltungen (Stück) oder nach Zeit (h), getrennt nach Maßen, Profilen, Verschmutzungsgrad,*
- *optische Inspektionen nach Längenmaß (m), Anzahl der Kanalhaltungen (Stück) oder nach Zeit (h), getrennt nach Maßen und Profilen,*
- *Einmessen von Hindernissen nach Anzahl (Stück), getrennt nach Art, Lage, Umfang und Zustand,*
- *Orten und Einmessen von Anschlussleitungen nach Anzahl (Stück), getrennt nach Maßen,*
- *Kalibrieren nach Längenmaß (m), getrennt nach Maßen und Profilen,*
- *Querschnittsmessungen nach Anzahl (Stück),*
- *Liner nach Längenmaß (m), getrennt nach Art, Maßen und Profilen,*

- *Einbinden von Anschlüssen nach Anzahl (Stück), getrennt nach Art, Maßen und Profilen,*
- *Schachteinbindungen nach Anzahl (Stück), getrennt nach Art, Maßen und Profilen,*
- *Anpassen von Schachtgerinnen nach Anzahl (Stück), getrennt nach Art und Maßen,*
- *Entfernen von Hindernissen und Ablagerungen nach Anzahl (Stück), Flächenmaß (m²) oder Zeit (h), getrennt nach Art und Maßen,*
- *Dichtheitsprüfungen nach Anzahl (Stück), getrennt nach Maßen und Profilen,*
- *Probestützrohre nach Anzahl (Stück), getrennt nach Maßen.*

5 Abrechnung

Ergänzend zur ATV DIN 18299, Abschnitt 5, gilt:

Bei der Abrechnung des Lining-Rohres nach Längenmaß wird die Länge in der Achse des Altrohres zugrunde gelegt. Zwischenschächte, die überfahren werden, werden übermessen.

Erläuterungen

(1) Die ATV DIN 18326 „Renovierungsarbeiten an Entwässerungskanälen" wurde neu erarbeitet und ist als „Ausgabe September 2012" erstmalig in der VOB/C enthalten.

(2) Im Gegensatz zu anderen ATV umfasst der Geltungsbereich „nur" die Verbesserung der aktuellen Funktionsfähigkeit von Entwässerungsleitungen und Entwässerungskanälen im Erdreich unter vollständiger oder teilweiser Einbeziehung ihrer ursprünglichen Substanz.

(3) Abschnitt 0.5 Abrechnungseinheiten sieht für die unterschiedlichen Liner-Verfahren nur die Abrechnung nach Längenmaß vor.

Abschnitt 5 Abrechnung enthält daher entsprechende Festlegungen zur Bestimmung des Längenmaßes.

5 Abrechnung

Ergänzend zur ATV DIN 18299, Abschnitt 5, gilt:

Bei der Abrechnung des Lining-Rohres nach Längenmaß wird die Länge in der Achse des Altrohres zugrunde gelegt. Zwischenschächte, die überfahren werden, werden übermessen.

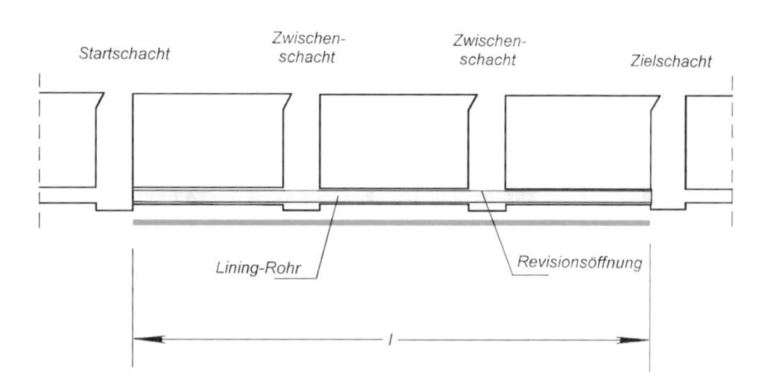

Bild 1

l = Länge in Achse des Altrohres

Mauerarbeiten – DIN 18330

Ausgabe September 2012

Geltungsbereich

Die ATV DIN 18330 „Mauerarbeiten" gilt für das Herstellen von Mauerwerk jeder Art aus natürlichen und künstlichen Steinen.

Die ATV DIN 18330 gilt nicht für

- **Quadermauerwerk (siehe ATV DIN 18332 „Naturwerksteinarbeiten"),**
- **Versetzen von Betonwerksteinen (siehe ATV DIN 18333 „Betonwerksteinarbeiten"),**
- **Trockenbauarbeiten (siehe ATV DIN 18340 „Trockenbauarbeiten") sowie**
- **Wärmedämm-Verbundsysteme (siehe ATV DIN 18345 „Wärmedämm-Verbundsysteme").**

Ergänzend gilt die ATV DIN 18299 „Allgemeine Regelungen für Bauarbeiten jeder Art", Abschnitte 1 bis 5. Bei Widersprüchen gehen die Regelungen der ATV DIN 18330 vor.

0.5 Abrechnungseinheiten

Im Leistungsverzeichnis sind die Abrechnungseinheiten wie folgt vorzusehen:

0.5.1 Flächenmaß (m^2), getrennt nach Bauart und Maßen, für

- *Mauerwerk,*
- *Ausfachungen von Holz-, Stahl- und Betonskeletten,*
- *nicht tragende Trennwände,*
- *Sicht- und Verblendmauerwerk,*
- *Verblendschalen, Bekleidungen,*
- *Rückflächen von Nischen,*
- *Gewölbe,*
- *Ausfugungen,*
- *Bodenbeläge aus Flach- oder Rollschichten,*
- *Auffüllungen von Decken,*
- *Dämmstoffschichten,*
- *Dampfbremsen, Trenn- und Schutzschichten,*
- *Abdichtungen,*
- *Fertigteile und Fertigteildecken.*

0.5.2 Raummaß (m^3), getrennt nach Bauart und Maßen, für

- *Dämmstoffe für die Auffüllung von Hohlräumen,*
- *Schüttungen.*

0.5.3 Längenmaß (m), getrennt nach Bauart und Maßen, für

- *Leibungen bei Sicht- und Verblendmauerwerk, Sohlbänke und Gesimse einschließlich etwaiger Auskragungen,*
- *gemauerte oder vorgefertigte Stürze, Überwölbungen und Entlastungsbögen über Öffnungen und Nischen,*
- *Pfeiler,*
- *Deckenabmauerungen,*
- *Pfeilervorlagen,*
- *gemauerte Schornsteine, getrennt nach Anzahl und Querschnitt der Züge und Dicke der Wangen,*
- *Schornsteine aus Formstücken, getrennt nach Anzahl und Querschnitt der Züge,*
- *gemauerte Stufen,*
- *Ausmauern, Ummanteln oder Verblenden von Stahlträgern, Unterzügen, Stützen und dergleichen,*
- *Herstellen und Schließen von Schlitzen,*
- *Ringanker,*
- *Herstellen von Bewegungs- und Trennfugen,*
- *Abfangungen der Außenschalen bei zweischaligen Außenwänden,*

– Rollschichten, Mauerabdeckungen,

– Herstellen von Mauerwerksschrägen, z. B. Dachschrägen,

– Herstellen von Ecken mit Formsteinen oder geschnittenen Mauersteinen,

– Glattstrich im Bereich von Leibungen.

0.5.4 Anzahl (Stück), getrennt nach Bauart und Maßen, für

– Herstellen von Aussparungen, z. B. Öffnungen, Nischen, Schlitze, Durchbrüche,

– Schließen von Aussparungen,

– vorgefertigte Stürze, Überwölbungen und Entlastungsbögen über Öffnungen und Nischen,

– vorgefertigte Sohlbänke und Gesimse einschließlich etwaiger Auskragungen,

– Pfeiler,

– Schornsteinköpfe, getrennt nach Anzahl und Querschnitt der Züge,

– Schornsteinreinigungsverschlüsse, Rohrmuffen, Übergangsstücke und dergleichen,

– Kellerlichtschächte, Sinkkästen, Fundamente für Geräte und dergleichen,

– Liefern und Einbauen von Stahlteilen und Fertigteilen, z. B. Fertigteildecken,

– Liefern und Einbauen von Anschluss- und Randprofilen, Ankerschienen, Ankern, Bolzen und dergleichen,

– Liefern und Einbauen von Tür- und Fensterzargen, Überlagshölzern, Dübeln, Dübelsteinen und dergleichen,

– Stahlteile und Walzstahlprofile, Fertigbauteile und Fertigteildecken,

– Rollladenkästen.

0.5.5 Masse (kg, t), getrennt nach Bauart und Maßen, für

– Betonstahl, Stahlprofile, Anker, Bolzen,

– Schüttungen.

5 Abrechnung

Ergänzend zur ATV DIN 18299, Abschnitt 5, gilt:

5.1 Allgemeines

5.1.1 Der Ermittlung der Leistung – gleichgültig, ob sie nach Zeichnung oder nach Aufmaß erfolgt – sind zugrunde zu legen:

- für Bauteile aus Mauerwerk deren Maße,
- für Bodenbeläge deren Maße,
- für Fassaden mit mehrschaligem Aufbau für das Sicht- und Verblendmauerwerk und für die Dämmstoffschicht die Maße der Außenseite der Außenschale,
- für die nachträgliche Verfugung die Maße der zu verfugenden Fläche.

5.1.2 Wandmauerwerk wird von Oberseite Rohdecke bis Unterseite Rohdecke gerechnet.

5.1.3 Fugen werden übermessen.

5.1.4 Die Höhe von Mauerwerk mit oben abgeschrägtem Querschnitt wird bis zur höchsten Kante gerechnet.

5.1.5 Bei Wanddurchdringungen wird nur eine Wand durchgehend berücksichtigt, bei Wänden ungleicher Dicke die dickere Wand.

5.1.6 Bei Abrechnung von Gewölben werden die Maße der abgewickelten Untersicht zugrunde gelegt.

5.1.7 Stürze, Rollladenkästen, Überwölbungen und Entlastungsbögen werden übermessen und mit ihren Maßen gesondert gerechnet.

5.1.8 Bei Abrechnung nach Längenmaß werden Bauteile, wie

- Leibungen bei Sicht- und Verblendmauerwerk, Sohlbänke, Gesimse, Bänder, Stürze, Überwölbungen, Entlastungsbögen, Auskragungen, Rollschichten, Mauerwerksschrägen sowie gemauerte Stufen in ihrer größten Länge,
- Abfangungen für Mauerwerksschalen in der größten Länge des abgefangenen Bauteils gemessen.

5.1.9 Tür- und Fensterpfeiler im Wandmauerwerk werden gesondert gerechnet, wenn sie schmaler als 50 cm sind und die beiderseits dieser Pfeiler liegenden Öffnungen nach Abschnitt 5.2.1 abgezogen werden. Andernfalls gelten sie als Wandmauerwerk.

5.1.10 Schornsteine werden in ihrer Achse gemessen.

5.1.11 Liefern, Schneiden, Biegen und Einbauen von Bewehrungsstahl werden gesondert gerechnet. Maßgebend ist die errechnete Masse. Bei genormten Stählen gelten die Angaben in den DIN-Normen, bei anderen Stählen die Angaben im Profilbuch des Herstellers.

5.1.12 Bindet eine Aussparung anteilig in angrenzende, getrennt zu rechnende Flächen ein, wird zur Ermittlung der Übermessungsgröße die jeweils anteilige Aussparungsfläche gerechnet.

5.1.13 Unmittelbar zusammenhängende, verschiedenartige Aussparungen, z. B. Öffnungen mit angrenzender Nische, werden getrennt gerechnet.

5.2 Es werden abgezogen:

5.2.1 Bei Abrechnung nach Flächenmaß:

- **Öffnungen (auch raumhoch) und Durchdringungen, z. B. von Deckenplatten, Kragplatten, über 2,5 m² Einzelgröße, dabei gelten die jeweils kleinsten Maße der Öffnung oder Durchdringung,**
- **Nischen sowie Aussparungen für einbindende Bauteile, soweit für das dahinter liegende Mauerwerk gesonderte Positionen in der Leistungsbeschreibung vorgesehen sind,**
- **bei Bodenbelägen aus Flach- oder Rollschichten Aussparungen über 0,5 m² Einzelgröße,**
- **Unterbrechungen der Mauerwerksfläche durch Bauteile, z. B. durch Fachwerkteile, Stützen, Unterzüge, Vorlagen, mit einer Einzelbreite über 30 cm.**

5.2.2 Bei Abrechnung nach Längenmaß: Unterbrechungen über 1 m Einzellänge.

Erläuterungen

Die ATV DIN 18330 „Mauerarbeiten", Ausgabe September 2012, wurde in den Verweisen auf die VOB/A, VOB/B und VOB/C aktualisiert. Ansonsten erfolgten keine weiteren Änderungen.

5 Abrechnung

Ergänzend zur ATV DIN 18299, Abschnitt 5, gilt:

Siehe Kommentierung zu Abschnitt 5 der ATV DIN 18299 „Allgemeine Regelungen für Bauarbeiten jeder Art".

Allgemeine Bemerkung zu den folgenden „Erläuterungen":

In der ATV DIN 18330 „Mauerarbeiten" zielen viele der z. T. diffizilen Abrechnungsregelungen des Abschnittes 5 allein auf Hochbauleistungen und sind für den Tiefbau nicht relevant; deshalb werden die entsprechenden ATV-Texte im Folgenden nur andeutungsweise abgedruckt und nicht kommentiert.

5.1 Allgemeines

5.1.1 Der Ermittlung der Leistung – gleichgültig, ob sie nach Zeichnung oder nach Aufmaß erfolgt – sind zugrunde zu legen:

- **für Bauteile aus Mauerwerk deren Maße,**
- **für Bodenbeläge deren Maße** (für Tiefbau nicht relevant),
- **für Fassaden mit mehrschaligem Aufbau für das Sicht- und Verblendmauerwerk und für die Dämmstoffschicht die Maße der Außenseite der Außenschale,**
- **für die nachträgliche Verfugung die Maße der zu verfugenden Fläche.**

5.1.2 Wandmauerwerk wird von Oberseite Rohdecke bis Unterseite Rohdecke gerechnet.

5.1.3 Fugen werden übermessen.

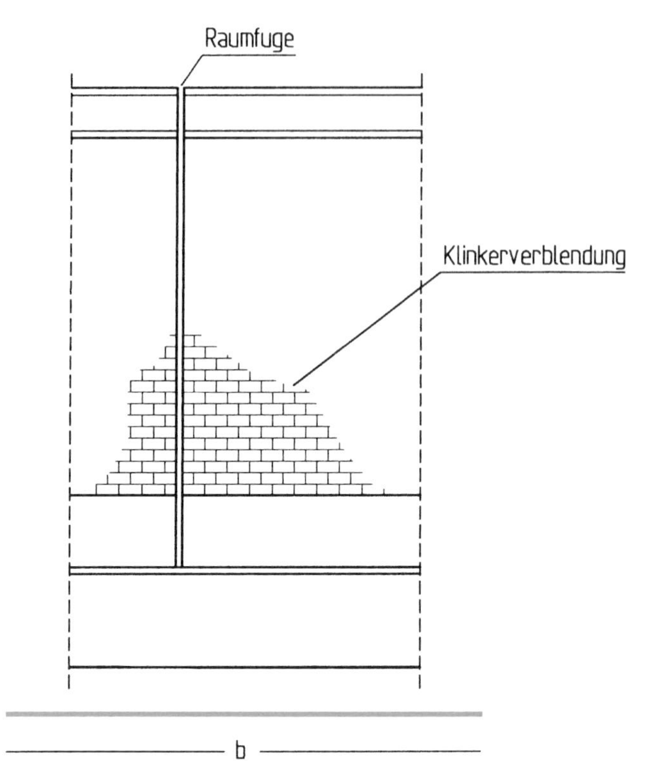

Bild 2 (Ansicht)

Aufmaß der Verblendung: Fläche (m^2) = $b \cdot h$.

„h" ist der lichte Abstand zwischen Betonabsatz und Brüstung.

Klinkerverblendung an Beton-Stützwand

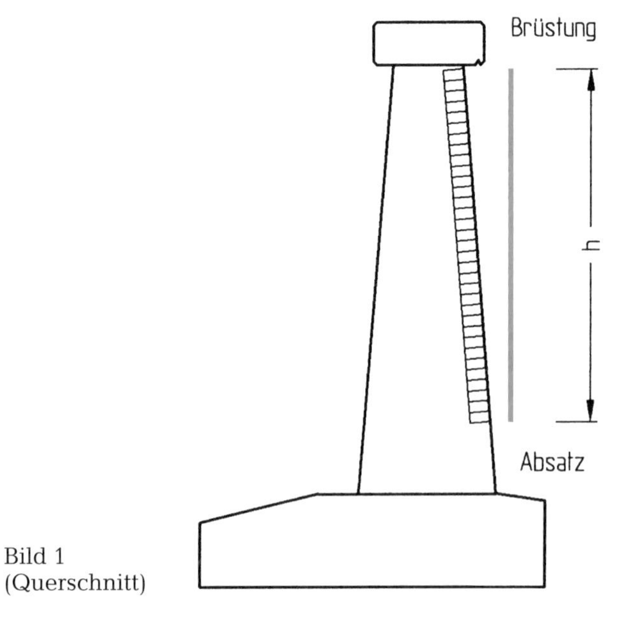

Bild 1 (Querschnitt)

Naturstein-Vormauerung/Verblendung an Betonpfeiler

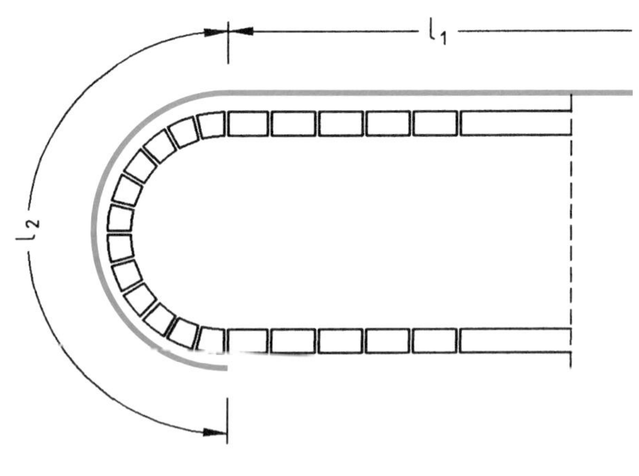

Bild 3 (Querschnitt)

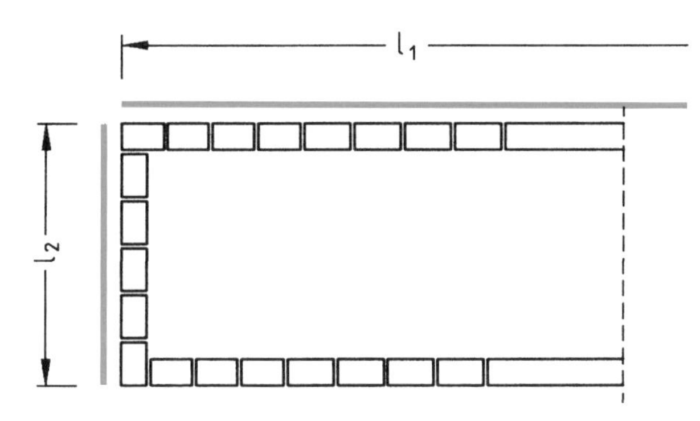

Bild 4 (Querschnitt)

Aufmaß der Vormauerung bzw. Verblendung: Fläche (m²) = $2 \cdot (l_1 + l_2) \cdot$ *Höhe.*

Fugen jeglicher Art, gleich ob Mörtel-, Dehnungs- oder andere Fugen, und unabhängig von der Größe, werden bei der Ermittlung des Flächen-, Raum- oder Längenmaßes übermessen.

5.1.4 Die Höhe von Mauerwerk mit oben abgeschrägtem Querschnitt wird bis zur höchsten Kante gerechnet.

Mauerwerk, oben abgeschrägt

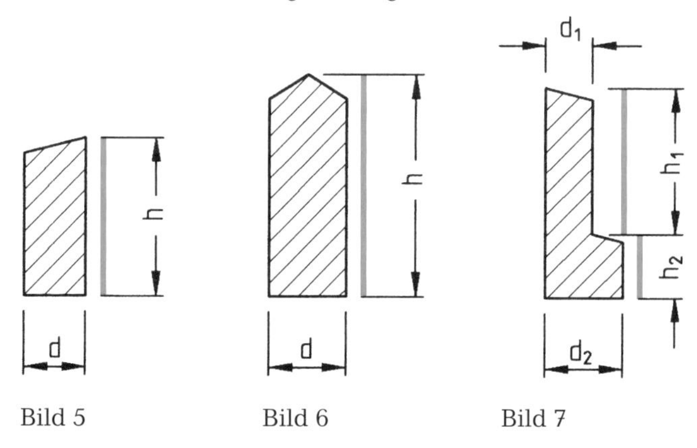

Bild 5 Bild 6 Bild 7

Diese Regelung gilt für die Ermittlung der Mauerwerks-Höhe nur bei Abrechnung nach Flächenmaß (m²).

Aufmaß für Mauerwerk durchgehender Dicke *„d" (Bilder 5 und 6)*:
jeweils Fläche (m²) = $h \cdot$ *Länge.*

Aufmaß für Mauerwerk abgestufter Dicke mit *„d_1" und „d_2" (Bild 7)*:
Gesamtfläche (m²) = $(h_1 + h_2) \cdot$ *Länge.*

5.1.5 Bei Wanddurchdringungen wird nur eine Wand durchgehend berücksichtigt, bei Wänden ungleicher Dicke die dickere Wand.

Unter Wanddurchdringungen sind Wandkreuzungen, Wandeinbindungen und Wandecken zu verstehen.

Wände gleicher Dicke werden in diesem Bereich nicht doppelt aufgemessen.

Bei unterschiedlichen Wanddicken wird die dickere Wand durchgemessen.

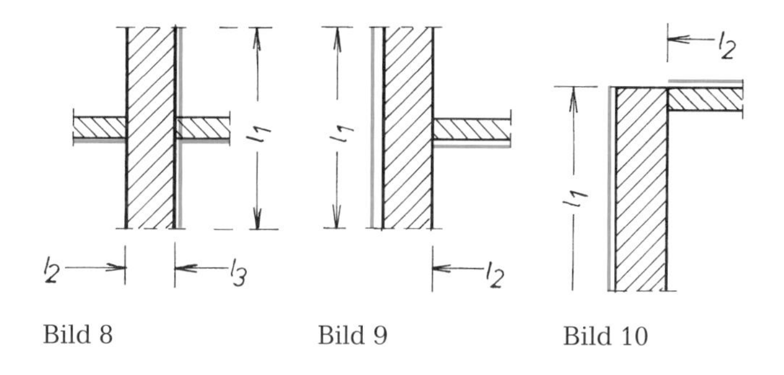

Bild 8 Bild 9 Bild 10

5.1.6 Bei Abrechnung von Gewölben werden die Maße der abgewickelten Untersicht zugrunde gelegt.

Unabhängig von der Stichhöhe des Gewölbes wird für die Abrechnung das Maß der abgewickelten Untersicht zugrunde gelegt.

5.1.7 Stürze, Rollladenkästen, Überwölbungen und Entlastungsbögen werden übermessen und mit ihren Maßen gesondert gerechnet.

5.1.8 Bei Abrechnung nach Längenmaß werden Bauteile, wie

- **Leibungen bei Sicht- und Verblendmauerwerk, Sohlbänke, Gesimse, Bänder, Stürze, Überwölbungen, Entlastungsbögen, Auskragungen, Rollschichten, Mauerwerksschrägen sowie gemauerte Stufen in ihrer größten Länge,**
- **Abfangungen für Mauerwerksschalen in der größten Länge des abgefangenen Bauteils gemessen.**

5.1.9 Tür- und Fensterpfeiler im Wandmauerwerk werden gesondert gerechnet, wenn sie schmaler als 50 cm sind und die beiderseits dieser Pfeiler liegenden Öffnungen nach Abschnitt 5.2.1 abgezogen werden. Andernfalls gelten sie als Wandmauerwerk.

5.1.10 Schornsteine werden in ihrer Achse gemessen.

Für den Tiefbau sind die Abschnitte 5.1.7 bis 5.1.10 nicht relevant.

5.1.11 Liefern, Schneiden, Biegen und Einbauen von Bewehrungsstahl werden gesondert gerechnet. Maßgebend ist die errechnete Masse. Bei genormten Stählen gelten die Angaben in den DIN-Normen, bei anderen Stählen die Angaben im Profilbuch des Herstellers.

Siehe Kommentierung zu Abschnitt 5.3.1.2 ATV DIN 18331.

5.1.12 Bindet eine Aussparung anteilig in angrenzende, getrennt zu rechnende Flächen ein, wird zur Ermittlung der Übermessungsgröße die jeweils anteilige Aussparungsfläche gerechnet.

Wenn bei der erwähnten Aussparung anteilige Aussparungsflächen die Abzugsgröße nach Abschnitt 5.2.1 nicht erreichen, werden die anteiligen Aussparungsflächen in den zu rechnenden Flächen übermessen und nicht abgezogen.

5.1.13 Unmittelbar zusammenhängende, verschiedenartige Aussparungen, z. B. Öffnung mit angrenzender Nische, werden getrennt gerechnet.

5.2 Es werden abgezogen:

5.2.1 Bei Abrechnung nach Flächenmaß:

- **Öffnungen (auch raumhoch) und Durchdringungen, z. B. von Deckenplatten, Kragplatten, über 2,5 m² Einzelgröße, dabei gelten die jeweils kleinsten Maße der Öffnung oder Durchdringung,**
- **Nischen sowie Aussparungen für einbindende Bauteile, soweit für das dahinter liegende Mauerwerk gesonderte Positionen in der Leistungsbeschreibung vorgesehen sind,**
- **bei Bodenbelägen aus Flach- oder Rollschichten Aussparungen über 0,5 m² Einzelgröße** (für Tiefbau nicht relevant),
- **Unterbrechungen der Mauerwerksfläche durch Bauteile, z. B. durch Fachwerkteile, Stützen, Unterzüge, Vorlagen, mit einer Einzelbreite über 30 cm.**

In einer gemauerten Lärmschutzwand befindet sich eine Türöffnung von 1,01 · 2,01 m. Da diese Öffnung kleiner als 2,5 m² ist, wird sie beim Aufmaß der Wandfläche übermessen.

Gemauerte Sichtfläche einer Stützwand

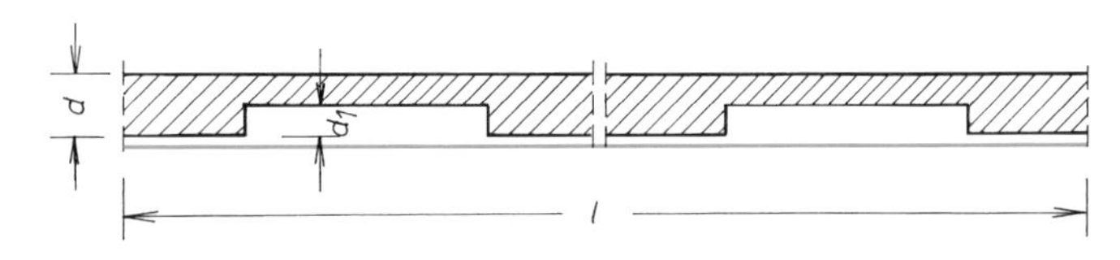

Bild 11

Die gemauerte Sichtfläche einer Stützwand wird durch Nischen strukturiert. Da für das Nischenmauerwerk im Leistungsverzeichnis keine gesonderte Position vorgesehen ist, werden die Nischen beim Aufmaß der Wandfläche nach Flächenmaß nicht abgezogen.

5.2.2 Bei Abrechnung nach Längenmaß: Unterbrechungen über 1 m Einzellänge.

Betonarbeiten – DIN 18331

Ausgabe September 2012

Geltungsbereich

Die ATV DIN 18331 „Betonarbeiten" gilt für das Herstellen von Bauteilen aus bewehrtem oder unbewehrtem Beton jeder Art.

Die ATV DIN 18331 gilt nicht für

- **Einpressarbeiten (siehe ATV DIN 18309 „Einpressarbeiten"),**
- **Schlitzwandarbeiten (siehe ATV DIN 18313 „Schlitzwandarbeiten mit stützenden Flüssigkeiten"),**
- **Spritzbetonarbeiten (siehe ATV DIN 18314 „Spritzbetonarbeiten"),**
- **Oberbauschichten mit hydraulischen Bindemitteln (siehe ATV DIN 18316 „Verkehrswegebauarbeiten – Oberbauschichten mit hydraulischen Bindemitteln"),**
- **Betonwerksteinarbeiten (siehe ATV DIN 18333 „Betonwerksteinarbeiten"),**
- **Betonerhaltungsarbeiten (siehe ATV DIN 18349 „Betonerhaltungsarbeiten") sowie**
- **Estricharbeiten (siehe ATV DIN 18353 „Estricharbeiten").**

Ergänzend gilt die ATV DIN 18299 „Allgemeine Regelungen für Bauarbeiten jeder Art", Abschnitte 1 bis 5. Bei Widersprüchen gehen die Regelungen der ATV DIN 18331 vor.

0.5 Abrechnungseinheiten

Im Leistungsverzeichnis sind die Abrechnungseinheiten wie folgt vorzusehen:

0.5.1 Raummaß (m³), getrennt nach Bauart und Maßen, für

- *massige Bauteile, z. B. Fundamente, Stützmauern, Widerlager, Füll- und Mehrbeton,*
- *Brückenüberbauten, Pfeiler.*

0.5.2 Flächenmaß (m²), getrennt nach Bauart und Maßen, für

- *Beton-Sauberkeitsschichten,*
- *Wände, Silo- und Behälterwände, wandartige Träger, Brüstungen, Attiken, Fundament- und Bodenplatten, Decken,*
- *Fertigteile,*
- *Treppenlaufplatten mit oder ohne Stufen, Treppenpodestplatten,*
- *Herstellen von Aussparungen, z. B. Öffnungen, Nischen, Hohlräume, Schlitze, Kanäle, sowie von Profilierungen,*
- *Schließen von Aussparungen,*
- *Dämmstoff-, Trenn- und Schutzschichten sowie gleichzustellende Maßnahmen,*
- *Abdeckungen,*
- *besondere Ausführungen von Betonflächen, z. B. Anforderungen an die Schalung, nachträgliche Bearbeitung oder sonstige Maßnahmen,*
- *Schalung.*

0.5.3 Längenmaß (m), getrennt nach Bauart und Maßen, für

- *Stützen, Pfeilervorlagen, Balken, Fenster- und Türstürze, Unter- und Überzüge,*
- *Fertigteile,*
- *Stufen,*
- *Herstellen von Schlitzen, Kanälen, Profilierungen,*
- *Schließen von Schlitzen und Kanälen,*
- *Herstellen von Fugen einschließlich Liefern und Einbauen von Fugenbändern, Fugenblechen, Verpressschläuchen, Fugenfüllungen,*
- *Betonpfähle,*

– Umwehrungen,

– Schalung für Decken-, Wand- und Plattenränder, Schlitze, Kanäle, Profilierungen.

0.5.4 Anzahl (Stück), getrennt nach Bauart und Maßen, für

– Stützen, Pfeilervorlagen, Balken, Fenster- und Türstürze, Unter- und Überzüge,

– Fertigteile, Fertigteile mit Konsolen, Winkelungen und dergleichen,

– Stufen,

– Herstellen von Aussparungen, z. B. Öffnungen, Nischen, Hohlräume, Schlitze, Kanäle, sowie von Profilierungen,

– Schließen von Aussparungen,

– Herstellen von Vouten, Auflagerschrägen, Konsolen,

– Einbauteile, Bewehrungsanschlüsse, Verwahrkästen, Dübelleisten, Ankerschienen, Verbindungselemente, gedämmte Anschlusskörbe und dergleichen,

– Betonpfähle, Herrichten der Pfahlköpfe, Fußverbreiterungen,

– Abdeckungen, Umwehrungen,

– Schalung für Aussparungen, Profilierungen, Vouten, Konsolen und dergleichen,

– vorkonfektionierte Formteile, z. B. Ecken und Knoten bei Fugenbändern und dergleichen,

– Fertigteile mit besonders bearbeiteter oder strukturierter Oberfläche.

0.5.5 Masse (kg, t), getrennt nach Bauart und Maßen, für

– Liefern, Schneiden, Biegen und Verlegen von Bewehrungen und Unterstützungen,

– Einbauteile, Verbindungselemente und dergleichen.

5 Abrechnung

Ergänzend zur ATV DIN 18299, Abschnitt 5, gilt:

5.1 Beton

5.1.1 Allgemeines

5.1.1.1 Der Ermittlung der Leistung – gleichgültig, ob sie nach Zeichnung oder nach Aufmaß erfolgt – sind zugrunde zu legen:

- für Bauteile aus Beton deren Maße,
- für Bauteile mit werksteinmäßiger Bearbeitung die Maße, die die Bauteile vor der Bearbeitung hatten,
- für besonders bearbeitete oder strukturierte Oberflächen die Maße der besonders bearbeiteten Flächen.

5.1.1.2 Durch die Bewehrung, z. B. Betonstabstähle, Profilstähle, Spannbetonbewehrungen mit Zubehör, Ankerschienen, verdrängte Betonmengen werden nicht abgezogen. Einbetonierte Pfahlköpfe, Walzprofile und Spundwände werden nicht abgezogen.

5.1.1.3 Bauteile, die in ihrem Querschnitt eine abgeschrägte oder profilierte Kopffläche (Stirnfläche) aufweisen, z. B. Bauteile mit Ausklinkungen für Deckenauflager und dergleichen, Attiken mit geneigter Oberseite, werden mit den Maßen ihrer größeren Ansichtsfläche gerechnet.

5.1.1.4 Der Ermittlung der Leistungen sind die Bauteildefinitionen nach DIN EN 1992-1-1, DIN EN 1992-2-1/NA, DIN EN 1992-3, DIN EN 1992-3/NA, zugrunde zu legen.

5.1.1.5 Geneigt liegende oder gebogene Decken werden mit ihren tatsächlichen Maßen gerechnet.

5.1.1.6 Decken und Auskragungen werden zwischen ihren Begrenzungsflächen gerechnet. Eingebaute Dämmstoffschichten und dergleichen werden dabei übermessen.

5.1.1.7 Sind Betonbauteile durch vorgegebene Fugen oder in anderer Weise baulich voneinander abgegrenzt, so wird jedes Bauteil mit seinen tatsächlichen Maßen gerechnet.

5.1.1.8 Durchdringungen, Einbindungen

– Durchdringungen

Bei Wänden wird nur eine Wand durchgerechnet, bei ungleicher Dicke die dickere.

Bei Unterzügen und Balken wird nur ein Unterzug oder Balken durchgerechnet, bei ungleicher Höhe der höhere, bei gleicher Höhe der breitere.

– Einbindungen

Bei Wänden, Pfeilervorlagen und Stützen, die in Decken einbinden, wird die Höhe von Oberseite Rohdecke oder Fundament bis Unterseite Rohdecke gerechnet.

Bei Stürzen und Unterzügen wird die Höhe von deren Unterseite bis Unterseite Deckenplatte gerechnet, bei Überzügen von der Oberseite Deckenplatte bis zur Oberseite des Überzuges.

Im Bereich von Deckenversprüngen werden Bauteile, die konstruktiv wie Unter- oder Überzüge ausgebildet sind, auch als solche gerechnet.

Binden Stützen in Unterzüge oder Balken ein, werden die Unterzüge und Balken durchgemessen, wenn sie breiter als die Stützen sind. Die Stützen werden in diesem Fall bis Unterseite Unterzug oder Balken gerechnet.

Bei Einbindungen von Unterzügen oder Balken in Wände werden die Wände durchgemessen.

5.1.1.9 Bei Abrechnung von Bauteilen nach Flächenmaß werden Nischen, Schlitze, Kanäle, Fugen und dergleichen übermessen.

5.1.1.10 Fugenbänder, Fugenbleche und dergleichen werden nach ihrer größten Länge gerechnet, z. B. bei Schrägschnitten, Gehrungen. Formteile sowie vorkonfektionierte Knoten und Ecken werden dabei übermessen.

5.1.1.11 Betonfertigteilpfähle werden von der planmäßigen Oberseite des Pfahlkopfes, Ortbetonpfähle von der Oberseite nach Bearbeitung, bis zur vorgeschriebenen Unterseite Pfahlfuß oder Pfahlspitze gerechnet. Bei Ortbetonpfählen bleiben Mehrmengen des Betons bis zu 10 % über die theoretische Menge hinaus unberücksichtigt.

5.1.2 Es werden abgezogen

5.1.2.1 Bei Abrechnung nach Raummaß:

- Öffnungen (auch raumhoch), Nischen, Kassetten, Hohlkörper und dergleichen über 0,5 m³ Einzelgröße,
- Schlitze, Kanäle, Profilierungen und dergleichen über 0,1 m³ je m Länge, durchdringende oder einbindende Bauteile, z. B. Einzelbalken, Balkenstege bei Plattenbalkendecken, Stützen, Einbauteile, Betonfertigteile, Rollladenkästen, Rohre, über 0,5 m³ Einzelgröße, wenn sie durch vorgegebene Betonierfugen oder in anderer Weise baulich abgegrenzt sind; als ein Bauteil gilt dabei auch jedes aus Einzelteilen zusammengesetzte Bauteil, z. B. Fenster- und Türumrahmungen, Fenster- und Türstürze, Gesimse.

5.1.2.2 Bei Abrechnung nach Flächenmaß:

Öffnungen (auch raumhoch) und Durchdringungen über 2,5 m² Einzelgröße.

Dabei sind die kleinsten Maße der Öffnung oder Durchdringung zugrunde zu legen.

5.2 Schalung

5.2.1 Allgemeines

5.2.1.1 Die Schalung von Bauteilen wird in der Abwicklung der geschalten Flächen gerechnet. Nischen, Schlitze, Kanäle, Fugen, eingebaute Dämmstoffschichten und dergleichen werden übermessen.

5.2.1.2 Deckenschalung wird zwischen Wänden und Unterzügen oder Balken nach den geschalten Flächen der Deckenplatten gerechnet. Die Schalung von freiliegenden Begrenzungsseiten der Deckenplatte wird gesondert gerechnet.

5.2.1.3 Schalung für Aussparungen, z. B. für Öffnungen, Nischen, Hohlräume, Schlitze, Kanäle, sowie für Profilierungen wird bei der Abrechnung nach Flächenmaß in der Abwicklung der geschalten Betonfläche gerechnet.

5.2.2 Es werden abgezogen

Öffnungen (auch raumhoch), Durchdringungen, Einbindungen, Anschlüsse von Bauteilen und dergleichen über 2,5 m² Einzelgröße.

Bei der Ermittlung der Abzugsmaße sind die kleinsten Maße der Aussparung, z. B. Öffnung, Durchdringung, Einbindung, zugrunde zu legen.

5.3 **Bewehrung**

5.3.1 **Die Masse der Bewehrung wird nach den Stahllisten abgerechnet. Zur Bewehrung gehören auch die Unterstützungen, z. B. Stahlböcke, Abstandhalter aus Stahl, Gitterträger bei Verbundbauteilen, sowie Spiralbewehrungen, Verspannungen, Auswechselungen, Montageeisen, nicht jedoch Zubehör zur Spannbewehrung nach Abschnitt 4.1.7.**

5.3.2 **Maßgebend ist die errechnete Masse. Bei genormten Stählen gelten die Angaben in den DIN-Normen, bei anderen Stählen die Angaben im Profilbuch des Herstellers.**

5.3.3 **Bindedraht, Walztoleranzen und Verschnitt werden bei der Ermittlung der Abrechnungsmassen nicht berücksichtigt. Bei der Abrechnung von Betonstahlmatten wird jedoch ein durch den Auftragnehmer nicht zu vertretender Verschnitt, dessen Masse über 10 % der Masse der eingebauten Betonstahlmatten liegt, zusätzlich gerechnet.**

Erläuterungen

Die ATV DIN 18331 „Betonarbeiten", Ausgabe September 2012, wurde redaktionell überarbeitet; die Normenverweise wurden aktualisiert.

Für die Abrechnung haben sich gegenüber der bisherigen Ausgabe keine Änderungen ergeben.

5 Abrechnung

Ergänzend zur ATV DIN 18299, Abschnitt 5, gilt:

Siehe Kommentierung zu Abschnitt 5 der ATV DIN 18299 „Allgemeine Regelungen für Bauarbeiten jeder Art".

5.1.1 Allgemeines

5.1.1.1 **Der Ermittlung der Leistung – gleichgültig, ob sie nach Zeichnung oder nach Aufmaß erfolgt – sind zugrunde zu legen:**

- **für Bauteile aus Beton deren Maße,**
- **für Bauteile mit werksteinmäßiger Bearbeitung die Maße, die die Bauteile vor der Bearbeitung hatten,**
- **für besonders bearbeitete oder strukturierte Oberflächen die Maße der besonders bearbeiteten Flächen.**

Bei Brücken, Stützwänden u. Ä. liegen regelmäßig detaillierte Ausführungspläne vor, aus denen die Abrechnungsmaße (Soll-Maße) entnommen werden.

Brückenüberbau als Plattenbalken

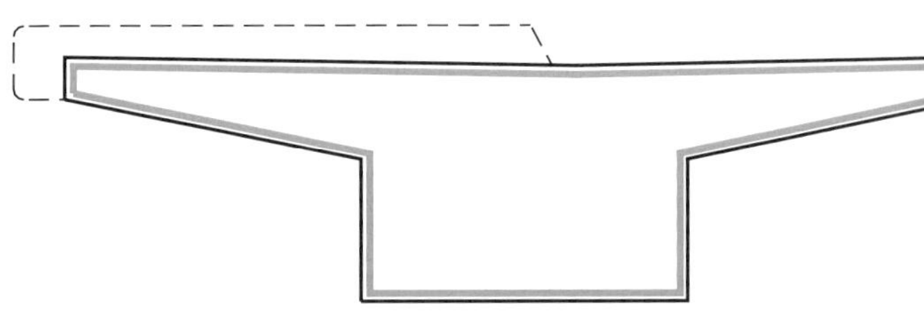

Bild 1

Brückenüberbau als Hohlkasten

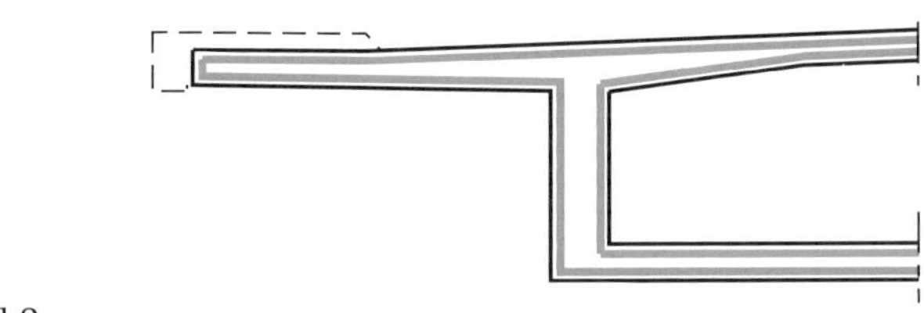

Bild 2

Brückenwiderlager

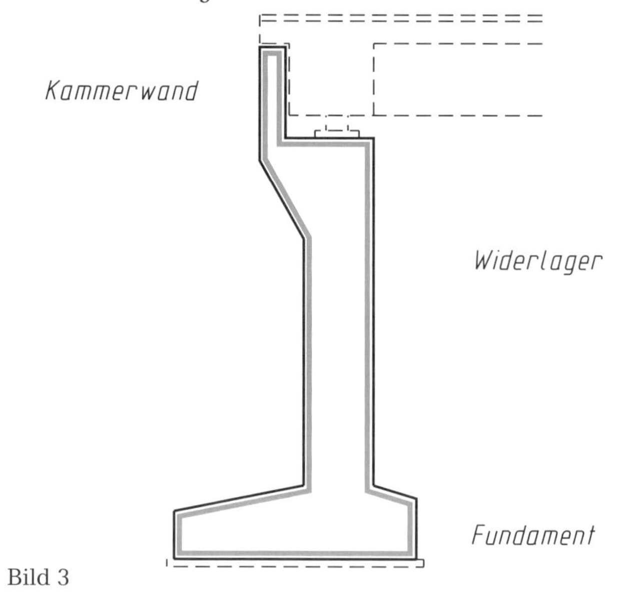

Bild 3

Häufig wird der Beton/Stahlbeton von Fundament, Widerlager und Kammerwand jeweils getrennt abgerechnet.

Stützwand mit Brüstung

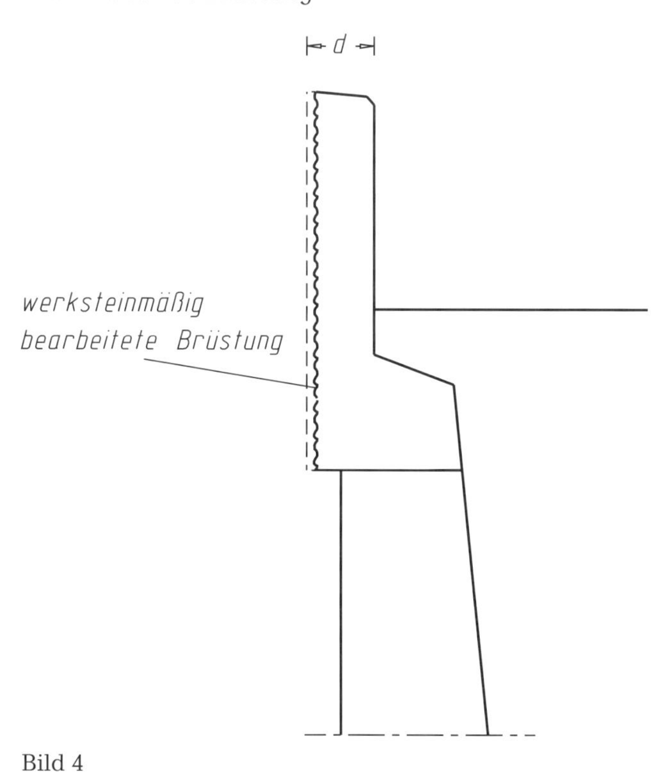

Bild 4

Das für die Abrechnung geltende Maß „*d*" der Brüstung wird nach der Betondicke vor der Bearbeitung ermittelt.

5.1.1.2 Durch die Bewehrung, z. B. Betonstabstähle, Profilstähle, Spannbetonbewehrungen mit Zubehör, Ankerschienen, verdrängte Betonmengen werden nicht abgezogen. Einbetonierte Pfahlköpfe, Walzprofile und Spundwände werden nicht abgezogen.

Von dieser „Nichtabzugs"-Regelung erfasst werden alle

- mit der statisch oder konstruktiv erforderlichen Bewehrung zusammenhängenden Bauteile, bei der Spannbewehrung also auch Hüllrohre, Kopplungen, Spannanker und Spannköpfe, sowie
- mit dem abzurechnenden Betonbauteil statisch wirksam durch „Einbetonieren" verbundenen anderen Bauteile jeglicher Größe und gleich welchen Materials, wie Ankerschienen, Pfahlköpfe, Walzprofile und Spundwände.

Betonbalken mit Bewehrung

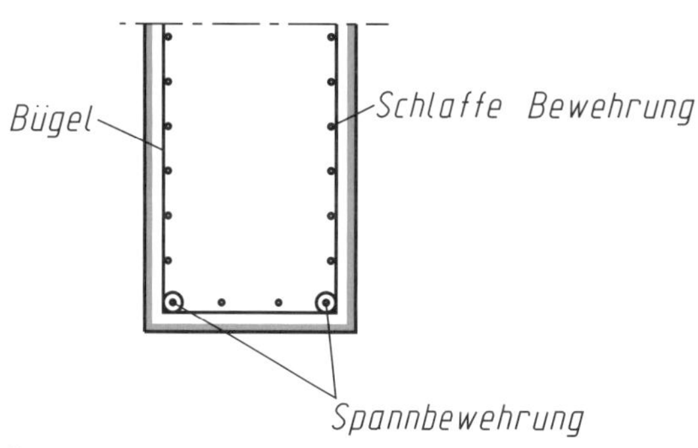

Bild 5

Pfahlkopfplatte

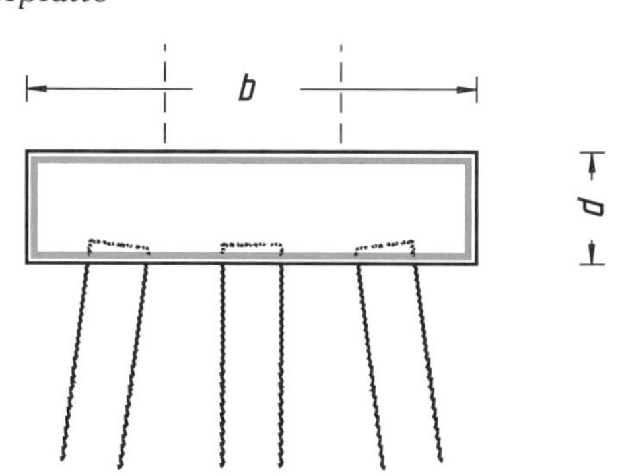

Bild 6

Abzurechnendes Volumen der Pfahlkopfplatte

$V = b \cdot d \cdot$ *Länge der Platte.*

5.1.1.3 Bauteile, die in ihrem Querschnitt eine abgeschrägte oder profilierte Kopffläche (Stirnfläche) aufweisen, z. B. Bauteile mit Ausklinkungen für Deckenauflager und dergleichen, Attiken mit geneigter Oberseite, werden mit den Maßen ihrer größeren Ansichtsfläche gerechnet.

Diese Regelung gilt nur für Abschrägungen und Profilierungen in der Kopf- und Stirnfläche eines Bauteils.

Bauteil mit abgeschrägter Kopffläche

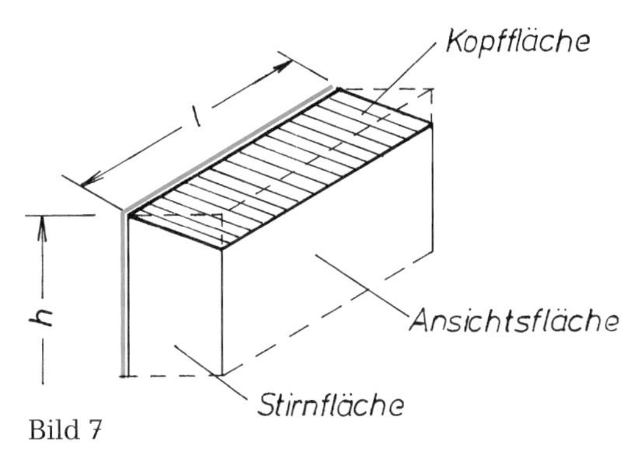

Bild 7

Größere Ansichtsfläche = $h \cdot l$.

Bauteil mit profilierter Kopffläche

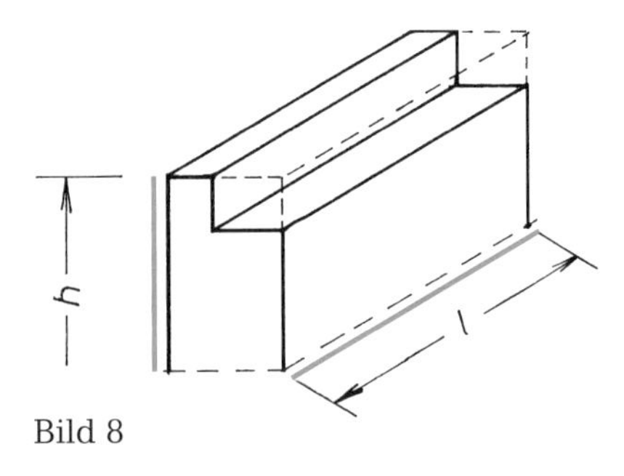

Bild 8

Größere Ansichtsfläche = $h \cdot l$.

Bauteil mit abgeschrägter Stirnfläche

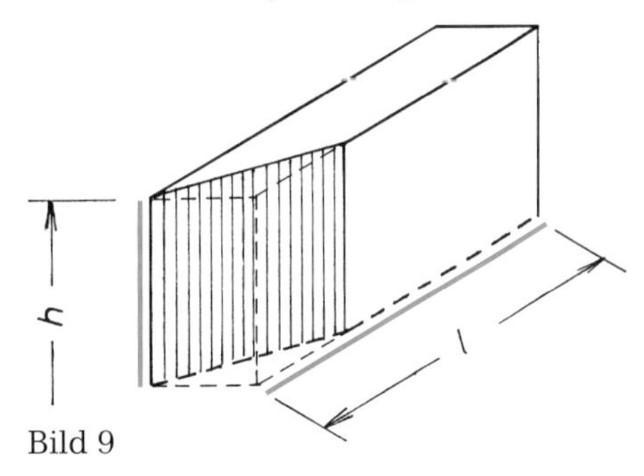

Bild 9

Größere Ansichtsfläche = $h \cdot l$.

Bauteil mit profilierter Stirnfläche

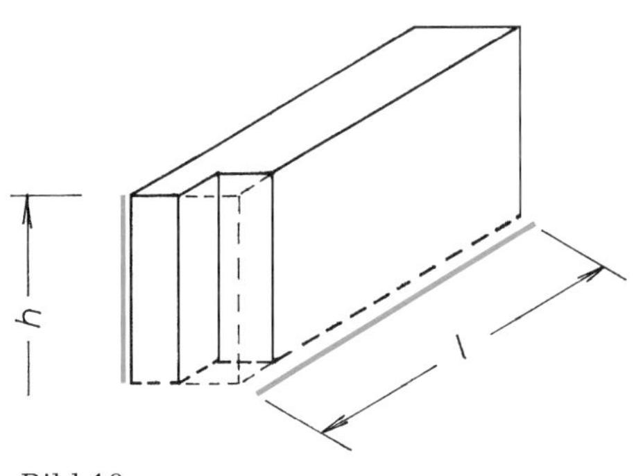

Bild 10

Größere Ansichtsfläche = $h \cdot l$.

Die Abrechnungsregelung gilt jedoch nicht für solche Bauteile bei denen die Abschrägung in Längsrichtung des Bauteiles (Ansichtsfläche) verläuft. Bei diesen Bauteilen erfolgt die Abrechnung nach Abschnitt 5.1.1.1.

Bauteil mit abgeschrägter Ansichtsfläche

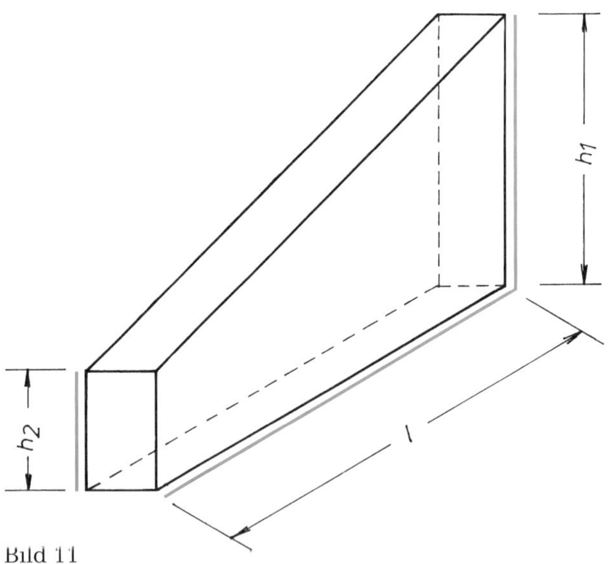

Bild 11

Ansichtsfläche = $\frac{1}{2} \cdot l \cdot (h_1 + h_2)$.

Bauteil mit abgeschrägter Kopf- und Ansichtsfläche

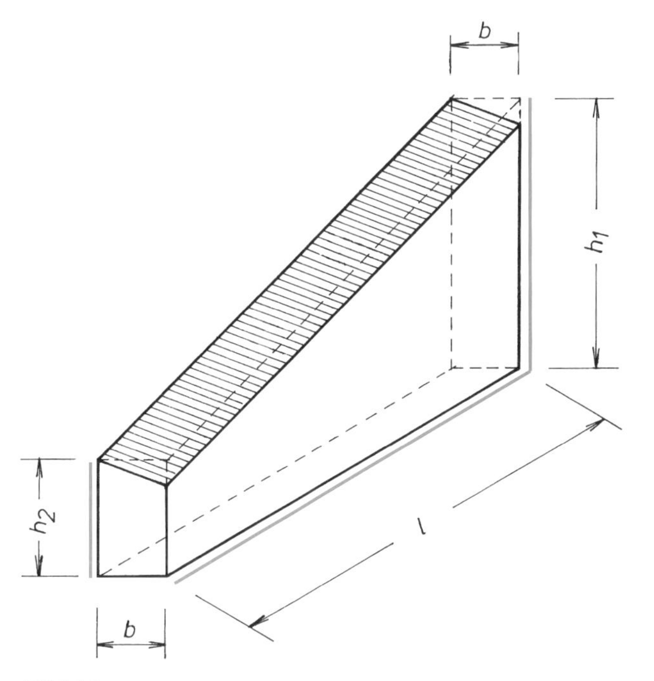

Bild 12

Größere Ansichtsfläche = $^1/_2 \cdot l \cdot (h_1 + h_2)$.

Hier wird der Aufwand für die abgeschrägte Kopffläche bei der Abrechnung über die größere Ansichtsfläche berücksichtigt.

5.1.1.4 Der Ermittlung der Leistungen sind die Bauteildefinitionen nach DIN EN 1992-1-1, DIN EN 1992-2-1/NA, DIN EN 1992-3, DIN EN 1992-3/NA, zugrunde zu legen.

Die in den Normen enthaltenen Bauteildefinitionen werden nachfolgend abgedruckt:

- ***Verbundbauteil***
  Bauteil aus einem Fertigteil und einer Ortbetonergänzung mit Verbindungselementen oder ohne Verbindungselemente.
- ***Unbewehrtes Bauteil***
  Bauteil ohne Bewehrung oder mit einer Bewehrung, die unterhalb der jeweils erforderlichen Mindestbewehrung liegt.
- ***Vorwiegend auf Biegung beanspruchtes Bauteil***
  Bauteil mit einer bezogenen Lastausmitte im Grenzzustand der Tragfähigkeit von $e_d/h \geq 3{,}5$.
- ***Druckglied***
  Vorwiegend auf Druck beanspruchtes, stab- oder flächenförmiges Bauteil mit einer bezogenen Lastausmitte im Grenzzustand der Tragfähigkeit von $e_d/h < 3{,}5$.
- ***Balken, Plattenbalken***
  Stabförmiges, vorwiegend auf Biegung beanspruchtes Bauteil mit einer Stützweite von mindestens der dreifachen Querschnittshöhe und mit einer Querschnitts- bzw. Stegbreite von höchstens der fünffachen Querschnittshöhe.
- ***Platte***
  Ebenes, durch Kräfte rechtwinklig zur Mittelfläche vorwiegend auf Biegung beanspruchtes, flächenförmiges Bauteil, dessen kleinste Stützweite mindestens das Dreifache seiner Bauteildicke beträgt und mit einer Bauteilbreite von mindestens der fünffachen Bauteildicke.
- ***Stütze***
  Stabförmiges Druckglied, dessen größere Querschnittsabmessung das Vierfache der kleineren Abmessung nicht übersteigt.
- ***Scheibe, Wand***
  Ebenes, durch Kräfte parallel zur Mittelfläche beanspruchtes, flächenförmiges Bauteil, dessen größere Querschnittsabmessung das Vierfache der kleineren übersteigt.
- ***Wandartiger Träger bzw. Scheibenartiger Träger***
  Ebenes, durch Kräfte parallel zur Mittelfläche vorwiegend auf Biegung beanspruchtes, scheibenartiges Bauteil, dessen Stützweite weniger als das Dreifache seiner Querschnittshöhe beträgt.

5.1.1.5 Geneigt liegende oder gebogene Decken werden mit ihren tatsächlichen Maßen gerechnet.

5.1.1.6 Decken und Auskragungen werden zwischen ihren Begrenzungsflächen gerechnet. Eingebaute Dämmstoffschichten und dergleichen werden dabei übermessen.

Diese Regelungen sind für Tiefbauarbeiten nicht relevant. Ansonsten wird auf die Kommentierung zu Abschnitt 5.1.1.1 verwiesen.

5.1.1.7 Sind Betonbauteile durch vorgegebene Fugen oder in anderer Weise baulich voneinander abgegrenzt, so wird jedes Bauteil mit seinen tatsächlichen Maßen gerechnet.

Im Bereich von Deckenversprüngen werden Bauteile, die konstruktiv wie Unter- oder Überzüge ausgebildet sind, auch als solche gerechnet.

Binden Stützen in Unterzüge oder Balken ein, werden die Unterzüge und Balken durchgemessen, wenn sie breiter als die Stützen sind. Die Stützen werden in diesem Fall bis Unterseite Unterzug oder Balken gerechnet.

Bei Einbindungen von Unterzügen oder Balken in Wände werden die Wände durchgemessen.

Brückenkappe

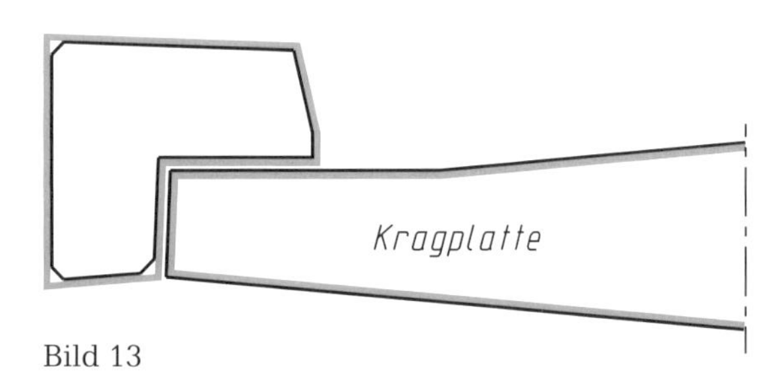

Bild 13

Brückenüberbau als Plattenbalken mit Querträger

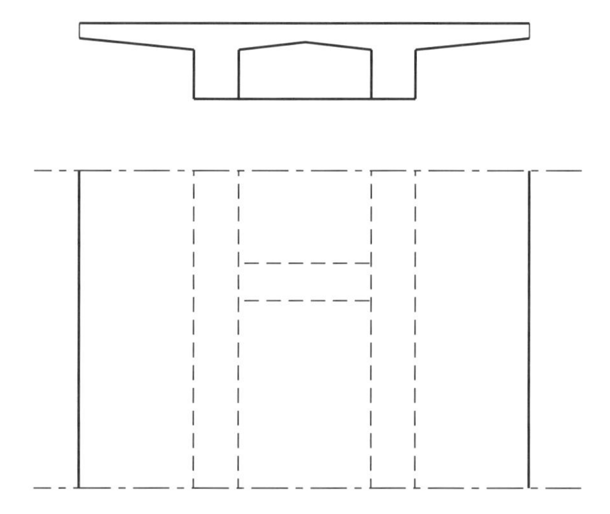

Bild 14

Die Längsbalken werden durchgerechnet, der Querträger wird nur bis zu den Seitenflächen der Längsbalken gerechnet.

5.1.1.8 Durchdringungen, Einbindungen

– Durchdringungen

Bei Wänden wird nur eine Wand durchgerechnet, bei ungleicher Dicke die dickere.

Bei Unterzügen und Balken wird nur ein Unterzug oder Balken durchgerechnet, bei ungleicher Höhe der höhere, bei gleicher Höhe der breitere.

– Einbindungen

Bei Wänden, Pfeilervorlagen und Stützen, die in Decken einbinden, wird die Höhe von Oberseite Rohdecke oder Fundament bis Unterseite Rohdecke gerechnet.

Bei Stürzen und Unterzügen wird die Höhe von deren Unterseite bis Unterseite Deckenplatte gerechnet, bei Überzügen von der Oberseite Deckenplatte bis zur Oberseite des Überzuges.

5.1.1.9 Bei Abrechnung von Bauteilen nach Flächenmaß werden Nischen, Schlitze, Kanäle, Fugen und dergleichen übermessen.

Ist nach Flächenmaß abzurechnen, dann werden Nischen, Schlitze, Kanäle, Fugen u. Ä. jeglicher Größe übermessen und nicht abgezogen.

5.1.1.10 Fugenbänder, Fugenbleche und dergleichen werden nach ihrer größten Länge gerechnet, z. B. bei Schrägschnitten, Gehrungen. Formteile sowie vorkonfektionierte Knoten und Ecken werden dabei übermessen.

5.1.1.11 Betonfertigteilpfähle werden von der planmäßigen Oberseite des Pfahlkopfes, Ortbetonpfähle von der Oberseite nach Bearbeitung, bis zur vorgeschriebenen Unterseite Pfahlfuß oder Pfahlspitze gerechnet. Bei Ortbetonpfählen bleiben Mehrmengen des Betons bis zu 10 % über die theoretische Menge hinaus unberücksichtigt.

Die aufgrund des Standsicherheitsnachweises festgelegte Oberseite und Unterseite des Pfahls und damit die Pfahllänge *„l"* ist maßgebend für die Abrechnung *(Bild 15)*, wenn nichts anderes vereinbart ist.

Werden bei der Ausführung gegenüber den Annahmen des Standsicherheitsnachweises abweichende Bodenverhältnisse angetroffen und aufgrund dessen eine neue „Unterfläche" des Pfahls festgelegt, dann wird diese der Abrechnung zugrunde gelegt.

Ortbetonpfahl

Beton-Fertigpfahl

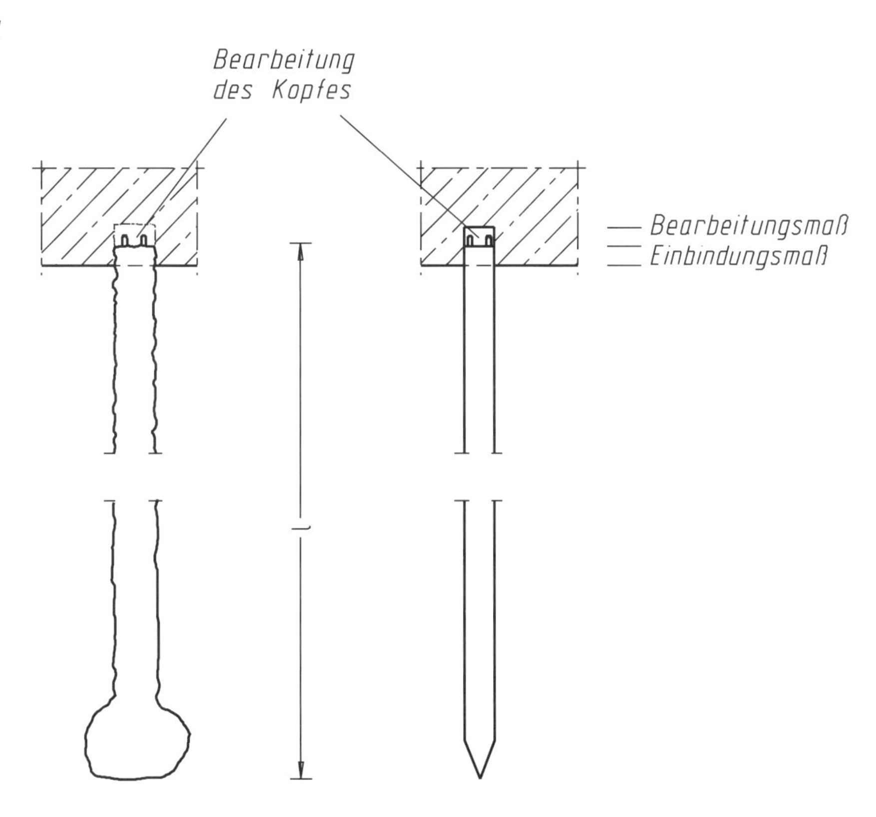

Bild 15

Häufig enthält die Leistungsbeschreibung für Betonpfähle andere Abrechnungsregelungen, z. B. nach dem „Standardleistungskatalog für den Straßen- und Brückenbau (STLK), Leistungsbereich 117 „Gründungen".

Ortbetonbohrpfahl:

„Abgerechnet wird nach Länge von der Gründungsfläche bis Unterkante der Pfahlkopfplatte bzw. des an den Pfahl anschließenden Bauteils. Bei Pfählen mit Fuß gilt als maßgebende Gründungsfläche die Querschnittsfläche an der Stelle des größten theoretischen Fußdurchmessers."

Ortbetonverdrängungspfahl:

„Abgerechnet wird von der Unterkante Verrohrung bis Unterkante der Pfahlkopfplatte bzw. des an den Pfahl anschließenden Bauteils."

Vorgefertigter Verdrängungspfahl:

„Abgerechnet wird nach vereinbarter Länge vom Pfahlkopf bis zur Pfahlfußspitze, jedoch ohne Pfahlschuh."

Die „Mehrmengen" des Betons bei Ortbetonpfählen beruhen meist auf Hohlräumen im Boden; sie bleiben bis zu 10 % über die theoretische Betonmenge hinaus unberücksichtigt, d. h. werden nicht berechnet.

Mehrmengen, die der Auftragnehmer zu vertreten hat, z. B. durch unsachgemäße Ausführung, werden auch über diese Grenze hinaus nicht berechnet.

5.1.2 Es werden abgezogen

5.1.2.1 Bei Abrechnung nach Raummaß:

- **Öffnungen (auch raumhoch), Nischen, Kassetten, Hohlkörper und dergleichen über 0,5 m³ Einzelgröße,**
- **Schlitze, Kanäle, Profilierungen und dergleichen über 0,1 m³ je m Länge, durchdringende oder einbindende Bauteile, z. B. Einzelbalken, Balkenstege bei Plattenbalkendecken, Stützen, Einbauteile, Betonfertigteile, Rollladenkästen, Rohre, über 0,5 m³ Einzelgröße, wenn sie durch vorgegebene Betonierfugen oder in anderer Weise baulich abgegrenzt sind; als ein Bauteil gilt dabei auch jedes aus Einzelteilen zusammengesetzte Bauteil, z. B. Fenster- und Türumrahmungen, Fenster- und Türstürze, Gesimse.**

Wenn bei den erwähnten Bauteilen die angegebenen Größenmaße nicht erreicht oder die sonstigen Voraussetzungen nicht erfüllt sind, werden die Öffnungen usw. und Durchdringungen usw. übermessen und nicht abgezogen.

Stützwand mit Nische

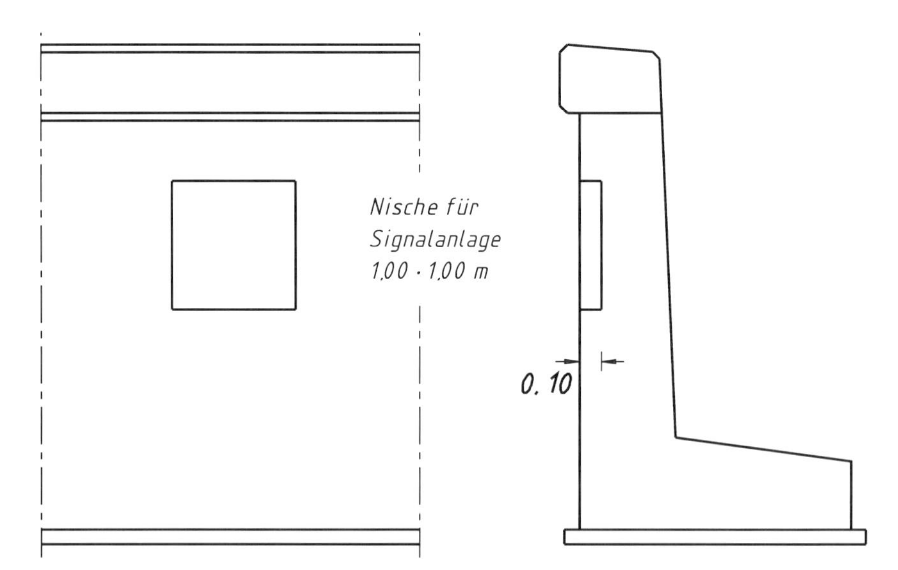

Bild 16

Die Nische ist kleiner als 0,5 m³ und wird nicht abgezogen.

Entwässerungsschacht mit Rohrdurchbruch

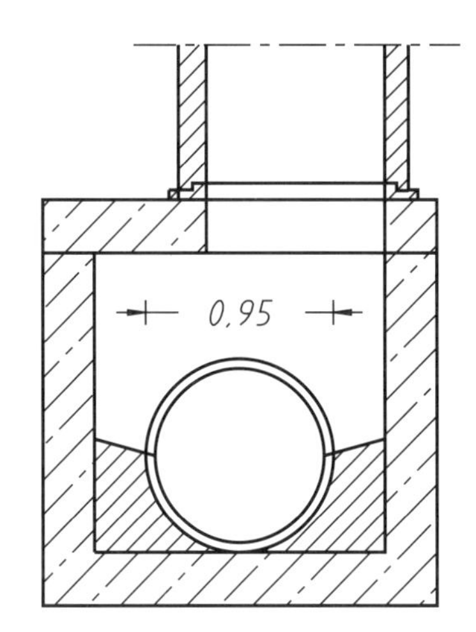

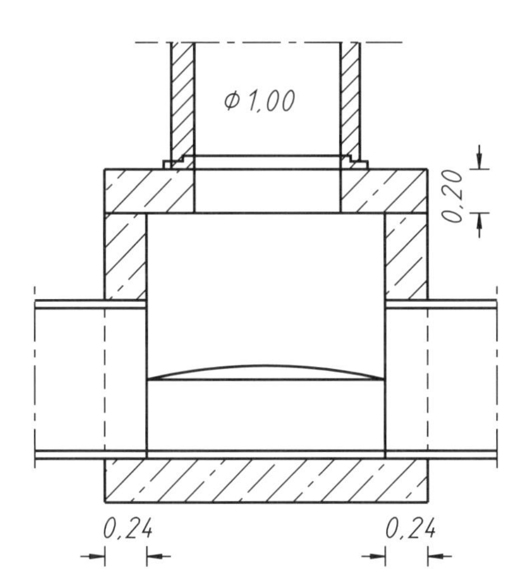

Bild 17

Größe der Öffnungen:

Entwässerungsrohr in der Schachtwand:

$\frac{0{,}95^2}{4} \cdot \pi \cdot 0{,}24 = 0{,}170\ m^3.$

Durchstiegsöffnung in der Schachtdecke:

$\frac{1{,}00^2}{4} \cdot \pi \cdot 0{,}20 = 0{,}157\ m^3.$

Die einzelnen Öffnungen sind kleiner als 0,5 m^3 und werden bei der Ermittlung des Schachtbetons nicht abgezogen.

5.1.2.2 Bei Abrechnung nach Flächenmaß:

Öffnungen (auch raumhoch) und Durchdringungen über 2,5 m^2 Einzelgröße.

Dabei sind die kleinsten Maße der Öffnung oder Durchdringung zugrunde zu legen.

Diese Regelung ist im Tiefbau nicht sehr bedeutsam, da üblicherweise allenfalls Sauberkeits- oder Schutzschichten nach Flächenmaß abgerechnet werden und dort Öffnungen usw. kaum vorkommen, ausgenommen bei Pfahlgründungen *(Bild 18)*.

Sauberkeitsschicht (Unterbeton) unter Pfahlkopfplatte

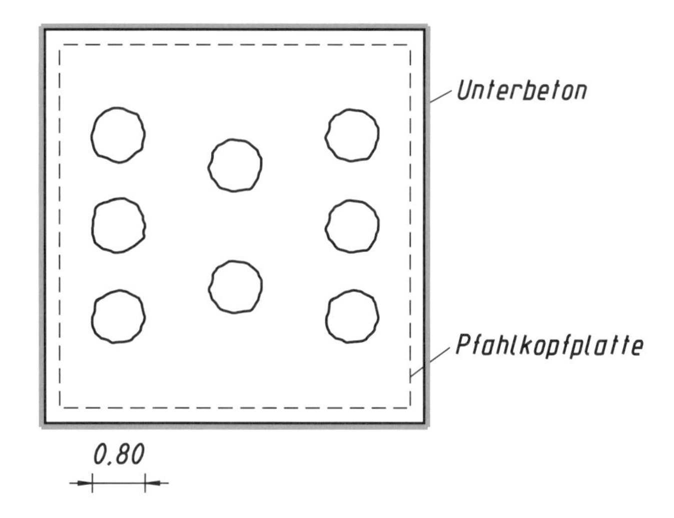

Bild 18

Die durchdringenden Pfahlköpfe (Ø = 0,80 m) werden nicht abgezogen.

Gelegentlich ist aber auch für Brückenüberbauten die Abrechnung nach Flächenmaß vereinbart.

5.2 Schalung

5.2.1 Allgemeines

5.2.1.1 Die Schalung von Bauteilen wird in der Abwicklung der geschalten Flächen gerechnet. Nischen, Schlitze, Kanäle, Fugen, eingebaute Dämmstoffschichten und dergleichen werden übermessen.

5.2.1.2 Deckenschalung wird zwischen Wänden und Unterzügen oder Balken nach den geschalten Flächen der Deckenplatten gerechnet. Die Schalung von freiliegenden Begrenzungsseiten der Deckenplatte wird gesondert gerechnet.

5.2.1.3 Schalung für Aussparungen, z. B. für Öffnungen, Nischen, Hohlräume, Schlitze, Kanäle, sowie für Profilierungen wird bei der Abrechnung nach Flächenmaß in der Abwicklung der geschalten Betonfläche gerechnet.

5.2.2 Es werden abgezogen

Öffnungen (auch raumhoch), Durchdringungen, Einbindungen, Anschlüsse von Bauteilen und dergleichen über 2,5 m² Einzelgröße.

Bei der Ermittlung der Abzugsmaße sind die kleinsten Maße der Aussparung, z. B. Öffnung, Durchdringung, Einbindung, zugrunde zu legen.

5.3 Bewehrung

5.3.1 Die Masse der Bewehrung wird nach den Stahllisten abgerechnet. Zur Bewehrung gehören auch die Unterstützungen, z. B. Stahlböcke, Abstandhalter aus Stahl, Gitterträger bei Verbundbauteilen, sowie Spiralbewehrungen, Verspannungen, Auswechselungen, Montageeisen, nicht jedoch Zubehör zur Spannbewehrung nach Abschnitt 4.1.7.

Die Bewehrung wird im Tiefbau regelmäßig gesondert abgerechnet, und zwar nach den aufgrund der Bewehrungspläne aufgestellten „Stahllisten".

In der Abrechnungsmasse erfasst werden sowohl die statisch als auch die konstruktiv erforderlichen Bewehrungsteile aus Stahl.

Hierzu zählen: Längs- und Querbewehrung, Bügel, Spiralbewehrungen und Auswechselungen sowie Stahlböcke, Abstandhalter, Verspannungen, Montageeisen und andere Unterstützungen aus Stahl, nicht jedoch Abstandhalter aus anderem Material, wie Kunststoff oder Beton.

Bei der Spannbewehrung gehört zur abzurechnenden Masse nur der Spannstahl, nicht jedoch das Zubehör, wie Spannanker und -köpfe, Kupplungsstücke, Hüllrohre, Einpressmörtel und dergleichen.

Im „Standardleistungskatalog für den Straßen- und Brückenbau (STLK)", Leistungsbereich 118 „Kunstbauten aus Beton und Stahlbeton", ist für Spannstahl vorgesehen:

„Bei der Ermittlung der Abrechnungsmasse wird nur die theoretische Masse des Spannstahls berücksichtigt, ermittelt aus den Nennquerschnitten und den Spanngliedlängen zwischen den Außenflächen der Ankerplatten bzw. bei Haftankern (z. B. Fächer-, Besen-, Haken-, Schlaufenanker usw.) bis zum Austritt aus dem Hüllrohr."

5.3.2 Maßgebend ist die errechnete Masse. Bei genormten Stählen gelten die Angaben in den DIN-Normen, bei anderen Stählen die Angaben im Profilbuch des Herstellers.

Die Masse wird nicht durch Wiegen, sondern durch Berechnen ermittelt.

Bei Betonstahl ist DIN 488 – Teil 2: „Betonstahl – Betonstabstahl" maßgebend für die Massenermittlung.

Durchmesser, Querschnitt und Masse (Nennwerte) von geripptem Betonstabstahl

1	2	3
Nenndurchmesser d_s	Nennquerschnitt[1]) A_s cm²	Nennmasse[2]) M kg/m
6	0,283	0,222
8	0,503	0,395
10	0,785	0,617
12	1,13	0,888
14	1,54	1,21
16	2,01	1,58
20	3,14	2,47
25	4,91	3,85
28	6,16	4,83

[1]) Siehe DIN 488-1, Ausgabe August 2009.

[2]) Errechnet mit einer Dichte von 7,85 kg/dm³.

Bei Betonstahl in Ringen, Bewehrungsdraht ist DIN 488 – Teil 3: „Betonstahl – Betonstahl in Ringen, Bewehrungsdraht", bei Betonstahlmatten ist DIN 488 – Teil 4: „Betonstahl – Betonstahlmatten" maßgebend für die Massenermittlung.

Für Spannstahl erfolgt die Massenermittlung nach den Angaben zu den Metergewichten in der für das Spannverfahren erteilten Allgemeinen bauaufsichtlichen Zulassung.

5.3.3 Bindedraht, Walztoleranzen und Verschnitt werden bei der Ermittlung der Abrechnungsmassen nicht berücksichtigt. Bei der Abrechnung von Betonstahlmatten wird jedoch ein durch den Auftragnehmer nicht zu vertretender Verschnitt, dessen Masse über 10 % der Masse der eingebauten Betonstahlmatten liegt, zusätzlich gerechnet.

Der stets anfallende „Verschnitt" wird bei der Ermittlung der Abrechnungsmasse in keinem Falle berücksichtigt. Er muss im Angebotspreis (Einheitspreis je kg/t) für Betonstahl/Betonstahlmatten/Spannstahl kalkulativ erfasst sein, unabhängig davon, ob das Schneiden und Biegen der Bewehrungsteile auf der Baustelle erfolgt oder sie verlegefertig angeliefert werden.

Zur Abrechnung des Verschnitts von Betonstahlmatten siehe Kommentierung zu Abschnitt 5.4 der ATV DIN 18314.

Stahlbauarbeiten – DIN 18335

Ausgabe September 2012

Geltungsbereich

Die ATV DIN 18335 „Stahlbauarbeiten" gilt für Stahlbauleistungen des konstruktiven Ingenieurbaus im Hoch- und Tiefbau einschließlich des Stahlverbundbaus.

Die ATV DIN 18335 gilt nicht für Metallbau- und Schlosserarbeiten (siehe ATV DIN 18360 „Metallbauarbeiten").

Ergänzend gilt die ATV DIN 18299 „Allgemeine Regelungen für Bauarbeiten jeder Art", Abschnitte 1 bis 5. Bei Widersprüchen gehen die Regelungen der ATV DIN 18335 vor.

0.5 Abrechnungseinheiten

Im Leistungsverzeichnis sind die Abrechnungseinheiten wie folgt vorzusehen:

0.5.1 Stahlbauteile nach Gewicht (kg, t), Längenmaß (m), Flächenmaß (m²), Raummaß (m³) oder Anzahl (Stück).

0.5.2 Verbundteile aus Stahl und Beton oder Stahlbeton nach Längenmaß (m), Flächenmaß (m²), Raummaß (m³), Anzahl (Stück) oder getrennt

- *Stahlbauteile nach Abschnitt 0.5.1,*
- *Beton- und Stahlbetonteile nach ATV DIN 18331 „Betonarbeiten".*

0.5.3 Lagerkörper, Übergangskonstruktionen und andere besondere Bauteile nach Masse (kg, t), Längenmaß (m), Flächenmaß (m²) oder Anzahl (Stück);

wenn sie mit der Hauptkonstruktion gewogen werden, nach Längenmaß (m), Flächenmaß (m²) oder Anzahl (Stück) als Zulage zur Hauptkonstruktion.

5 Abrechnung

Ergänzend zur ATV DIN 18299, Abschnitt 5, gilt:

5.1 Allgemeines

Bei Abrechnung nach Masse wird dieses durch Berechnen ermittelt. Die Masse von Formstücken, z. B. Guss- oder Schmiedeteilen, wird jedoch durch Wiegen ermittelt.

5.2 Masseermittlung durch Berechnen

5.2.1 Für die Ermittlung der Maße gelten:

- **bei Flachstählen bis 180 mm Breite sowie bei Form- und Stabstählen die größte Länge,**
- **bei Flachstählen über 180 mm Breite und bei Blechen die Fläche des kleinsten umschriebenen, aus geraden oder nach außen gekrümmten Linien bestehenden Vielecks, bei hochkantig gebogenen Flachstählen jedoch anstatt der Sehne die nach innen gekrümmte Linie,**
- **bei angeschnittenen, ausgeklinkten oder beigezogenen Trägern der volle Querschnitt.**

Ausschnitte und einspringende Ecken werden übermessen.

5.2.2 Bei der Berechnung der Masse ist zugrunde zu legen:

- **bei genormten Profilen die Masse nach DIN-Norm,**
- **bei anderen Profilen die Masse aus dem Profilbuch des Herstellers,**

- **bei Blechen, Breitflachstählen und Bandstählen die Masse von 7,85 kg je m² Fläche und mm Dicke,**
- **bei Formstücken aus Stahl die Dichte von 7,85 kg/dm³ und bei solchen aus Gusseisen (Grauguss) die Dichte von 7,25 kg/dm³.**

Verbindungsmittel, z. B. Schrauben, Niete, Schweißnähte, bleiben unberücksichtigt.

5.2.3 Walztoleranz und Verschnitt bleiben unberücksichtigt.

5.3 Gewichtsermittlung durch Wiegen

Sämtliche Bauteile sind zu wiegen. Von gleichen Bauteilen braucht nur eine angemessene Anzahl gewogen zu werden.

Erläuterungen

Die ATV DIN 18335 „Stahlbauarbeiten", Ausgabe September 2012, wurde in den Verweisen auf die VOB/A, VOB/B und VOB/C aktualisiert. Ansonsten erfolgten keine weiteren Änderungen.

5 Abrechnung

Ergänzend zur ATV DIN 18299, Abschnitt 5, gilt:

Siehe Kommentierung zu Abschnitt 5 der ATV DIN 18299 „Allgemeine Regelungen für Bauarbeiten jeder Art".

Die Abrechnungszeichnungen brauchen nicht in jeder Hinsicht den Anforderungen von Werkzeichnungen zu entsprechen.

5.1 Allgemeines

Bei Abrechnung nach Masse wird dieses durch Berechnen ermittelt. Die Masse von Formstücken, z. B. Guss- oder Schmiedeteilen, wird jedoch durch Wiegen ermittelt.

Eine Abrechnung nach Raummaß erstreckt sich fast ausschließlich auf Formstücke aus Flussstahl, geschmiedetem Stahl und Stahlguss.

5.2 Masseermittlung durch Berechnen

5.2.1 Für die Ermittlung der Maße gelten:

- **bei Flachstählen bis 180 mm Breite sowie bei Form- und Stabstählen die größte Länge,**
- **bei Flachstählen über 180 mm Breite und bei Blechen die Fläche des kleinsten umschriebenen, aus geraden oder nach außen gekrümmten Linien bestehenden Vielecks, bei hochkantig gebogenen Flachstählen jedoch anstatt der Sehne die nach innen gekrümmte Linie,**
- **bei angeschnittenen, ausgeklinkten oder beigezogenen Trägern der volle Querschnitt.**

Ausschnitte und einspringende Ecken werden übermessen.

Aufmaß von Flachstahl bis 180 mm Breite

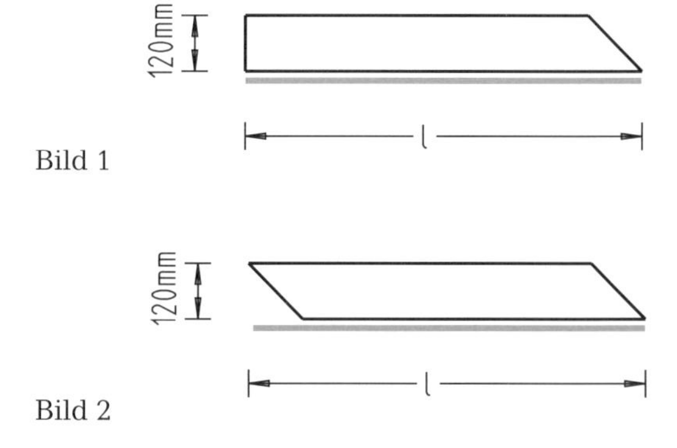

Bild 1

Bild 2

Aufmaß von Form- und Stabstählen

Ausklinkung von T-Trägern

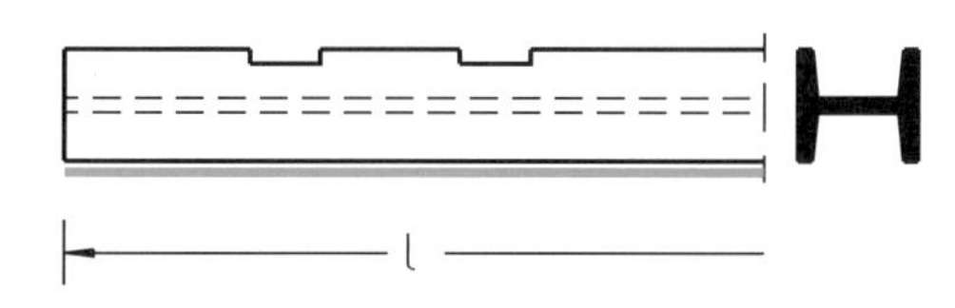

Bild 3

Ausklinkungen werden beim Aufmaß nicht berücksichtigt.

Abflanschung von I-Trägern

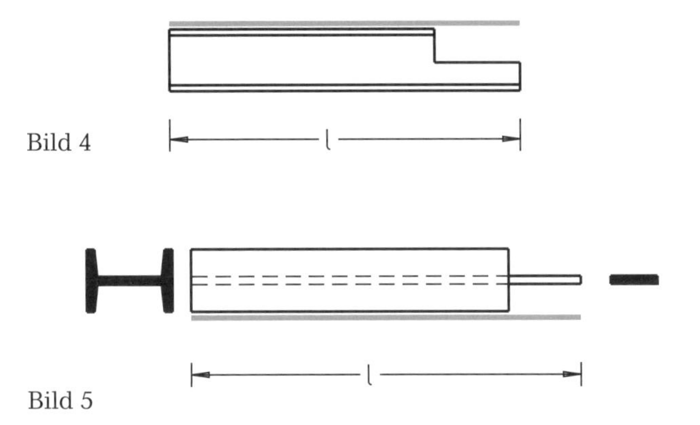

Bild 4

Bild 5

Ausklinkung von I-Trägern

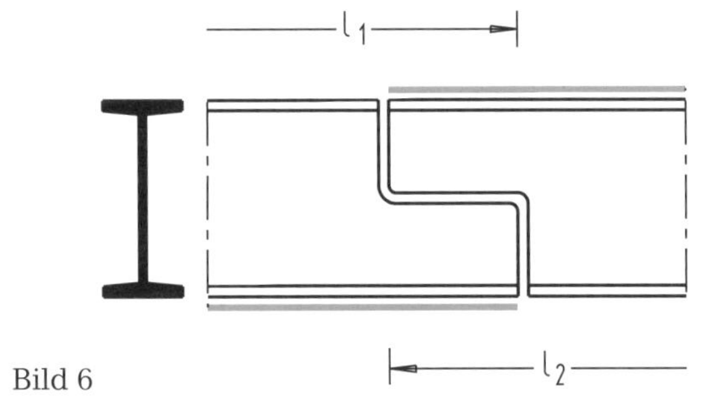

Bild 6

Längenmaß = $l_1 + l_2$.

Auf Gehrung gestoßener T-Träger

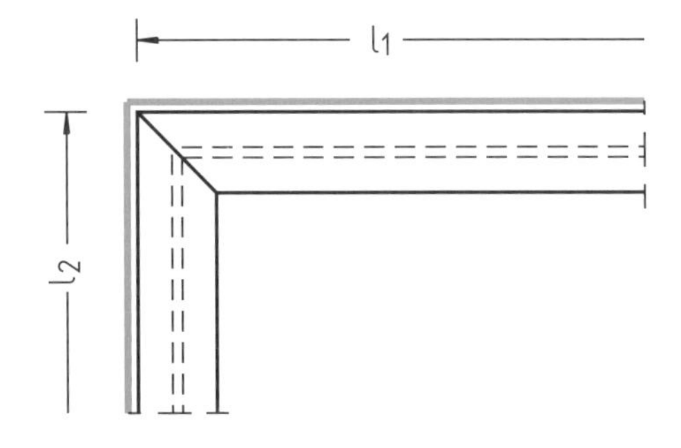

Bild 7

Längenmaß = $l_1 + l_2$.

Trägerauflager-Ausklinkung des I-Trägers

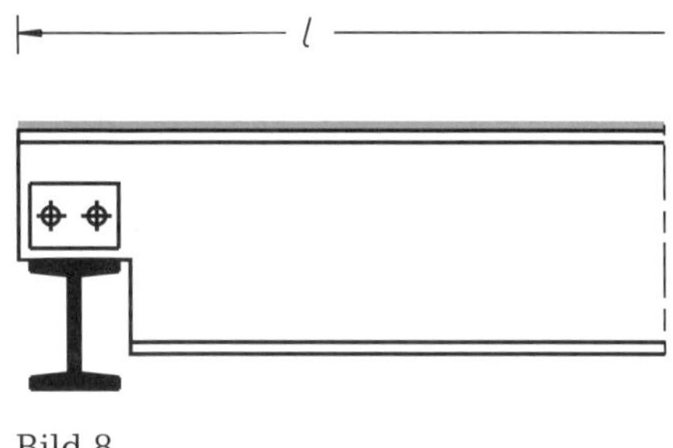

Bild 8

Aufmaß des I-Trägers = l.

Aufmaß von gebogenen Formstählen

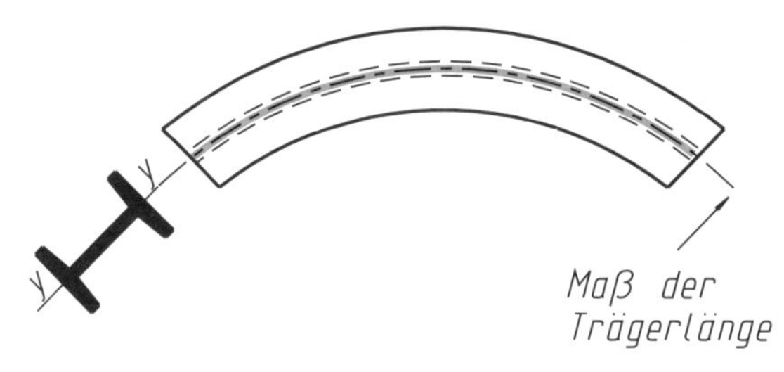

Bild 9

Für die Errechnung der Länge bei gebogenen Stab- und Formstählen ist die Mittelachse (y-Achse) maßgebend.

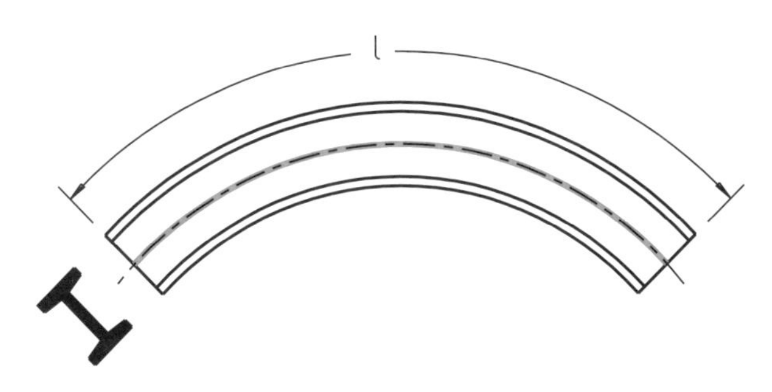

Bild 10

Bei gebogenen Formstählen gilt für die Längenbestimmung das Längenmaß vor der Biegung.

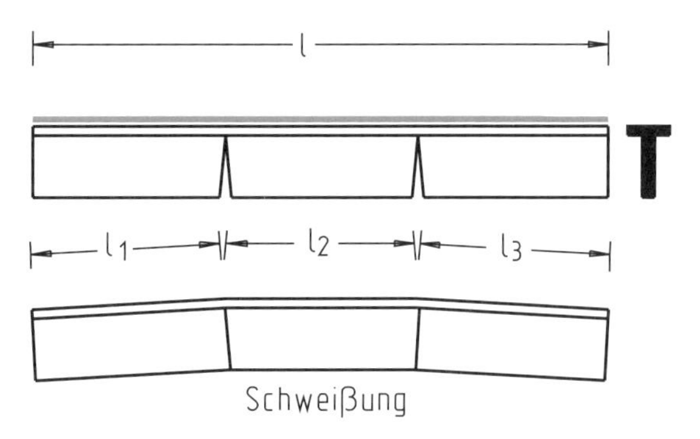

Bild 11

Länge des gebogenen Stahls: $l_1 + l_2 + l_3 = l$.

Wenn Stäbe geknickt werden und an den Knickstellen Dreiecke aus dem Stab herausgeschnitten werden, so gilt für das Längenmaß die Summe der Längen vor dem Herausnehmen der Dreiecke.

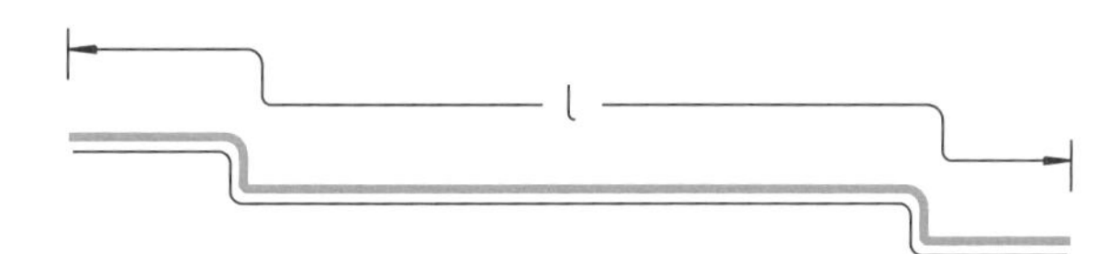

Bild 12

Bei gekröpften Stäben gilt als Längenmaß die abgewickelte Länge, das entspricht der Länge vor der Kröpfung.

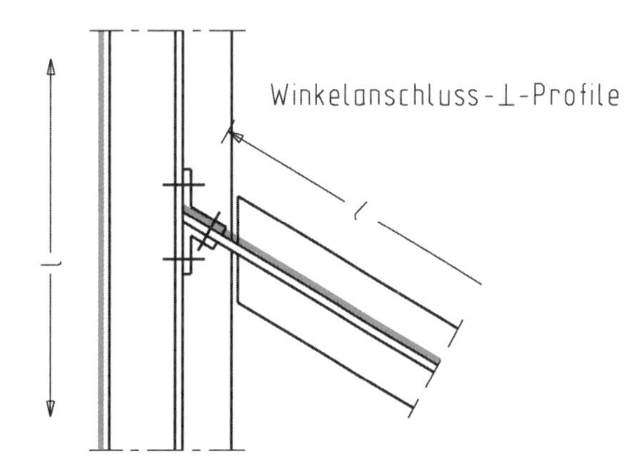

Bild 13

Aufmaß von Blechen

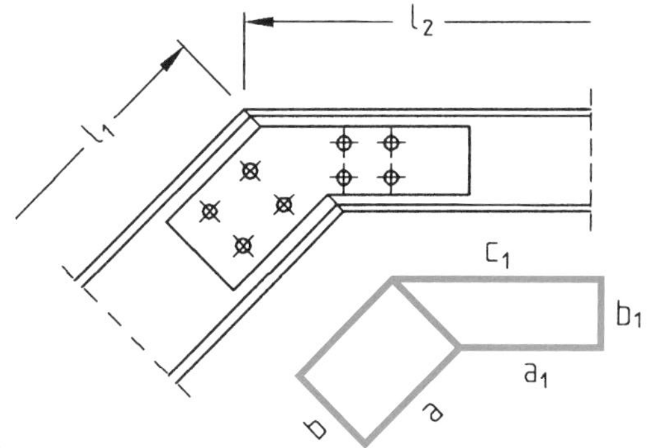

Bild 14

Winkelanschluss eines I-Trägers mit beiderseitiger Lasche

Flächenaufmaß des Bleches:

$a \cdot b + \frac{a_1 + c_1}{2} \cdot b_1$.

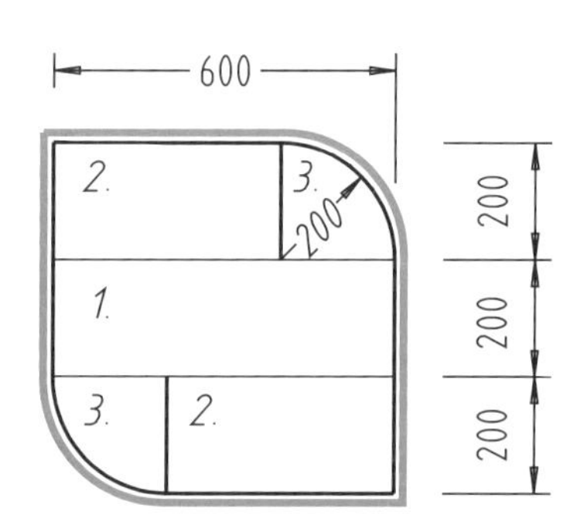

Bild 15

Aufmaß eines an zwei Seiten abgerundeten Bleches:

1. $0,6 \cdot 0,2 = 0,12\ m^2$
2. $(0,4 \cdot 0,2) \cdot 2 = 0,16\ m^2$
3. $\frac{0,2^2 \cdot 3,14}{4} \cdot 2 = 0,06\ m^2$

$0,34\ m^2$

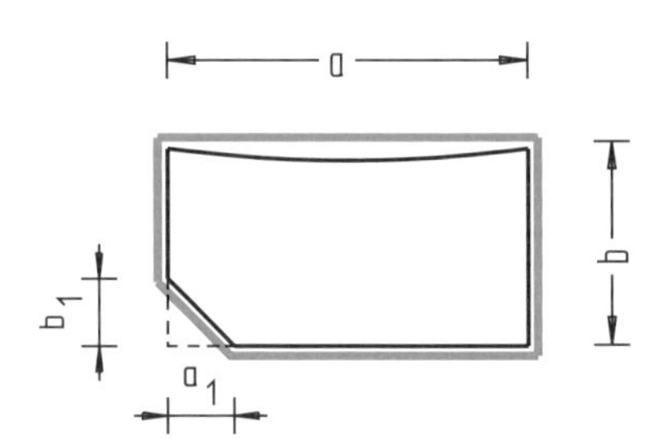

Bild 16

Fläche = $a \cdot b - \frac{a_1 \cdot b_1}{2}$.

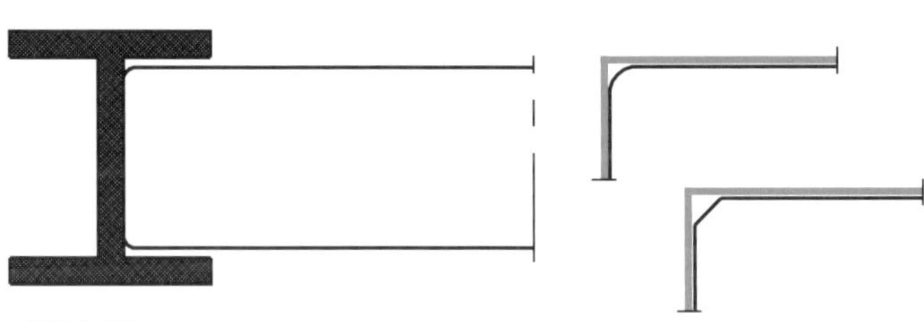

Bild 17

Geringe Abrundungen und Abschrägungen an den Ecken der Bleche bleiben beim Aufmaß unberücksichtigt. Derartige Abrundungen oder Abschrägungen sind erforderlich beim Anpassen der Bleche an I-Träger oder andere Profile.

Aufmaß von Blechen

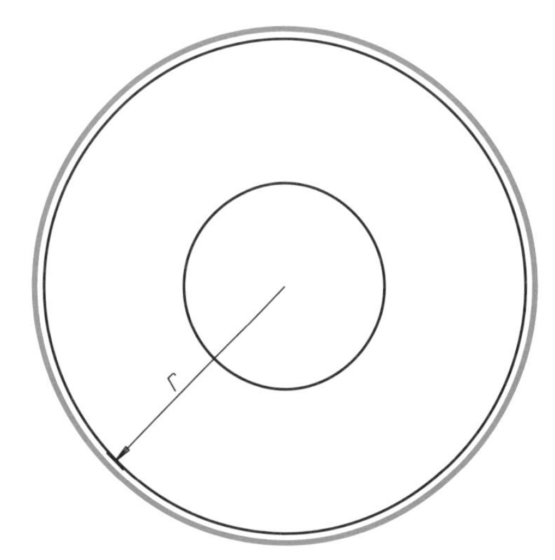

Bild 18

Flächenmaß eines Bleches in Kreisform mit einem Ausschnitt

$A = r^2 \cdot \pi$.

Der Ausschnitt wird übermessen.

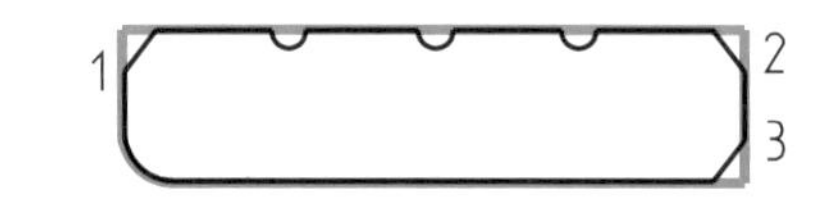

Bild 19

Die halbkreisförmigen Ausschnitte und die Abschrägungen 1, 2 und 3 werden beim Aufmaß nicht berücksichtigt.

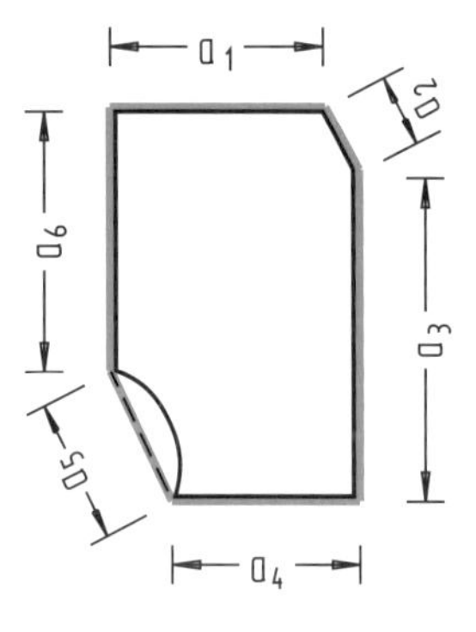

Bild 20

Umgrenzte geradlinige Fläche, maßgebend zur Berechnung des Flächenmaßes a_1, a_2 ...

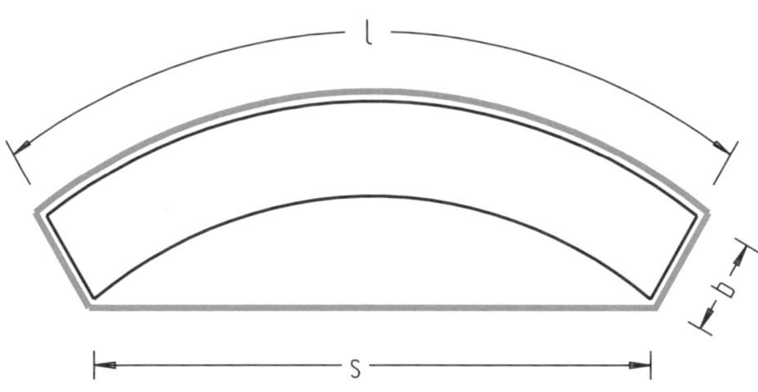

Bild 21

Der Segment-Ausschnitt wird übermessen.

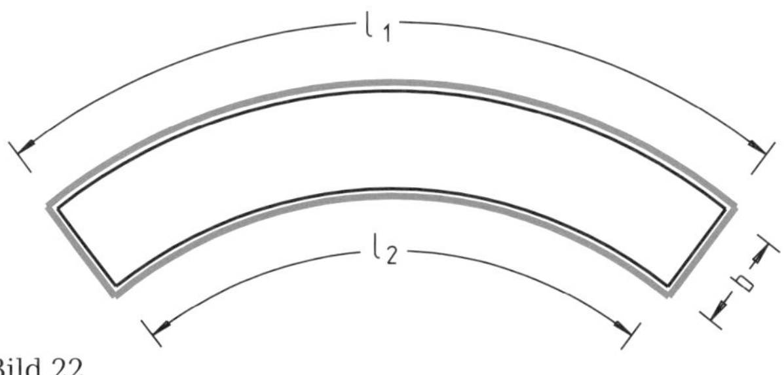

Bild 22

Bei hochkant gebogenen Flachstählen ist die Länge der nach innen gebogenen Linie vor Ort zu messen.

Abzurechnende Fläche:

$A = \frac{l_1 + l_2}{2} \cdot b$.

Aufmaß von Konstruktionen aus Stahlrohren

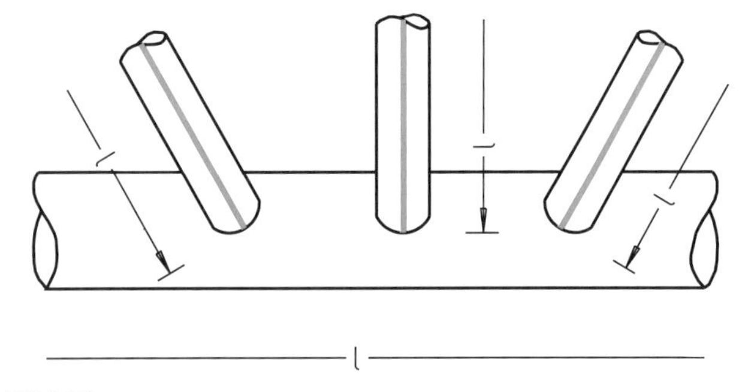

Bild 23

Binderfirst aus Stahlrohren

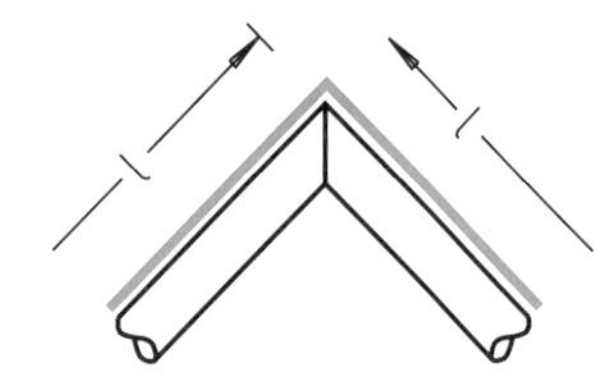

Bild 24

Zu einem Zylindermantel geformtes Blech

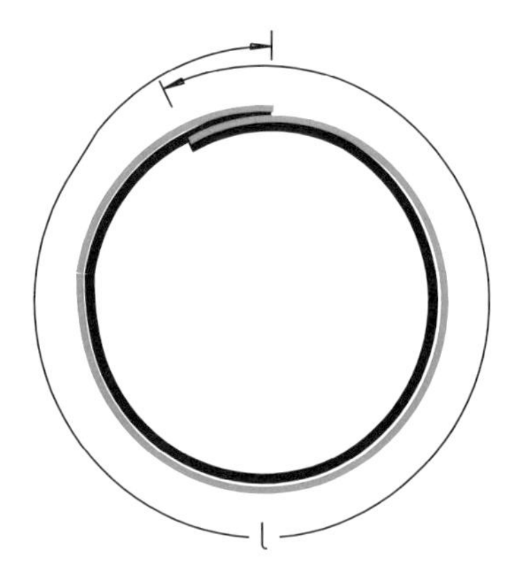

Bild 25

Aufmaß in der Abwicklung des Bleches, Überlappungen werden mit aufgemessen.

5.2.2 Bei der Berechnung der Masse ist zugrunde zu legen:

- **bei genormten Profilen die Masse nach DIN-Norm,**
- **bei anderen Profilen die Masse aus dem Profilbuch des Herstellers,**
- **bei Blechen, Breitflachstählen und Bandstählen die Masse von 7,85 kg je m^2 Fläche und mm Dicke,**
- **bei Formstücken aus Stahl die Dichte von 7,85 kg/dm^3 und bei solchen aus Gusseisen (Grauguss) die Dichte von 7,25 kg/dm^3.**

Verbindungsmittel, z. B. Schrauben, Niete, Schweißnähte, bleiben unberücksichtigt.

5.2.3 Walztoleranz und Verschnitt bleiben unberücksichtigt.

5.3 Gewichtsermittlung durch Wiegen

Sämtliche Bauteile sind zu wiegen. Von gleichen Bauteilen braucht nur eine angemessene Anzahl gewogen zu werden.

Abdichtungsarbeiten – DIN 18336

Ausgabe September 2012

Geltungsbereich

Die ATV DIN 18336 „Abdichtungsarbeiten" gilt für Abdichtungen mit Bitumenbahnen, bitumenhaltigen Stoffen und Metallbändern sowie Kunststoff- und Elastomerbahnen gegen Bodenfeuchte, nicht stauendes und aufstauendes Sickerwasser sowie nicht drückendes und drückendes Wasser einschließlich der Herstellung erforderlicher Dämmstoff-, Sperr-, Trenn- und Schutzschichten.

Sie gilt auch für Abdichtungen unter Intensivbegrünungen.

Die ATV DIN 18336 gilt nicht für

- **Beton mit hohem Wassereindringwiderstand (siehe ATV DIN 18331 „Betonarbeiten"),**
- **Dachabdichtungen (siehe ATV DIN 18338 „Dachdeckungs- und Dachabdichtungsarbeiten") und Abdichtungen von extensiv begrünten Dachflächen,**
- **Gussasphaltarbeiten (siehe ATV DIN 18354 „Gussasphaltarbeiten"),**
- **Abdichtungen der Fahrbahntafeln von Brücken, die zu öffentlichen Straßen gehören,**
- **Abdichtungen von Deponien, Erdbauwerken und Bauwerken, die in geschlossener Bauweise erstellt werden sowie**
- **Abdichtungen von mit Spritzwasser belasteten Nassräumen im Wohnungsbau.**

Ergänzend gilt die ATV DIN 18299 „Allgemeine Regelungen für Bauarbeiten jeder Art", Abschnitte 1 bis 5. Bei Widersprüchen gehen die Regelungen der ATV DIN 18336 vor.

0.5 Abrechnungseinheiten

Im Leistungsverzeichnis sind die Abrechnungseinheiten wie folgt vorzusehen:

0.5.1 Flächenmaß (m²), getrennt nach Bauart und Maßen, für

- *Abdichtungen von Wandflächen einschließlich der Flächen von rückläufigen Stößen,*
- *Abdichtungen von Bodenplatten einschließlich der Flächen von rückläufigen Stößen, getrennt nach Neigungen bis 1 : 1 und über 1 : 1,*
- *Abdichtungen von Deckenflächen,*
- *Verstärkungen in der Fläche,*
- *Vorbehandeln des Abdichtungsuntergrundes,*
- *Schutzschichten und Schutzmaßnahmen,*
- *Dämmstoff- und Trennschichten, Dampfsperren und dergleichen.*

0.5.2 Längenmaß (m), getrennt nach Bauart und Maßen, für

- *Abdichtungen über Bewegungsfugen, getrennt nach Neigungen der Flächen bis 1 : 1 und über 1 : 1,*
- *waagerechte Abdichtungen in Wänden gegen aufsteigende Feuchte,*
- *Übergänge, Anschlüsse und Abschlüsse,*
- *Kehranschlüsse,*
- *rückläufige Stöße,*
- *Verstärkung an Kanten, Kehlen, Anschlüssen, Abschlüssen und Übergängen,*
- *Ausbildung von Hohlkehlen,*
- *Klebe- und Anschlussflansche, Los- und Festflanschkonstruktionen,*
- *Klemmschienen, Klemmprofile, beschichtete Bleche, Abdeckungen und dergleichen,*
- *in Streifen verlegte Dämmstoff- und Trennschichten.*

0.5.3 Anzahl (Stück), getrennt nach Bauart und Maßen, für

- *Herstellen und Schließen von Aussparungen,*

- *Anschlüsse der Abdichtung an Durchdringungen, getrennt nach Neigungen der Flächen bis 1 : 1 und über 1 : 1, in denen die Durchdringungen angeordnet sind,*
- *Klebe- und Anschlussflansche, Los- und Festflanschkonstruktionen,*
- *Manschetten, Schellen, Klemmschienen, Klemmprofile, beschichtete Bleche und dergleichen,*
- *Telleranker, Einbauteile und dergleichen.*

5 Abrechnung

Ergänzend zur ATV DIN 18299, Abschnitt 5, gilt:

5.1 Allgemeines

5.1.1 Der Ermittlung der Leistung – gleichgültig, ob sie nach Zeichnung oder nach Aufmaß erfolgt – sind die Maße der behandelten Flächen und hergestellten Abdichtungen, Trenn-, Sperr-, Dämmstoff- und Schutzschichten und dergleichen zugrunde zu legen. Auf Flächen, die von Bauteilen begrenzt sind, gelten die Maße bis zu den begrenzenden, ungeputzten, unbekleideten Bauteilen.

5.1.2 Bei der Ermittlung der Maße von Abdichtungen oder Abdichtungsverstärkungen über Fugen, an Übergängen, Anschlüssen, Kehranschlüssen, rückläufigen Stößen, Abschlüssen, Kanten und Kehlen wird jeweils das größte, gegebenenfalls abgewickelte Bauteilmaß zugrunde gelegt.

5.1.3 Bei rückläufigen Stößen werden deren Flächen, zusätzlich zu der Länge der Stöße, sowohl als Bodenplattenabdichtung als auch als Wandabdichtung gerechnet.

5.1.4 Fugen werden übermessen.

5.2 Es werden abgezogen:

5.2.1 Bei Abrechnung nach Flächenmaß:

Aussparungen, z. B. Öffnungen, Durchdringungen, über 2,5 m² Einzelgröße.

5.2.2 Bei Abrechnung nach Längenmaß:

Unterbrechungen über 1 m Einzellänge.

Erläuterungen

Die ATV DIN 18336 „Abdichtungsarbeiten", Ausgabe September 2012, wurde redaktionell überarbeitet; die Normenverweise wurden aktualisiert.

Für die Abrechnung haben sich gegenüber der bisherigen Ausgabe keine Änderungen ergeben.

5 Abrechnung

Ergänzend zur ATV DIN 18299, Abschnitt 5, gilt:

Siehe Kommentierung zu Abschnitt 5 der ATV DIN 18299 „Allgemeine Regelungen für Bauarbeiten jeder Art".

Die Abrechnung von Abdichtungen der Fahrbahntafeln von Brücken, die zu öffentlichen Straßen gehören, erfolgt analog zu den ATV-Bedingungen; die Einschränkung im „Geltungsbereich" wurde wegen der andersartigen Regelungen gegenüber den Abschnitten 1 bis 4 vorgenommen.

5.1 Allgemeines

5.1.1 Der Ermittlung der Leistung – gleichgültig, ob sie nach Zeichnung oder nach Aufmaß erfolgt – sind die Maße der behandelten Flächen und hergestellten Abdichtungen, Trenn-, Sperr-, Dämmstoff- und Schutzschichten und dergleichen zugrunde zu legen. Auf Flächen, die von Bauteilen begrenzt sind, gelten die Maße bis zu den begrenzenden, ungeputzten, unbekleideten Bauteilen.

Abdichtung mit begrenzenden Bauteilen bei Sohle/Wand eines Bauwerks

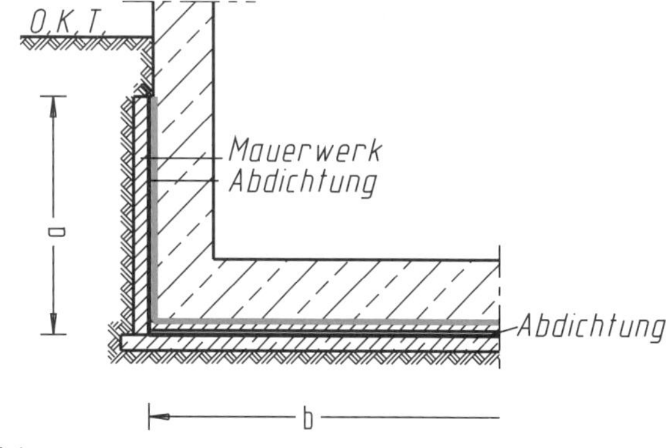

Bild 1

Fläche Sohlenabdichtung = $b \cdot$ *Länge*.

Fläche Wandabdichtung = $a \cdot$ *Länge*.

5.1.2 Bei der Ermittlung der Maße von Abdichtungen oder Abdichtungsverstärkungen über Fugen, an Übergängen, Anschlüssen, Kehranschlüssen, rückläufigen Stößen, Abschlüssen, Kanten und Kehlen wird jeweils das größte, gegebenenfalls abgewickelte Bauteilmaß zugrunde gelegt.

5.1.3 Bei rückläufigen Stößen werden deren Flächen, zusätzlich zu der Länge der Stöße, sowohl als Bodenplattenabdichtung als auch als Wandabdichtung gerechnet.

Die Abrechnungsmaße für Abdichtungen sind wie folgt zu ermitteln:

- auf Flächen mit begrenzenden Bauteilen ohne Berücksichtigung von Putz oder Bekleidungen *(Bild 1)*,
- auf Flächen ohne begrenzende Bauteile nach den Maßen der Abdichtung *(Bilder 2, 3, 4)*,
- über Fugen, an Übergängen, Anschlüssen, Abschlüssen, Kanten und Kehlen die Länge von Abdichtungen oder Abdichtungsverstärkungen nach der größten Bauteillänge *(Bild 5)*.

Abdichtung ohne begrenzende Bauteile bei Sohlenvertiefung

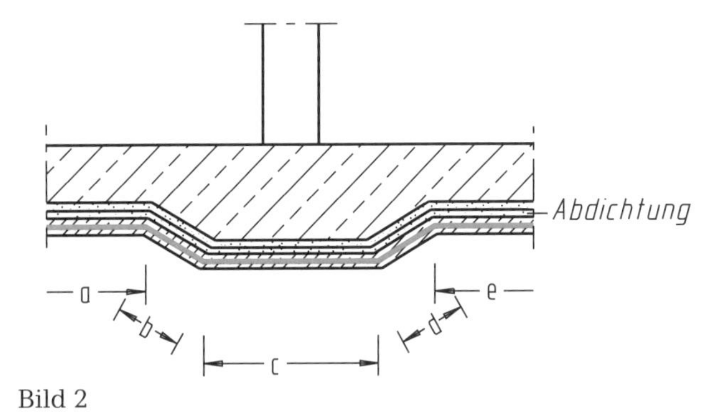

Bild 2

Fläche Sohlenabdichtung = $(a + b + c + d + e) \cdot$ *Breite*.

Gewölbeabdichtung

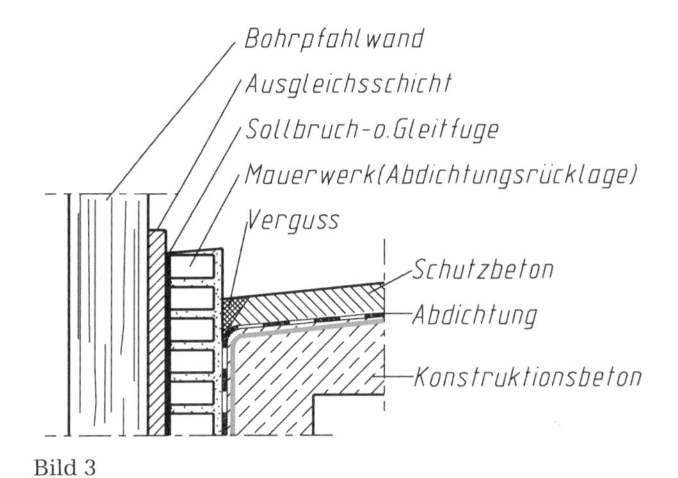

Bild 3

Die Dichtungsfläche wird in der Abwicklung gemessen.

Abdichtung Parkdeck

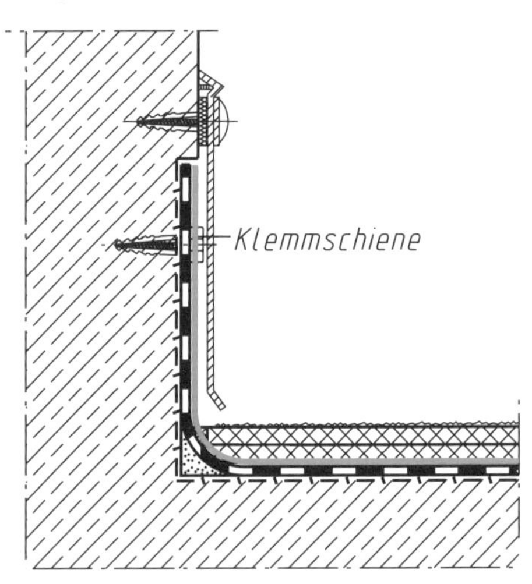

Bild 4

Die Abdichtung von Kehlen wird in der Abwicklung gemessen.

Fugenabdichtung

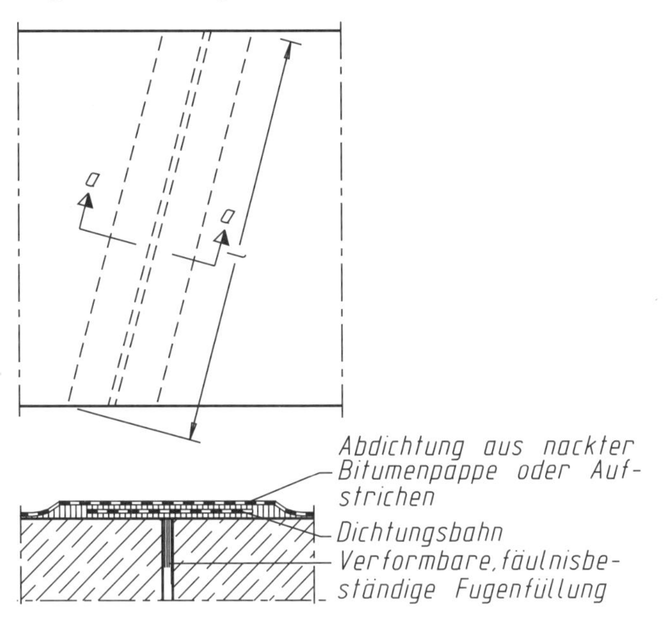

Bild 5

Über Fugen, Übergängen, Kehlen usw. wird die größte Bauteillänge gemessen.

Abzurechnende Länge der Abdichtungsverstärkung = l.

Stützwandabdichtung als Beispiel ohne begrenzende Bauteile

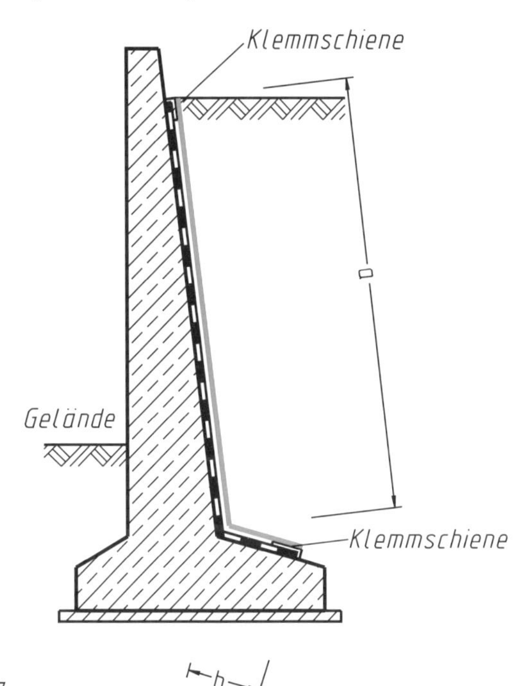

Bild 7

Waagerechte Abdichtung = $b \cdot$ *Länge.*

Senkrechte Abdichtung = $a \cdot$ *Länge.*

Abdichtung für Wannen-Bauwerk als Beispiel mit und ohne begrenzende Bauteile

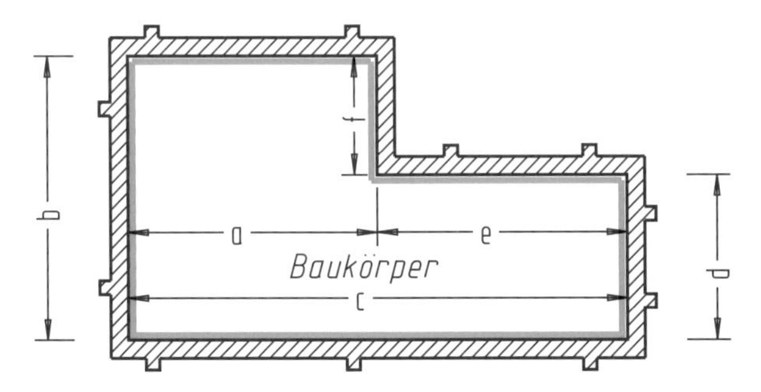

Bild 6

Fläche Sohlenabdichtung = $a \cdot b + d \cdot e$.

Fläche Wandabdichtung = $(a + b + d + e + f) \cdot$ *Höhe.*

Rückläufiger Stoß

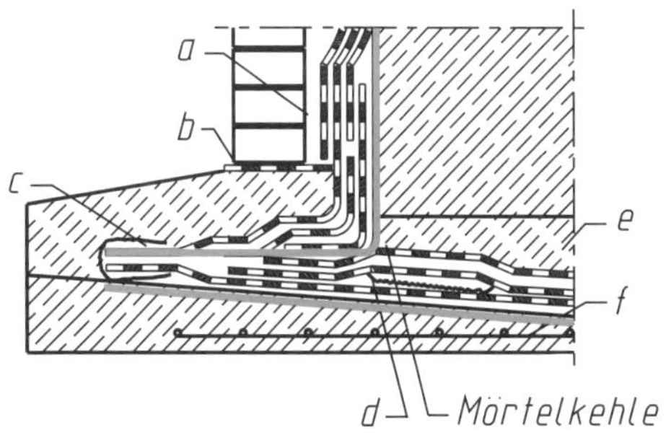

Bild 8

5.1.4 Fugen werden übermessen.

Bei Fugen *(siehe Bild 5)* wird die Flächen-Abdichtung über der Fugenkonstruktion (Abdichtungsverstärkung) durchgemessen.

5.2 Es werden abgezogen:

5.2.1 Bei Abrechnung nach Flächenmaß:

Aussparungen, z. B. Öffnungen, Durchdringungen, über 2,5 m² Einzelgröße.

5.2.2 Bei Abrechnung nach Längenmaß:

Unterbrechungen über 1 m Einzellänge.

Durchdringung einer Abdichtung

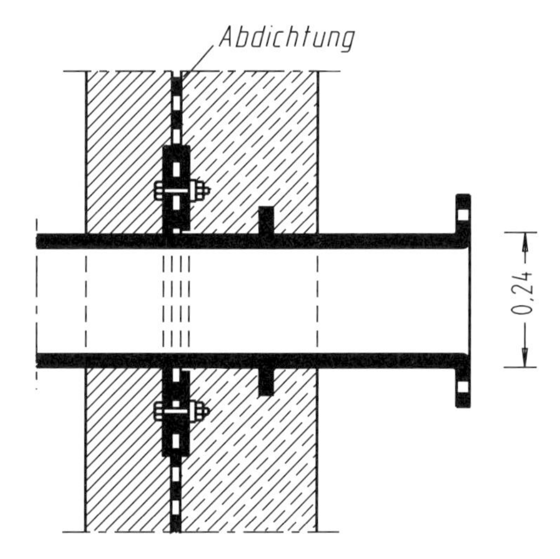

Bild 9

Da die Aussparung in der Abdichtung kleiner als 2,50 m² ist, wird die Aussparung beim Aufmaß der Abdichtung übermessen.

Korrosionsschutzarbeiten an Stahlbauten – DIN 18364

Ausgabe September 2012

Geltungsbereich

Die ATV DIN 18364 „Korrosionsschutzarbeiten an Stahlbauten" gilt für Beschichtungsarbeiten für den Korrosionsschutz von Bauteilen aus Stahl und von Stahlbaukonstruktionen, die einer statischen Berechnung oder Zulassung bedürfen. Sie gilt ebenso für den Korrosionsschutz in Verbindung mit dem baulichen Brandschutz sowie das Feuerverzinken und das thermische Spritzen von Metallen.

Ergänzend gilt die ATV DIN 18299 „Allgemeine Regelungen für Bauarbeiten jeder Art", Abschnitte 1 bis 5. Bei Widersprüchen gehen die Regelungen der ATV DIN 18364 vor.

0.5 Abrechnungseinheiten

Im Leistungsverzeichnis sind die Abrechnungseinheiten wie folgt vorzusehen:

0.5.1 Flächenmaß (m²), getrennt nach Bauart und Maßen, für

- *Vollwandkonstruktionen und Fachwerkkonstruktionen aus Profilen mit einem Umfang von mehr als 90 cm,*
- *Fenster, Türen, Tore und dergleichen,*
- *Rohre mit einem Umfang von mehr als 90 cm,*
- *Behälter, Spundwände und profilierte Bleche,*
- *Geländer,*
- *Abdeckbleche, Gitterroste und dergleichen.*

0.5.2 Längenmaß (m), getrennt nach Bauart und Maßen, für

- *Profile und Teilflächen von Profilen mit einem Umfang bis 90 cm,*
- *Rohre mit einem Umfang bis 90 cm,*
- *Geländer,*
- *zusätzliche Beschichtung von Kanten, Schweißnähten und dergleichen.*

0.5.3 Anzahl (Stück), getrennt nach Bauart und Maßen, für

- *Behälter, Abdeckbleche, Roste, Gitter,*
- *Fenster, Türen, Tore und dergleichen,*
- *Befestigungen, z. B. Konsolen, Rohrschellen, Abhängungen, zusätzliche Beschichtung der Verbindungselemente, Flansche, Armaturen einschließlich ihrer Flansche.*

0.5.4 Masse (kg, t) für Bauteile oder getrennt erfassbare Konstruktionsteile

5 Abrechnung

Ergänzend zur ATV DIN 18299, Abschnitt 5, gilt:

5.1 Allgemeines

5.1.1 Der Ermittlung der Leistung – gleichgültig, ob sie nach Zeichnung oder Aufmaß erfolgt – sind die Maße der behandelten Flächen zugrunde zu legen.

5.1.2 Bei genormten Profilen gelten die Angaben in den DIN-Normen, bei anderen Profilen die Angaben im Profilbuch des Herstellers.

5.1.3 Bei der Ermittlung der Maße wird jeweils das größte, gegebenenfalls abgewickelte Bauteilmaß zugrunde gelegt, z. B. bei Rohren das Maß des Außenbogens.

5.1.4 Bei Abrechnung nach Längenmaß werden Kreuzungen, Überdeckungen und Durchdringungen übermessen.

5.1.5 Bei Rohrleitungen werden auch Armaturen, Flansche und dergleichen übermessen, dabei werden Armaturen einschließlich ihrer Flansche sowie weitere Flansche einzeln nach Anzahl gerechnet.

5.1.6 Bei Abrechnung nach Flächenmaß wird die Fläche von Geländern, Rosten und Gittern nur einseitig mit der Ansichtsfläche gerechnet.

5.1.7 Bei Abrechnung nach Masse wird die Masse von Teilen, deren Flächen ganz oder teilweise nicht behandelt werden konnten, nicht abgezogen, so z. B. die Masse einbetonierter Stützenfüße.

5.1.8 Werden Tore, Türen, Fenster und dergleichen nach Anzahl gerechnet, bleiben Abweichungen von den vorgeschriebenen Maßen bis jeweils 5 cm in der Höhe und Breite sowie bis 3 cm in der Tiefe unberücksichtigt.

5.1.9 Bei Abrechnung nach Masse ist bei Blechen und Bändern

– aus Stahl die Masse von 7,85 kg/m^2,

– aus nicht rostendem Stahl die Masse von 7,90 kg/m^2,

je 1 mm Dicke zugrunde zu legen.

Verbindungselemente, z. B. Schrauben, Niete und Schweißnähte, bleiben bei der Ermittlung der Masse unberücksichtigt.

5.1.10 Bei Abrechnung der Verzinkung nach Masse wird die Masse der verzinkten Stahlkonstruktionen und Bauteile zugrunde gelegt.

5.2 Es werden abgezogen

5.2.1 Bei Abrechnung nach Flächenmaß: Überdeckungen, Aussparungen, Durchdringungen und dergleichen über 0,1 m^2 Einzelgröße.

5.2.2 Bei Abrechnung nach Längenmaß: Unterbrechungen über 1 m Einzellänge.

Erläuterungen

Die ATV DIN 18364 „Korrosionsschutzarbeiten an Stahlbauten", Ausgabe September 2012, wurde in den Verweisen auf die VOB/A, VOB/B und VOB/C aktualisiert. Ansonsten erfolgten keine weiteren Änderungen.

5 Abrechnung

Ergänzend zur ATV DIN 18299, Abschnitt 5, gilt:

Siehe Kommentierung zu Abschnitt 5 der ATV DIN 18299 „Allgemeine Regelungen für Bauarbeiten jeder Art".

Bei der Abrechnung von „Korrosionsschutzarbeiten" ist zu beachten, dass einzelne Leistungen/ Leistungsteile ggf. generell schon mit anderen Leistungen zusammengefasst sein können. Zum Beispiel enthält die ATV DIN 18335 „Stahlbauarbeiten" die Bestimmung: „3.4.1 Die Stahlbauleistungen umfassen auch die Oberflächenvorbereitung und das Aufbringen einer Grundbeschichtung; in diesem Fall ist die ATV DIN 18364 „Korrosionsschutzarbeiten an Stahl- und Aluminiumbauten", Abschnitte 1 bis 4, sinngemäß und die ATV DIN 18364, Abschnitt 5, jedoch nicht anzuwenden." Demgegenüber enthält die entsprechende ATV DIN 18360 „Metallbauarbeiten" eine solche Regelung nicht.

Im Einzelfall ist zu berücksichtigen, dass die „Leistungsbeschreibung", insbesondere das „Leistungsverzeichnis (LV)" – außer der Definition der Leistung – auch bestimmte, von den ATV abweichende Festlegungen für die Art des Aufmaßes bzw. der Leistungsberechnung u. Ä. enthalten kann, die dann gemäß § 1 Abs. 2 VOB/B den ATV vorgehen. Beispielsweise kann dies zutreffen auf Leistungstexte, die nach dem „Standardleistungskatalog für den Straßen- und Brückenbau (STLK)" [Bezug: FGSV-Verlag, Köln] formuliert sind, hier den Leistungsbereichen (LB) 122 „Korrosionsschutz von Stahl", LB 121 „Lager, Übergänge, Geländer für Kunstbauten" und LB 111 „Entwässerung für Kunstbauten". Denn besonders im Tiefbau sind meist recht diffizile Vereinbarungen für den Korrosionsschutz erforderlich, weil die korrosionsgefährdeten Bauteile der Witterung und dem Verkehr unmittelbar ausgesetzt sind.

5.1 Allgemeines

5.1.1 Der Ermittlung der Leistung – gleichgültig, ob sie nach Zeichnung oder Aufmaß erfolgt – sind die Maße der behandelten Flächen zugrunde zu legen.

Brücken-Überbau

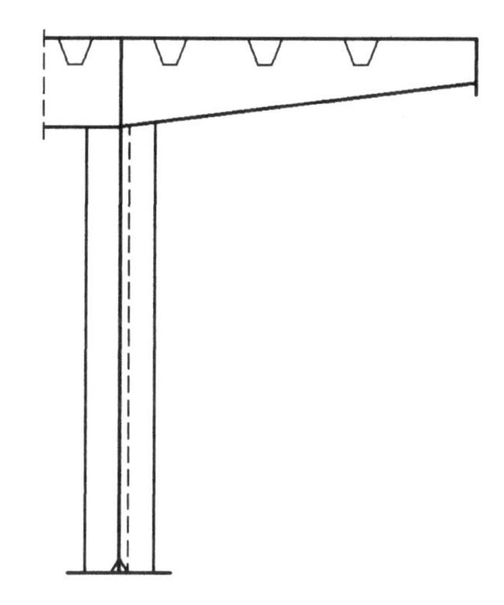

Bild 1

Der Abrechnung des Korrosionsschutzes eines Brücken-Überbaus *(Bild 1)* sind die Maße aller behandelten Flächen zugrunde zu legen; dabei sind die Regelungen für Kreuzungen, Überdeckungen, Abzüge usw. der jeweils zutreffenden Abschnitte 5.1.2 ff. zu berücksichtigen.

Üblicherweise wird mit dem Auftragnehmer für die Stahlkonstruktion vereinbart, dass er auch die Flächenberechnung für den Korrosionsschutz erstellt.

5.1.2 Bei genormten Profilen gelten die Angaben in den DIN-Normen, bei anderen Profilen die Angaben im Profilbuch des Herstellers.

Spundwand

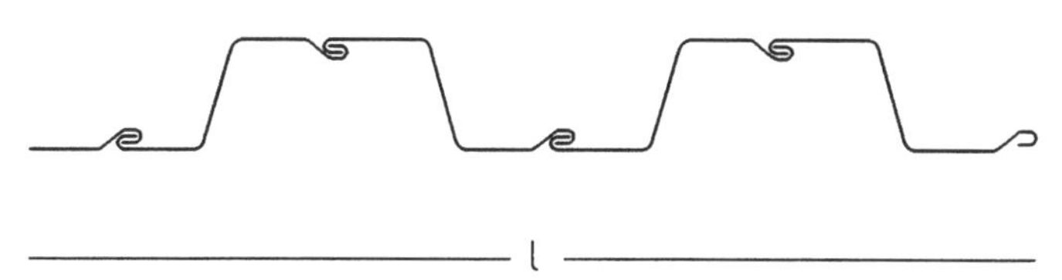

Bild 2

Die Beschichtungsfläche wird regelmäßig ermittelt aus der in der Achse der Spundwand gemessenen Länge (siehe z.B. ATV DIN 18303, Abschnitt 5.1) und der zu behandelnden Höhe/Tiefe sowie dem aus der Profiltafel des Herstellers zu entnehmenden Faktor für die Beschichtungsfläche.

Beispiel für einseitig behandelte Spundwand mit Profil HOESCH 1700:
Fläche = $l \cdot h \cdot {}^{1}/_{2} \cdot 2{,}70$.

Beispiele für I- und U-Träger *(siehe Bilder 3 und 4):*

Breitflansch I-Träger

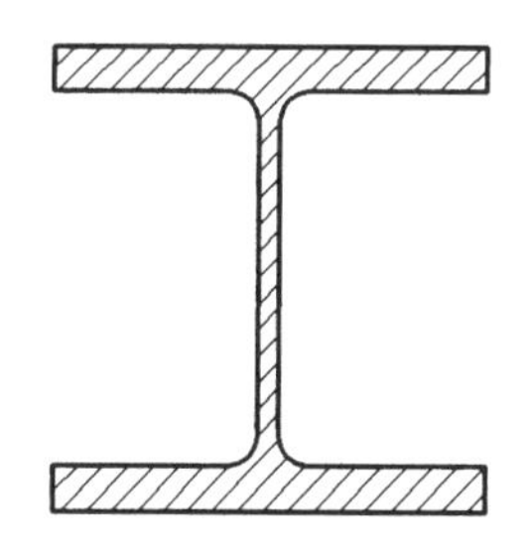

Bild 3

I-Profil DIN 1025 – 1.0037 – I PB 360:
Mantelfläche = *1,85 m²/m*
Masse = *142 kg/m.*

U-Stahl

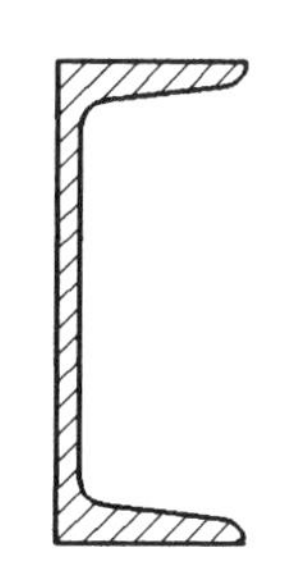

Bild 4

U 300 DIN 1026 – St 37-2:
Mantelfläche = *0,95 m²/m*
Masse = *46,2 kg/m.*

5.1.3 Bei der Ermittlung der Maße wird jeweils das größte, gegebenenfalls abgewickelte Bauteilmaß zugrunde gelegt, z. B. bei Rohren das Maß des Außenbogens.

Einfaches Geländer

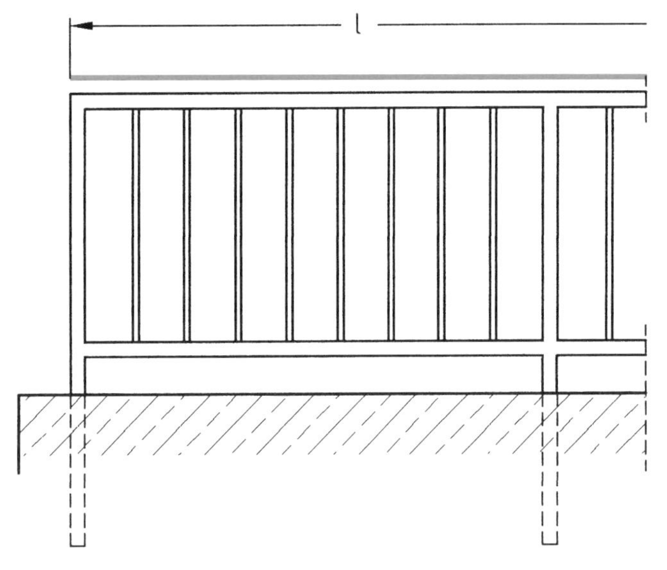

Bild 5

Bei einfach ausgebildeten Geländern, z. B. aus Rechteck-Rohren und -Stäben *(Bild 5)*, wird die Geländerlänge (m) bis zum Ende des oberen Holms gemessen.

Bei Geländern mit besonderer – schon in der Ausschreibungs-Zeichnung dargestellter – Endausbildung, z. B. Handlauf mit Überstand, Endschwinge u. Ä., ist die Geländerlänge nach der LV-Regelung zu messen; häufig ist festgelegt: Gemessen wird zwischen den Achsen der Endpfosten oder Endstäbe.

Rohrbögen

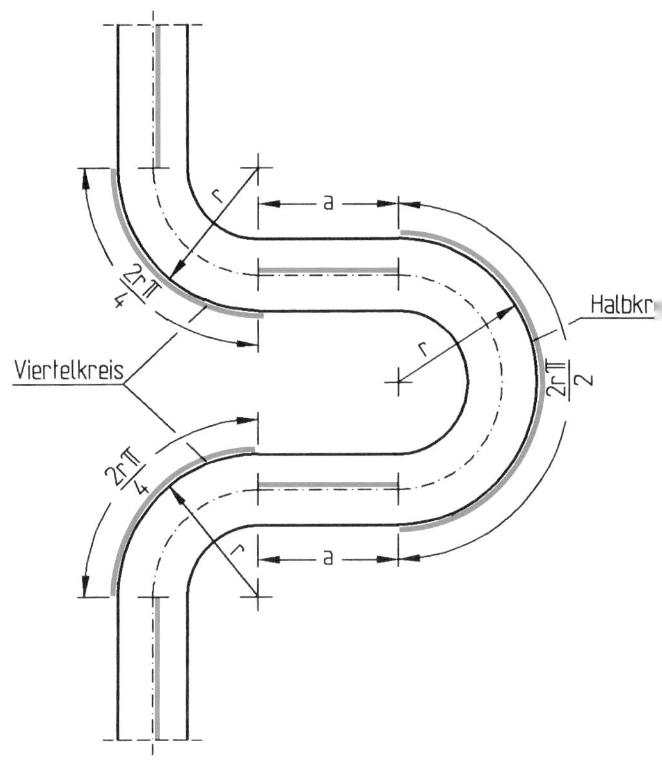

Bild 6

5.1.4 Bei Abrechnung nach Längenmaß werden Kreuzungen, Überdeckungen und Durchdringungen übermessen.

Unbeschadet dieser Übermessungsregelung gilt Abschnitt 5.2.2 (siehe dortige Kommentierung).

Fachwerkknoten

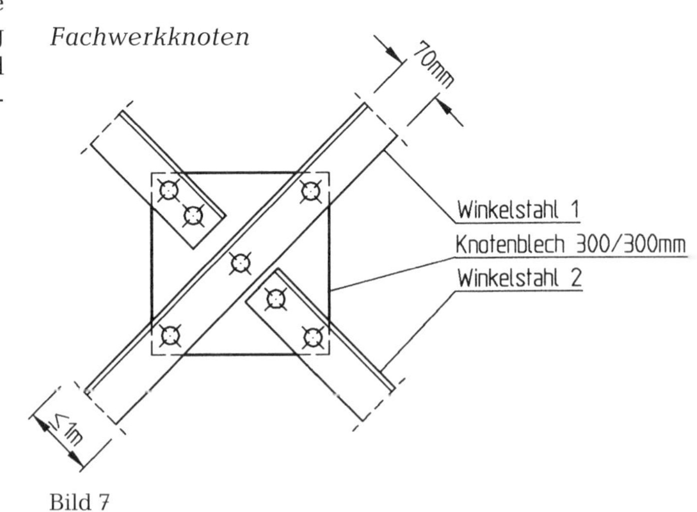

Bild 7

Bei dem Fachwerkknoten in *Bild 7* werden bei den nach Länge (m) abgerechneten Winkeln

– die jeweiligen „Überdeckungen" mit dem Knotenblech übermessen und

– bei Winkel 2 die „Unterbrechung“, da nicht größer als 1 m, nicht abgezogen (siehe Abschnitt 5.2.2).

Die Abrechnung der Fläche des Knotenblechs (m²) wird bei Abschnitt 5.2.1 kommentiert.

Rohr-Kreuzung

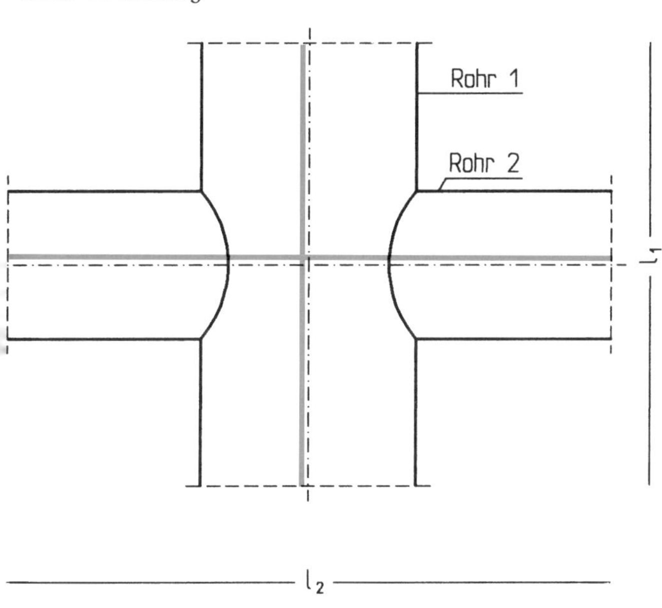

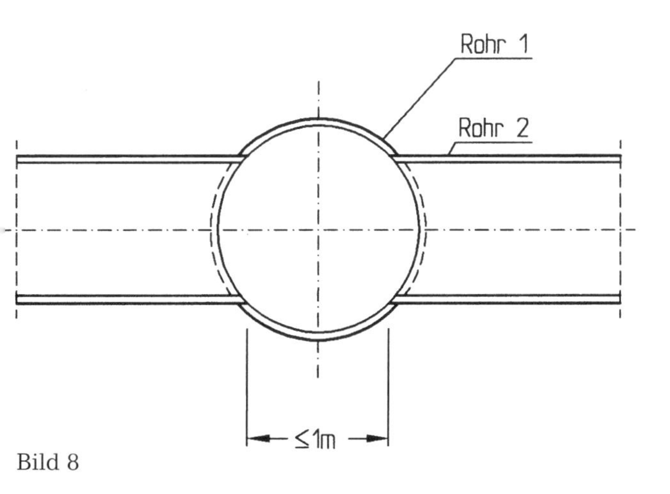

Bild 8

Bei dieser Rohr-„Kreuzung“ *(Bild 8)* werden beide Rohrlängen durchgemessen, auch weil die „Unterbrechung“ des Rohres 2 nicht größer als 1 m ist (siehe Abschnitt 5.2.2).

5.1.5 Bei Rohrleitungen werden auch Armaturen, Flansche und dergleichen übermessen, dabei werden Armaturen einschließlich ihrer Flansche sowie weitere Flansche einzeln nach Anzahl gerechnet.

Rohrleitung mit Armatur und Flanschen

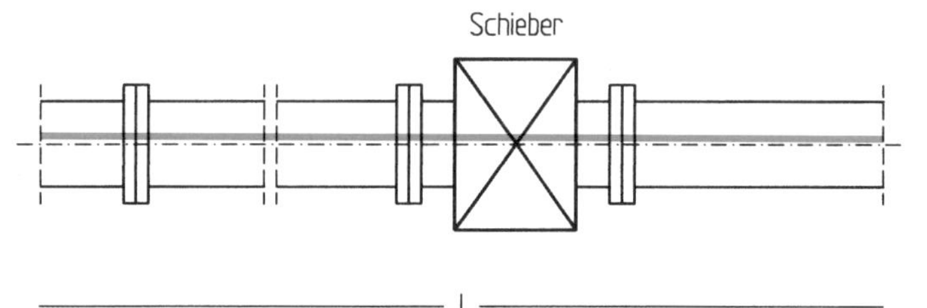

Bild 9

Bei der Ermittlung der Länge (m) dieser Rohrleitung werden sämtliche Flansche und die Schieberarmatur übermessen. Für deren zusätzliche Abrechnung ist der zweite Halbsatz aus Abschnitt 5.1.5 zu beachten. Diese Bestimmung hebt darauf ab, dass (gemäß Abschnitt 0.5.3, letzter Spiegelstrich) für die einzelnen Armaturen und Flansche jeweils entsprechende „Stück“-Positionen im LV vorhanden sein müssen als „Zulage“ zur Position „m Rohrleitung“, bei deren Längenaufmaß der Armaturen- oder Flanschbereich übermessen wird.

Bei dem in *Bild 9* dargestellten Rohrleitungsabschnitt würden vier Flansche und eine Armatur (Schieber mit Flanschpaar) gerechnet.

5.1.6 Bei Abrechnung nach Flächenmaß wird die Fläche von Geländern, Rosten und Gittern nur einseitig mit der Ansichtsfläche gerechnet.

5.1.7 Bei Abrechnung nach Masse wird die Masse von Teilen, deren Flächen ganz oder teilweise nicht behandelt werden konnten, nicht abgezogen, so z. B. die Masse einbetonierter Stützenfüße.

Stütze in Beton

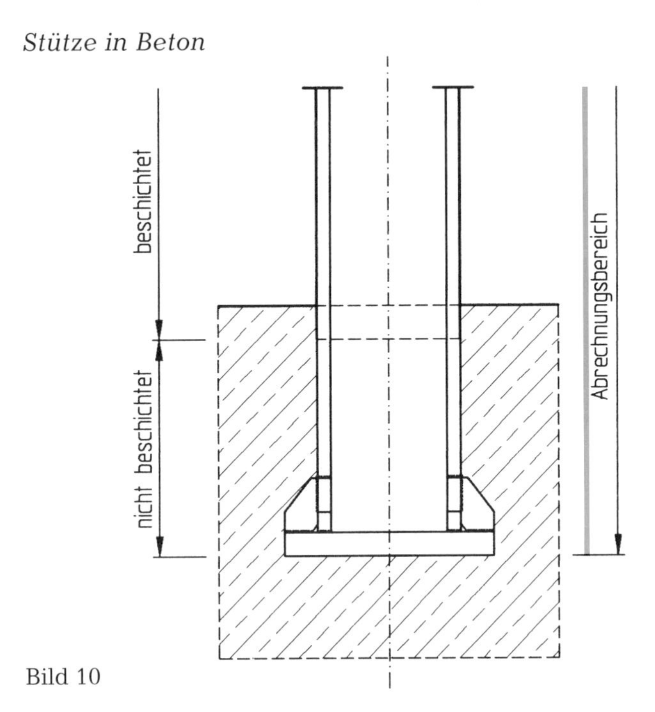

Bild 10

Bei Ermittlung des Gewichtes der zu behandelnden Stütze wird auch der einbetonierte, unbehandelte Teil der Stütze einschließlich Fußausbildung berücksichtigt.

5.1.8 Werden Tore, Türen, Fenster und dergleichen nach Anzahl gerechnet, bleiben Abweichungen von den vorgeschriebenen Maßen bis jeweils 5 cm in der Höhe und Breite sowie bis 3 cm in der Tiefe unberücksichtigt.

Sind diese Toleranzmaße (nach oben oder nach unten) nicht überschritten, dann wird so abgerechnet (Stück!), als ob die im LV angegebenen Maße für den Bauteil angetroffen wurden. Ist dies nicht der Fall, dann muss ein neuer „Stück"-Preis (ggf. Zu- oder Abschlag zu dem vertraglichen Preis) vereinbart werden.

5.1.9 Bei Abrechnung nach Masse ist bei Blechen und Bändern

**– aus Stahl die Masse von 7,85 kg/m², **

– aus nicht rostendem Stahl die Masse von 7,90 kg/m²,

je 1 mm Dicke zugrunde zu legen.

Verbindungselemente, z. B. Schrauben, Niete und Schweißnähte, bleiben bei der Ermittlung der Masse unberücksichtigt.

5.1.10 Bei Abrechnung der Verzinkung nach Masse wird die Masse der verzinkten Stahlkonstruktionen und Bauteile zugrunde gelegt.

Die für bestimmte Korrosionsschutzarbeiten oder Verzinkungen im LV festgelegte Abrechnungseinheit „Masse (kg, t)" bezieht sich auf die Masse der zu behandelnden oder zu verzinkenden Stahlkonstruktion, die, soweit nichts anderes geregelt ist, nicht durch Wiegen, sondern durch Berechnen zu ermitteln ist. Für die (theoretischen) Ansätze der Berechnung gelten für Bleche und Bänder die in Abschnitt 5.1.9 getroffenen Festlegungen. Für genormte Profile gelten die Angaben in den DIN-Normen, bei anderen Profilen die Angaben im Profilbuch des Herstellers. In der Massenberechnung werden Verbindungselemente nicht berücksichtigt.

Der Auftragnehmer (bzw. schon der Bieter bei seiner Angebotskalkulation) muss unbeschadet dessen für seine eigenen, internen Zwecke (Verbrauch von Korrosionsschutzmittel oder Verzinkung) eine völlig andersartige Umrechnung anhand der Ausführungs- bzw. Ausschreibungs-Pläne vornehmen.

5.2 Es werden abgezogen

5.2.1 Bei Abrechnung nach Flächenmaß:

Überdeckungen, Aussparungen, Durchdringungen und dergleichen über 0,1 m² Einzelgröße.

Bei dem Knotenblech in *Bild 7* (zu Abschnitt 5.1.4) wird bei der Abrechnung nach Flächenmaß (m²) auch die von den Winkeln bedeckte Knotenblechfläche voll gerechnet, da keine der drei „Überdeckungen" die Größen von 0,1 m² überschreitet und damit nicht abgezogen wird.

Aussparung in I-Träger

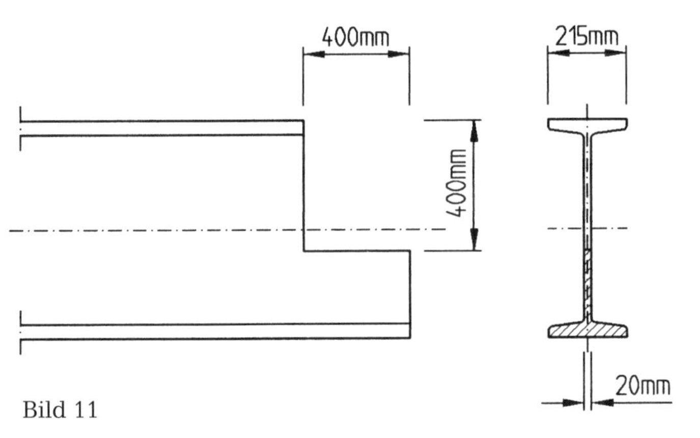

Bild 11

Ermittlung der durch die Aussparung nicht behandelten Flächen des I-Trägers:

Stegflächen *0,40 · 0,40 · 2*	= *0,320 m²*
oberer Flansch *2 · (0,215 – 0,02) · 0,40*	= *0,156 m²*
nicht behandelte Fläche	= *0,476 m²*

Diese Fläche ist bei der Ermittlung der gesamten Behandlungsfläche des I-Trägers abzuziehen, da sie größer als 0,1 m² ist.

Aussparung in U-Träger

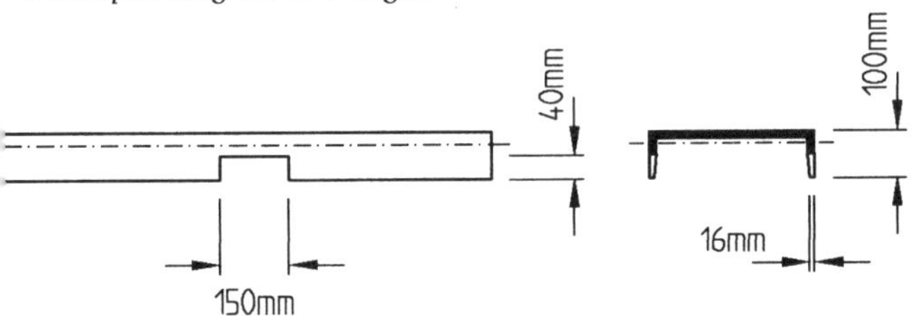

Bild 12

Ermittlung der durch die Aussparung nicht behandelten Flächen des U-Trägers:

Flansche *0,04 · 0,15 · 4*	= *0,024 m²*
Flanschendicke (sofern unbehandelt) *0,016 · 0,15 · 2*	= *0,005 m²*
nicht behandelte Fläche	= *0,029 m²*

Diese Fläche ist nicht abzuziehen, da sie nicht größer als 0,1 m² ist.

5.2.2 Bei Abrechnung nach Längenmaß: Unterbrechungen über 1 m Einzellänge.

Unterbrochenes Geländer

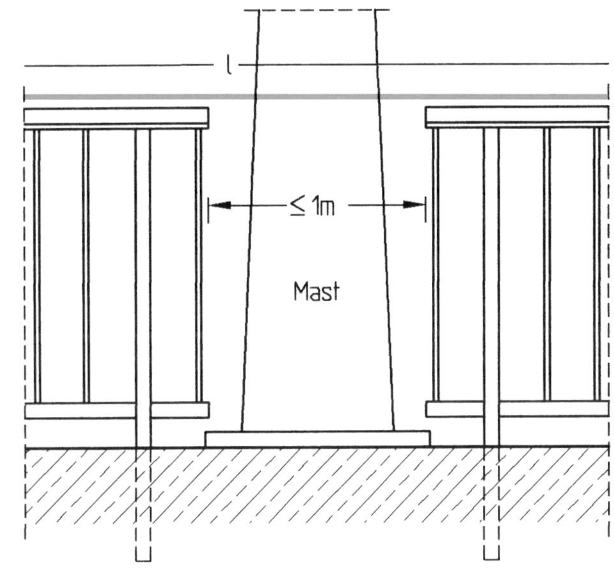

Bild 13

Bei dem unterbrochenen Geländer in *Bild 13*, das nach Längenmaß (m) abgerechnet wird, wird die „Unterbrechung" nicht abgezogen, weil sie 1 m Länge nicht überschreitet.

Weitere Beispiele zur Anwendung dieser Bestimmung siehe bei Abschnitt 5.1.4.

Abbruch- und Rückbauarbeiten – DIN 18459

Ausgabe September 2012

Geltungsbereich

Die ATV DIN 18459 „Abbruch- und Rückbauarbeiten" gilt für den teilweisen oder vollständigen Abbruch oder Rückbau von baulichen und technischen Anlagen. Sie gilt auch für das Fördern, Lagern und Laden der abgebrochenen oder rückgebauten Anlagen sowie der gewonnenen Stoffe und Bauteile.

Die ATV DIN 18459 gilt nicht für:

- Erdarbeiten (siehe ATV DIN 18300 „Erdarbeiten") sowie
- Rodungsarbeiten (siehe ATV DIN 18320 „Landschaftsbauarbeiten").

Ergänzend gilt die ATV DIN 18299 „Allgemeine Regelungen für Bauarbeiten jeder Art", Abschnitte 1 bis 5. Bei Widersprüchen gehen die Regelungen der ATV DIN 18459 vor.

0.5 Abrechnungseinheiten

Im Leistungsverzeichnis sind die Abrechnungseinheiten wie folgt vorzusehen:

0.5.1 Raummaß (m³), getrennt nach Bauart und Maßen, für

- *Fundamente, Bodenplatten, Decken, Wände,*
- *Stützen, Unter- und Überzüge, Binder, Sparren und dergleichen,*
- *Widerlager, Rampen, Treppen,*
- *Flüssigkeiten.*

0.5.2 Flächenmaß (m²), getrennt nach Bauart und Maßen, für

- *Bauteile*
  - *Wände, Decken,*
  - *Bodenplatten, Fundamente,*
  - *Boden-, Wand- und Deckenbeläge,*
  - *Putz, Fliesen, Estriche,*
  - *Dämmstoffe, Bekleidungen,*
  - *Dacheindeckungen,*
  - *Trenn- und Zwischenwände.*
- *Schnitte*
  - *Sägeschnitte nach Schnittfläche,*
  - *thermisches Trennen nach Trennfläche,*
  - *Hochdruckschneiden nach Schnittfläche,*
  - *Fräsen und Schleifen.*

0.5.3 Flächenmaß (cm²), getrennt nach Bauart und Maßen, für Stahlschnitte und Stahlanschnitte für einzelne Schnitt- und Querschnittflächen.

0.5.4 Längenmaß (m), getrennt nach Bauart und Maßen, für

- *Geländer, Brüstungen,*
- *Rohre,*
- *Einfassungen,*
- *Bohrungen,*
- *Schlitze,*
- *Trennschnitte.*

0.5.5 Anzahl (Stück), getrennt nach Bauart und Maßen, für

- *Fenster, Türen,*
- *Wand- und Deckendurchbrüche,*
- *Behälter, Tanks, Heizkörper, Heizungsanlagen und dergleichen,*
- *Leuchten, Leuchtstoffröhren, Kondensatoren.*

0.5.6 Masse (kg, t), getrennt nach Baustoffen.

5 Abrechnung

Ergänzend zur ATV DIN 18299, Abschnitt 5, gilt:

5.1 Allgemeines

5.1.1 Der Ermittlung der Leistung – gleichgültig, ob sie nach Zeichnung oder nach Aufmaß erfolgt – sind die Maße der abzubrechenden Bauwerke und technischen Anlagen oder der Bauteile zugrunde zu legen.

5.1.2 Ist nach Masse abzurechnen, so kann diese durch Wiegen oder Berechnung festgestellt werden. Die Berechnung erfolgt durch Ermittlung des Raummaßes und unter Einbeziehung der Baustoffwichten nach DIN EN 1991-1 „Eurocode 1: Einwirkungen auf Tragwerke – Teil 1-1: Allgemeine Einwirkungen auf Tragwerke – Wichten, Eigengewicht und Nutzlasten im Hochbau" und DIN EN 1991-1-1/NA „Nationaler Anhang – National festgelegte Parameter – Eurocode 1: Einwirkungen auf Tragwerke – Teil 1-1: Allgemeine Einwirkungen auf Tragwerke – Wichten, Eigengewicht und Nutzlasten im Hochbau".

5.1.3 Bei Kernbohrarbeiten beträgt die Mindest-Abrechnungslänge je Bohrloch 10 cm. Unterbrechungen bis 15 cm in der Bohrtiefe werden übermessen.

5.1.4 Bei der Berechnung von Sägearbeiten nach Flächenmaß, ermittelt aus Schnittlänge und Schnitttiefe, ist bei Beton und Mauerwerk eine Schnitttiefe von mindestens 3 cm zugrunde zu legen.

5.2 Es werden abgezogen

5.2.1 Bei Abrechnung nach Raummaß: Aussparungen über 0,5 m³ Einzelgröße.

5.2.2 Bei Abrechnung nach Flächenmaß:

5.2.2.1 Aussparungen, z. B. Öffnungen (auch raumhoch), Nischen, über 2,5 m² Einzelgröße, in Böden Aussparungen über 0,5 m² Einzelgröße.

5.2.2.2 Unterbrechungen in der abzubrechenden oder rückzubauenden Fläche durch Bauteile, z. B. Fachwerkteile, Stützen, Unterzüge, Vorlagen, mit einer Einzelbreite über 30 cm.

5.2.3 Bei Abrechnung nach Schnittfläche: Unterbrechungen über 0,1 m² Einzelgröße.

5.2.4 Bei Abrechnung nach Längenmaß: Unterbrechungen über 1 m Einzellänge, außer bei Kernbohrungen.

Erläuterungen

(1) Die ATV DIN 18459 „Abbruch- und Rückbauarbeiten", Ausgabe September 2012, wurde redaktionell überarbeitet; die Normenverweise wurden aktualisiert.

Für die Abrechnung haben sich gegenüber der bisherigen Ausgabe keine Änderungen ergeben. Für die Festlegung der Baustoffwichten werden jedoch aktuelle Normen in Bezug genommen.

(2) Entsprechend dem Geltungsbereich gilt die ATV für den Abbruch und den Rückbau von baulichen und technischen Anlagen.

Im Bereich des Tiefbaus fallen hierunter z. B. Brücken, Durchlässe, Stützwände, Lärmschutzwände, Rohrleitungen, Düker, Schächte aller Art, Schilderbrücken, Schutz- und Leiteinrichtungen sowie der Aufbruch von Straßen- und Gehwegbefestigungen.

(3) Für Aufbrucharbeiten von Straßen- und Gehwegbefestigungen bei Kabelleitungstiefbauarbeiten gelten jedoch die (speziellen) Ausführungs- und Abrechnungsregelungen der ATV DIN 18322 „Kabelleitungstiefbauarbeiten".

Näheres siehe Kommentierung zu Abschnitt 5 der ATV DIN 18322 „Kabelleitungstiefbauarbeiten".

5 Abrechnung

Ergänzend zur ATV DIN 18299, Abschnitt 5, gilt:

Siehe Kommentierung zu Abschnitt 5 der ATV DIN 18299 „Allgemeine Regelungen für Bauarbeiten jeder Art".

5.1 Allgemeines

5.1.1 Der Ermittlung der Leistung – gleichgültig, ob sie nach Zeichnung oder nach Aufmaß erfolgt – sind die Maße der abzubrechenden Bauwerke und technischen Anlagen oder der Bauteile zugrunde zu legen.

Bei Abbruch- und Rückbau- bzw. Aufbrucharbeiten wird die Leistung über die Maße des abzubrechenden Bauwerks bzw. der aufzunehmenden Befestigung ermittelt.

Dabei können der Abrechnung unterschiedliche Abrechnungseinheiten zugrunde gelegt werden.

So sieht der „Standardleistungskatalog für den Straßen- und Brückenbau" (STLK) z. B. für den Abbruch von Teilen eines Kunstbauwerkes (z. B. Fundament, Pfeiler, Überbau, Kappe, Rahmen, Stützwand) als Abrechnungseinheiten m^3 oder m^2 oder bei genauer Beschreibung (Bestandsunterlagen) Stück (pauschal) vor.

Bei gleichbleibendem Querschnitt kann für bestimmte Teile (z. B. Kappe, Gesims, Holm, Leitschwelle, Schutzwand, Schutz- und Leiteinrichtung, Rohrleitungen) die Leistung auch nach m abgerechnet werden.

Bei Aufbrucharbeiten im Straßenbau wird bei bekanntem Schichtenaufbau in der Regel nach m^2, bei nicht genau bekanntem Schichtenaufbau und größeren Schichtdicken nach m^3 abgerechnet.

5.1.2 Ist nach Masse abzurechnen, so kann diese durch Wiegen oder Berechnung festgestellt werden. Die Berechnung erfolgt durch Ermittlung des Raummaßes und unter Einbeziehung der Baustoffwichten nach DIN EN 1991-1 „Eurocode 1: Einwirkungen auf Tragwerke – Teil 1-1: Allgemeine Einwirkungen auf Tragwerke – Wichten, Eigengewicht und Nutzlasten im Hochbau" und DIN EN 1991-1-1/NA „Nationaler Anhang – National festgelegte Parameter – Eurocode 1: Einwirkungen auf Tragwerke – Teil 1-1: Allgemeine Einwirkungen auf Tragwerke – Wichten, Eigengewicht und Nutzlasten im Hochbau".

Diese Abrechnungsart wird vor allem dann vorgesehen, wenn die Abrechnung nach anderen Abrechnungseinheiten (m^3, m^2, Stück) unzweckmäßig ist.

Abzurechnen ist aufgrund von Frachtbriefen oder Wiegescheinen einer geeichten Waage, auf denen die Masse des Fahrzeugs im leeren und im jeweils beladenen Zustand festgehalten wird. Meist ist eine geeichte automatische oder eine geeichte handbediente mit einem Sicherheitsausdruck versehene Waage (in der Regel Brückenwaage) verlangt.

Die Berechnung der Masse über das Raummaß unter Einbeziehung der Baustoffwichten ist im Tiefbau auf Ausnahmefälle beschränkt.

5.1.3 Bei Kernbohrarbeiten beträgt die Mindest-Abrechnungslänge je Bohrloch 10 cm. Unterbrechungen bis 15 cm in der Bohrtiefe werden übermessen.

Je Bohrung ist bei Kernbohrungen die Abrechnungslänge auf mindestens 10 cm festgelegt, auch wenn weniger Zentimeter gebohrt werden.

Werden Kernbohrungen durch Hohlräume, z. B. einbetonierte Leitungsrohre, geführt, werden solche Unterbrechungen bis 15 cm Länge übermessen.

5.1.4 Bei der Berechnung von Sägearbeiten nach Flächenmaß, ermittelt aus Schnittlänge und Schnitttiefe, ist bei Beton und Mauerwerk eine Schnitttiefe von mindestens 3 cm zugrunde zu legen.

In der Abrechnung von Sägearbeiten in Beton und Mauerwerk nach Flächenmaß ist eine Schnitttiefe von 3 cm auch dann zu rechnen, wenn real eine kleinere Schnitttiefe ausgeführt wird.

5.2 Es werden abgezogen

5.2.1 Bei Abrechnung nach Raummaß: Aussparungen über 0,5 m^3 Einzelgröße.

Beispiele:

Abbruch eines Brückenüberbaus nach m^3:

1. In den Querträgern von 0,8 m Breite befindet sich eine Aussparung für Versorgungsleitungen von 0,8 m · 0,8 m.

   Das Volumen der Aussparung beträgt für jeden Querträger: *0,8 · 0,8 · 0,8 m = 0,514 m*^{3}.

   Da das Volumen der Aussparung über 0,5 m^3 liegt, wird es für jeden Querträger abgezogen.

2. Einstiegsöffnung 1,0 m · 1,0 m im Boden eines Hohlkastenüberbaus mit d = 0,20 m.

   Die Größe der Aussparung beträgt *1,0 · 1,0 · 0,2 m = 0,2 m*^{3}. Sie wird bei der Abrechnung nicht abgezogen.

3. Vollplatte mit Hohlkörper d = 0,4 m.
   Liegt das Volumen eines Hohlkörpers (*3,14 · 0,40*^{2} *: 4 · 1*) über 0,5 m^3, wird es bei der Abrechnung abgezogen. Ansonsten bleibt es unberücksichtigt.

5.2.2 Bei Abrechnung nach Flächenmaß:

5.2.2.1 Aussparungen, z. B. Öffnungen (auch raumhoch), Nischen, über 2,5 m^2 Einzelgröße, in Böden Aussparungen über 0,5 m^2 Einzelgröße.

Beispiele:

Abbruch von Bauteilen nach m^2:

1. Brückenwiderlagerwand:
   Türöffnung 1,0 m · 2,0 m in einer Brückenwiderlagerwand.

   Die Aussparungsgröße beträgt weniger als 2,5 m^2; die Türöffnung ist bei der Abrechnung der Brückenwiderlagerwand nicht abzuziehen.

2. Fahrbahnplatte eines Brückenüberbaus:
   Einstiegsöffnungen 1,0 m · 1,0 m in der Fahrbahnplatte im Bereich der Pfeiler.

   Da die Fläche jeder Einstiegsöffnung weniger als 2,5 m^2 beträgt, wird sie bei der Abrechnung nicht abgezogen.

5.2.2.2 Unterbrechungen in der abzubrechenden oder rückzubauenden Fläche durch Bauteile, z. B. Fachwerkteile, Stützen, Unterzüge, Vorlagen, mit einer Einzelbreite über 30 cm.

Beipiel:

Rückbau einer Lärmschutzwand aus Holzelementen zwischen Stahlbetonstützen, d = 30 cm:

Bei der Ermittlung der Abrechnungslänge für die Holzelemente werden die Breiten der Stahlbetonstützen für Unterbrechungen nicht abgezogen, weil die Einzelstützenbreite nicht größer als 30 cm ist.

Da nach Abschnitt 0.5 Bauteile nach Bauarten getrennt abzurechnen sind, wird der Rückbau der Stahlbetonstützen über eine gesonderte Position, z. B. nach Anzahl (Stück), abgerechnet.

5.2.3 Bei Abrechnung nach Schnittfläche: Unterbrechungen über 0,1 m^2 Einzelgröße.

Beispiel:

Ein Sägeschnitt in Beton mit einer Schnitttiefe von 0,40 m wird durch einen Fugenspalt von 0,03 m unterbrochen.

Die Fläche der Unterbrechung beträgt *0,40 · 0,03 m = 0,12 m*^{2}.

Da die Unterbrechungsfläche größer als 0,1 m^2 ist, wird sie bei der Abrechnung der Schnittfläche abgezogen.

5.2.4 Bei Abrechnung nach Längenmaß: Unterbrechungen über 1 m Einzellänge, außer bei Kernbohrungen.

Beispiel:

Eine abzubrechende Rohrleitung wird durch einen Schacht mit einem Durchmesser von 1,0 m unterbrochen.

Trotz gesonderter Abrechnung des Schachtabbruches wird für die Abrechnung der Rohrleitung der Schachtdurchmesser nicht abgezogen.

Formeln

Zusammenstellung der zur Mengenermittlung bei Bauleistungen üblichen geometrischen Formeln mit Rechen-Beispielen

Ermittlung einer Fläche A (m^2)

Quadrat

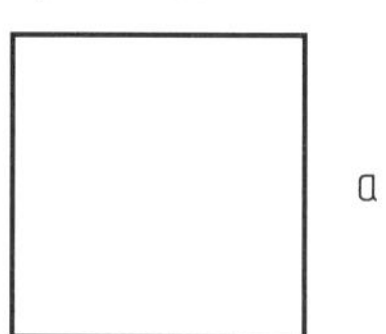

$A = a^2$

Beispiel:
$a = 5{,}37\ m$
$A = 5{,}37 \cdot 5{,}37 = 28{,}84\ m^2$

Rechteck

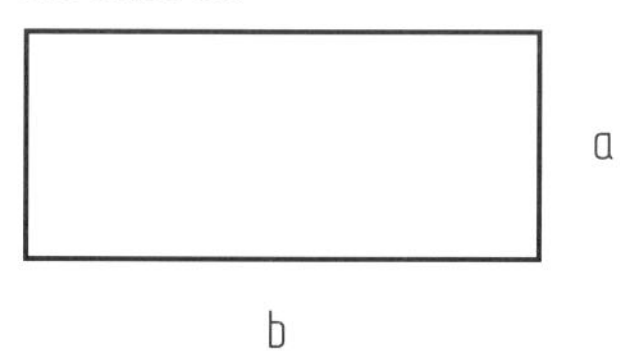

$A = a \cdot b$

Beispiel:
$a = 5{,}37\ m \qquad b = 12{,}13\ m$
$A = 5{,}37 \cdot 12{,}13 = 65{,}14\ m^2$

Rechtwinkliges Dreieck

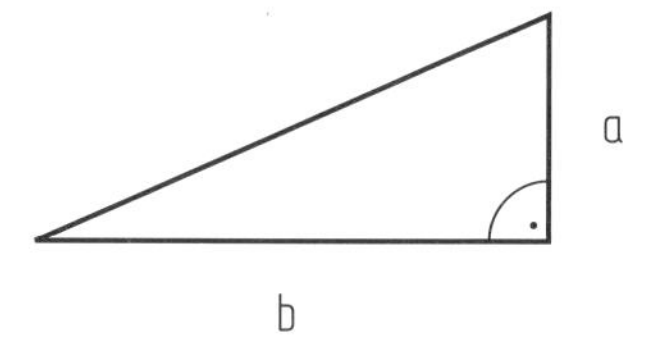

$A = \frac{1}{2} \cdot a \cdot b$

Beispiel:
$a = 5{,}37\ m \qquad b = 12{,}13\ m$
$A = \frac{1}{2} \cdot 5{,}37 \cdot 12{,}13 = 32{,}57\ m^2$

Gleichseitiges Dreieck

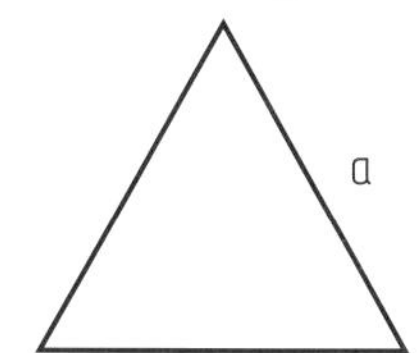

$A = \frac{1}{4} \cdot a^2 \cdot \sqrt{3}$

Beispiel:
$a = 5{,}37\ m$
$A = \frac{1}{4} \cdot 5{,}37 \cdot 5{,}37 \cdot 1{,}73205 = 12{,}49\ m^2$

Gleichschenkliges Dreieck

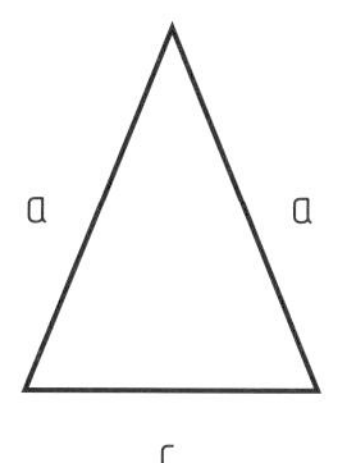

$A = \frac{1}{4} \cdot c \cdot \sqrt{4 \cdot a^2 - c^2}$

Beispiel:
$a = 5{,}37\ m \qquad c = 3{,}76\ m$
$A = \frac{1}{4} \cdot 3{,}76 \cdot \sqrt{4 \cdot 5{,}37^2 - 3{,}76^2}$
$= 0{,}94 \cdot \sqrt{101{,}2100} = 9{,}46\ m^2$

Schiefwinkliges Dreieck

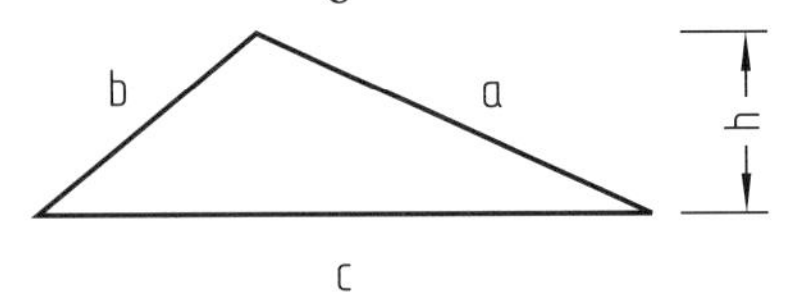

1) Wenn „h“ bekannt:

$$A = \frac{1}{2} \cdot c \cdot h$$

Beispiel:

$c = 14{,}14\ m \qquad h = 3{,}28\ m$

$A = \frac{1}{2} \cdot 14{,}14 \cdot 3{,}28 = 23{,}19\ m^2$

2) Hilfsrechnung, wenn nicht „h“, sondern alle Seitenlängen bekannt:

$$s = \frac{1}{2} \cdot (a + b + c)$$

$$A = \sqrt{s \cdot (s - a) \cdot (s - b) \cdot (s - c)}$$

Beispiel:

$a = 4{,}12\ m \qquad b = 3{,}24\ m \qquad c = 6{,}94\ m$

$s = \frac{1}{2} \cdot (4{,}12 + 3{,}24 + 6{,}94) = 7{,}15$

$A = \sqrt{7{,}15 \cdot (7{,}15 - 4{,}12) \cdot (7{,}15 - 3{,}24) \cdot (7{,}15 - 6{,}94)} = \sqrt{17{,}7887}$
$= 4{,}22\ m^2$

Parallelogramm

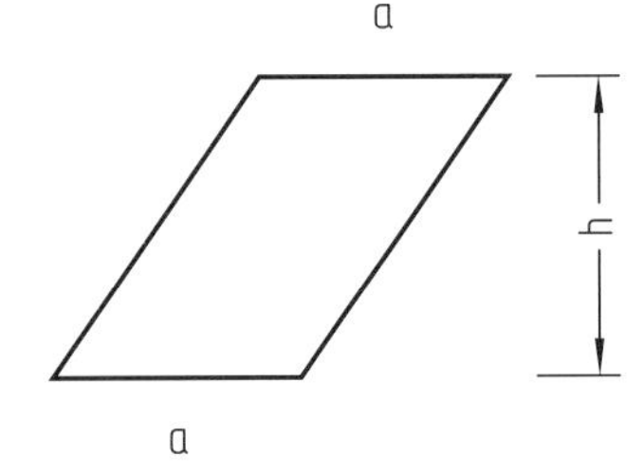

$$A \cdot a \cdot h$$

Beispiel:

$a = 12{,}13\ m \qquad h = 5{,}37\ m$

$A = 12{,}13 \cdot 5{,}37 = 65{,}14\ m^2$

Trapez

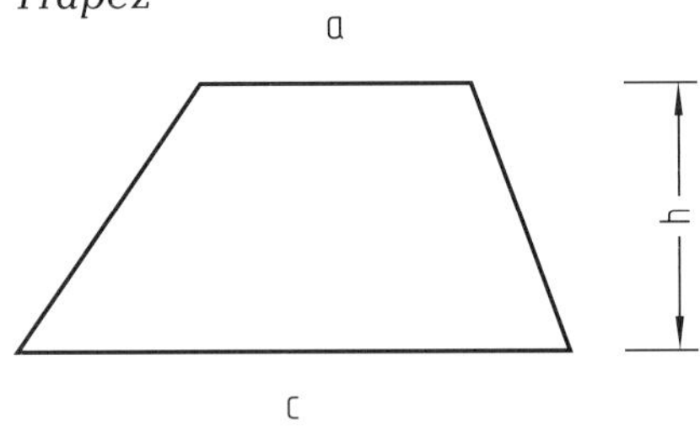

$$A = \frac{1}{2} \cdot (a + c) \cdot h$$

Beispiel:

$a = 5{,}37\ m \qquad c = 12{,}13\ m \qquad h = 4{,}24\ m$

$A = \frac{1}{2} \cdot (5{,}37 + 12{,}13) \cdot 4{,}24 = 37{,}10\ m^2$

Raute (Rhombus)

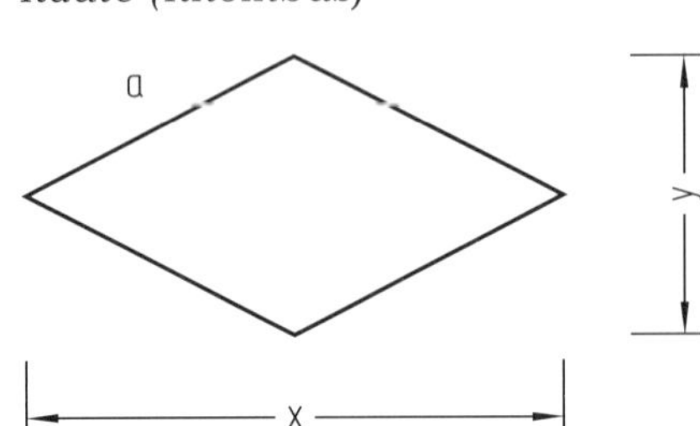

$$A = x \cdot \sqrt{a^2 - x^2/4}$$ oder:

$$A = y \cdot \sqrt{a^2 - y^2/4}$$

Beispiel:

$a = 5{,}37\ m \qquad x = 8{,}12\ m$

$A = 8{,}12 \cdot \sqrt{5{,}37^2 - 8{,}12^2/4}$
$= 8{,}12 \cdot \sqrt{28{,}8369 - 16{,}4836} = 28{,}54\ m^2$

Kreis

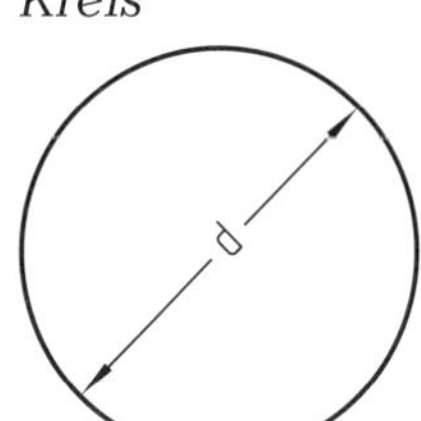

$A = \frac{1}{4} \cdot \pi \cdot d^2$ $= 0{,}7854 \cdot d^2$

Beispiel:
$d = 5{,}34\ m$
$A = 0{,}7854 \cdot 5{,}34 \cdot 5{,}34 = 22{,}40\ m^2$

Ermittlung eines Volumens V (m^3)

Würfel

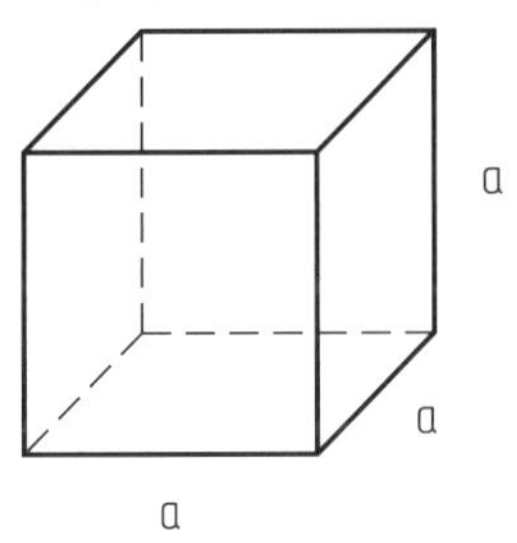

$V = a^3$

Beispiel:
$a = 5{,}37\ m$
$V = 5{,}37 \cdot 5{,}37 \cdot 5{,}37 = 154{,}854\ m^3$

Quader

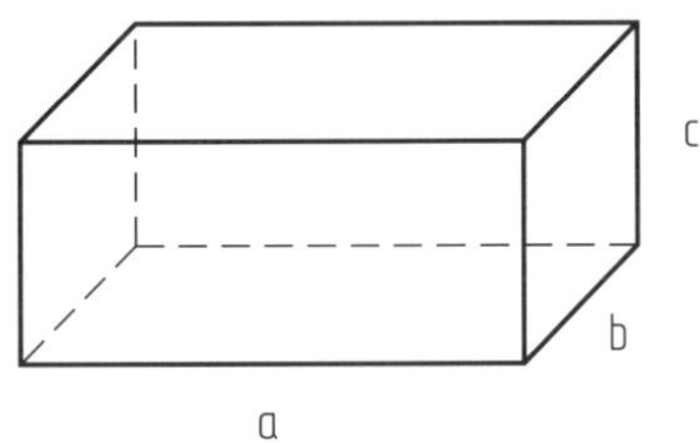

$V = a \cdot b \cdot c$

Beispiel:
$a = 2{,}28\ m$ $b = 4{,}63\ m$ $c = 2{,}12\ m$
$V = 2{,}28 \cdot 4{,}63 \cdot 2{,}12 = 22{,}380\ m^3$

Zylinder

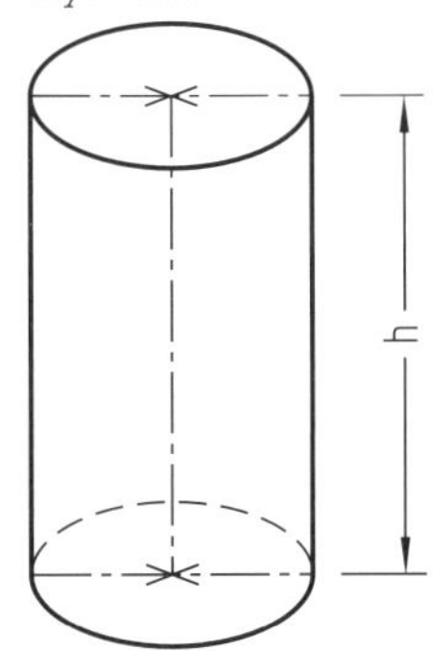

$V = \frac{1}{4} \cdot \pi \cdot d^2 \cdot h$ $= 0{,}7854 \cdot d^2 \cdot h$

Beispiel:
$d = 2{,}34\ m$ $h = 3{,}16\ m$
$V = 0{,}7854 \cdot 2{,}34 \cdot 2{,}34 \cdot 3{,}16 = 13{,}590\ m^3$

Prisma

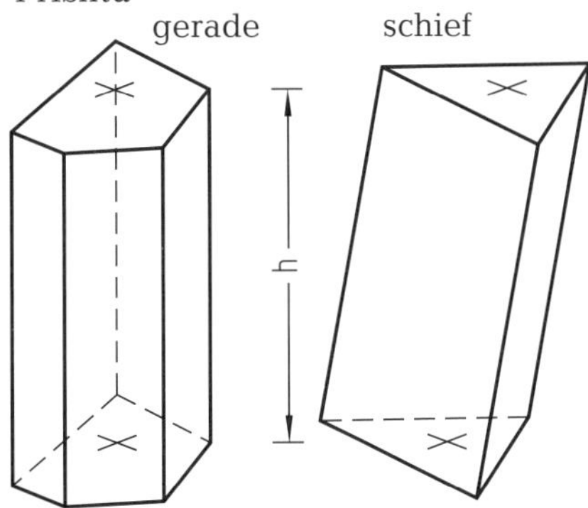

$V = G \cdot h$

G = Grundfläche

Beispiel:
$G = 4{,}65\ m^2$
$h = 7{,}16\ m$
$V = 4{,}65 \cdot 7{,}16 = 33{,}294\ m^3$

Pyramide

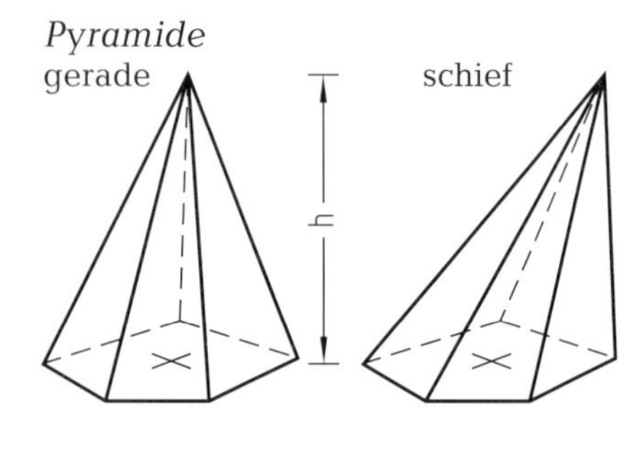

Für Pyramide und Kegel:

$$V = \frac{1}{3} \cdot G \cdot h$$

Beispiel:

Grundfläche $G = 4{,}65\ m^2$

$h = 7{,}16\ m$

$V = \frac{1}{3} \cdot 4{,}65 \cdot 7{,}16 = 11{,}098\ m^3$

Kegel

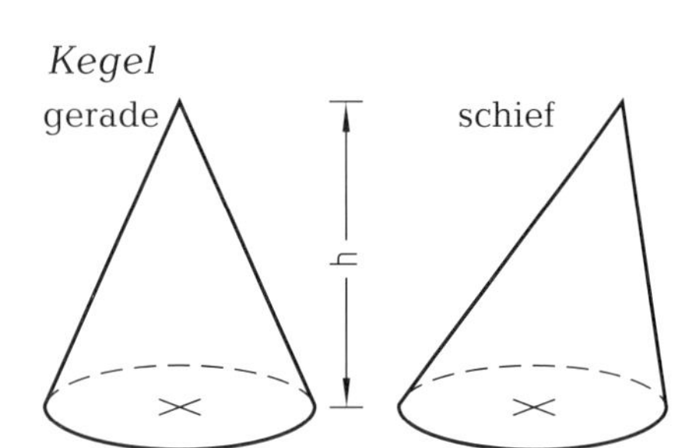

Pyramidenstumpf

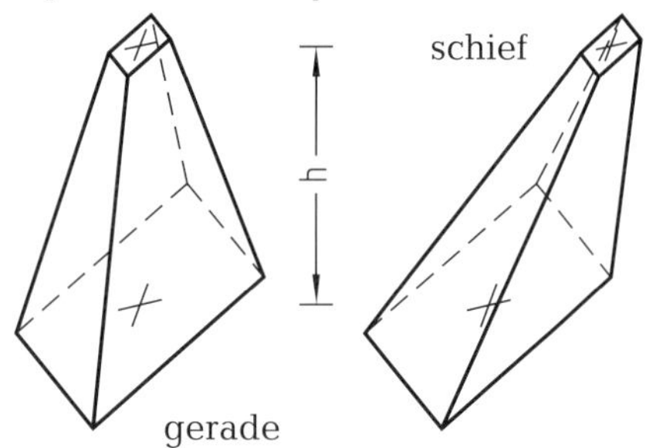

Für Pyramiden- und Kegelstumpf:

$$V = \frac{1}{3} \cdot h \cdot (G_u + \sqrt{G_u \cdot G_o} + G_o)$$

Untere Fläche G_u und obere Fläche G_o sind jeweils parallel

Beispiel:

$h = 7{,}16\ m \qquad G_u = 4{,}65\ m^2 \qquad G_o = 1{,}17\ m^2$

$V = 7{,}16/3 \cdot (4{,}65 + \sqrt{4{,}65 \cdot 1{,}17} + 1{,}17) = 19{,}457\ m^3$

Kegelstumpf

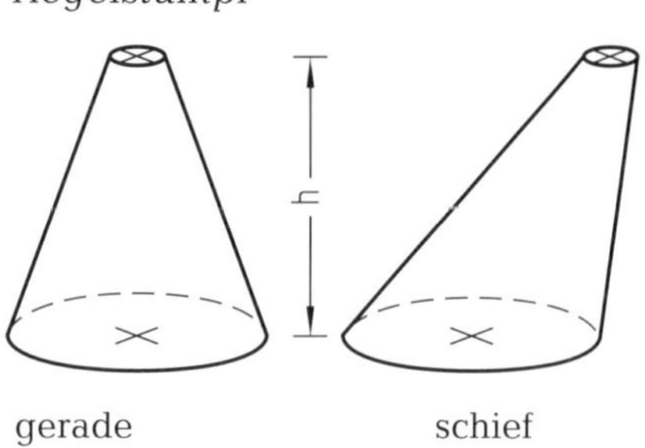

Keil, Dach

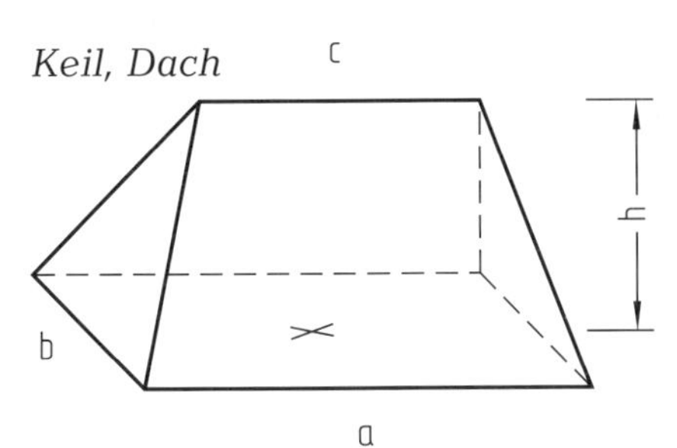

$$V = \frac{1}{6} \cdot h \cdot b \cdot (2 \cdot a + c)$$

Beispiel:

$a = 14{,}37\ m \qquad b = 3{,}98\ m \qquad c = 9{,}17\ m$

$h = 4{,}18\ m$

$V = \frac{1}{6} \cdot 4{,}13 \cdot 3{,}98 \cdot (2 \cdot 14{,}37 + 9{,}17) = 103{,}857\ m^3$

Prismatoid

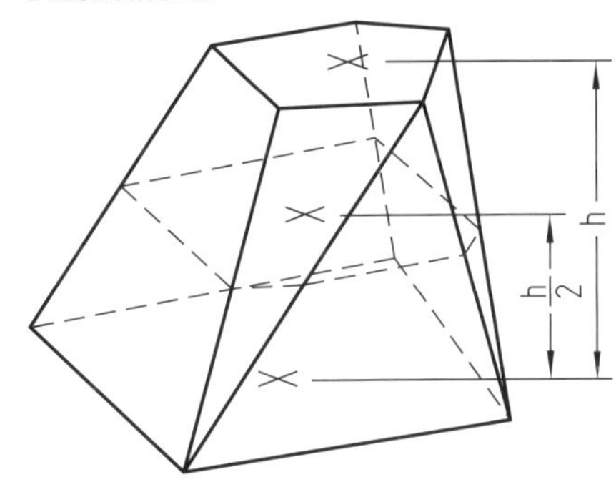

$$V = \frac{1}{6} \cdot h \cdot (G_u + 4 \cdot G_m + G_o)$$

Untere Fläche G_u, mittlere G_m (in halber Höhe) und obere G_o sind parallel.

Beispiel:

$G_u = 7{,}18\ m^2 \qquad G_m = 6{,}42\ m^2 \qquad G_o = 5{,}54\ m^2$

$h = 4{,}22\ m$

$V = \frac{1}{6} \cdot 4{,}22 \cdot (7{,}18 + 4 \cdot 6{,}42 + 5{,}54) = 27{,}008\ m^3$

Ponton

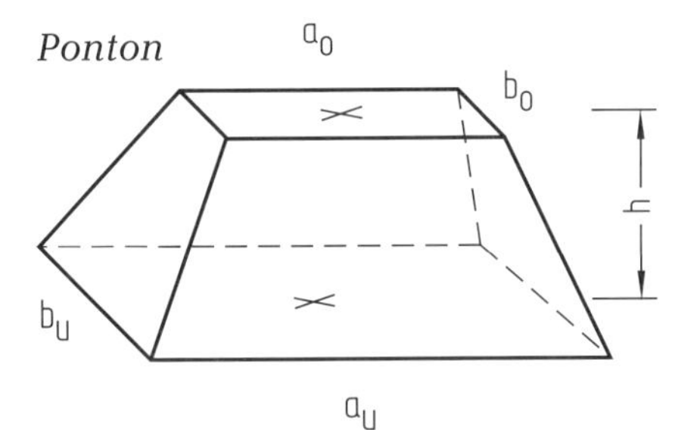

$$V = \frac{1}{6} \cdot h \cdot (G_u + 4 \cdot G_m + G_o)$$

$G_u = a_u \cdot b_u \qquad G_o = a_o \cdot b_o$

$G_m = \frac{1}{4} \cdot (a_u + a_o) \cdot (b_u + b_o)$

Beispiel:

$a_u = 12{,}0\ m \qquad b_u = 7{,}0\ m \qquad h = 1{,}73\ m$

$a_o = 10{,}0\ m \qquad b_o = 5{,}0\ m$

$G_u = 12{,}0 \cdot 7{,}0 = 84{,}0\ m^2$

$G_o = 10{,}0 \cdot 5{,}0 = 50{,}0\ m^2$

$G_m = \frac{1}{4} \cdot (12{,}0 + 10{,}0) \cdot (7{,}0 + 5{,}0) = 66{,}00\ m^2$

$V = \frac{1}{6} \cdot 1{,}73 \cdot (84{,}0 + 4 \cdot 66{,}00 + 50{,}00) = 114{,}757\ m^3$

Kugel

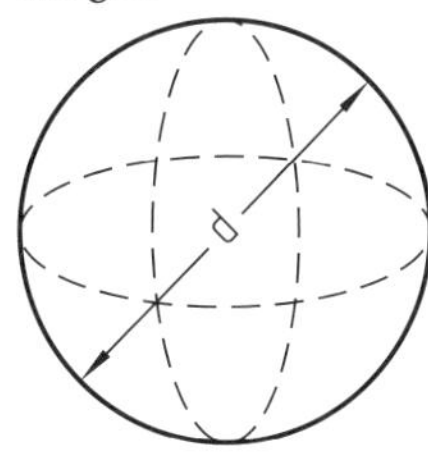

$$V = \frac{1}{6} \cdot \pi \cdot d^3 = 0{,}5235988 \cdot d^3$$

Beispiel:

$d = 2{,}15\ m$

$V = 0{,}5235988 \cdot 2{,}15^3 = 5{,}204\ m^3$

Rampe

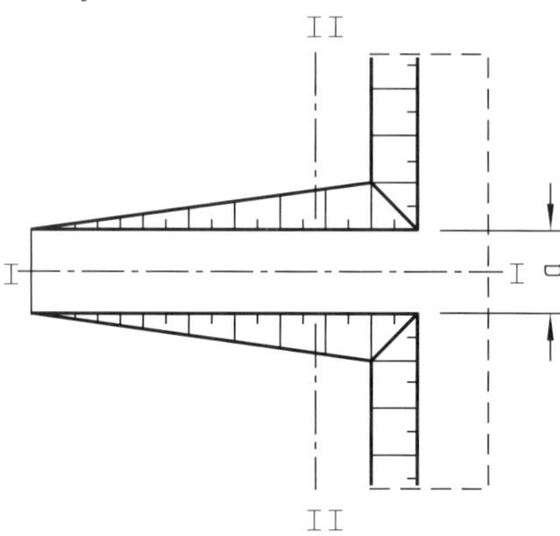

Schnitt I-I

1:n

1:m

h

II

Schnitt II-II

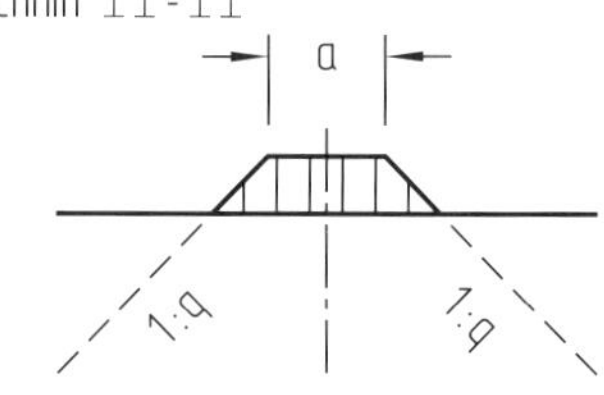

$$V = \frac{h^2}{6} \cdot \left(3 \cdot a + 2 \cdot q \cdot h \cdot \frac{m-n}{m}\right) \cdot \left(m - n\right)$$

Beispiel:

h = 2,50 m *a = 3,50 m*

m = 10 *n = q = 1*

$$V = \frac{2{,}50^2}{6} \cdot \left(3 \cdot 3{,}50 + 2 \cdot 1 \cdot 2{,}50 \cdot \frac{10-1}{10}\right) \cdot \left(10 - 1\right) = 140{,}625\ m^3$$